6.1 室内平面图设计

6.2 天源室内平面图设计

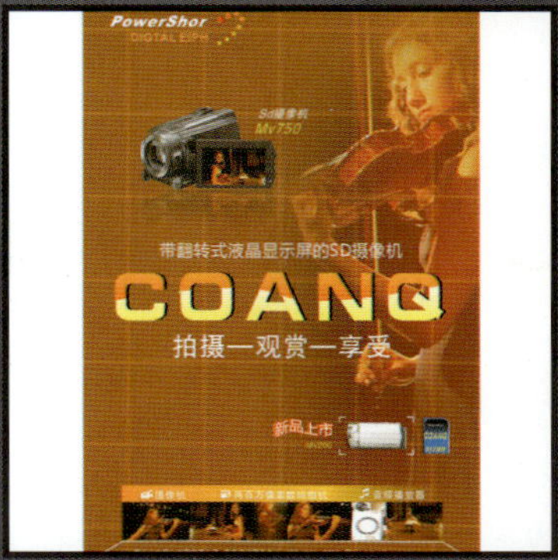

7.1 摄像产品宣传单设计

7.2 电脑促销宣传单设计

7.3 餐厅美食广告设计

8.1 房地产广告设计

8.2 电脑广告设计

9.1 茶艺海报设计

9.2 旅游海报设计

10.1 杂志封面设计

10.2 杂志栏目设计

10.3 饮食栏目设计

10.4 化妆品栏目设计

10.5 科技栏目设计

11.1 酒盒包装盒设计

11.2 易拉罐包装设计

11.3 MP3 包装设计

2013年北京高等教育精品教材

平面设计制作标准教程
——Photoshop CS4+CorelDRAW X4

21世纪高等院校数字艺术类规划教材

周建国 编著

人民邮电出版社
北京

图书在版编目（CIP）数据

平面设计制作标准教程 : Photoshop CS4+CorelDRAW X4 / 周建国编著. -- 北京 : 人民邮电出版社, 2011.12（2018.3 重印）
21世纪高等院校数字艺术类规划教材
ISBN 978-7-115-26437-4

Ⅰ. ①平… Ⅱ. ①周… Ⅲ. ①平面设计－图形软件, Photoshop CS4、CorelDRAW X4－高等学校－教材 Ⅳ. ①TP391.41

中国版本图书馆CIP数据核字(2011)第206401号

内 容 提 要

Photoshop 和 CorelDRAW 均是当今流行的图像处理和矢量图形设计软件，被广泛应用于平面设计、包装装潢、彩色出版等诸多领域。

本书根据本科院校教师和学生的实际需求，以平面设计的典型应用为主线，通过多个精彩实用的案例，全面细致地讲解如何利用 Photoshop 和 CorelDRAW 来完成专业的平面设计项目，使学生能够在掌握软件功能和制作技巧的基础上，启发设计灵感，开拓设计思路，提高设计能力。

本书适合作为本科院校“数字媒体艺术”专业课程的教材，也可供 Photoshop 和 CorelDRAW 的初学者及有一定平面设计经验的读者阅读，同时适合培训班选作 Photoshop 和 CorelDRAW 平面设计课程的教材。

21 世纪高等院校数字艺术类规划教材

平面设计制作标准教程——Photoshop CS4+CorelDRAW X4

◆ 编　　著　周建国
　责任编辑　蒋　亮
◆ 人民邮电出版社出版发行　　北京市丰台区成寿寺路 11 号
　邮编　100164　　电子邮件　315@ptpress.com.cn
　网址　http://www.ptpress.com.cn
　北京隆昌伟业印刷有限公司印刷
◆ 开本：787×1092　1/16　　彩插：1
　印张：15.75　　2011 年 12 月第 1 版
　字数：382 千字　　2018 年 3 月北京第 9 次印刷

ISBN 978-7-115-26437-4

定价：42.00 元（附光盘）

读者服务热线：(010)81055256　印装质量热线：(010)81055316

反盗版热线：(010)81055315

广告经营许可证：京东工商广登字20170147号

前言

Photoshop 和 CorelDRAW 自推出之日起就深受平面设计人员的喜爱，是当今最流行的图像处理和矢量图形设计软件之一。Photoshop 和 CorelDRAW 被广泛应用于平面设计、包装装潢、彩色出版等诸多领域。在实际的平面设计和制作工作中，是很少用单一软件来完成工作的，要想出色地完成一件平面设计作品，须利用不同软件各自的优势，再将其巧妙地结合使用。

本书根据本科院校教师和学生的实际需求，以平面设计的典型应用为主线，通过多个精彩实用的案例，全面细致地讲解如何利用 Photoshop 和 CorelDRAW 来完成专业的平面设计项目。

本书共分为 11 章，分别详细讲解了平面设计的基础知识、标志设计、卡片设计、书籍装帧设计、唱片封面设计、室内平面图设计、宣传单设计、广告设计、海报设计、杂志设计、包装设计等内容。

本书利用来自专业的平面设计公司的商业案例，详细地讲解了运用 Photoshop 和 CorelDRAW 制作这些案例的流程和技法，并在此过程中融入了实践经验以及相关知识，努力做到操作步骤清晰准确，使学生能够在掌握软件功能和制作技巧的基础上，启发设计灵感，开拓设计思路，提高设计能力。

本书配套光盘中包含了书中所有案例的素材及效果文件。另外，为方便教师教学，本书配备了详尽的课后习题的操作步骤以及 PPT 课件、教学大纲等丰富的教学资源，任课教师可到人民邮电出版社教学服务与资源网（www.ptpedu.com.cn）免费下载使用。本书的参考学时为 52 学时，其中实训环节为 20 学时，各章的参考学时参见下面的学时分配表。

章　节	课 程 内 容	学 时 分 配	
		讲　授	实　训
第 1 章	平面设计的基础知识	2	
第 2 章	标志设计	2	2
第 3 章	卡片设计	3	2
第 4 章	书籍装帧设计	3	2
第 5 章	唱片封面设计	3	2
第 6 章	室内平面图设计	3	2
第 7 章	宣传单设计	3	2
第 8 章	广告设计	3	2
第 9 章	海报设计	3	2
第 10 章	杂志设计	3	2
第 11 章	包装设计	4	2
	课 时 总 计	32	20

本书主要由周建国编写，参与本书编写工作的还有马丹、王世宏、谢立群、葛润平、张敏娜、张文达、张丽丽、张旭、吕娜、程静、贾楠、房婷婷、黄小龙、周亚宁、崔桂青等。

由于时间仓促，加之编著水平有限，书中难免存在错误和不妥之处，敬请广大读者批评指正。

编　者

2011 年 10 月

平面设计制作标准教程——Photoshop+CorelDRAW（CS4+X4）

目录

第1章 平面设计的基础知识

本章主要介绍平面设计的基础知识，其中包括位图和矢量图、分辨率、图像的色彩模式和文件格式、页面设置和图片大小、出血、文字转换、印前检查、小样等内容。通过本章的学习，读者可以快速掌握平面设计的基本概念和基础知识，有助于更好地开始平面设计的学习和实践。

【教学目标】

- 位图和矢量图。
- 分辨率。
- 图像的色彩模式。
- 常用的图像文件格式。
- 页面设置。
- 图片大小。
- 出血的设置。
- 文字转换的方法。
- 印前检查。
- 客户看小样。

1.1 位图和矢量图

图像文件可以分为两大类：位图图像和矢量图形。在绘图或处理图像过程中，这两种类型的图像可以相互交叉使用。

1.1.1 位图

位图图像也称为点阵图像，它是由许多单独的小方块组成的，这些小方块又称为像素点，每个像素点都有特定的位置和颜色值，位图图像的显示效果与像素点是紧密联系在一起的，不同排列和着色的像素点在一起组成了一幅色彩丰富的图像。像素点越多，图像的分辨率越高，相应地，图像的文件量也会随之增大。

图像的原始效果如图 1-1 所示。使用放大工具放大后，可以清晰地看到像素的小方块形状与不同的颜色，效果如图 1-2 所示。

图 1-1

图 1-2

位图与分辨率有关，如果在屏幕上以较大的倍数放大显示图像，或以低于创建时的分辨率打印图像，图像就会出现锯齿状的边缘，并且会丢失细节。

1.1.2 矢量图

矢量图也称为向量图，它是一种基于图形的几何特性来描述的图像。矢量图中的各种图形元素称之为对象，每一个对象都是独立的个体，都具有大小、颜色、形状、轮廓等特性。

矢量图与分辨率无关，可以将它缩放到任意大小，其清晰度不变，也不会出现锯齿状的边缘。在任何分辨率下显示或打印矢量图，都不会损失细节。图形的原始效果如图 1-3 所示。使用放大工具放大后，其清晰度不变，效果如图 1-4 所示。

图 1-3

图 1-4

矢量图文件所占的容量较少，但这种图形的缺点是不易制作色调丰富的图像，而且绘制出来的图形无法像位图那样精确地描绘各种绚丽的景象。

1.2 分辨率

分辨率是用于描述图像文件信息的术语。分辨率分为图像分辨率、屏幕分辨率和输出分辨率。下面将分别进行讲解。

1.2.1 图像分辨率

在 Photoshop CS4 中，图像中每单位长度上的像素数目，称为图像的分辨率，其单位为像素/英寸或是像素/厘米。

在相同尺寸的两幅图像中，高分辨率的图像包含的像素比低分辨率的图像包含的像素多。例如，一幅尺寸为 1×1 英寸的图像，其分辨率为 72 像素/英寸，这幅图像包含 5 184 个像素（72×72 = 5 184）。同样尺寸，分辨率为 300 像素/英寸的图像，图像包含 90 000 个像素。相同尺寸下，分辨率为 72 像素/英寸的图像效果如图 1-5 所示，分辨率为 300 像素/英寸的图像效果如图 1-6 所示。由此可见，在相同尺寸下，高分辨率的图像将能更清晰地表现图像内容。

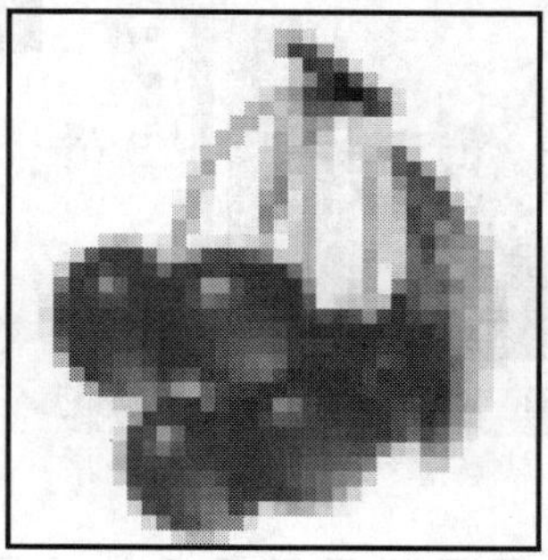

图 1-5

图 1-6

提示： 如果一幅图像所包含的像素是固定的，增加图像尺寸，会降低图像的分辨率。

1.2.2 屏幕分辨率

屏幕分辨率是显示器上每单位长度显示的像素数目。屏幕分辨率取决于显示器大小加上其像素设置。PC 显示器的分辨率一般约为 96 像素/英寸，Mac 显示器的分辨率一般约为 72 像素/英寸。在 Photoshop CS4 中，图像像素被直接转换成显示器像素，当图像分辨率高于显示器分辨率时，屏幕中显示出的图像比实际尺寸大。

1.2.3 输出分辨率

输出分辨率是照排机或打印机等输出设备产生的每英寸的油墨点数（dpi）。打印机的分辨率在 720 dpi 以上的，可以使图像获得比较好的效果。

1.3 色彩模式

Photoshop 和 CorelDRAW 提供了多种色彩模式，这些色彩模式正是作品能够在屏幕和印刷品上成功表现的重要保障。在这里重点介绍几种经常使用到的色彩模式，包括 CMYK 模式、RGB 模式、灰度模式及 Lab 模式。每种色彩模式都有不同的色域，并且各个模式之间可以相互转换。

1.3.1 CMYK 模式

CMYK 代表了印刷上用的 4 种油墨色：C 代表青色，M 代表洋红色，Y 代表黄色，K 代表黑色。CMYK 模式在印刷时应用了色彩学中的减法混合原理，即减色色彩模式，它是图片、插图和其他作品中最常用的一种印刷方式。这是因为在印刷中通常都要进行四色分色，出四色胶片，然后再进行印刷。

在 Photoshop 中，CMYK 颜色控制面板如图 1-7 所示。可以在颜色控制面板中设置 CMYK 颜色。在 CorelDRAW 中的均匀填充对话框中选择 CMYK 模式，可以设置 CMYK 颜色，如图 1-8 所示。

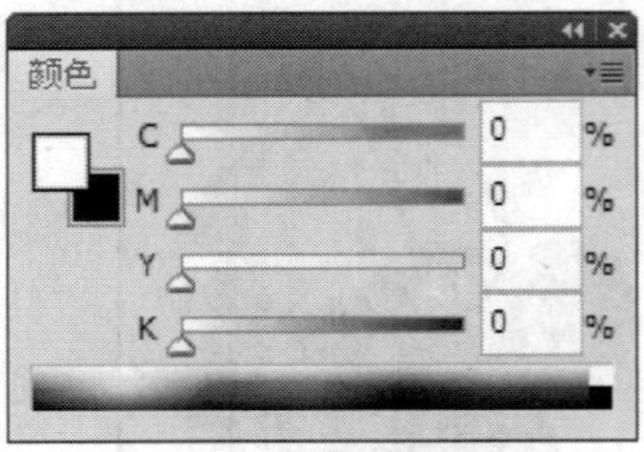

图 1-7

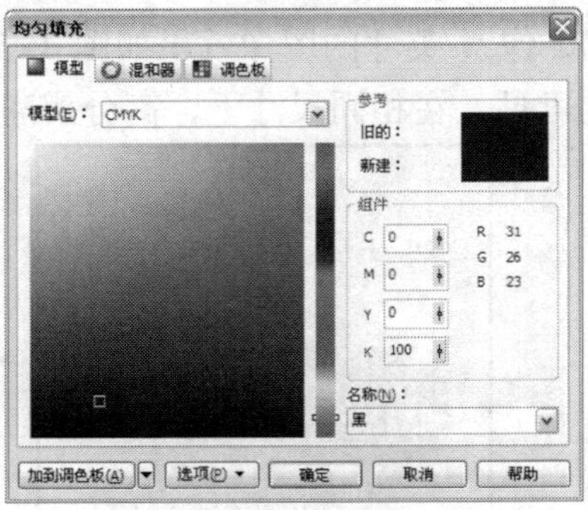

图 1-8

提示：在 Photoshop 中制作平面设计作品时，一般会把图像文件的色彩模式设置为 CMYK 模式。在 CorelDRAW 中制作平面设计作品时，绘制的矢量图形和制作的文字都要使用 CMYK 颜色。

可以在建立一个新的 Photoshop 图像文件时就选择 CMYK 颜色模式，如图 1-9 所示。

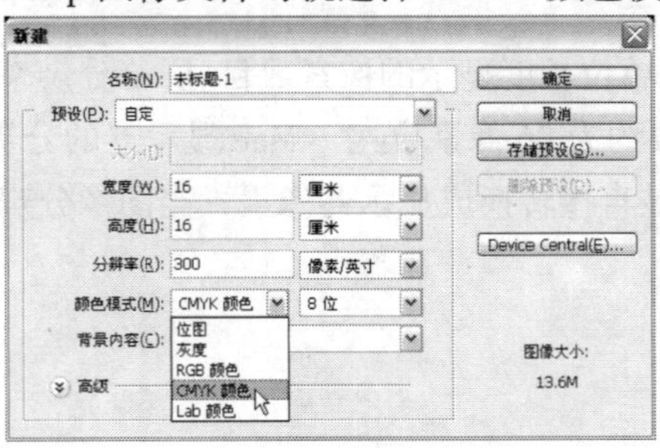

图 1-9

提示：在建立新的 Photoshop 文件时，就选择 CMYK 颜色模式。这种方式的优点是防止最后的颜色失真，因为在整个作品的制作过程中，所制作的图像都在可印刷的色域中。

在制作过程中，可以选择“图像 > 模式 > CMYK 颜色”命令，将图像转换成 CMYK 模式。但是一定要注意，在图像转换为 CMYK 模式后，就无法再变回原来图像的 RGB 色彩了。因为 RGB 的色彩模式在转换成 CMYK 模式时，色域外的颜色会变暗，这样才会使整个色彩成为可以印刷的文件。因此，在将 RGB 模式转换成 CMYK 模式之前，可以选择“视图 > 校样设置 > 工作中的 CMYK”命令，预览一下转换成 CMYK 模式后的图像效果，如果不满意 CMYK 模式的效果，图像还可以根据需要进行调整。

1.3.2 RGB 模式

RGB 模式是一种加色模式，它通过红、绿、蓝 3 种色光相叠加而形成更多的颜色。RGB 是色光的彩色模式，一幅 24 位色彩范围的 RGB 图像有 3 个色彩信息通道：红色（R）、绿色（G）和蓝色（B）。在 Photoshop 中，RGB 颜色控制面板如图 1-10 所示。在 CorelDRAW 中的填充颜色对话框中选择 RGB 色彩模式，可以设置 RGB 颜色，如图 1-11 所示。

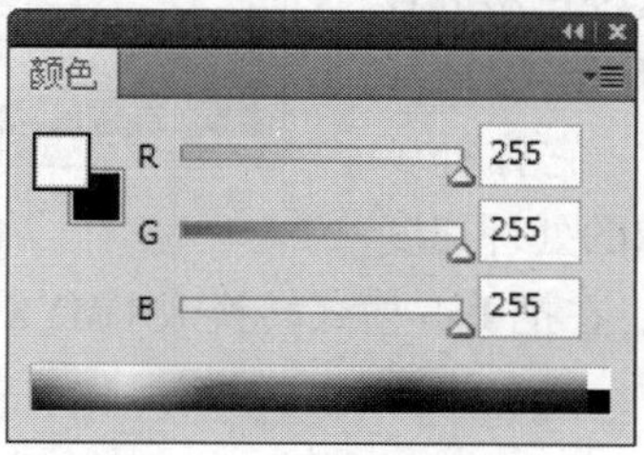

图 1-10

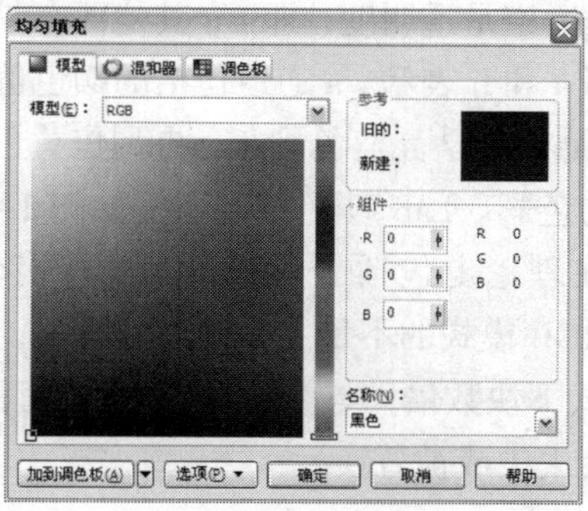

图 1-11

每个通道都有 8 位的色彩信息，即一个 0 ~ 255 的亮度值色域。也就是说，每一种色彩都有 256 个亮度水平级。3 种色彩相叠加，可以有 256 × 256 × 256=1 670 万种可能的颜色。这 1 670 万种颜色足以表现出绚丽多彩的世界。

在 Photoshop CS4 中编辑图像时，RGB 色彩模式应是最佳的选择。因为它可以提供全屏幕的多达 24 位的色彩范围，一些计算机领域的色彩专家称之为“True Color”真彩显示。

提示：一般在视频编辑和设计过程中，使用 RGB 模式来编辑和处理图像。

1.3.3 灰度模式

灰度模式，灰度图又称为 8bit 深度图。每个像素用 8 个二进制数表示，能产生 2 的 8 次方即 256 级灰色调。当一个彩色文件被转换为灰度模式文件时，所有的颜色信息都将从文件中丢失。尽管 Photoshop 允许将一个灰度文件转换为彩色模式文件，但不可能将原来的颜色完全还原。所以，当要转换灰度模式时，应先做好图像的备份。

像黑白照片一样，一个灰度模式的图像只有明暗值，没有色相和饱和度这两种颜色信息。0%代表白，100%代表黑，其中的 K 值用于衡量黑色油墨用量。在 Photoshop 中，颜色控制面板如图

1–12 所示。在 CorelDRAW 中的均匀填充对话框中选择灰度模式，可以设置灰度颜色，如图 1–13 所示。

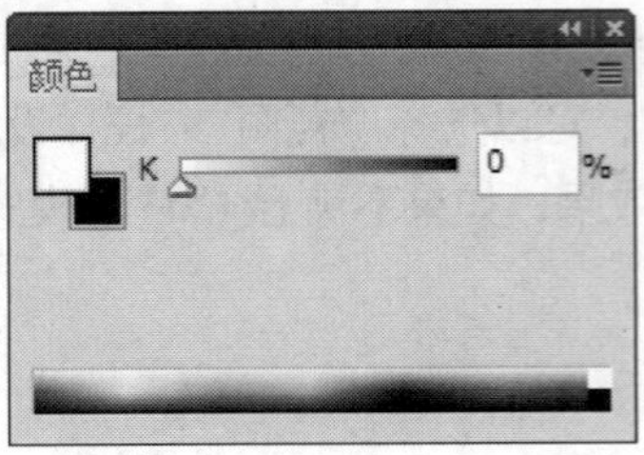

图 1-12

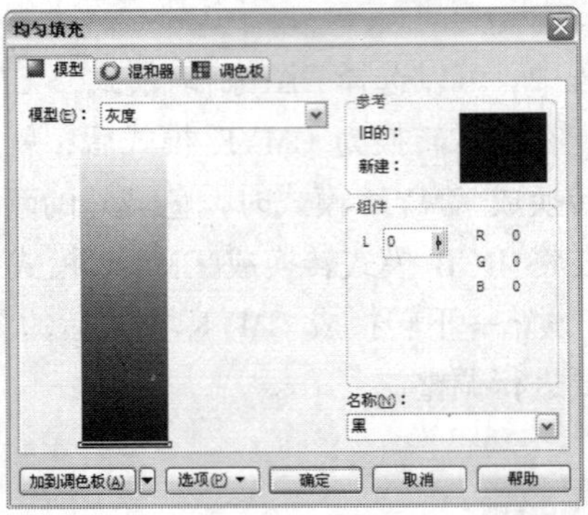

图 1-13

1.3.4 Lab 模式

Lab 模式是 Photoshop 中的一种国际色彩标准模式，它由 3 个通道组成：一个通道是透明度，即 L；其他两个是色彩通道，即色相和饱和度，用 a 和 b 表示。a 通道包括的颜色值从深绿到灰，再到亮粉红色；b 通道是从亮蓝色到灰，再到焦黄色。这种色彩混合后将产生明亮的色彩。Lab 颜色控制面板如图 1–14 所示。

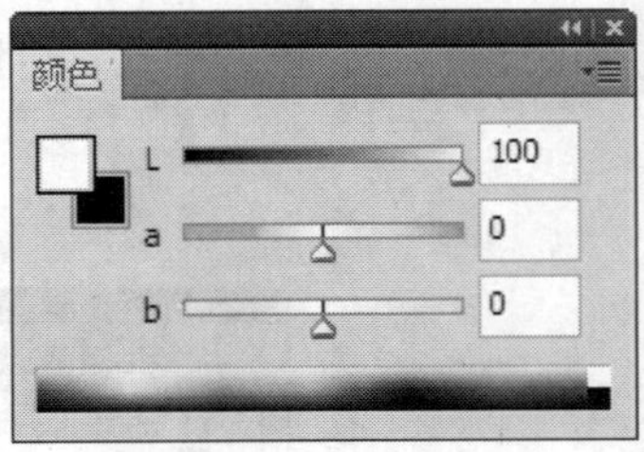

图 1-14

Lab 模式在理论上包括了人眼可见的所有色彩，它弥补了 CMYK 模式和 RGB 模式的不足。在这种模式下，图像的处理速度比在 CMYK 模式下快数倍，与 RGB 模式的速度相仿。在把 Lab 模式转换成 CMYK 模式的过程中，所有的色彩不会丢失或被替换。

提示：在 Photoshop 中将 RGB 模式转换成 CMYK 模式时，可以先将 RGB 模式转换成 Lab 模式，然后再从 Lab 模式转成 CMYK 模式。这样会减少图片的颜色损失。

1.4 文件格式

当平面设计作品制作完成后，需要进行存储。这时，选择一种合适的文件格式就显得十分重要。在 Photoshop 和 CorelDRAW 中有 20 多种文件格式可供选择。在这些文件格式中，既有 Photoshop 和 CorelDRAW 的专用格式，也有用于应用程序交换的文件格式，还有一些比较特殊的格式。下面重点讲解几种平面设计中常用的文件存储格式。

1.4.1 TIF（TIFF）格式

TIF 也称 TIFF，是标签图像格式。TIF 格式对于色彩通道图像来说具有很强的可移植性，它可以用于 PC、Macintosh 和 UNIX 工作站三大平台，是这三大平台上使用最广泛的绘图格式。

用 TIF 格式存储时应考虑到文件的大小，因为 TIF 格式的结构要比其他格式更大、更复杂。但 TIF 格式支持 24 个通道，能存储多于 4 个通道的文件。TIF 格式还允许使用 Photoshop 中的复杂工具和滤镜特效。

提示：TIF 格式非常适合于印刷和输出。在 Photoshop 中编辑处理完成的图片文件一般都会存储为 TIF 格式，然后导入到 CorelDRAW 的平面设计文件中再进行编辑处理。

1.4.2　CDR 格式

CDR 格式是 CorelDRAW 的专用图形文件格式。由于 CorelDRAW 是矢量图形绘制软件，所以 CDR 可以记录文件的属性、位置、分页等。但它在兼容度上比较差，在所有 CorelDRAW 应用程序中均能够使用，而在其他图像编辑软件却无法打开此类文件。

1.4.3　PSD 格式

PSD 格式是 Photoshop 软件自身的专用文件格式，PSD 格式能够保存图像数据的细小部分，如图层、蒙版、通道等 Photoshop 对图像进行特殊处理的信息。在没有最终决定图像的存储格式前，最好先以这种格式存储。另外，Photoshop 打开和存储这种格式的文件较其他格式更快。

1.4.4　AI 格式

AI 是一种矢量图片格式，是 Adobe 公司的 Illustrator 软件的专用格式。它的兼容度比较高，可以在 CorelDRAW 中打开，也可以将 CDR 格式的文件导出为 AI 格式。

1.4.5　JPEG 格式

JPEG 是 Joint Photographic Experts Group 的首字母缩写，译为联合图片专家组。JPEG 格式既是 Photoshop 支持的一种文件格式，也是一种压缩方案。它是 Macintosh 上常用的一种存储类型。JPEG 格式是压缩格式中的“佼佼者”，与 TIF 文件格式采用的 LIW 无损失压缩相比，它的压缩比例更大。但它使用的有损失压缩会丢失部分数据。用户可以在存储前选择图像的最后质量，这就能控制数据的损失程度。

在 Photoshop 中，可以选择低、中、高和最高 4 种图像压缩品质。以高质量保存图像比其他质量的保存形式占用更大的磁盘空间，而选择低质量保存图像则损失的数据较多，但占用的磁盘空间较少。

1.5 页面设置

在设计制作平面作品之前，要根据客户任务的要求在 Photoshop 或 CorelDRAW 中设置页面文件的尺寸。下面讲解如何根据制作标准或客户要求来设置页面文件的尺寸。

1.5.1 在 Photoshop 中设置页面

选择“文件 > 新建”命令，弹出“新建”对话框，如图 1–15 所示。在对话框中，“名称”选项后的文本框中可以输入新建图像的文件名；“预设”选项后的下拉列表用于自定义或选择其他固定格式文件的大小；在“宽度”和“高度”选项后的数值框中可以输入需要设置的宽度和高度的数值；在“分辨率”选项后的数值框中可以输入需要设置的分辨率。

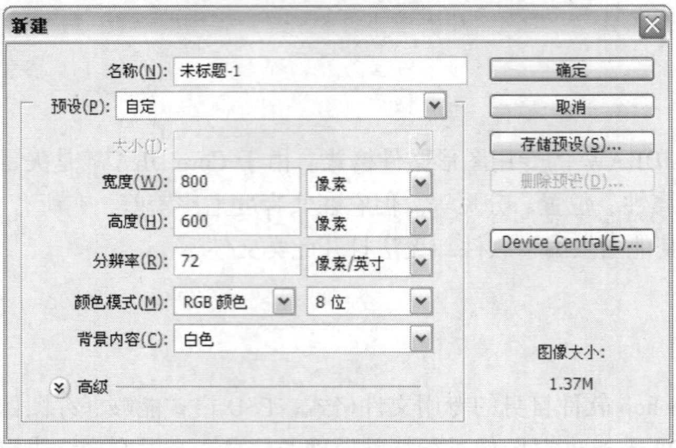

图 1-15

图像的宽度和高度可以设定为像素或厘米，单击“宽度”和“高度”选项下拉列表框右边的黑色三角按钮，弹出计量单位下拉列表，可以选择计量单位。

“分辨率”选项可以设定每英寸的像素数或每厘米的像素数，一般在进行屏幕练习时，设定为 72 像素/英寸；在进行平面设计时，设定为输出设备的半调网屏频率的 1.5 ~ 2 倍，一般为 300 像素/英寸。单击“确定”按钮，新建页面。

提示：每英寸像素数越高，图像的效果越好，但图像的文件也越大。应根据需要设定合适的分辨率。

1.5.2 在 CorelDRAW 中设置页面

在实际工作中，往往要利用像 CorelDRAW 这样的优秀平面设计软件来完成印前的制作任务，随后才是出胶片、送印厂。因此，这就要求我们在设计制作前，设置好作品的尺寸。为了方便广大用户使用，CorelDRAW X4 预设了 50 多种页面样式供用户选择。

在新建的 CorelDRAW 文档窗口中，属性栏可以设置纸张的类型大小、纸张的高度和宽度、纸张的放置方向等，如图 1–16 所示。

图 1-16

选择“版面 > 页面设置”命令，可以进行更广泛深入的设置。选择“版面 >页面设置”命令，弹出“选项”对话框，如图 1–17 所示。

在页面“大小”的选项框中，除了可对版面纸张的类型大小、放置方向等进行设置外，还可设置页面出血、分辨率等选项。

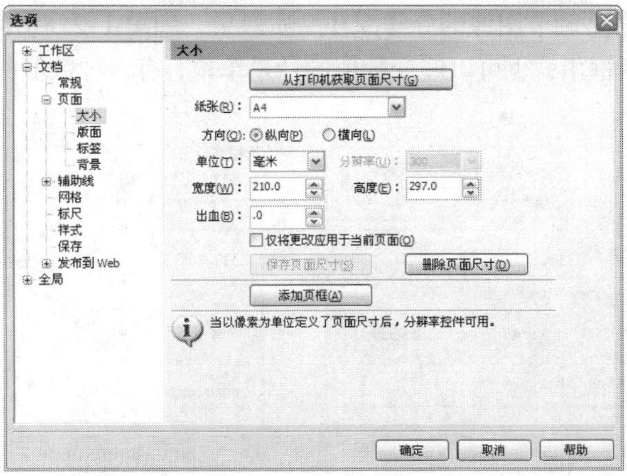

图 1-17

1.6 图片大小

在完成平面设计任务的过程中，为了更好地编辑图像或图形，经常需要调整图像或者图形的大小。下面将讲解图像或图形大小的调整方法。

1.6.1　在 Photoshop 中调整图像大小

打开光盘中的“Ch01 > 素材 > 01”文件，如图 1-18 所示。选择“图像 > 图像大小”命令，弹出“图像大小”对话框，如图 1-19 所示。

“像素大小”选项组：以像素为单位来改变宽度和高度的数值，图像的尺寸也相应改变。

“文档大小”选项组：以厘米为单位来改变宽度和高度的数值，以像素/英寸为单位来改变分辨率的数值，图像的文档大小被改变，图像的尺寸也相应改变。

“约束比例”选项：选中该复选框，在宽度和高度的选项后出现“锁链”标志，表示改变其中一项设置时，两项会成比例地同时改变。

“重定图像像素”选项：不选中该复选框，像素大小将不发生变化。“文档大小”选项组中的宽度、高度和分辨率的选项后将出现“锁链”标志。发生改变时 3 项会同时改变，如图 1-20 所示。

图 1-18

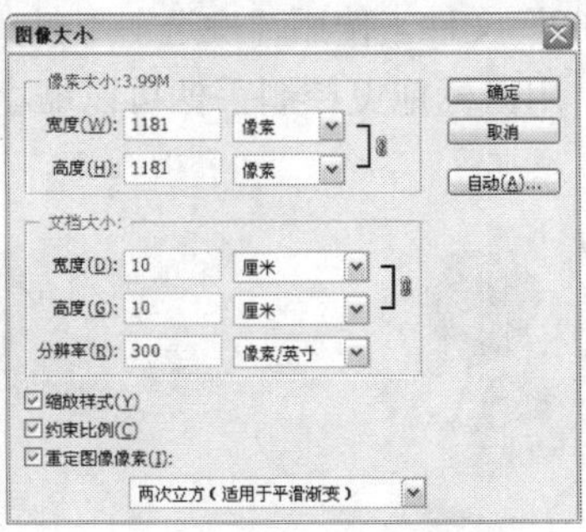

图 1-19

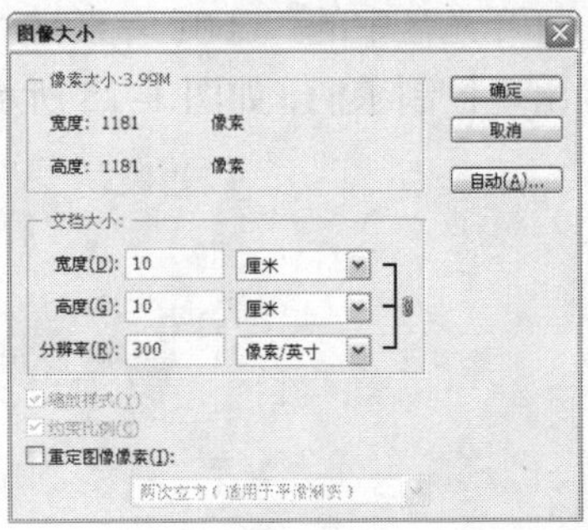

图 1-20

用鼠标单击“自动”按钮，弹出“自动分辨率”对话框，系统将自动调整图像的分辨率和品质效果，也可以根据需要自主调节图像的分辨率和品质效果，如图 1–21 所示。

在“图像大小”对话框中，也可以改变数值的计量单位，有多种数值的计量单位可以选择，如图 1–22 所示。

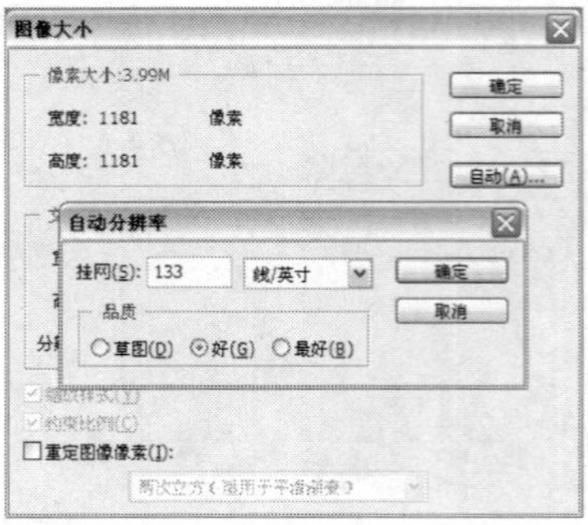

图 1-21

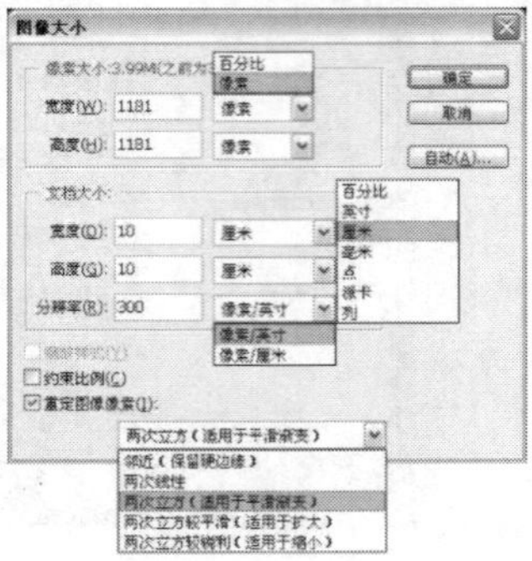

图 1-22

在“图像大小”对话框中，改变“文档大小”选项组中的宽度数值，如图 1–23 所示，图像将变小，效果如图 1–24 所示。

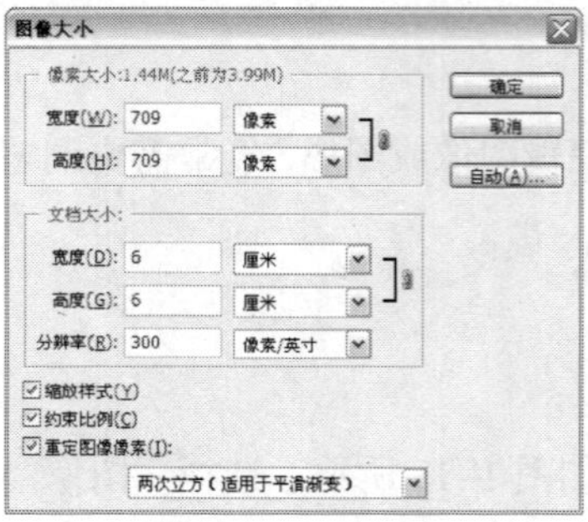

图 1-23

图 1-24

> **提示：** 在设计制作的过程中，位图的分辨率一般为 300 像素/英寸，编辑位图的尺寸可以从大尺寸图调整到小尺寸图，这样没有图像品质的损失。如果从小尺寸图调整到大尺寸图，就会造成图像品质的损失，如图片模糊等。

1.6.2 在 CorelDRAW 中调整图像大小

打开光盘中的“Ch01 > 素材 > 02”文件。使用“挑选”工具，选取要缩放的对象，对象的周围出现控制手柄，如图 1–25 所示。用鼠标拖曳控制手柄可以缩小或放大对象，如图 1–26 所示。

图 1-25

图 1-26

选择“挑选”工具，并选取要缩放的对象，对象的周围出现控制手柄，如图 1–27 所示。这时的属性栏如图 1–28 所示。在属性栏的“对象的大小”选项中根据设计需要调整宽度和高度的数值，如图 1–29 所示，按<Enter>键确认，完成对象的缩放如图 1–30 所示。

图 1-27

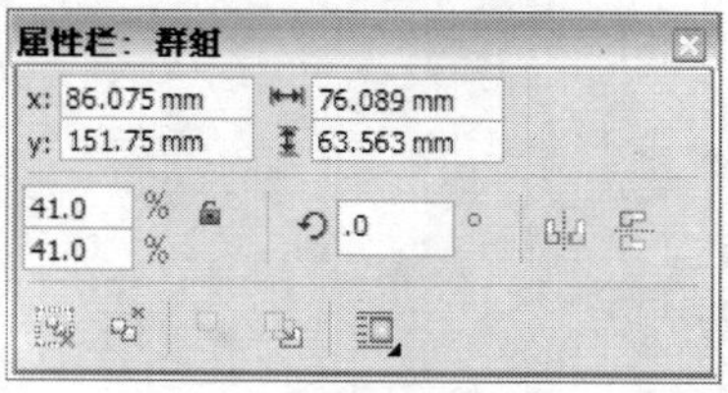

图 1-28

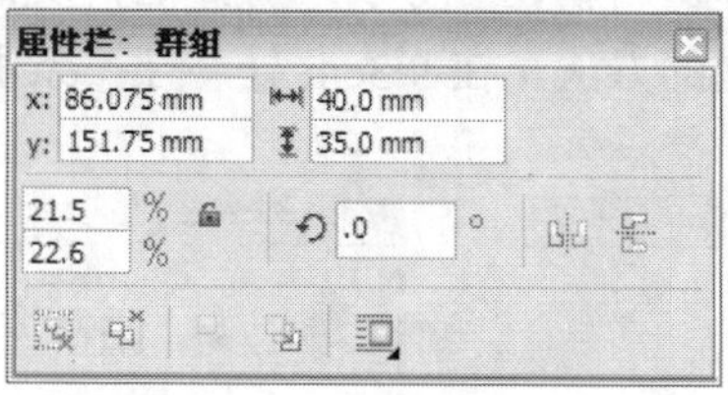

图 1-29

图 1-30

1.7 出血

印刷装订工艺要求接触到页面边缘的线条、图片或色块，须跨出页面边缘的成品裁切线 3mm，称为出血。出血是防止裁刀裁切到成品尺寸里面的图文或出现白边。下面将以名片的制作为例，详细讲解如何在 Photoshop 或 CorelDRAW 中设置出血。

1.7.1 在 Photoshop 中设置出血

Step 01 要求制作的名片的成品尺寸是 90mm × 55mm，如果名片有底色或花纹，则需要将底色或花纹跨出页面边缘的成品裁切线 3mm。因此，在 Photoshop 中，新建文件的页面尺寸需要设置为 96 mm × 61mm。

Step 02 按<Ctrl>+<N>组合键，弹出“新建”对话框，选项的设置如图 1-31 所示，单击“确定”按钮，效果如图 1-32 所示。

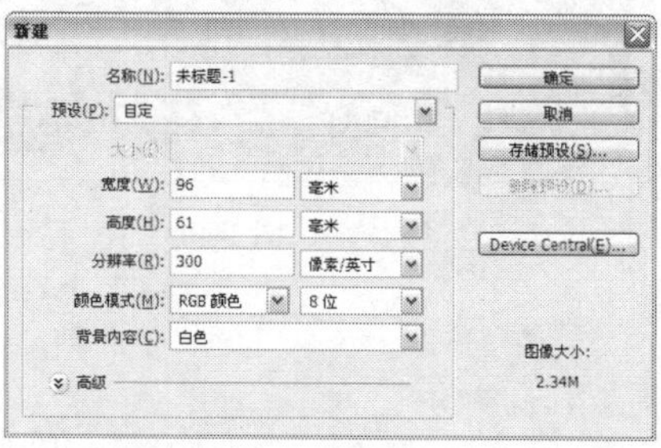

图 1-31

图 1-32

Step 03 选择“视图 > 新建参考线”命令，弹出“新建参考线”对话框，设置如图 1-33 所示，单击“确定”按钮，效果如图 1-34 所示。用相同的方法，在 5.8cm 处新建一条水平参考线，效果如图 1-35 所示。

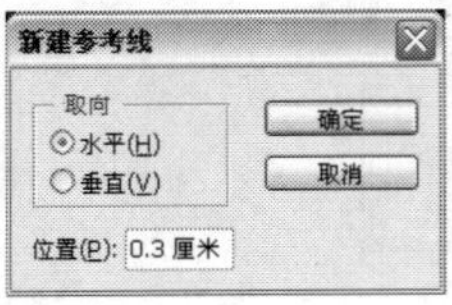

图 1-33

图 1-34

图 1-35

Step 04 选择“视图 > 新建参考线”命令，弹出“新建参考线”对话框，设置如图 1-36 所示，单击“确定”按钮，效果如图 1-37 所示。用相同的方法，在 9.3cm 处新建一条垂直参考线，效果如图 1-38 所示。

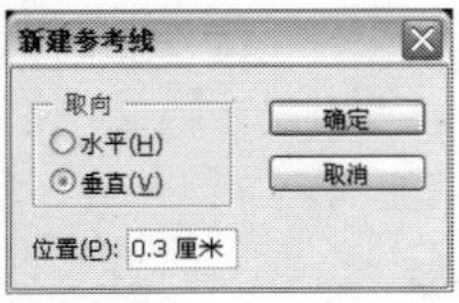

图 1-36

图 1-37

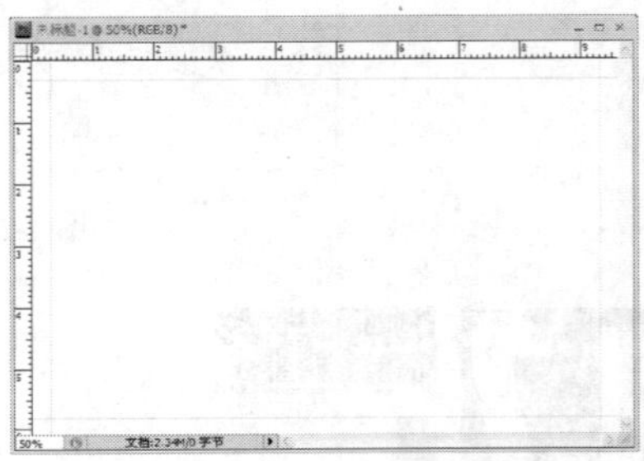

图 1-38

Step 05 按<Ctrl>+<O>组合键，打开光盘中的“Ch01 > 素材 > 03”文件，效果如图 1-39 所示。选择“移动”工具，将其拖曳到新建的未标题-1 文件窗口中，如图 1-40 所示，在“图层”控制面板中生成新的图层“图层 1”。按<Ctrl>+<E>组合键，合并可见图层。按<Ctrl>+<S>组合键，弹出“存储为”对话框，将其命名为“名片背景”，保存为 TIFF 格式。单击“保存”按钮，弹出“TIFF 选项”对话框，再单击“确定”按钮将图像保存。

图 1-39

图 1-40

1.7.2 在 CorelDRAW 中设置出血

Step 01 要求制作名片的成品尺寸是 90mm × 55mm，需要设置的出血是 3 mm。

Step 02 按<Ctrl>+<N>组合键，新建一个文档，选择“版面 > 页面设置”命令，弹出“选项”对话框，在“页面”设置区的“大小”选项框中，设置“宽度”选项的数值为 90mm，设置“高度”选项的数值为 55mm，设置出血选项的数值为 3mm，如图 1-41 所示。选择“查看 > 显示 > 出血”命令，页面效果如图 1-42 所示。

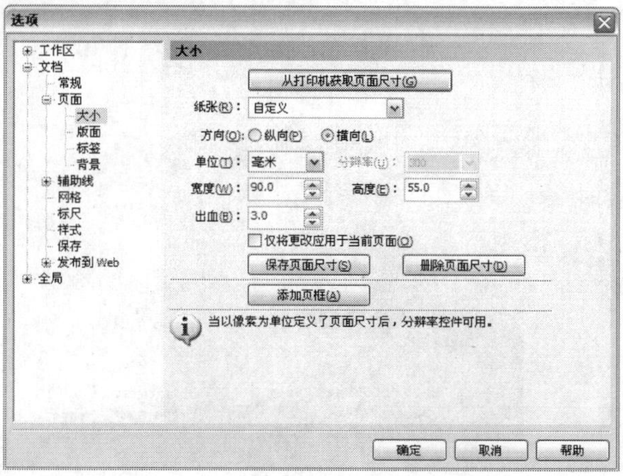

图 1-41

图 1-42

Step 03 在页面中，实线框为名片的成品尺寸 90mm × 55mm，虚线框为出血尺寸，在虚线框和实线框四边之间的空白区域是 3 mm 的出血设置，如图 1-43 所示。

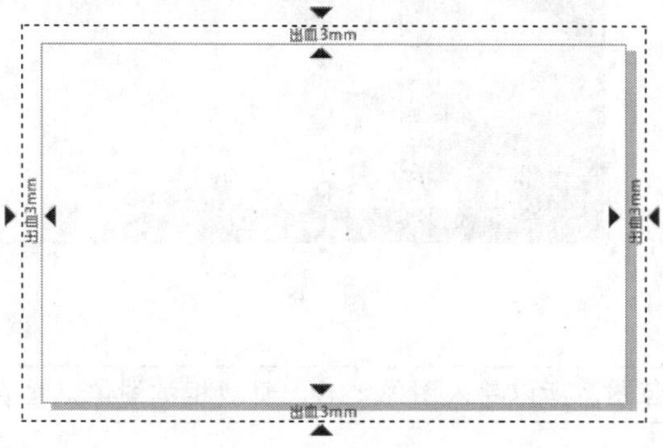

图 1-43

Step 04 选择“贝塞尔”工具，绘制一个图形。选择“挑选”工具，将其同时选取，填充为洋红色，并设置描边色为无。选择“交互式透明”工具，将其不透明度设置为 50，效果如图 1-44 所示。选择“矩形”工具，在适当的位置绘制一个矩形，设置矩形颜色的 CMYK 值为 100、20、0、50，填充矩形，并去除矩形轮廓线，效果如图 1-45 所示。

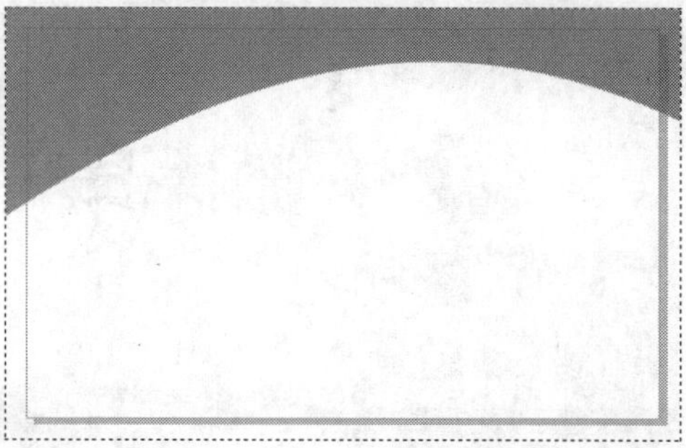

图 1-44

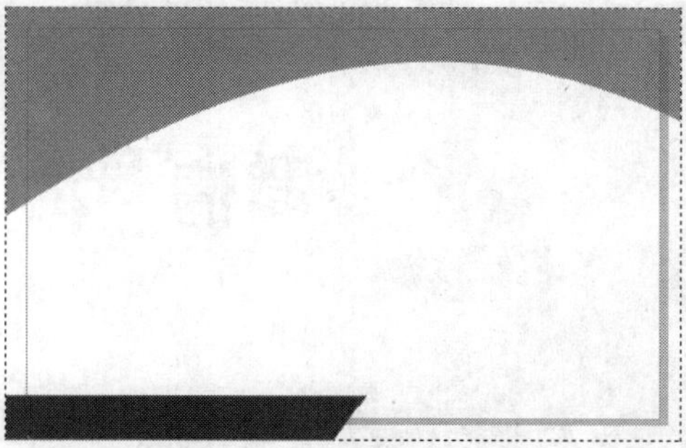

图 1-45

Step 05 按<Ctrl>+<I>组合键，弹出“导入”对话框，打开光盘中的“Ch01 > 效果 > 名片背景”文件，如图 1-46 所示，并单击“导入”按钮。在页面中单击导入的图片，按<P>键，使图片与页面居中对齐，效果如图 1-47 所示。按<Shift>+<PageDown>组合键，将其置于最底层，效果如图 1-48 所示。

图 1-46

图 1-47

图 1-48

提示： 导入的图像是位图，所以导入图像之后，页边框被图像遮挡在下面，不能显示。

Step 06 按<Ctrl>+<I>组合键，弹出“导入”对话框，打开光盘中的“Ch01 > 素材 > 04”文件，并单击“导入”按钮。在页面中单击导入的图片，选择“挑选”工具，将其拖曳到适当的位置，效果如图 1-49 所示。选择“文本”工具，在页面中分别输入需要的文字。选择“挑选”工具，分别在属性栏中选择合适的字体并设置文字大小，效果如图 1-50 所示。选择“查看 > 显示 > 出血”命令，将出血线隐藏，效果如图 1-51 所示。

图 1-49

图 1-50

图 1-51

Step 07 选择“文件 > 打印预览”命令，单击“启用分色”按钮，在窗口中可以观察到名片将来出胶片的效果，还有 4 个角上的裁切线、4 个边中间的套准线⊕和测控条。单击页面分色按钮，可以切换显示各分色的胶片效果，如图 1-52 所示。

青色胶片

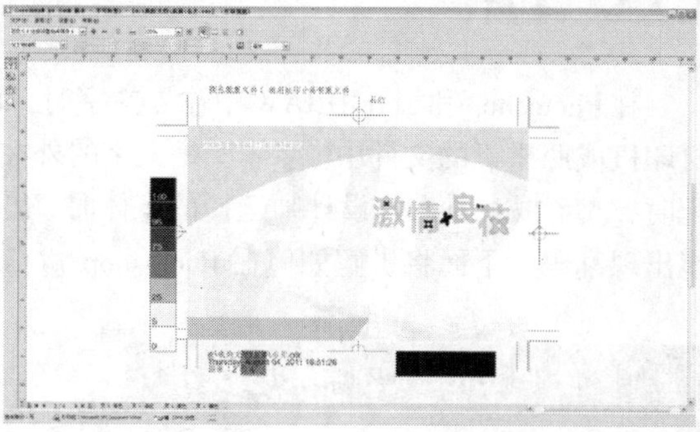

品红胶片

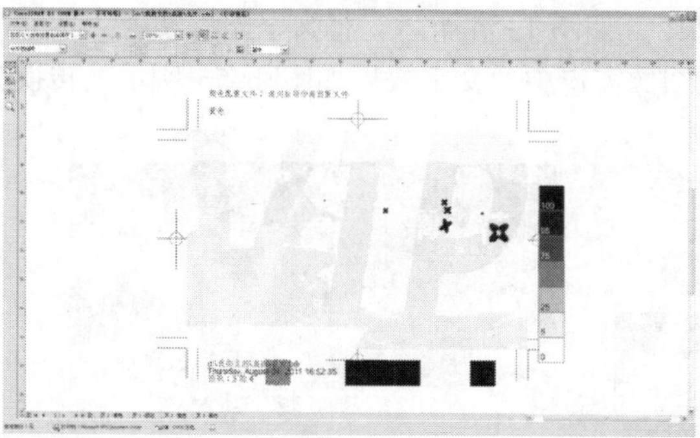

黄色胶片

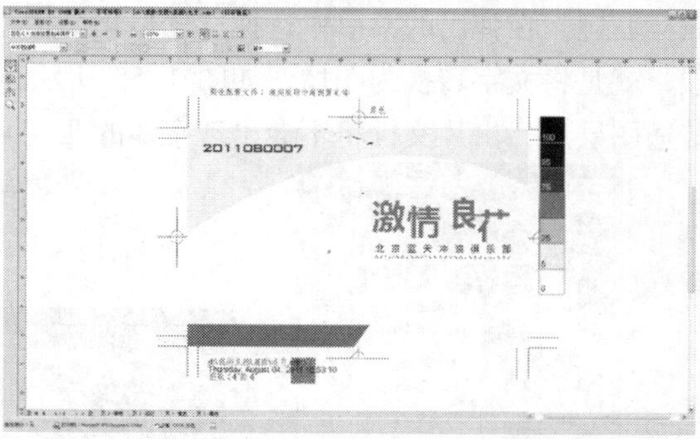

黑色胶片

图 1-52

> **提示**：最后完成的设计作品，都要送到专业的输出中心，在输出中心把作品输出成印刷用的胶片。一般我们使用 CMYK 模式制作的作品会出 4 张胶片，分别是青色、品红色、黄色、黑色四色胶片。

Step 08 最后制作完成的设计作品效果如图 1-53 所示。按<Ctrl>+<S>组合键，弹出“保存图形”对话框，将其命名为“名片”，保存为 CDR 格式，单击“保存”按钮将图像保存。

图 1-53

1.8 文字转换

在 Photoshop 和 CorelDRAW 中输入文字时，都需要选择文字的字体。文字的字体安装在计算机、打印机或照排机的文件中。字体就是文字的外在形态，当设计师选择的字体与输出中心的字体不匹配时，或者根本就没有设计师选择的字体时，出来的胶片上的文字就不是设计师选择的字体，也可能出现乱码。下面将讲解如何在 Photoshop 和 CorelDRAW 中进行文字转换来避免出现这样的问题。

1.8.1 在 Photoshop 中转换文字

打开光盘中的“Ch01 > 素材 > 05”文件，在“图层”控制面板中选中需要的文字图层，单击鼠标右键，在弹出的菜单中选择“栅格化文字”命令，如图 1–54 所示。将文字图层转换为普通图层，就是将文字转换为图像，如图 1–55 所示。在图像窗口中的文字效果如图 1–56 所示。转换为普通图层后，出片文件将不会出现字体的匹配问题。

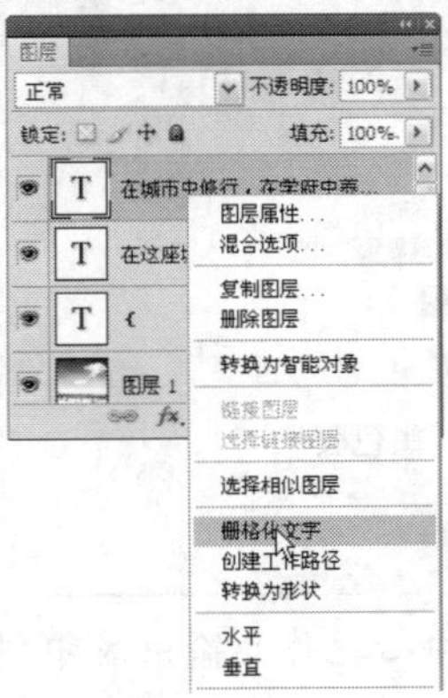

图 1-54

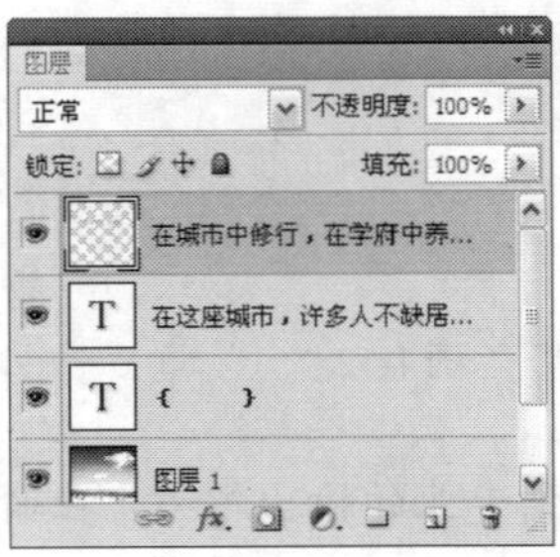

图 1-55

图 1-56

1.8.2 在 CorelDRAW 中转换文字

打开光盘中的“Ch01 > 效果 > 名片.cdr”文件。选择“挑选”工具，按住<Shift>键的同时，单击输入的文字将其同时选取，如图 1–57 所示。选择“排列 > 转换为曲线”命令，将文字转换为曲线，如图 1–58 所示。按<Ctrl>+<S>组合键，将文件保存。

图 1-57

图 1-58

> **提示：**将文字转换为曲线，就是将文字转换为图形。这样，在输出中心就不会出现文字的匹配问题，在胶片上也不会形成乱码。

1.9 印前检查

在 CorelDRAW 中，可以对设计制作好的名片进行印前的常规检查。

打开光盘中的“Ch01 > 效果 > 名片.cdr”文件，效果如图 1–59 所示。选择“文件 > 文档属性”命令，在弹出的对话框中可查看文件、文档、图形对象、文本统计、位图对象、样式、效果、填充、轮廓等多方面的信息，如图 1–60 所示。

图 1-59

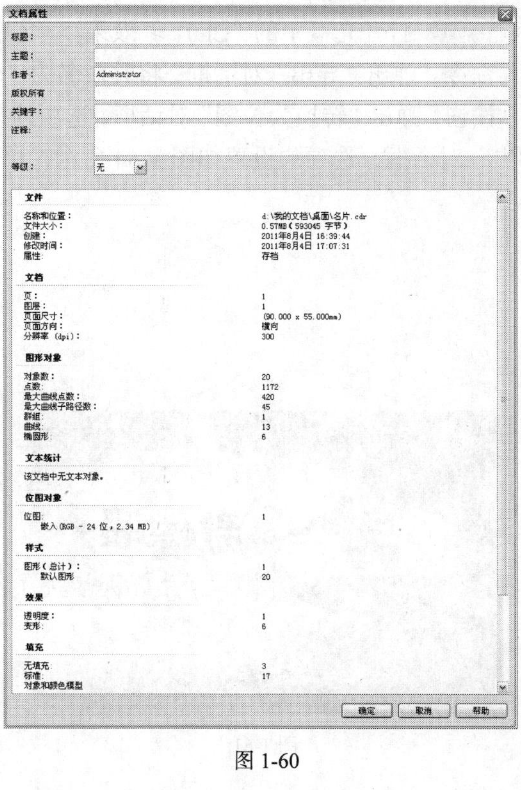

图 1-60

在“文件”信息组中可查看文件的名称和位置、大小、创建和修改日期、属性等信息。

在“文档”信息组中可查看文件的页码、图层、页面大小、方向及分辨率等信息。

在“图形对象”信息组中可查看对象的数目、点数、曲线、矩形、椭圆等信息。

在“文本统计”信息组中可查看文档中的文本对象信息。

在“位图对象”信息组中可查看文档中导入位图的色彩模式、文件大小等信息。

在“样式”信息组中可查看文档中图形的样式等信息。

在“效果”信息组中可查看文档中图形的效果等信息。

在“填充”信息组中可查看未填充、均匀、对象和颜色模型等信息。

在“轮廓”信息组中可查看无轮廓、均匀、按图像大小缩放、对象和颜色模型等信息。

提示：如果在 CorelDRAW 中，已经将设计作品中的文字转成曲线，那么在“文本统计”信息组中，将显示“文档中无文本对象”信息。

1.10 小样

在 CorelDRAW 中，设计制作完成客户的任务后，可以方便地给客户看设计完成稿的小样，下面讲解小样电子文件的导出方法。

1.10.1 带出血的小样

Step 01 打开光盘中的“Ch01 > 效果 > 名片.cdr”文件，效果如图 1-61 所示。选择“文件 > 导出”命令，弹出“导出”对话框，将其命名为“名片”，导出为 JPG 格式，如图 1-62 所示。单击“导出”按钮，弹出“转换为位图”对话框，选项的设置如图 1-63 所示。单击“确定”按钮，弹出“JPEG 导出”对话框，选项的设置如图 1-64 所示，单击“确定”按钮导出图形。

图 1-61

图 1-62

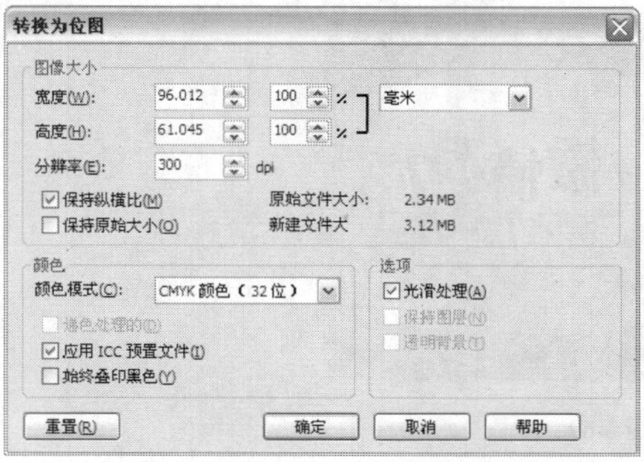

图 1-63

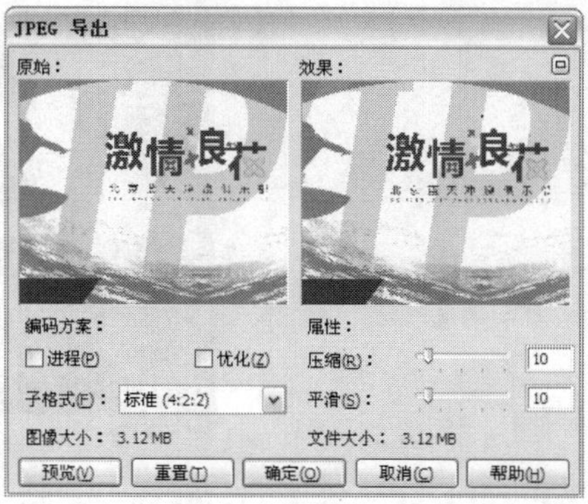

图 1-64

Step 02 导出图形在桌面上的图标如图 1-65 所示。可以通过电子邮件的方式把导出的 JPG 格式小样发给客户观看，客户可以在看图软件中打开观看，效果如图 1-66 所示。

图 1-65

图 1-66

提示：一般给客户观看的作品小样都导出为 JPG 格式，JPG 格式的图像压缩比例大，文件量小，有利于通过电子邮件的方式发给客户。

1.10.2　成品尺寸的小样

Step 01 打开光盘中的"Ch01 > 效果 > 名片.cdr"文件，效果如图 1-67 所示。选择"挑选"工具，按<Ctrl>+<A>组合键，将页面中的所有图形同时选取，如图 1-68 所示。按<Ctrl>+<G>组合键将其群组，效果如图 1-69 所示。

图 1-67

图 1-68

图 1-69

Step 02 双击“矩形”工具，系统自动绘制一个与页面大小相等的矩形，绘制的矩形大小就是名片成品尺寸的大小。按<Shift>+<PageUp>组合键，将其置于最上层，效果如图 1-70 所示。选择“挑选”工具，选取群组后的图形，如图 1-71 所示。

图 1-70

图 1-71

Step 03 选择“效果 > 图框精确剪裁 > 放置在容器中”命令，鼠标指针变为黑色箭头形状，在矩形框上单击，如图 1-72 所示。将名片置入到矩形中，效果如图 1-73 所示。在“CMYK 调色板”中的“无填充”按钮⊠上单击鼠标右键，去掉矩形的轮廓线，效果如图 1-74 所示。成品尺寸的名片效果如图 1-75 所示。

图 1-72

图 1-73

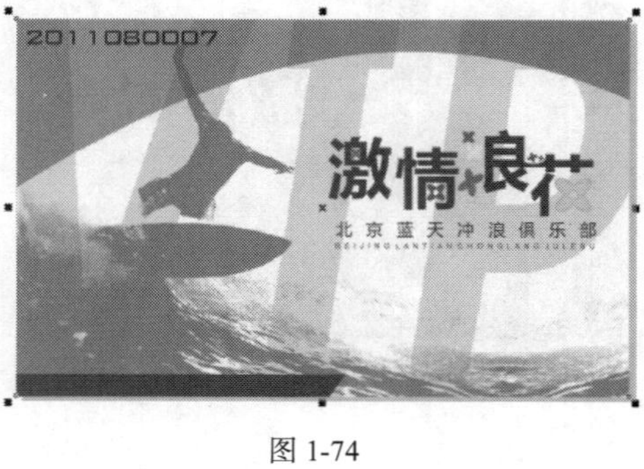

图 1-74

图 1-75

Step 04 选择“文件 > 导出”命令，弹出“导出”对话框，将其命名为“名片-成品尺寸”，导出为 JPG 格式，如图 1-76 所示。单击“导出”按钮，弹出“转换为位图”对话框，选项的设置如图 1-77 所示。单击“确定”按钮，弹出“JPEG 导出”对话框，选项的设置如图 1-78 所示，单击“确定”按钮，导出成品尺寸的名片图像。可以通过电子邮件的方式把导出的 JPG 格式小样发给客户，客户可以在看图软件中打开观看，效果如图 1-79 所示。

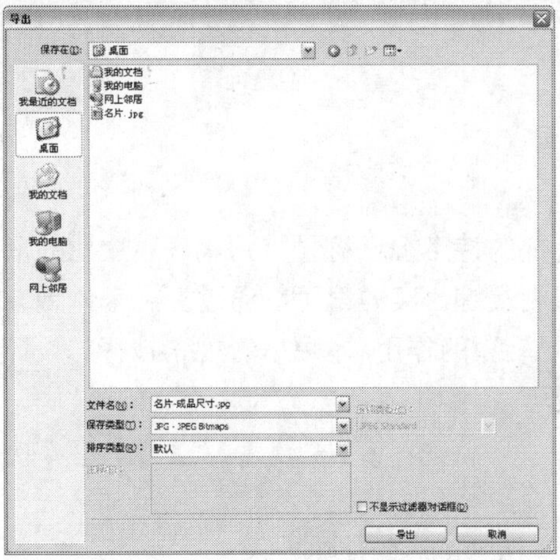

图 1-76

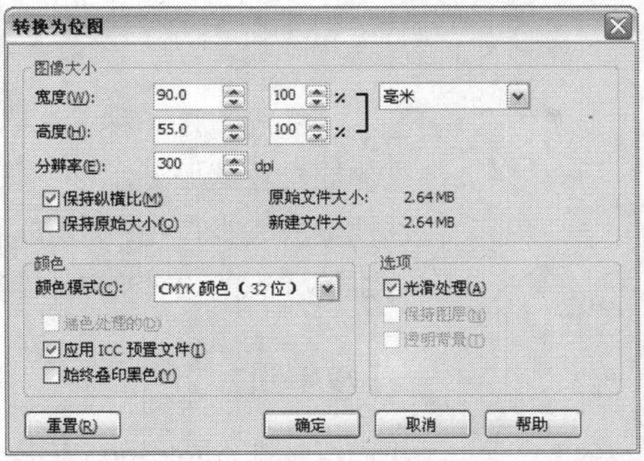

图 1-77

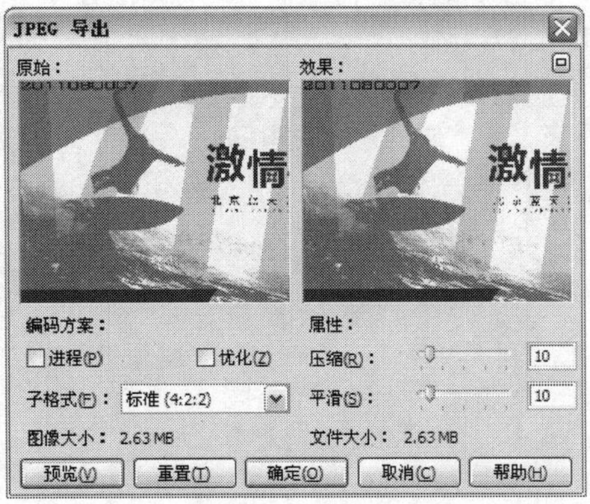

图 1-78

图 1-79

第2章 标志设计

标志，是一种传达事物特征的特定视觉符号，它代表着企业的形象和文化。企业的服务水平、管理机制及综合实力都可以通过标志来体现。在企业视觉战略推广中，标志起着举足轻重的作用。本章以影视科技标志设计为例，讲解标志的设计方法和制作技巧。

【教学目标】

- 在 Photoshop 软件中制作标志图形的立体效果。
- 在 CorelDRAW 软件中制作标志和标准字。

2.1 影视科技标志设计

案例学习目标：学习在 CorelDRAW 中添加网格制作标志，添加并编辑文字节点制作标准字。在 Photoshop 中为标志添加样式制作标志的立体效果。

案例知识要点：在 CorelDRAW 中，使用长方形工具、焊接命令、贝塞尔工具和移除前面对象命令制作电视图形；使用椭圆工具“移除前面对象”和形状工具绘制“e”图形；使用文本工具和形状工具制作标准字。在 Photoshop 中，使用图层样式命令制作标志图形的立体效果。影视科技标志效果如图 2-1 所示。

效果所在位置：光盘/Ch02/效果/影视科技标志设计/影视科技标志.tif。

图 2-1

CorelDRAW 应用

2.1.1 制作电视图形

Step 01 打开 CorelDRAW X4 软件，按<Ctrl>+<N>组合键，新建一个 A4 页面。按<Ctrl>+<J>组合键，弹出“选项”对话框，在“网格”选项面板中，设置“频率”选项的水平和垂直数值均为 1，勾选“显示网格”复选框，如图 2-2 所示。选择“间距”单选项，设置水平和垂直数值均为 1，如图 2-3 所示。单击“确定”按钮，页面中显示出设置好的网格。

图 2-2

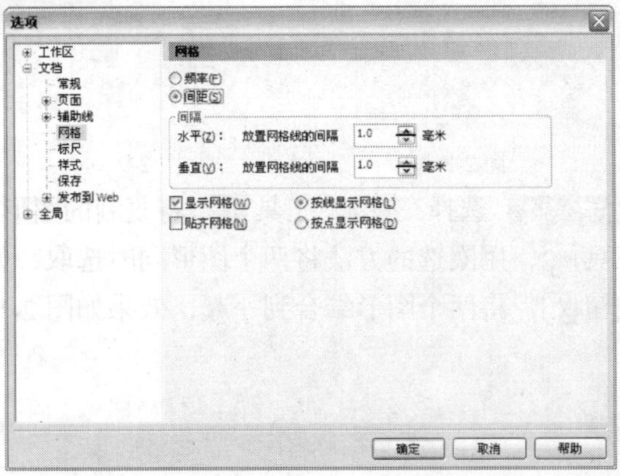

图 2-3

提示：网格可以辅助绘制图形。在“网格”选项面板中，“频率”选项可以设置网格的密度，“间距”选项可以设置网格点的间距。勾选“显示网格”复选框可以直接在文档中显示网格。勾选“对齐网格”复选框可以使绘制的图形自动对齐网格点。网格点设置要合理，如果密度太大，会限制图形对象移动或变形的操作。

Step 02 选择“矩形”工具，绘制一个长方形，在属性栏中的设置如图 2-4 所示，按<Enter>键，效果如图 2-5 所示。按<Ctrl>+<Q>组合键，将长方形转换成曲线，如图 2-6 所示。选择“形状”工具，选取需要的节点并拖曳节点到适当的位置，如图 2-7 所示。选择“挑选”工具，按数字键盘上的<+>键复制图形，并将其拖曳到页面的空白区域。

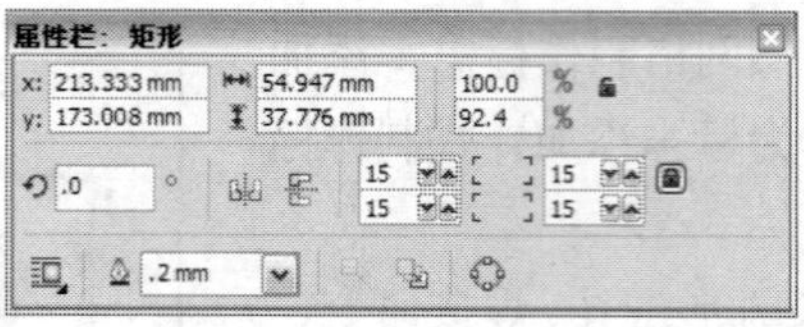

图 2-4

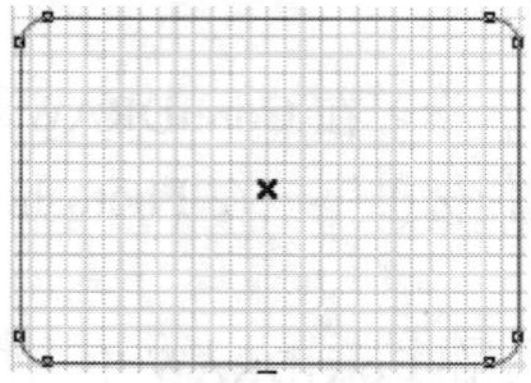
图 2-5

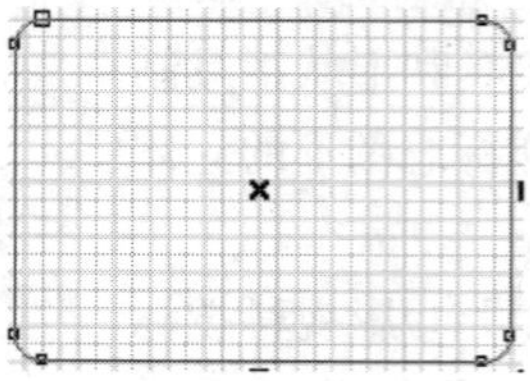
图 2-6

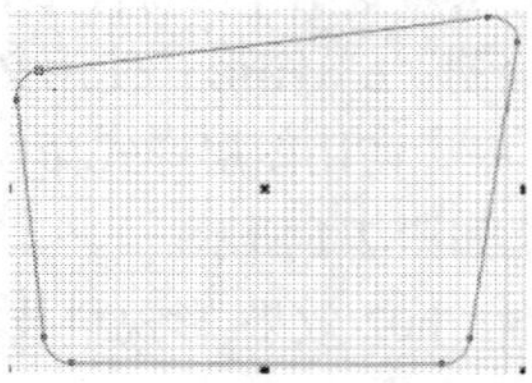
图 2-7

Step 03 选择“3 点椭圆”工具，绘制 4 个椭圆形，如图 2-8 所示。选择“3 点矩形”工具，绘制 3 个长方形，如图 2-9 所示。选择“挑选”工具，用圈选的方法将长方形和椭圆形同时选取，如图 2-10 所示。单击属性栏中的“焊接”按钮，将长方形和椭圆形焊接成一个图形，效果如图 2-11 所示。

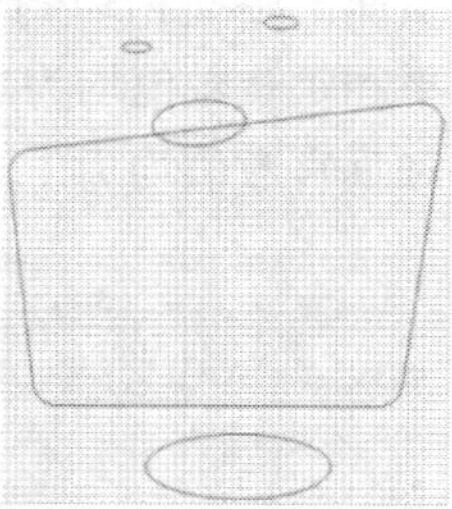
图 2-8

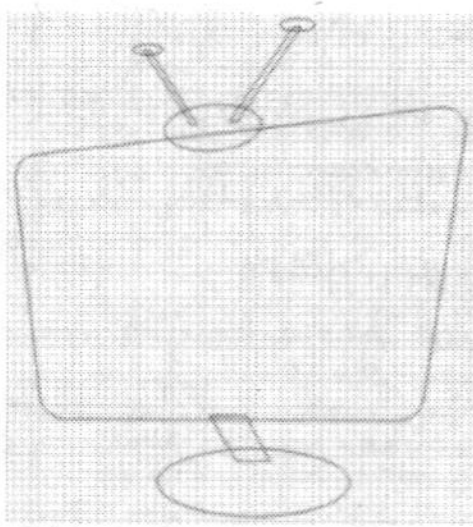
图 2-9

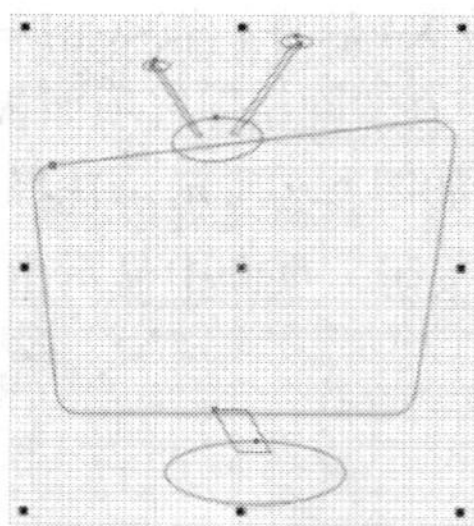
图 2-10

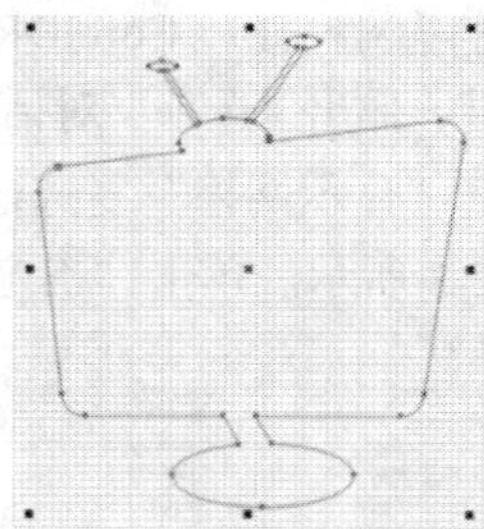
图 2-11

Step 04 选择“挑选”工具，将复制的图形拖曳到适当的位置，如图 2-12 所示。选择“挑选”工具，用圈选的方法将两个图形同时选取，如图 2-13 所示。单击属性栏中的“移除前面对象”按钮，将两个图形结合到一起，效果如图 2-14 所示。

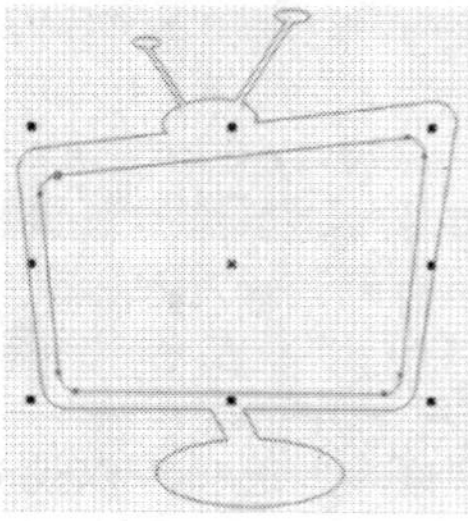
图 2-12

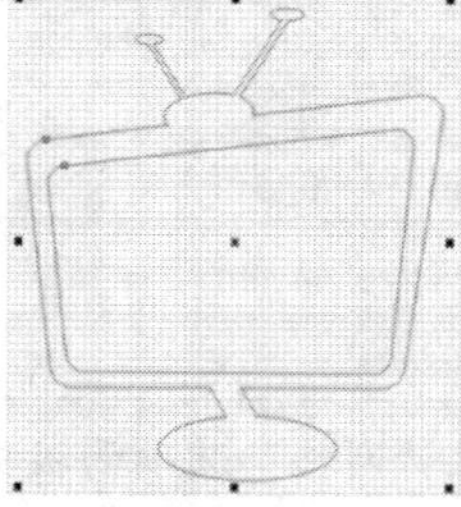
图 2-13

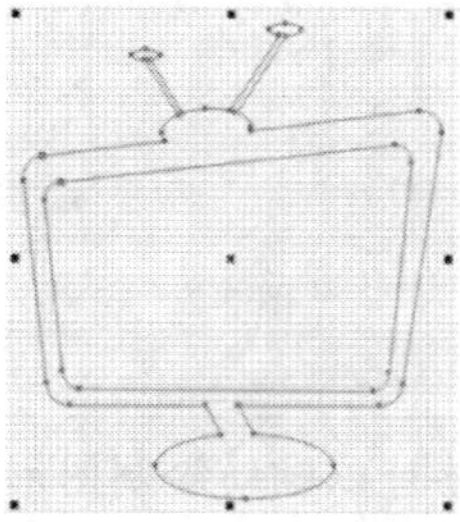
图 2-14

Step 05 选择“贝塞尔”工具，绘制一个不规则图形，如图 2-15 所示。选择“挑选”工具，用圈选的方法将图形同时选取，如图 2-16 所示。单击属性栏中的“移除前面对象”按钮，将图形剪切为一个图形，如图 2-17 所示。保持图形的选取状态，设置图形颜色的 CMYK 值为 0、60、

100、0，填充图形，并去除图形的轮廓线，效果如图 2-18 所示。

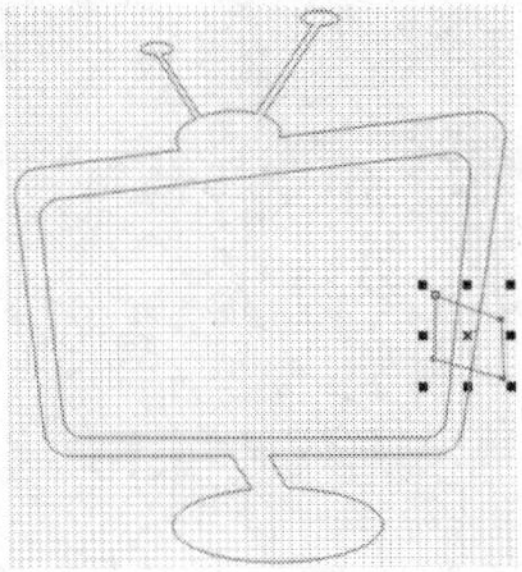

图 2-15

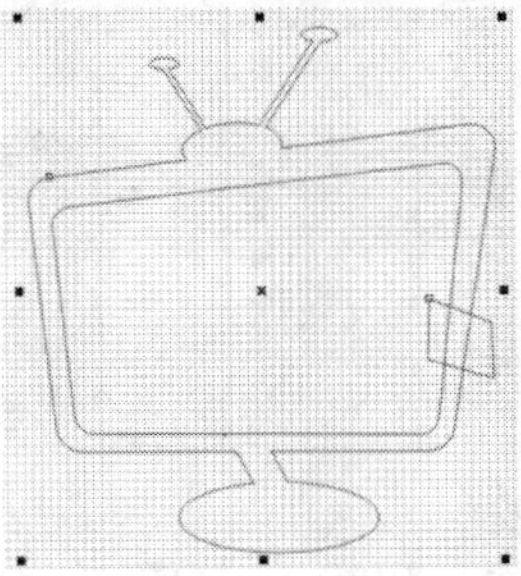

图 2-16

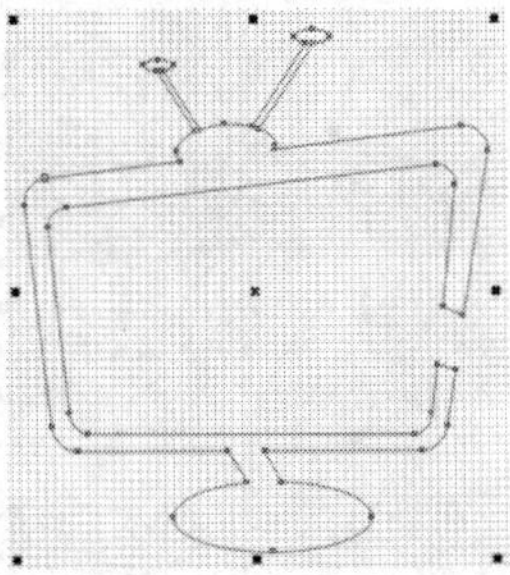

图 2-17

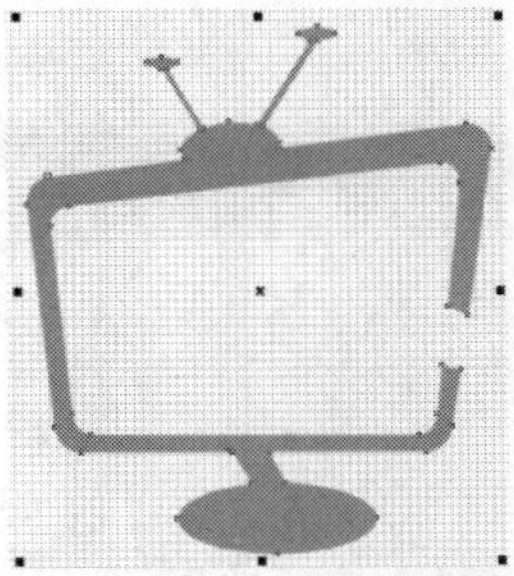

图 2-18

Step 06 选择“贝塞尔”工具，在适当的位置绘制一个不规则图形，如图 2-19 所示。保持图形的选取状态，设置图形颜色的 CMYK 值为 0、60、100、0，填充图形，并去除图形的轮廓线，效果如图 2-20 所示。

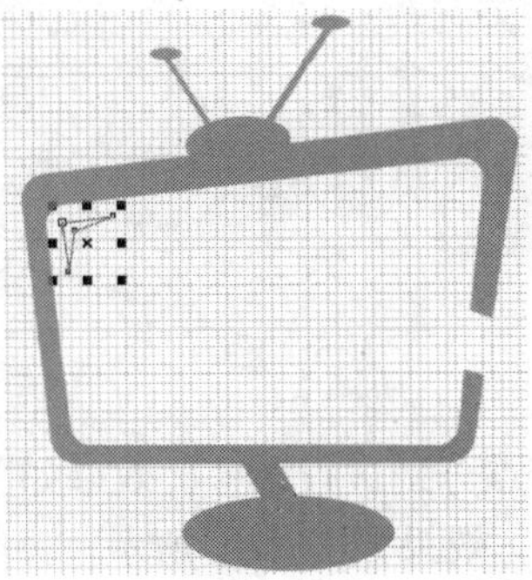

图 2-19

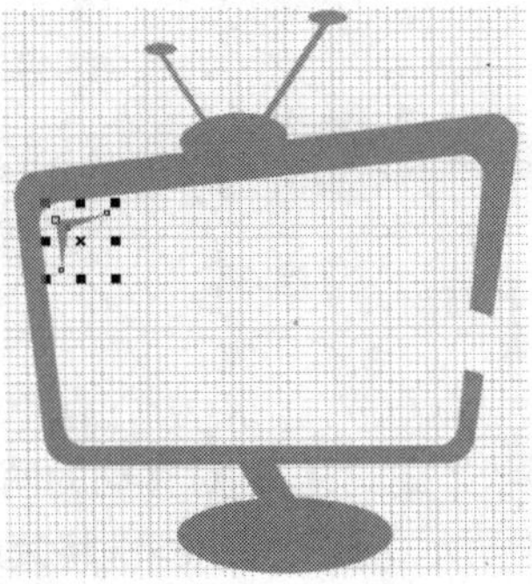

图 2-20

2.1.2　制作“e”图形

Step 01 选择“椭圆形”工具，按住<Ctrl>键绘制一个圆形，如图 2-21 所示。按住<Shift>键，向内拖曳圆形右上角的控制手柄到适当的位置，单击鼠标右键，图形的同心圆效果如图 2-22 所示。

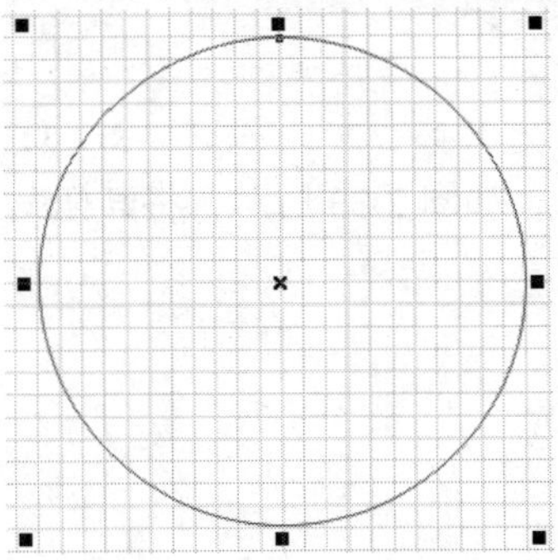

图 2-21

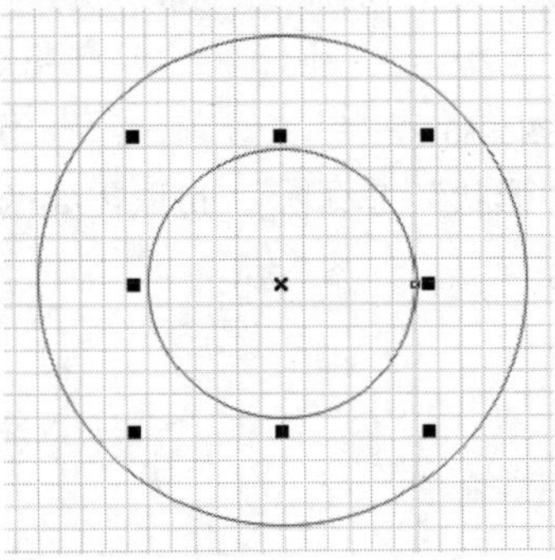

图 2-22

Step 02 选择“挑选”工具，用圈选的方法将两个圆形同时选取，单击属性栏中“移除前面对象”按钮，将两个图形剪切为一个图形，如图 2-23 所示。选择“矩形”工具，在适当的位置绘制一个矩形，如图 2-24 所示。选择“挑选”工具，将矩形和剪切后的图形同时选取，单击属性栏中“移除前面对象”按钮，效果如图 2-25 所示。

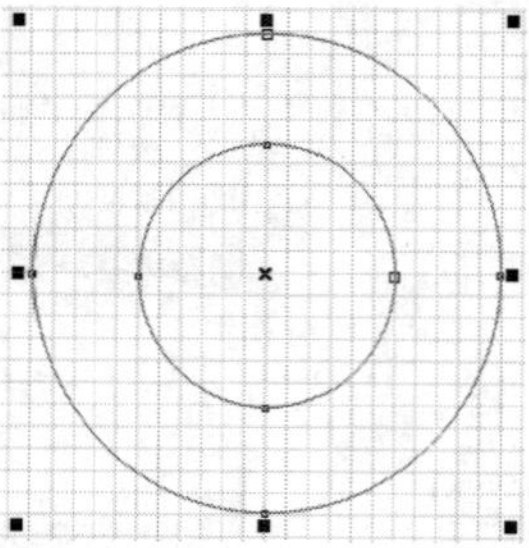

图 2-23

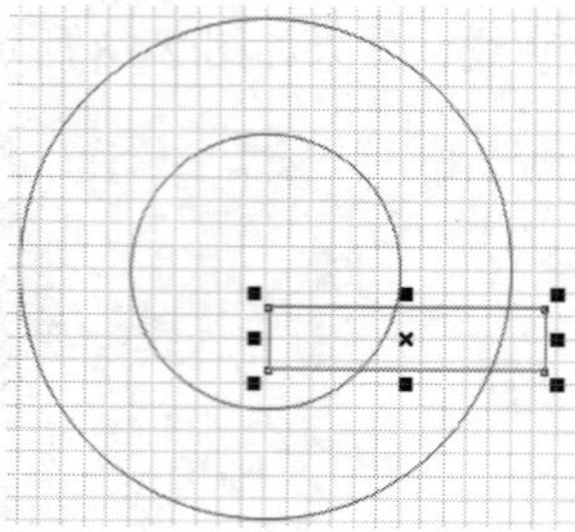

图 2-24

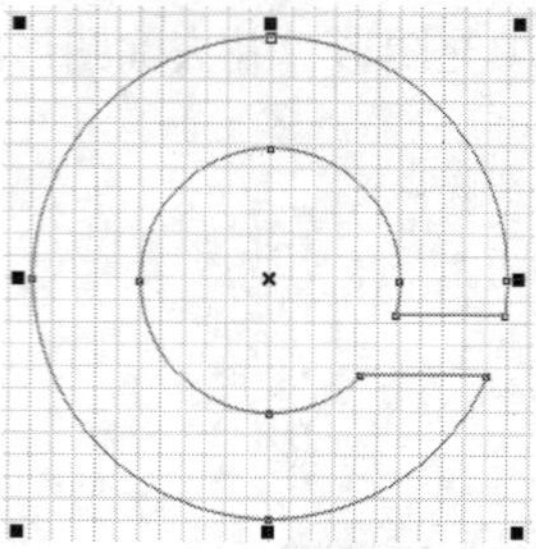

图 2-25

Step 03 选择“形状”工具，选取需要的节点，如图 2-26 所示。按住<Ctrl>键，水平向左拖曳节点到适当位置，效果如图 2-27 所示。选择“形状”工具，选取需要的节点，如图 2-28 所示。拖曳该节点到适当的位置，效果如图 2-29 所示。

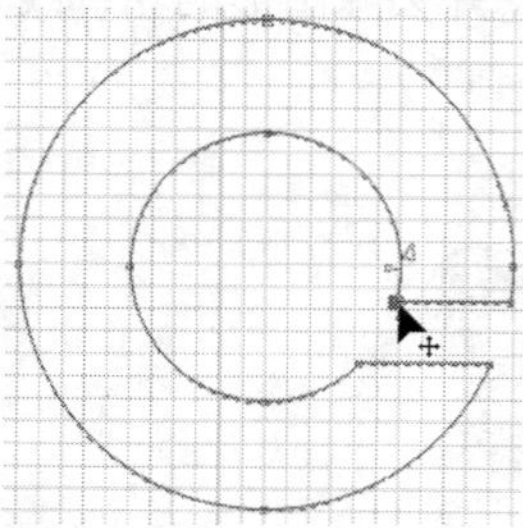

图 2-26

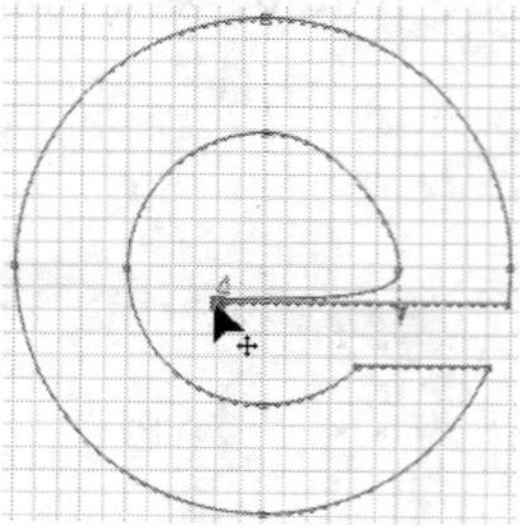

图 2-27

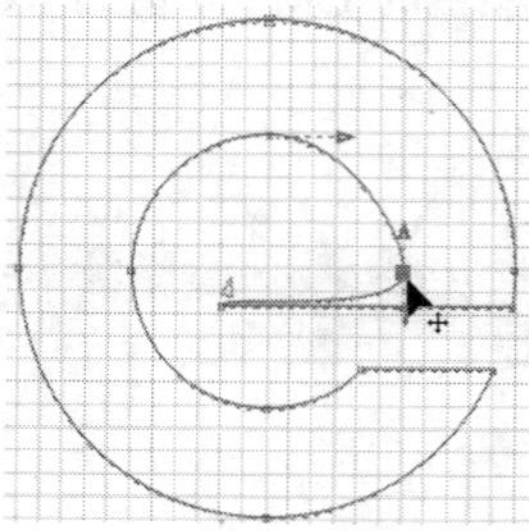

图 2-28

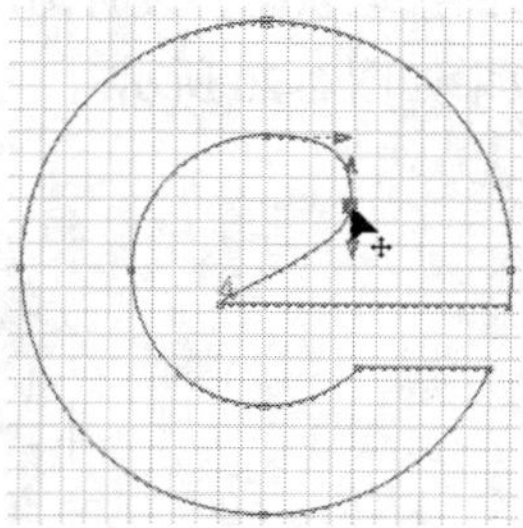

图 2-29

Step 04 选择“形状”工具，对移动的两个节点分别进行调整，效果如图 2-30 所示。选取需要的节点，如图 2-31 所示，按<Delete>键将其删除，效果如图 2-32 所示。

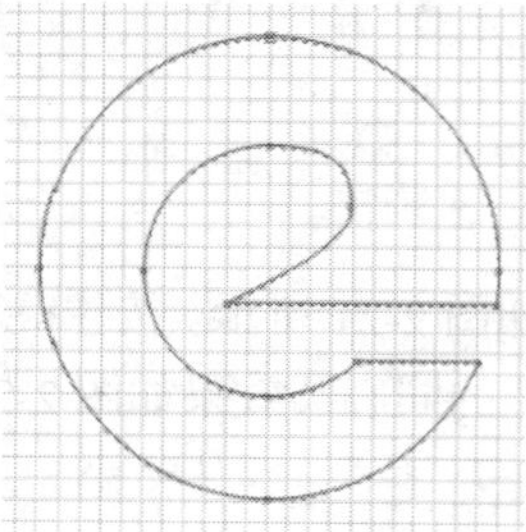

图 2-30

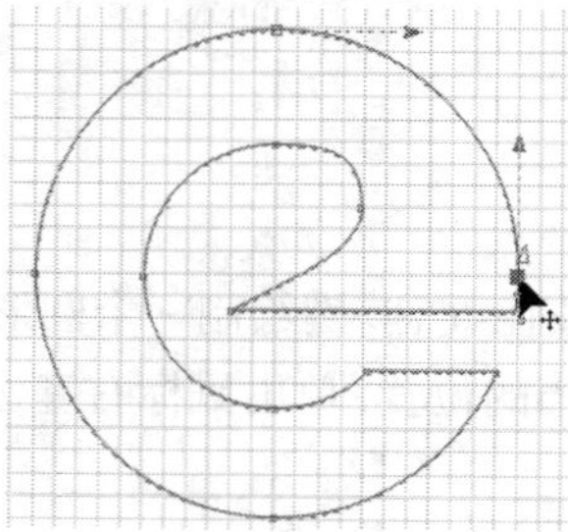

图 2-31

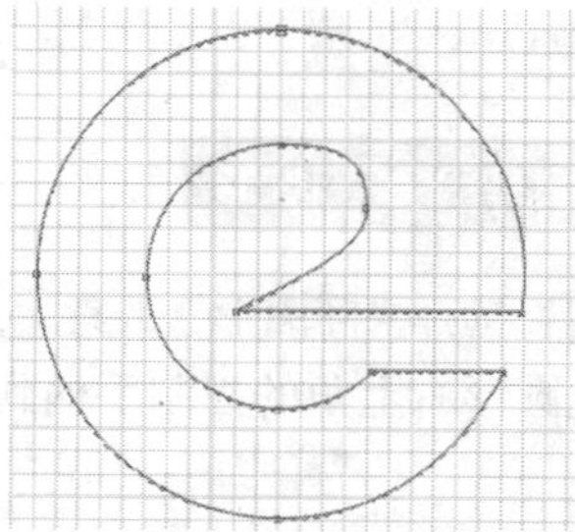

图 2-32

Step 05 选择“形状”工具，选取需要的节点，如图 2-33 所示，将其拖曳到适当的位置，效果如图 2-34 所示。

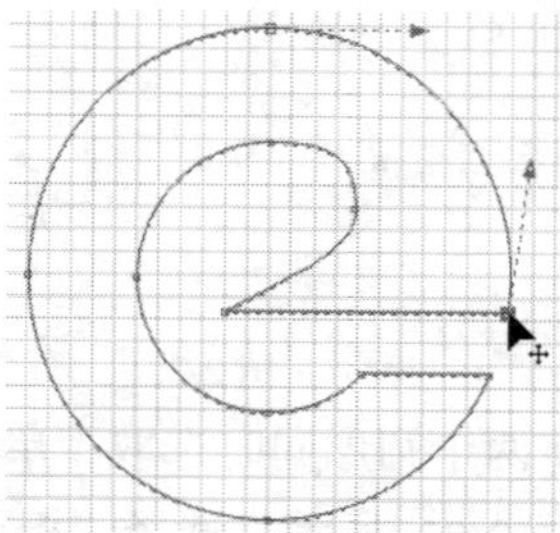

图 2-33

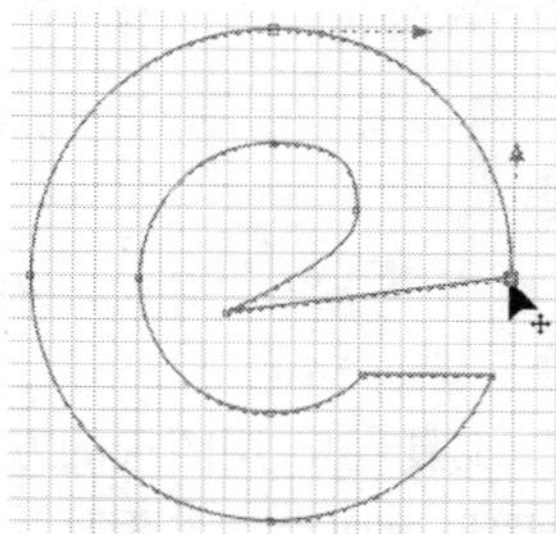

图 2-34

Step 06 选择“挑选”工具，在属性栏中的“旋转角度”文本框中输入数值为 350，按<Enter>键，效果如图 2-35 所示。选择“形状”工具，选取需要的节点，如图 2-36 所示，将其拖曳到适当的位置，效果如图 2-37 所示。

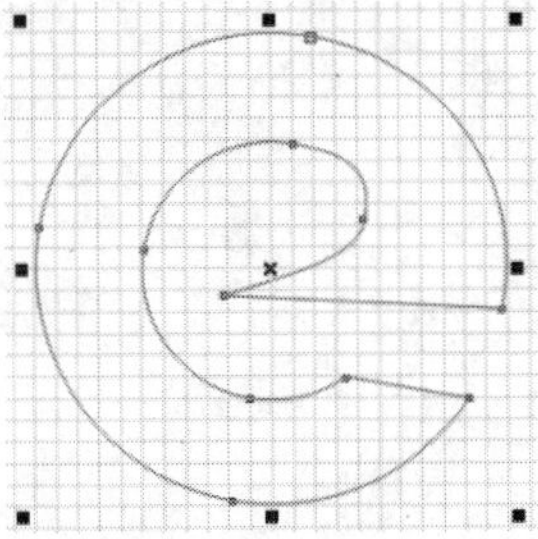

图 2-35

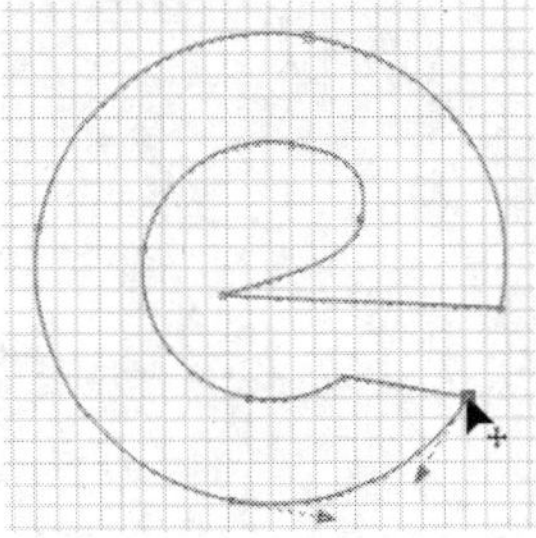

图 2-36

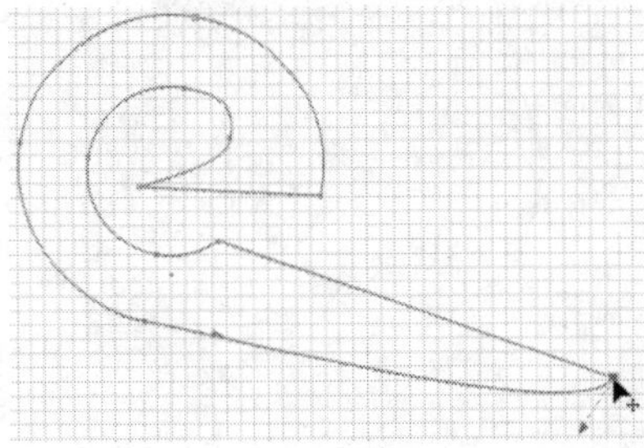

图 2-37

Step 07 选择“形状”工具，选取需要的节点，如图 2-38 所示，按<Delete>键将其删除，效果如图 2-39 所示。

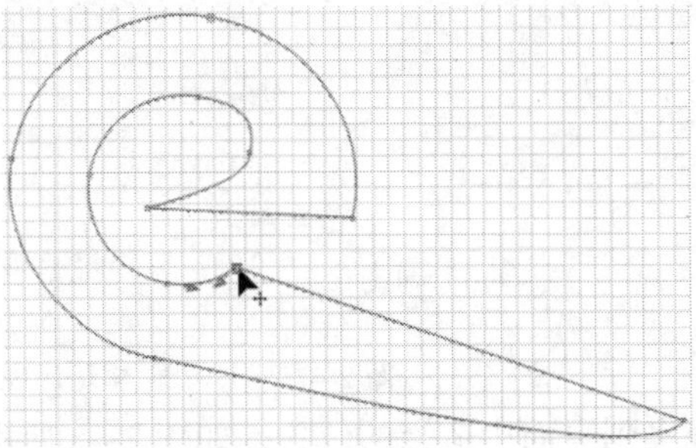

图 2-38

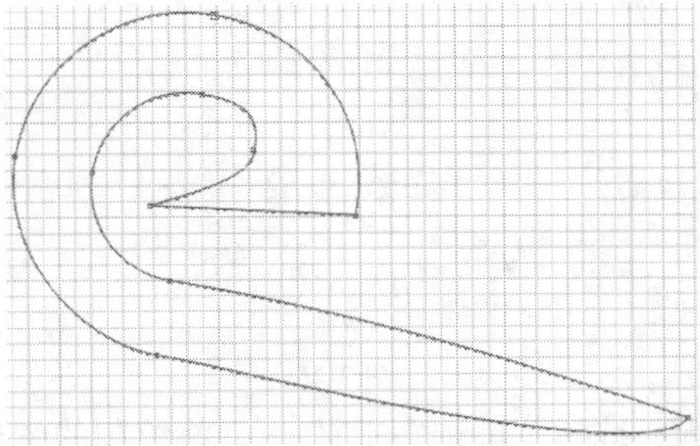

图 2-39

Step 08 选择“形状”工具，选取需要的节点，节点周围出现两条控制线，如图 2-40 所示。将鼠标指针放在上方控制线的控制点上，如图 2-41 所示。拖曳控制点到适当的位置，效果如图 2-42 所示。选取节点左侧的节点，将其右侧控制线上的控制点拖曳到适当的位置，效果如图 2-43 所示。

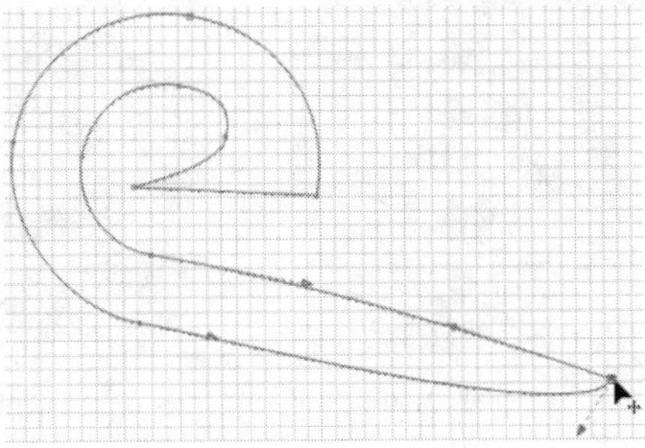

图 2-40

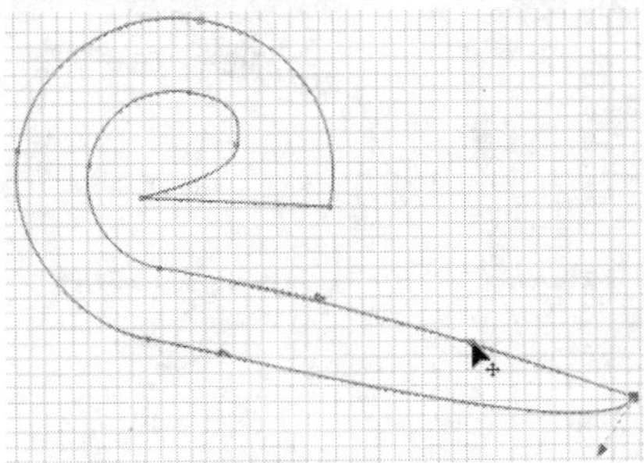

图 2-41

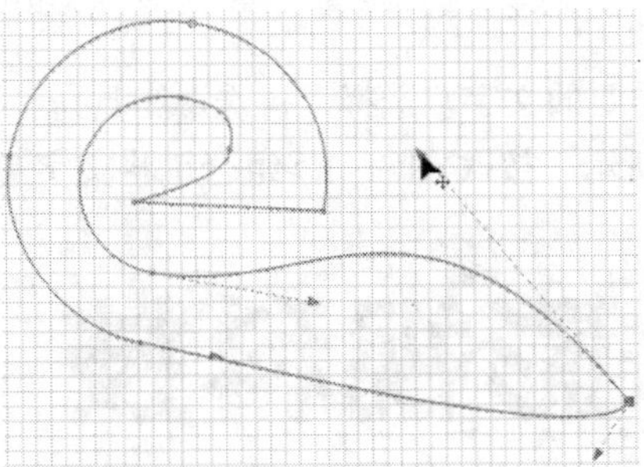

图 2-42

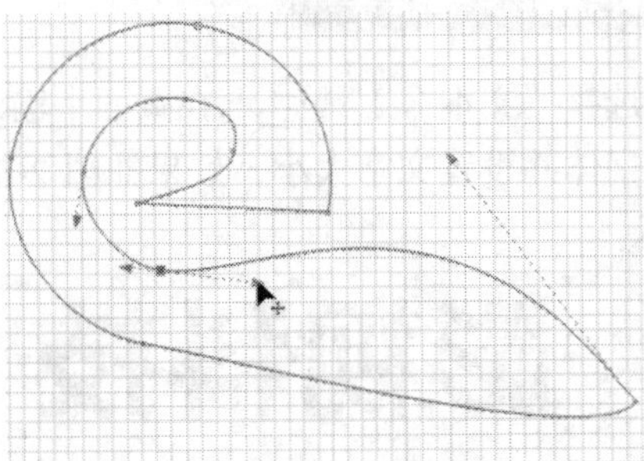

图 2-43

Step 09 选择“形状”工具，选取控制线上的控制点，如图 2-44 所示。拖曳控制点到适当的位置，效果如图 2-45 所示。选取节点左侧的节点，如图 2-46 所示，将其拖曳到适当的位置并调整控制线上的控制点到适当的位置，效果如图 2-47 所示。

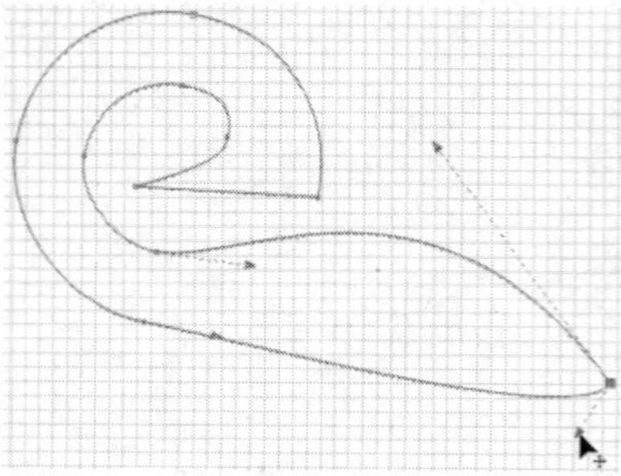

图 2-44

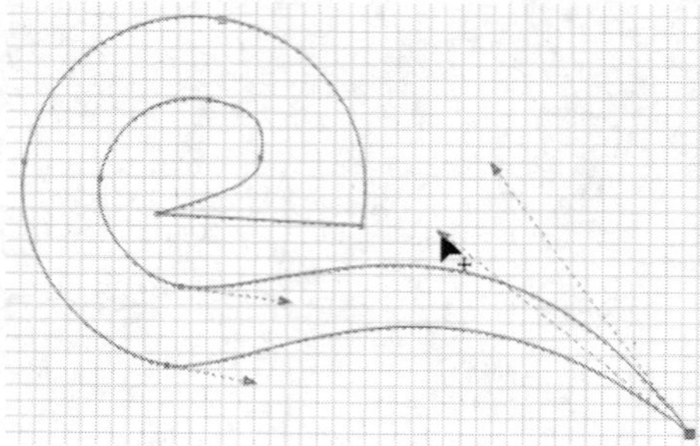

图 2-45

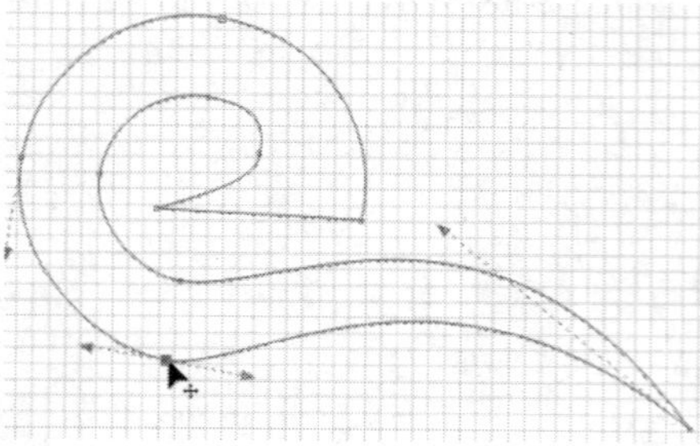

图 2-46

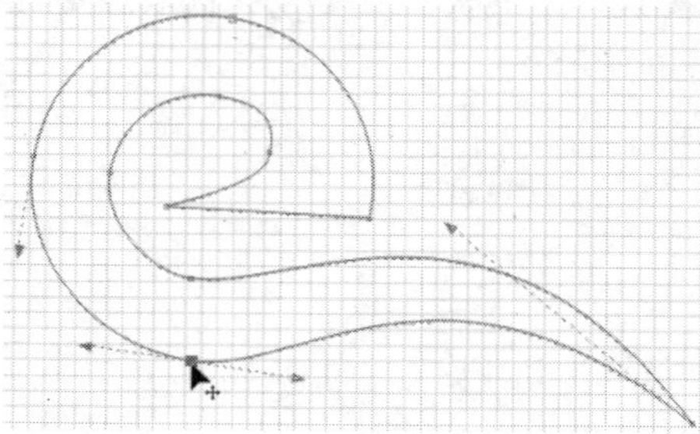

图 2-47

Step 10 选择“挑选”工具，将绘制的图形拖曳到页面中适当的位置，如图 2-48 所示。再次单击图形，使其处于旋转状态，将图形旋转到适当的位置，效果如图 2-49 所示。设置图形颜色的 CMYK 值为 0、60、100、0，填充图形，并去除图形的轮廓线，效果如图 2-50 所示。按<Esc>键取消图形的选取状态，效果如图 2-51 所示。选择“视图 > 网格”命令，将网格隐藏。

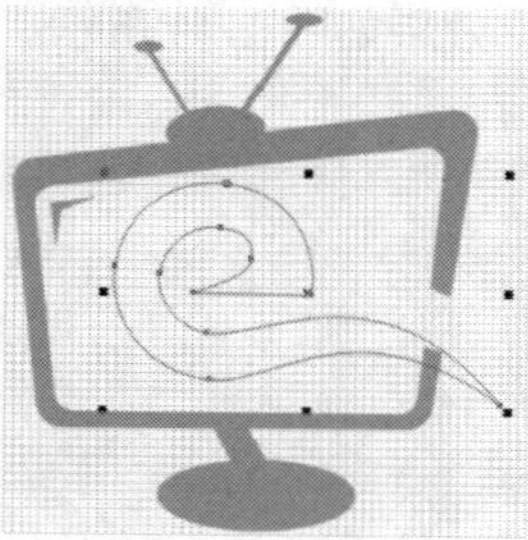

图 2-48

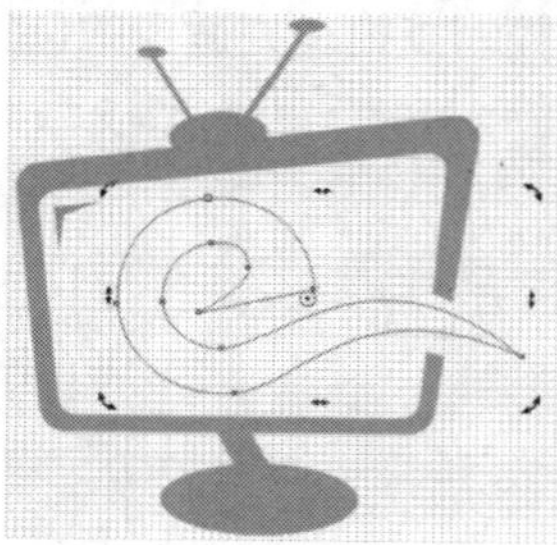

图 2-49

图 2-50

图 2-51

2.1.3 添加并编辑标准字

Step 01 选择“文本”工具，在页面中输入需要的文字。选择“挑选”工具，在属性栏中选择合适的字体并设置文字大小，效果如图 2-52 所示。按<Ctrl>+<K>组合键将文字进行拆分，如图 2-53 所示。

图 2-52

图 2-53

Step 02 选择“挑选”工具，选取“影”字，按<Ctrl>+<Q>组合键将文字转换为曲线，如图 2-54 所示。选择“形状”工具，选取需要的节点，如图 2-55 所示，将其拖曳到适当的位置，如图 2-56 所示。用相同的方法将下方的节点拖曳到适当的位置，效果如图 2-57 所示。

图 2-54

图 2-55

图 2-56

图 2-57

提示：选择“排列 > 转换为曲线”命令或按<Ctrl>+<Q>组合键，可以将文本转换为曲线，转换后可以对文本进行任意变形。转换为曲线后的文本对象不会丢失其文本格式，但无法进行任何文本格式的编辑及修改。按<Ctrl>+<K>组合键，将转换为曲线的文字打散后，还可以与其他文字和图形组合成新的文字组合。

Step 03 选择“形状”工具，选取需要的节点，如图 2-58 所示，将其拖曳到适当的位置，如图 2-59 所示，松开鼠标，效果如图 2-60 所示。

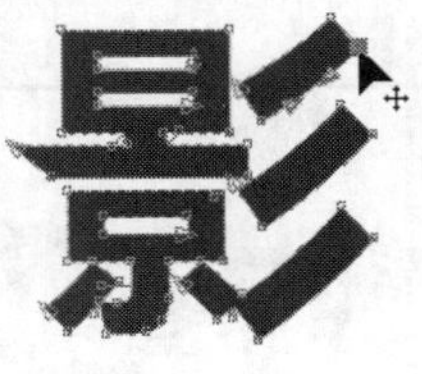
图 2-58

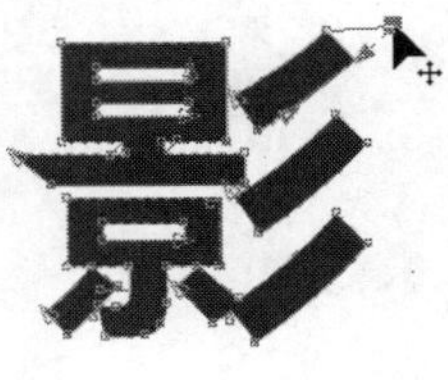
图 2-59

图 2-60

Step 04 选择“形状”工具，选取需要的节点，如图 2-61 所示，双击去掉节点，如图 2-62 所示。选取需要的节杆，如图 2-63 所示，将其拖曳到适当的位置，效果如图 2-64 所示。

图 2-61

图 2-62

图 2-63

图 2-64

Step 05 使用相同的方法，对“影”字的其他节点和其他文字进行编辑，效果如图 2-65 所示。

图 2-65

Step 06 选择“文本”工具字，在页面中输入需要的文字。选择“挑选”工具，在属性栏中选择合适的字体并设置文字大小，效果如图 2-66 所示。将需要的文字同时选取，拖曳到标志图形的右侧，效果如图 2-67 所示。

图 2-66

图 2-67

Step 07 选择“文件 > 导出”命令，弹出“导出”对话框，将其命名为“标志导出图”，保存为 PSD 格式。单击“导出”按钮，弹出“转换为位图”对话框，单击“确定”按钮，导出为 PSD 格式。

Photoshop 应用

2.1.4 添加标志图形

Step 01 打开 Photoshop CS4 软件，按<Ctrl> + <N>组合键，新建一个文件：宽度为 21cm，高度为 21cm，分辨率为 300 像素/英寸，颜色模式为 RGB，背景内容为白色。

Step 02 按<Ctrl> + <O>组合键，打开光盘中的“Ch02 > 效果 > 影视科技标志设计 > 标志导出图”文件，选择“矩形选框”工具，在图像窗口中绘制矩形选区，如图 2-68 所示。选择“移动”工具，将选区中的图像拖曳到图像窗口中，按<Ctrl>+<T>组合键，图像周围出现控制手柄，向外拖曳控制手柄调整其大小，效果如图 2-69 所示，在“图层”控制面板中生成新的图层“图层 1”。

图 2-68

图 2-69

Step 03 选择“矩形选框”工具，在打开的素材图片中绘制矩形选区，如图 2-70 所示。选择“移动”工具，将选区中的图像拖曳到图像窗口中，按<Ctrl>+<T> 组合键，图像周围出现控制手柄，向外拖曳控制手柄调整其大小，效果如图 2-71 所示，在“图层”控制面板中生成新的图层“图层 2”。

图 2-70

图 2-71

提示： 如果将当前图像中选区内的图像移动到另一张图像中，只要使用移动工具将选区中的图像拖曳到另一张图像中即可。

2.1.5 制作标志立体效果

Step 01 在“图层”控制面板中，按住<Shift>键的同时，选中“图层 1”和“图层 2”，按<Ctrl>+<E>组合键，合并图层并将其命名为“标志”。单击“图层”控制面板下方的“添加图层样式”按钮 fx，在弹出的菜单中选择“投影”命令，弹出对话框，选项的设置如图 2-72 所示。单击“确定”按钮，效果如图 2-73 所示。

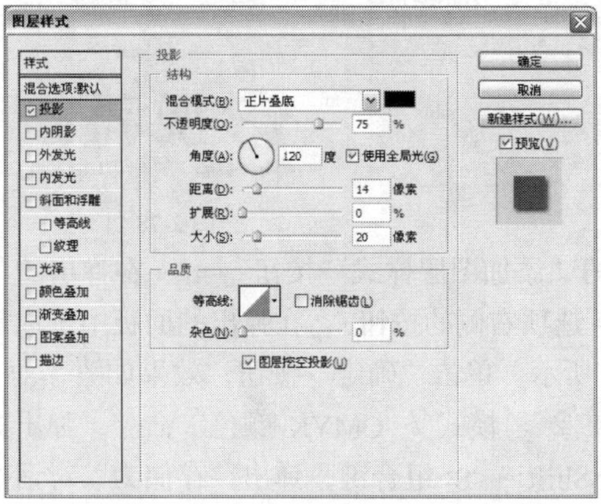

图 2-72

图 2-73

Step 02 单击“图层”控制面板下方的“添加图层样式”按钮 fx，在弹出的菜单中选择“斜面和浮雕”命令，弹出对话框，将“高亮颜色”设为白色，“阴影颜色”设置为黑色，其他选项的设置如图 2-74 所示。单击“确定”按钮，效果如图 2-75 所示。

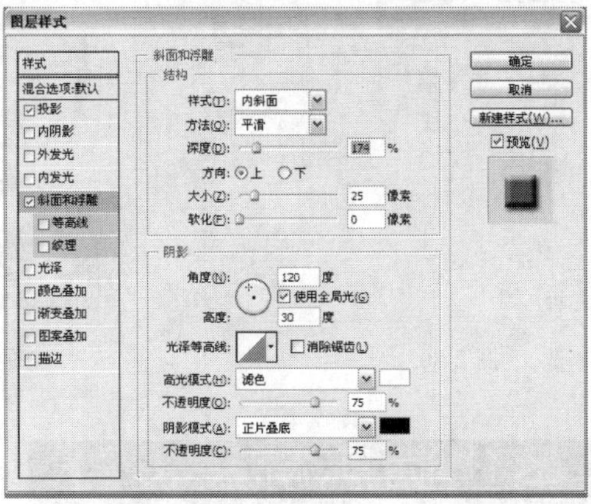

图 2-74

图 2-75

Step 03 单击“图层”控制面板下方的“添加图层样式”按钮 fx，在弹出的菜单中选择“渐变叠加”命令，弹出对话框。单击“点按可编辑渐变”按钮，弹出“渐变编辑器”对话框，在“位置”选项中分别输入 0、10、50、59、69、100 几个位置点，分别设置这几个位置点颜色的 RGB 值为：0（107、49、7），10（204、102、41），50（255、241、233），59（126、58、7），69（230、103、0），100（252、167、130），如图 2-76 所示。单击“确定”按钮，返回到“渐变叠加”对话框，其他选项的设置如图 2-77 所示。单击“确定”按钮，效果如图 2-78 所示。

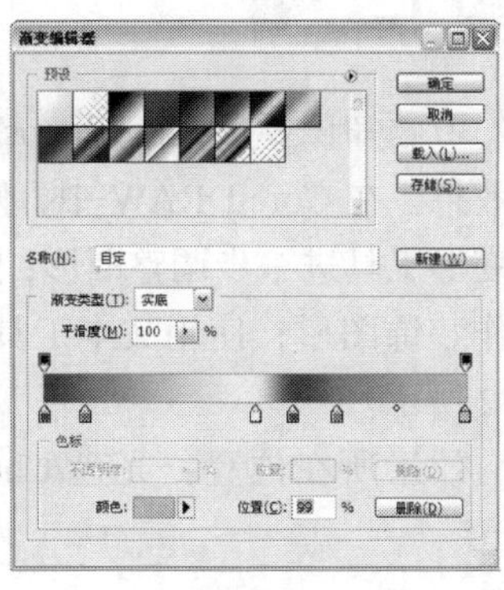

图 2-76

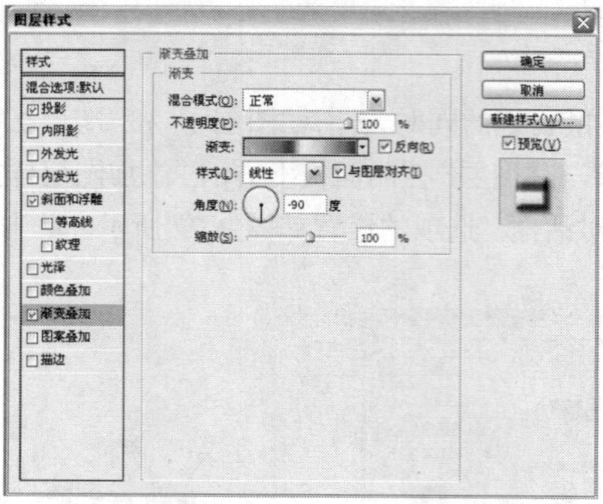

图 2-77

图 2-78

Step 04 单击“图层”控制面板下方的“添加图层样式”按钮 fx，在弹出的菜单中选择“光泽”命令，弹出对话框。单击“等高线”选项右侧的按钮，在弹出的面板中选取需要的图标，如图 2-79 所示，其他选项的设置如图 2-80 所示。单击“确定”按钮，效果如图 2-81 所示。

Step 05 标志设计制作完成。选择“图像 > 模式 > CMYK 颜色”命令，弹出提示对话框，单击“拼合”按钮，拼合图像。按<Ctrl>+<Shift>+<S>组合键，弹出“存储为”对话框，将制作好的图像命名为“影视科技标志”，保存为 TIFF 格式，单击“保存”按钮将图像保存。

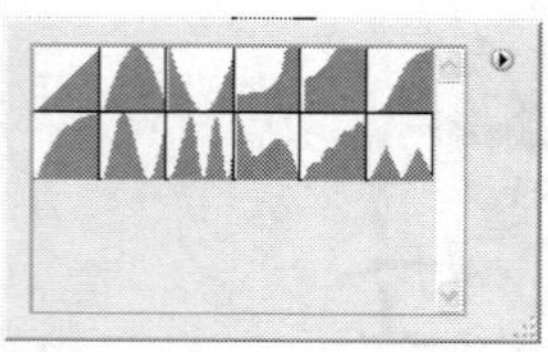

图 2-79

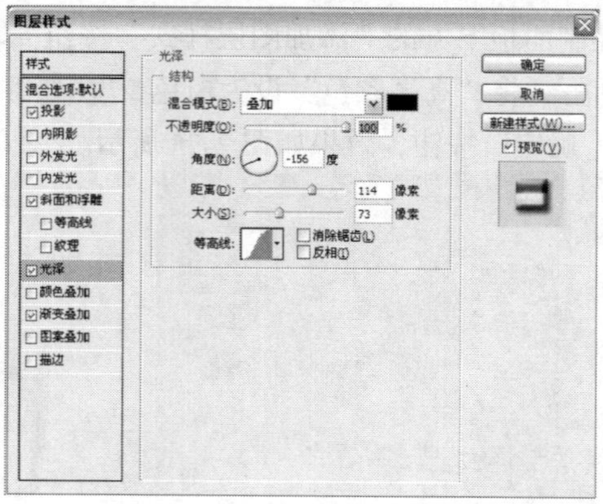

图 2-80

图 2-81

2.2 课后习题——圣华酒店标志设计

习题知识要点：在 Photoshop 中，使用图层样式命令制作标志的立体效果。在 CorelDRAW 中，使用艺术笔工具绘制标志图形；使用交互式变形工具进一步调整图形；使用椭圆工具、轮廓笔工具和后减前命令制作装饰图形；使用文本工具添加标志文字。圣华酒店标志效果如图 2-82 所示。

效果所在位置：光盘/Ch02/效果/圣华酒店标志设计/圣华酒店标志.tif。

图 2-82

第3章 卡片设计

卡片，是人们增进交流的一种载体，是传递信息、交流情感的一种方式。卡片的种类繁多，有邀请卡、祝福卡、生日卡、圣诞卡、新年贺卡等。本章以新年拜福贺卡为例，讲解贺卡正面和背面的设计方法和制作技巧。

【教学目标】

- 在 Photoshop 软件中制作贺卡正面和背面底图。
- 在 CorelDRAW 软件中制作祝福语和装饰图形。

3.1 新年拜福贺卡正面设计

案例学习目标：学习在 Photoshop 中添加放射状线条、火焰图形和装饰图形制作贺卡正面底图。在 CorelDRAW 中添加自定形状和自制花形制作祝福性文字；添加螺旋形和半透明圆形制作装饰图形。

案例知识要点：在 Photoshop 中，使用矩形工具和动作面板制作背景发光效果；使用色相/饱和度命令调整图片的颜色；使用图层样式命令为图片添加投影效果；使用多边形套索工具和羽化选区命令制作火焰效果；使用画笔工具制作装饰图形。在 CorelDRAW 中，使用形状工具对输入的祝福语进行编辑；使用自定形状工具、椭圆工具、交互式变形工具和移除前面对象命令制作祝福语效果；使用交互式变形工具制作装饰图形；使用交互式透明工具制作半透明圆形。新年拜福贺卡正面设计效果如图 3-1 所示。

效果所在位置：光盘/Ch03/效果/新年拜福贺卡正面设计/新年拜福贺卡正面.cdr。

图 3-1

Photoshop 应用

3.1.1 绘制贺卡正面背景效果

Step 01 按<Ctrl> + <N>组合键，新建一个文件：宽度为 20cm，高度为 12cm，分辨率为 300 像素/英寸，颜色模式为 RGB，背景内容为白色。

Step 02 选择“渐变”工具，单击属性栏中的“点按可编辑渐变”按钮，弹出“渐变编辑器”对话框，将渐变色设为从红色（其 R、G、B 的值分别为 254、22、15）到暗红色（其 R、G、B 的值分别为 146、13、2），如图 3-2 所示，单击“确定”按钮。单击属性栏中的“径向渐变”按钮，按住<Shift>键的同时，在选区中从上向下拖曳渐变色，效果如图 3-3 所示。

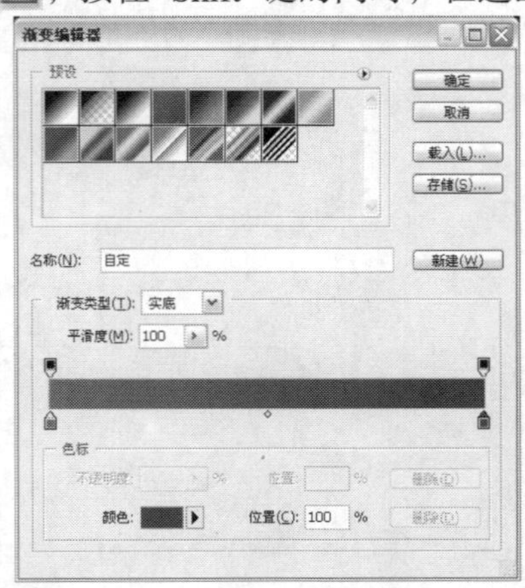

图 3-2

图 3-3

Step 03 新建图层并将其命名为“形状”。将前景色设为红色（其 R、G、B 的值分别为 255、28、10）。选择“矩形”工具，单击属性栏中的“路径”按钮，绘制一个矩形路径，如图 3-4 所示。按<Ctrl>+<T>组合键，路径周围出现控制手柄，按住<Ctrl>+<Shift>组合键的同时，向下拖曳左侧上方的控制手柄到适当的位置，按<Enter>键确认操作，使路径透视变形，效果如图 3-5 所示。按<Ctrl>+<Enter>组合键，将路径转换为选区，按<Alt>+<Delete>组合键，用前景色填充选区，如图 3-6 所示。按<Ctrl>+<D>组合键，取消选区。

图 3-4

图 3-5

图 3-6

Step 04 选择“移动”工具，将形状图形拖曳到图像窗口中适当的位置，如图 3-7 所示。选择“窗口 > 动作”命令，弹出“动作”面板，删除面板中所有的动作。单击“创建新动作”按钮，弹出“新建动作”对话框，选项的设置如图 3-8 所示，单击“记录”按钮，开始记录新动作。

图 3-7

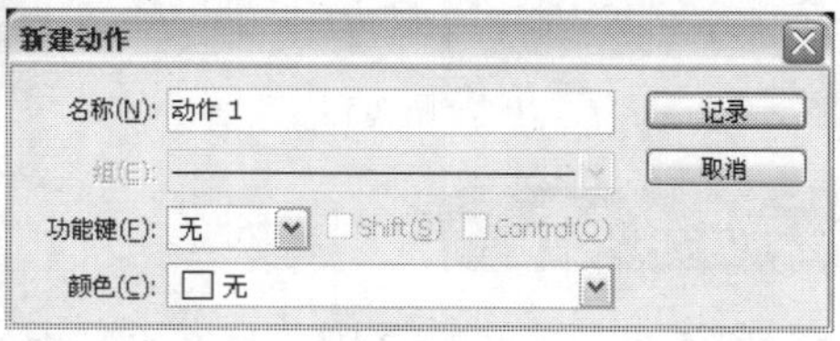

图 3-8

Step 05 将“形状”图层拖曳到“图层”控制面板下方的“创建新图层”按钮上进行复制，生成新的图层“形状副本”。按<Ctrl>+<T>组合键，图形周围出现控制手柄，将旋转中心拖曳到适当的位置，如图 3-9 所示。拖曳鼠标将复制的图形旋转到适当的角度，按<Enter>键确认操作，效果如图 3-10 所示。

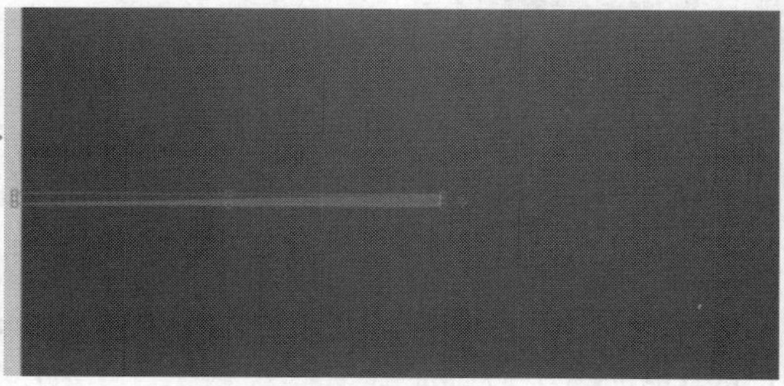

图 3-9

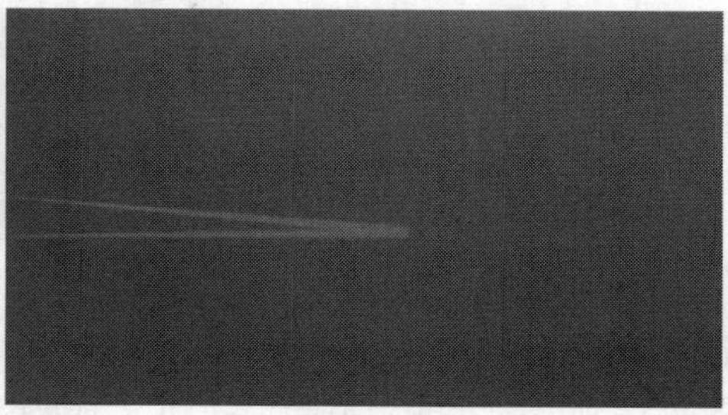

图 3-10

Step 06 在“动作”面板中单击“停止播放/记录”按钮 ，面板如图 3-11 所示。连续单击“播放选定动作”按钮 ，图像窗口中的效果如图 3-12 所示。

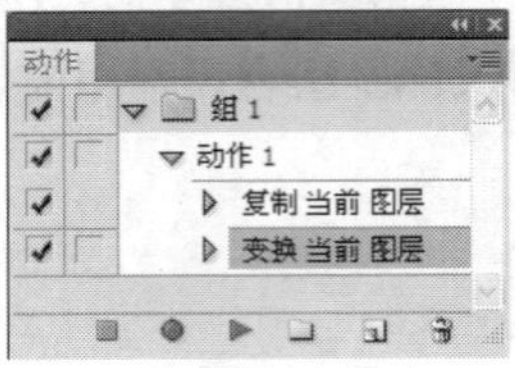

图 3-11

图 3-12

提示：动作面板可以对一批需要进行相同处理的图像执行批处理操作，以减少重复操作。在建立动作命令之前，首先应选用清除动作命令清除或保存已有的动作，然后再新建动作。

Step 07 在“图层”控制面板中，按住<Shift>键的同时，将“形状”图层及其所有的副本图层同时选取，按<Ctrl>+<G>组合键，将其编组并命名为“线条”。单击面板下方的“添加图层蒙版”按钮 ，为“线条”图层组添加蒙版，如图 3-13 所示。选择“渐变”工具 ，单击属性栏中的“点按可编辑渐变”按钮 ，弹出“渐变编辑器”对话框，将渐变色设为从黑色到白色，单击“确定”按钮。单击属性栏中的“径向渐变”按钮 ，按住<Shift>键的同时，在图像窗口中从中心向外拖曳渐变色，效果如图 3-14 所示。

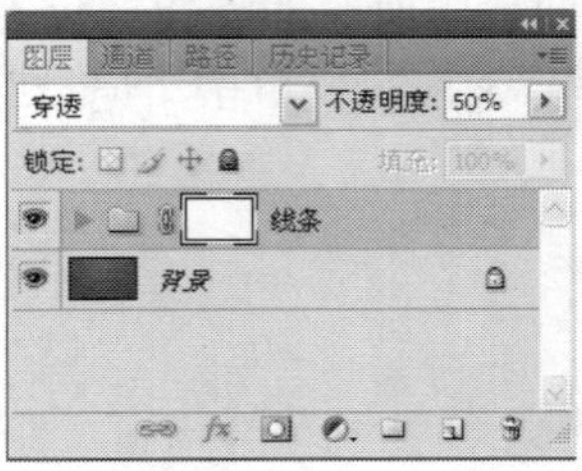

图 3-13

图 3-14

3.1.2 添加并编辑图片

Step 01 按<Ctrl> + <O>组合键，打开光盘中的“Ch03 > 素材 > 新年拜福贺卡正面设计 > 01”文件，选择“移动”工具 ，将荷花图形拖曳到图像窗口中适当的位置，如图 3-15 所示。在“图层”控制面板中生成新的图层并将其命名为“荷花”。

图 3-15

Step 02 选择“图像 > 调整 > 色相/饱和度”命令，弹出“色相/饱和度”对话框，选项的设置如图 3-16 所示。单击“确定”按钮，图像窗口中的效果如图 3-17 所示。

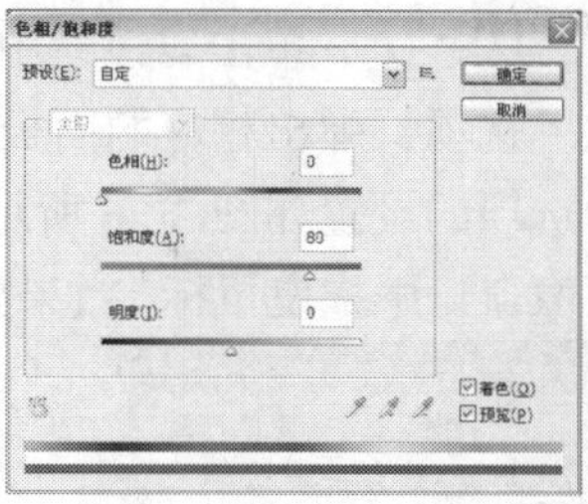

图 3-16

图 3-17

提示：在“色相/饱和度”对话框中，“编辑”选项用于选择要调整的色彩范围。“着色”选项用于在由灰度模式转化而来的色彩模式图像中填加需要的颜色。

Step 03 按<Ctrl> + <O>组合键，打开光盘中的“Ch03 > 素材 > 新年拜福贺卡正面设计 > 02”文件，选择“移动”工具，将鞭炮图形拖曳到图像窗口中适当的位置，如图 3-18 所示。在“图层”控制面板中生成新的图层并将其命名为“鞭炮”。

Step 04 单击“图层”控制面板下方的“添加图层样式”按钮 fx，在弹出的菜单中选择“投影”命令，在弹出的对话框中进行设置，如图 3-19 所示。单击“确定”按钮，效果如图 3-20 所示。

图 3-18

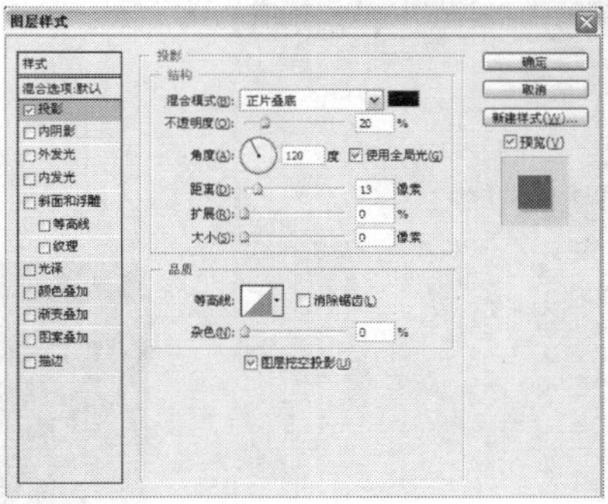

图 3-19

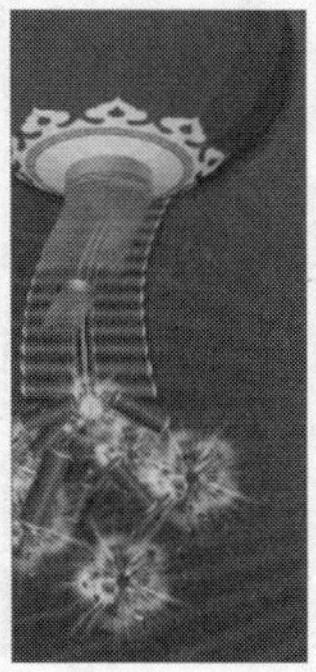

图 3-20

3.1.3　制作火焰及装饰图形

Step 01 新建图层并将其命名为“火焰”。将前景色设为黄色（其 R、G、B 的值分别为 252、212、0）。选择“多边形套索”工具，绘制一个不规则选区，如图 3-21 所示。按<Shift>+<F6>组合键，弹出“羽化选区”对话框，选项的设置如图 3-22 所示，单击“确定”按钮。按<Alt>+<Delete>组合键，用前景色填充选区。按<Ctrl>+<D>组合键取消选区，效果如图 3-23 所示。用相同的方法制作两个火焰图形，效果如图 3-24 所示。

图 3-21

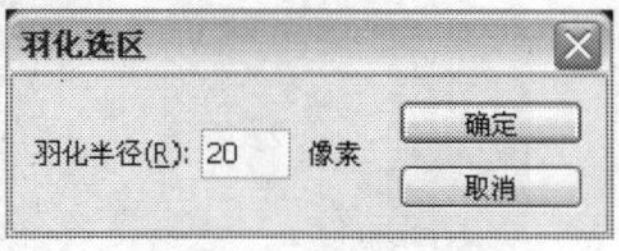

图 3-22

图 3-23

图 3-24

Step 02 新建图层并将其命名为“画笔”。选择“画笔”工具，单击属性栏中的“切换画笔调板”按钮，弹出“画笔”面板，选择“画笔笔尖形状”选项，弹出相应的面板，选项的设置如图 3-25 所示。选择“形状动态”选项，弹出相应的面板，选项的设置如图 3-26 所示。选择“散布”选项，弹出相应的面板，选项的设置如图 3-27 所示。在图像窗口中拖曳鼠标，效果如图 3-28 所示。

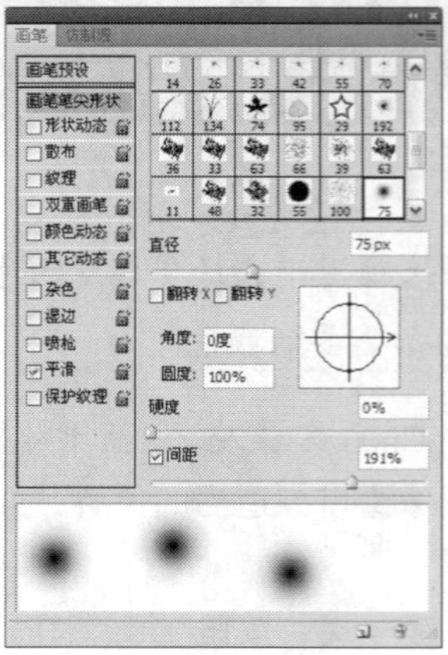

图 3-25

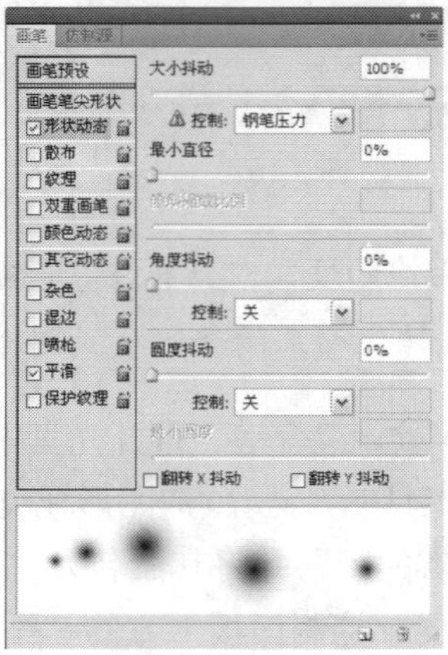

图 3-26

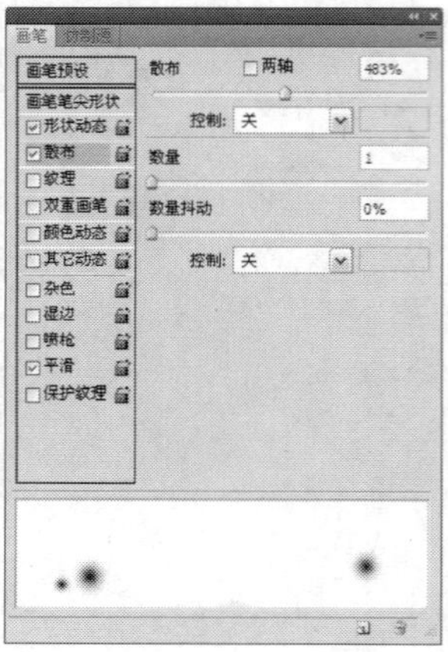

图 3-27

图 3-28

Step 03 选择“画笔笔尖形状”选项，弹出相应的面板，选项的设置如图 3-29 所示。在图像窗口中拖曳鼠标绘制图形，效果如图 3-30 所示。

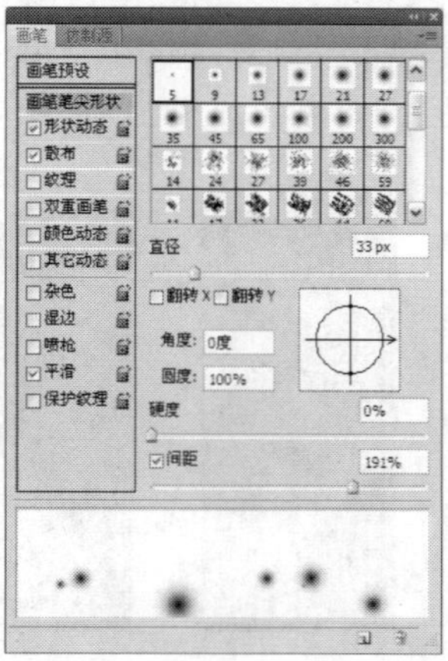

图 3-29

图 3-30

Step 04 选择“画笔”工具，在属性栏中单击“画笔”选项右侧的按钮，弹出画笔选择面板，选择需要的画笔形状，如图 3-31 所示。调整画笔主直径的大小，并在图像窗口中绘制图形，效果如图 3-32 所示。

Step 05 贺卡正面底图制作完成。按<Ctrl>+<Shift>+<E>组合键，合并可见图层。按<Ctrl>+<S>组合键，弹出“存储为”对话框，将其命名为“贺卡正面底图”，保存为 TIFF 格式。单击“保存”按钮，弹出“TIFF 选项”对话框，单击“确定”按钮，将图像保存。

图 3-31

图 3-32

CorelDRAW 应用

3.1.4　添加并编辑祝福性文字

Step 01 打开 CorelDRAW X4 软件，按<Ctrl>+<N>组合键，新建一个页面。在属性栏的“纸张宽度和高度”选项中分别设置宽度为 200mm，高度为 120mm，按<Enter>键，页面显示为设置的大小，如图 3-33 所示。按<Ctrl>+<I>组合键，弹出“导入”对话框，打开光盘中的“Ch03 > 效果 > 新年拜福贺卡正面设计 > 贺卡正面底图”文件，单击“导入”按钮，在页面中单击导入图片，按<P>键，图片居中对齐，效果如图 3-34 所示。

Step 02 按<Ctrl>+<I>组合键，弹出“导入”对话框，打开光盘中的“Ch03 > 素材 > 新年拜福贺卡正面设计 > 拜福”文件，单击“导入”按钮，效果如图 3-35 所示。

图 3-33

图 3-34

图 3-35

Step 03 选择“挑选”工具，选取“福”字，按<Ctrl>+<U>组合键，将文字取消群组，效果如图 3-36 所示。选择“形状”工具，用圈选的方法选取需要的节点，如图 3-37 所示，按<Delete>键将选取的节点删除，效果如图 3-38 所示。

图 3-36

图 3-37

图 3-38

Step 04 选择“椭圆形”工具，按住<Ctrl>键的同时绘制一个圆形，如图 3-39 所示。选择“多边形”工具，在圆形内部绘制一个五边形，如图 3-40 所示。选择“形状”工具，选取需要删除的节点如图 3-41 所示，双击删除节点，效果如图 3-42 所示。

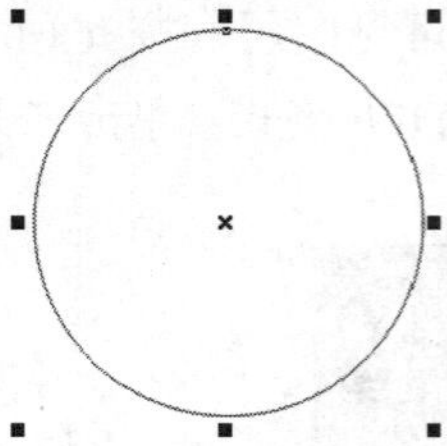

图 3-39

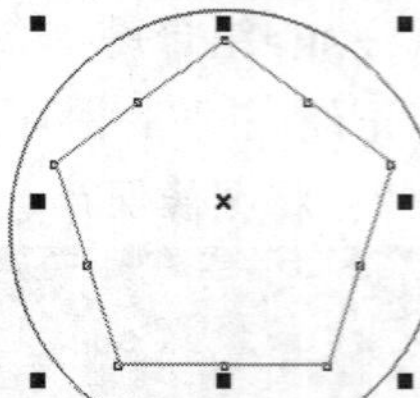

图 3-40

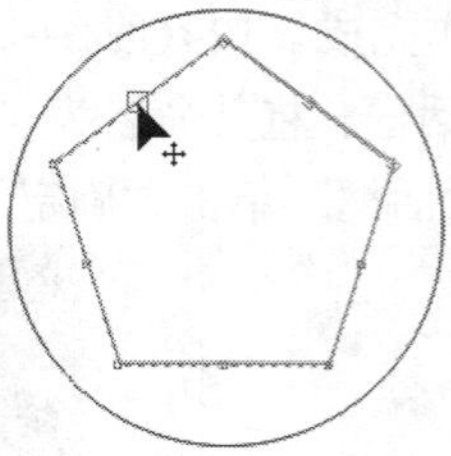

图 3-41

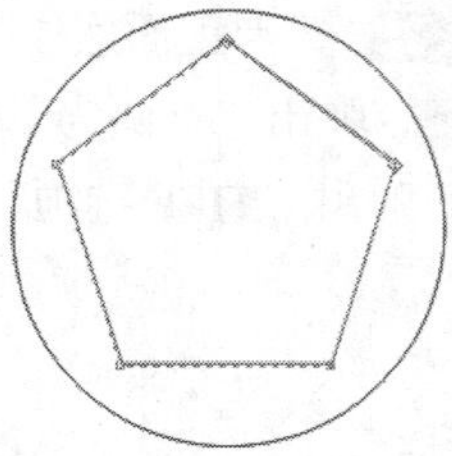

图 3-42

Step 05 选择“交互式变形”工具，在属性栏中单击“推拉变形”按钮，其他选项的设置如图 3-43 所示。按<Enter>键确认，效果如图 3-44 所示。

图 3-43

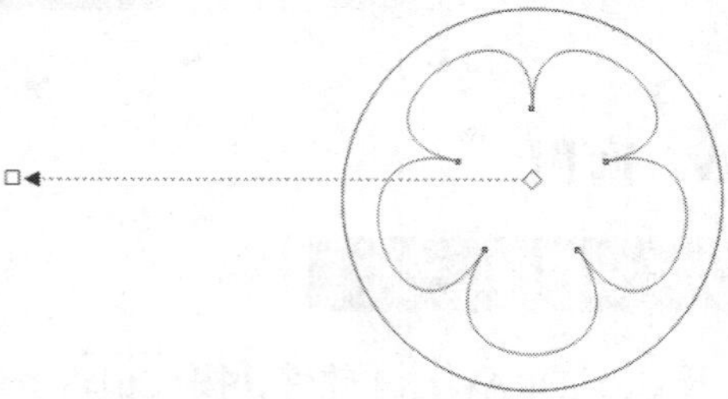

图 3-44

Step 06 选择“挑选”工具，用圈选的方法将圆形和花形同时选取，单击属性栏中的“移除前面对象”按钮，将两个图形剪切为一个图形，填充图形为黑色，并去除图形的轮廓线，效果如图 3-45 所示。选择“星形”工具，绘制一个星形，填充为黑色并去除星形的轮廓线，效果如图 3-46 所示。

Step 07 选择“交互式变形”工具，在属性栏中单击“推拉变形”按钮，其他选项的设置如图 3-47 所示。按<Enter>键确认，效果如图 3-48 所示。

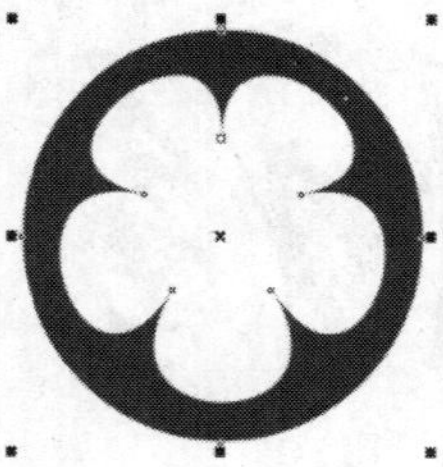

图 3-45

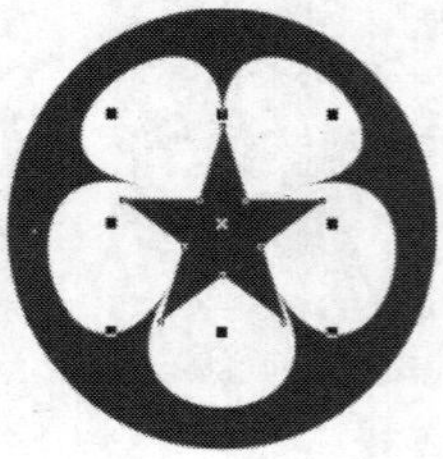

图 3-46

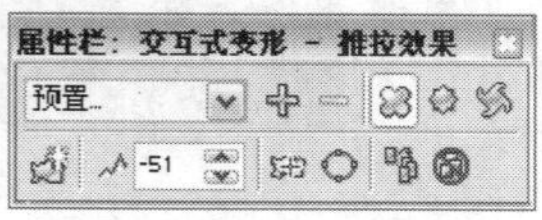

图 3-47

图 3-48

> **提示：** 推拉变形时，在属性栏中的“推拉变形幅度” 10 框中可以设定变形的幅度，正数值用于推动变形，负数值用于拉动变形。单击“中心变形”按钮，可以将变形中心设定在对象的中心。也可以拖曳鼠标将中心点设在其他位置。

Step 08 选择“挑选”工具，用圈选的方法将需要的图形同时选取，按<Ctrl>+<G>组合键，将其编组，如图 3-49 所示。将编组的图形拖曳到“福”字的下方，效果如图 3-50 所示。将文字和图形同时选取，按<Ctrl>+<G>组合键将其编组，如图 3-51 所示，并将其拖曳到页面中适当的位置，效果如图 3-52 所示。

图 3-49

图 3-50

图 3-51

图 3-52

Step 09 按<F12>键，弹出“轮廓笔”对话框，在“颜色”选项中设置轮廓线颜色为白色，其他选项的设置如图 3-53 所示。单击“确定”按钮，效果如图 3-54 所示。

图 3-53

图 3-54

Step 10 选择“交互式轮廓图”工具，在属性栏中单击“向外”轮廓化按钮，将“填充色”设为黄色（其 C、M、Y、K 的值分别为 0、0、100、0），其他选项的设置如图 3-55 所示。按<Enter>键确认，效果如图 3-56 所示。

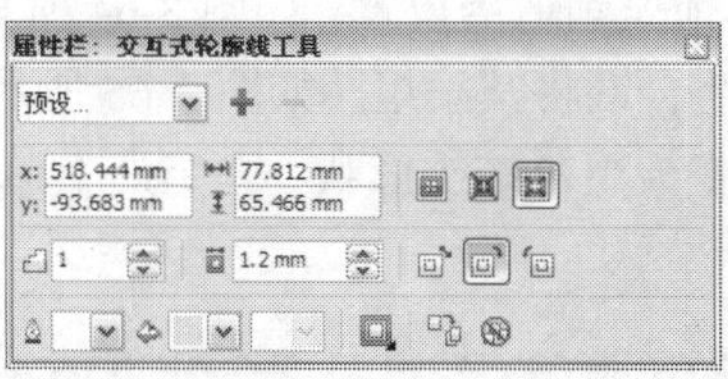

图 3-55

图 3-56

Step 11 选择“交互式阴影”工具，在图形上由中心向右拖曳光标，为图形添加阴影效果，并在属性栏中进行设置，如图 3-57 所示。按<Enter>键确认，效果如图 3-58 所示。

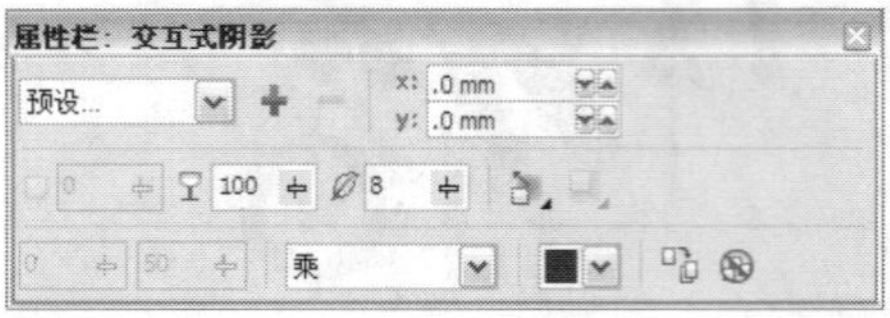

图 3-57

图 3-58

3.1.5 添加装饰图形

Step 01 选择“椭圆形”工具，按住<Ctrl>键绘制一个圆形，在“CMYK 调色板”中的“黄”色块上单击，填充圆形，并去除圆形的轮廓线，效果如图 3-59 所示。选择“交互式变形”工具，在属性栏中单击“扭曲变形”按钮，在圆形的右下角拖曳光标逆时针旋转，如图 3-60 所示，松开鼠标，效果如图 3-61 所示。

图 3-59

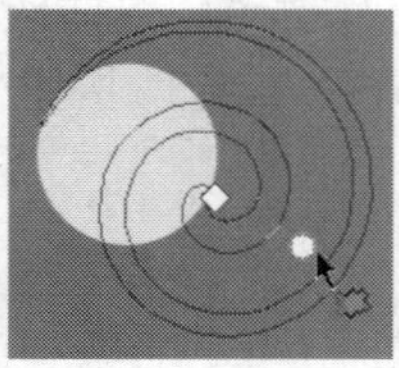

图 3-60

图 3-61

提示：扭曲变形时，在选定的对象上拖曳鼠标，可使对象以一个固定点为中心作螺旋状旋转。向顺时针方向拖曳鼠标和向逆时针方向拖曳鼠标，将得到两种不同的旋转效果。当固定点不同时，拖曳出的旋转效果也不同。

Step 02 选择“挑选”工具，选取需要的图形，按数字键盘上的<+>键复制图形，将其拖曳到适当的位置并调整其大小和角度，效果如图 3-62 所示。用相同的方法制作出多个图形，效果如图 3-63 所示。

图 3-62

图 3-63

Step 03 选择“矩形”工具，绘制一个矩形，拖曳到适当位置，如图 3-64 所示。选择“挑选”工具，将需要的图形同时选取，按<Ctrl>+<G>组合键将其编组，如图 3-65 所示。选择“效果 > 图框精确剪裁 > 放置在容器中”命令，鼠标指针变为黑色箭头形状，在矩形上单击，如图 3-66 所示，将图形置入到矩形中，效果如图 3-67 所示。

图 3-64

图 3-65

图 3-66

图 3-67

Step 04 选择“效果 > 图框精确剪裁 > 编辑内容”命令，如图 3-68 所示。选择“挑选”工具，单击图形将其选取，选择“交互式透明”工具，在属性栏中进行设置，如图 3-69 所示。按<Enter>键确认，效果如图 3-70 所示。

图 3-68

图 3-69

图 3-70

Step 05 选择“效果 > 图框精确剪裁 > 结束编辑”命令，完成对置入图形的编辑，并去除矩形的轮廓线，效果如图 3-71 所示。按数字键盘上的<+>键复制图形，将其拖曳到适当的位置，效果如图 3-72 所示。

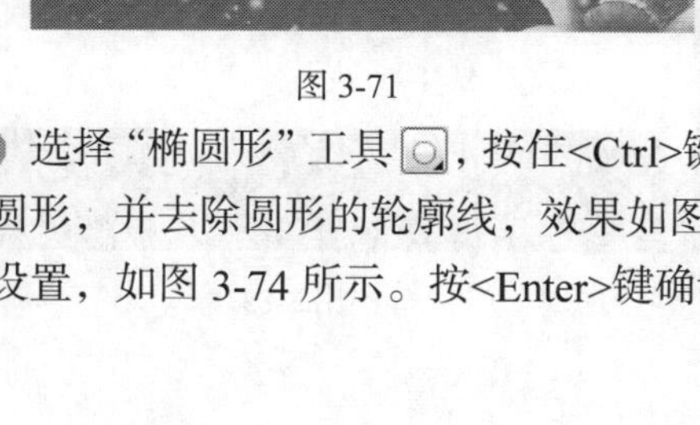

图 3-71

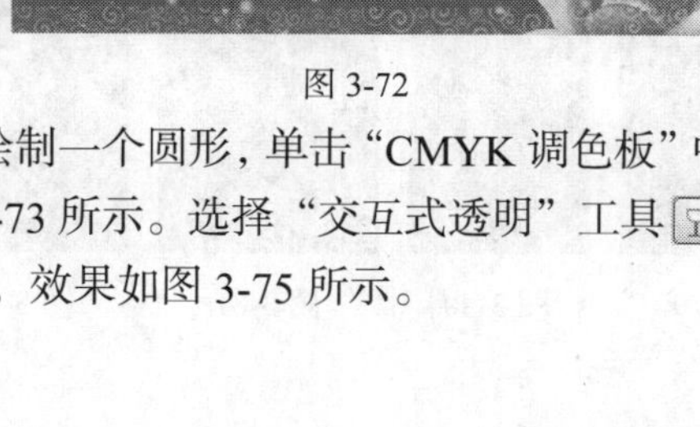

图 3-72

Step 06 选择“椭圆形”工具，按住<Ctrl>键绘制一个圆形，单击“CMYK 调色板”中的“黄”色块填充圆形，并去除圆形的轮廓线，效果如图 3-73 所示。选择“交互式透明”工具，在属性栏中进行设置，如图 3-74 所示。按<Enter>键确认，效果如图 3-75 所示。

图 3-73

图 3-74

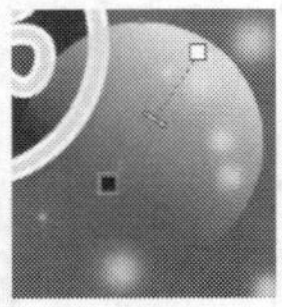

图 3-75

Step 07 用相同的方法制作出多个半透明的黄色圆形，效果如图 3-76 所示。选择“选择”工具，将黄色半透明图形同时选取，按<Ctrl>+<G>组合键将其编组，连续按<Ctrl>+<PageDown>组合键，将其置于文字图形的下方。按<Esc>键，取消选取状态，如图 3-77 所示。

图 3-76

图 3-77

Step 08 选择“文本”工具，在页面中输入需要的文字。选择“挑选”工具，在属性栏中选择合适的字体并设置文字大小，将其拖曳到适当的位置，按<Esc>键取消选取状态，效果如图 3-78 所示。

图 3-78

Step 09 选择“矩形”工具，绘制两个矩形，在“CMYK 调色板”中的“黑”色块上单击，填充矩形，并去除矩形的轮廓线，效果如图 3-79 所示。选择“挑选”工具，单击选取需要的矩形，按<Ctrl>+<Q>组合键，将矩形转换为曲线，效果如图 3-80 所示。选择“形状”工具，在适当的位置双击添加节点，如图 3-81 所示。按住<Ctrl>键，将其拖曳到适当的位置，效果如图 3-82 所示。选择“挑选”工具，用圈选的方法将两个矩形同时选取，按数字键盘上的<+>键复制矩形，将其拖曳到适当的位置并单击属性栏中的“水平镜像”按钮，效果如图 3-83 所示。按<Esc>键取消选取状态，新年生肖贺卡正面效果制作完成，如图 3-84 所示。

图 3-79

图 3-80

图 3-81

图 3-82

图 3-83

图 3-84

Step 10　按<Ctrl>+<S>组合键，弹出“保存图形”对话框，将制作好的图像命名为“新年拜福贺卡正面”，保存为 CDR 格式，单击“保存”按钮将图像保存。

3.2 新年拜福贺卡背面设计

案例学习目标：学习在 Photoshop 中添加定义图案、图层样式命令和绘图工具制作贺卡背面底图。在 CorelDRAW 中使用文本工具和交互式工具添加并编辑文字制作祝福语。

案例知识要点：在 Photoshop 中，使用椭圆选区工具和羽化选区命令制作背景模糊效果；使用定义图案命令和图案填充命令制作背景图效果；使用图层样式命令为图片添加渐变颜色；使用自定形状工具、羽化选区命令和描边命令制作装饰图形。在 CorelDRAW 中，使用文本工具添加祝福语；使用交互式套索工具对祝福性文字进行扭曲变形；使用交互式调和工具制作两个正方形的调和效果。新年拜福贺卡背面设计效果如图 3-85 所示。

效果所在位置：光盘/Ch03/效果/新年拜福贺卡背面设计/新年拜福贺卡背面.cdr。

图 3-85

Photoshop 应用

3.2.1　绘制贺卡背面模糊效果

Step 01　按<Ctrl> + <N>组合键，新建一个文件：宽为 20cm，高为 12cm，分辨率为 300 像素/英寸，颜色模式为 RGB，背景内容为白色。

Step 02　选择“渐变”工具 ，单击属性栏中的“点按可编辑渐变”按钮 ，弹出“渐变编辑器”对话框，将渐变色设为从暗红色（其 R、G、B 的值分别为 145、12、2）到红色（其 R、G、B 的值分别为 255、22、15），如图 3-86 所示，单击“确定”按钮。按住<Shift>键的同时，在“背景”图层上从上至下拖曳渐变色，效果如图 3-87 所示。

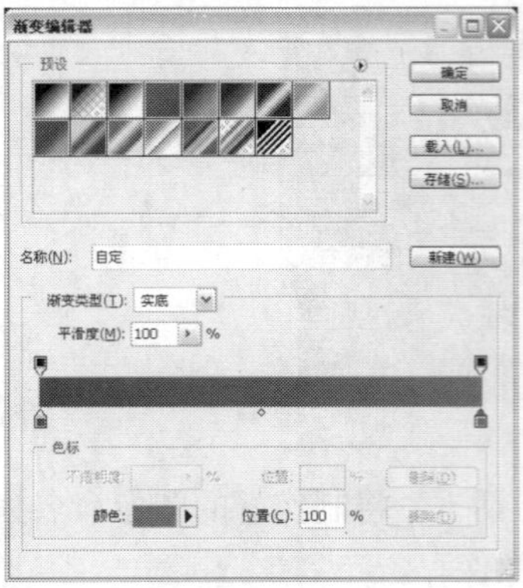

图 3-86

图 3-87

Step 03 新建图层并将其命名为“橙色圆”。将前景色设为橙黄色（其 R、G、B 的值分别为 255、139、0）。选择“椭圆选框”工具，绘制一个椭圆选区，如图 3-88 所示。按<Shift>+<F6>组合键，弹出“羽化选区”对话框，选项的设置如图 3-89 所示，单击“确定”按钮。按<Alt>+<Delete>组合键，用前景色填充选区，按<Ctrl>+<D>组合键取消选区，效果如图 3-90 所示。

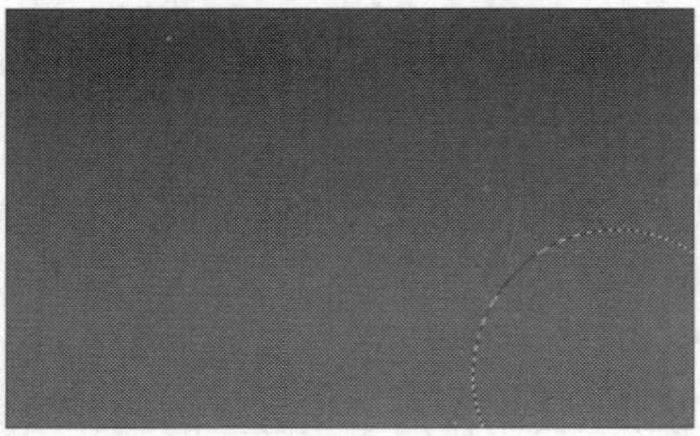

图 3-88

图 3-89

图 3-90

Step 04 在“图层”控制面板中，将“橙色圆”图层的“不透明度”选项设为 50%，如图 3-91 所示，效果如图 3-92 所示。

图 3-91

图 3-92

3.2.2 定义图案制作背景效果

Step 01 新建图层生成“图层 1”，按住<Alt 键>的同时，单击“图层 1”前面的眼睛图标，隐藏其他图层。将前景色设为黄色（其 R、G、B 的值分别为 255、255、0）。选择“椭圆选框”工具，按住<Shift>键的同时，绘制一个圆形选区，按 Alt+Delete 组合键，用前景色填充选区，按<Ctrl>+<D>组合键取消选区，效果如图 3-93 所示。

Step 02 选择“矩形选框”工具，在图像窗口中绘制一个矩形选区，如图 3-94 所示。选择“编辑 > 定义图案”命令，弹出如图 3-95 所示的对话框，单击“确定”按钮，定义图案。在“图层”控制面板中，按住<Alt>键的同时，单击“图层 1”前面的眼睛图标 ，显示所有图层，并删除“图层 1”。

图 3-93

图 3-94

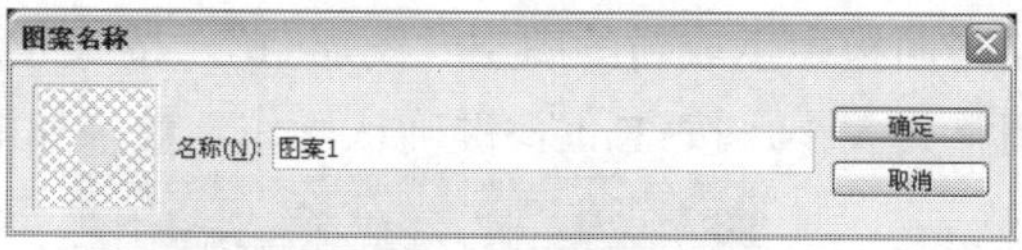

图 3-95

Step 03 单击“图层”控制面板下方的“创建新的填充或调整图层”按钮 ，在弹出的菜单中选择“图案”命令，“图层”控制面板中生成“图案填充 1”图层，同时弹出“图案填充”对话框，选项的设置如图 3-96 所示。单击“确定”按钮，图像窗口中的效果如图 3-97 所示。

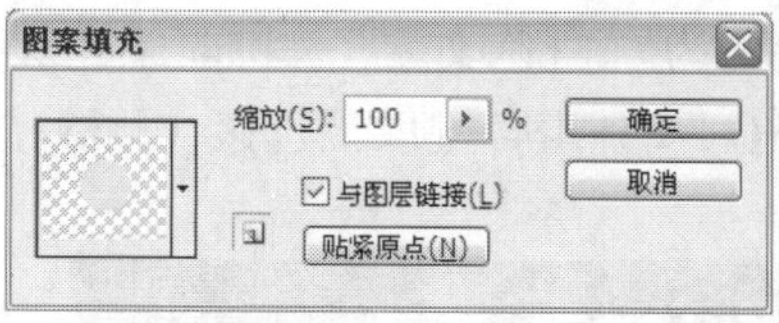

图 3-96

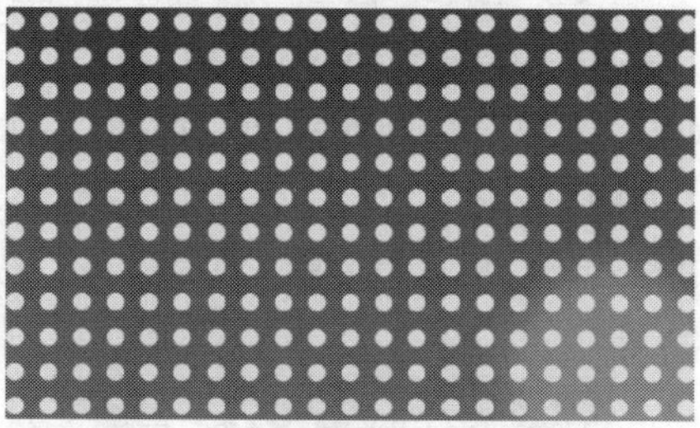

图 3-97

Step 04 在“图层”控制面板上方，将“图案填充 1”图层的“不透明度”选项设为 30%，如图 3-98 所示，图像效果如图 3-99 所示。

图 3-98

图 3-99

Step 05 将前景色设为灰色（其 R、G、B 的值分别为 160、160、160），按<Alt>+<Delete>组合键，用前景色填充“图案填充 1”图层的“图层蒙版缩览图”，图像效果如图 3-100 所示。

Step 06 选择“画笔”工具 ，在属性栏中单击“画笔”选项右侧的按钮 ，弹出画笔选择面板，选择需要的画笔形状，如图 3-101 所示。在属性栏中将“不透明度”选项设为 48%，并在图像窗口中的 4 个角上拖曳光标，绘制出的效果如图 3-102 所示。

图 3-100

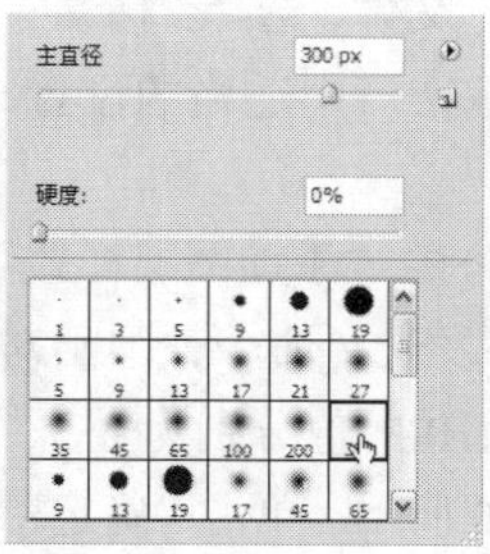

图 3-101

图 3-102

3.2.3 添加并编辑图片

Step 01 按<Ctrl> + <O>组合键，打开光盘中的“Ch03 > 素材 > 新年拜福贺卡背面设计 > 01”文件。选择“移动”工具，将文字图形拖曳到图像窗口中适当的位置，如图 3-103 所示，在“图层”控制面板中生成新的图层“图层 1”。按<Ctrl>+<T>组合键，在图像周围出现控制手柄，拖曳鼠标调整其大小，按<Enter>键确认操作，效果如图 3-104 所示。

图 3-103

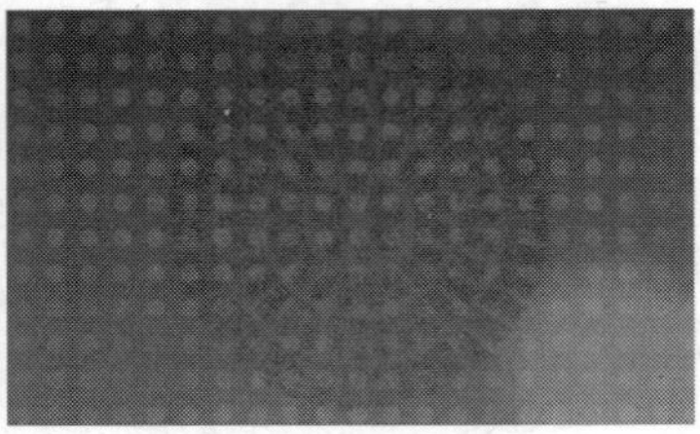

图 3-104

Step 02 在“图层”控制面板中，按住<Ctrl>键的同时，单击“图层 1”图层的图层缩览图，载入选区，如图 3-105 所示。新建图层并将其命名为“白色文字”。将前景色设为白色，按<Alt>+<Delete>组合键，用前景色填充选区，按<Ctrl>+<D>组合键取消选区，删除“图层 1”，效果如图 3-106 所示。

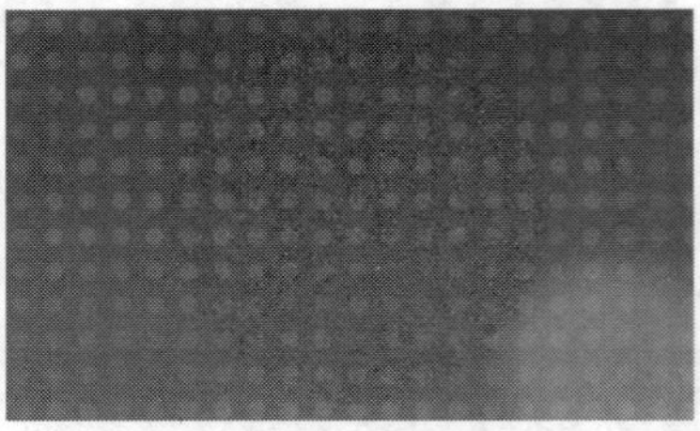

图 3-105

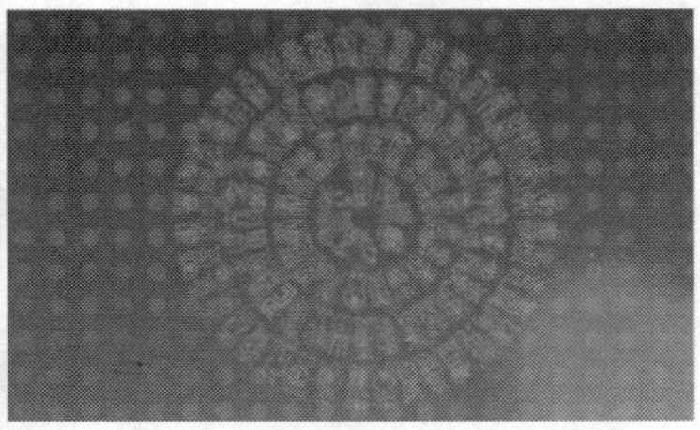

图 3-106

Step 03 在“图层”控制面板上方，将“白色文字”图层的“不透明度”选项设为 50%，如图 3-107 所示，图像效果如图 3-108 所示。

图 3-107

图 3-108

Step 04 按<Ctrl> + <O>组合键，打开光盘中的“Ch03 > 素材 > 新年拜福贺卡背面设计 > 02”文件，选择“移动”工具，将彩色画框图形拖曳到图像窗口中适当的位置，如图 3-109 所示。

图 3-109

Step 05 单击“图层”控制面板下方的“添加图层样式”按钮 fx，在弹出的菜单中选择“外发光”命令，弹出对话框，将发光颜色设为黄色（其 R、G、B 的值分别为 255、255、190），其他选项的设置如图 3-110 所示。单击“确定”按钮，效果如图 3-111 所示。

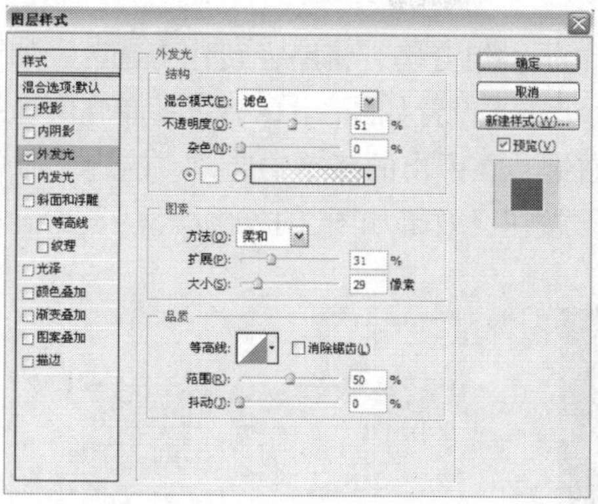

图 3-110

图 3-111

Step 06 单击“图层”控制面板下方的“添加图层样式”按钮 ，在弹出的菜单中选择“斜面和浮雕”命令，弹出对话框，设置如图 3-112 所示。单击“确定”按钮，效果如图 3-113 所示。

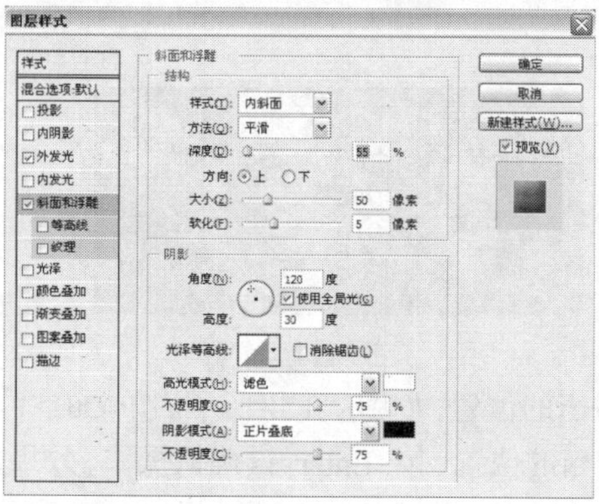

图 3-112

图 3-113

3.2.4 制作装饰图形

Step 01 选择“自定形状”工具 ，单击属性栏中的“形状”选项，弹出“形状”面板，单击面板右上方的按钮 ，在弹出的菜单中选择“装饰”命令，弹出提示对话框，单击“确定”按钮，并在“形状”面板中选中图形“饰件 5”，如图 3-114 所示。在属性栏中单击“路径”按钮 ，绘制需要的路径，效果如图 3-115 所示。

Step 02 按<Ctrl>+<T>组合键，在路径周围生成控制手柄，单击鼠标右键，在弹出的菜单中选择“垂直翻转”命令，垂直翻转路径，按<Enter>键确认操作，效果如图 3-116 所示。

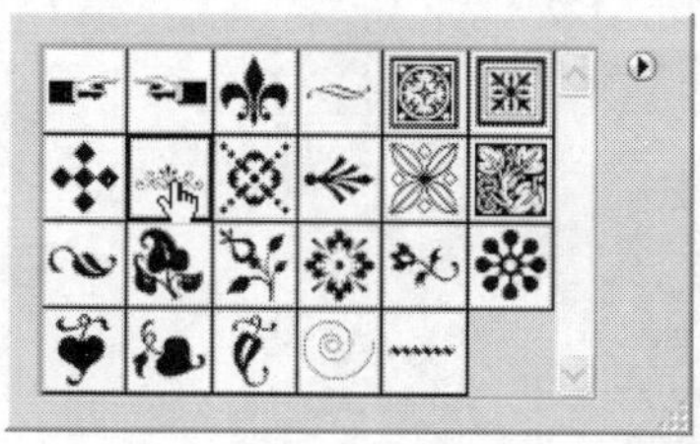

图 3-114

图 3-115

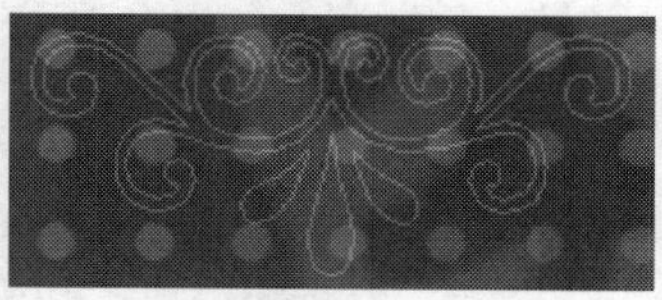

图 3-116

提示：使用自定形状工具绘制图形时，在属性栏中单击“形状图层”按钮 、“路径”按钮 和“填充像素”按钮 ，在图像窗口中创建的是形状图层、工作路径和填充像素。

Step 03 新建图层生成“图层 1”。按<Ctrl>+<Enter>组合键，将路径转化为选区，如图 3-117 所示。按<Shift>+<F6>组合键，弹出“羽化选区”对话框，设置如图 3-118 所示，单击“确定”按钮。选择“矩形选框”工具，在选区内单击鼠标右键，在弹出的菜单中选择“描边”命令，弹出对话框，选项的设置如图 3-119 所示。单击“确定”按钮，效果如图 3-120 所示。按<Ctrl>+<D>组合键，取消选区。

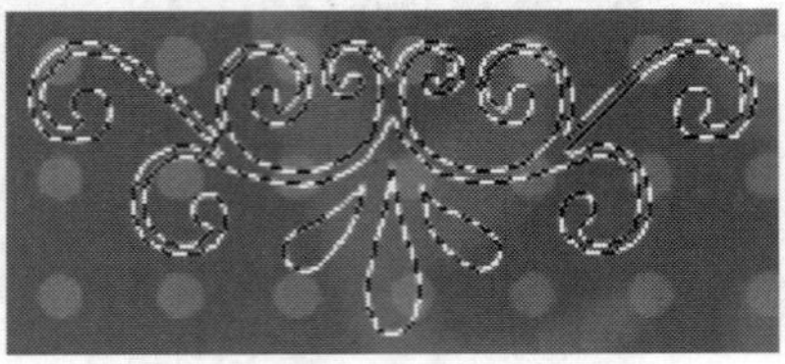

图 3-117

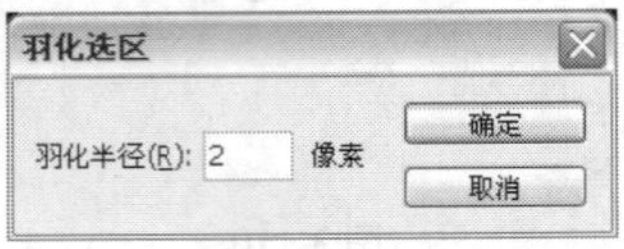

图 3-118

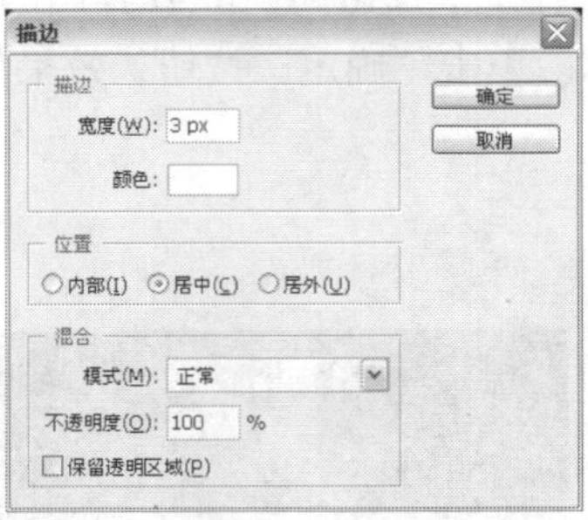

图 3-119

图 3-120

Step 04 选择“移动”工具，将图形拖曳到适当的位置，如图 3-121 所示。按<Ctrl>+<Alt>+<T>组合键，在图形周围出现控制手柄，将其拖曳到适当的位置，按<Enter>键确认操作，效果如图 3-122 所示。连续按<Ctrl>+<Alt>+<Shift>+<T>组合键，复制出多个图形，效果如图 3-123 所示。在“图层”控制面板中，按住<Ctrl>键的同时，选取“图层 1”及其所有的副本图层，按<Ctrl>+<E>组合键，合并图层并将其命名为“花”，如图 3-124 所示。

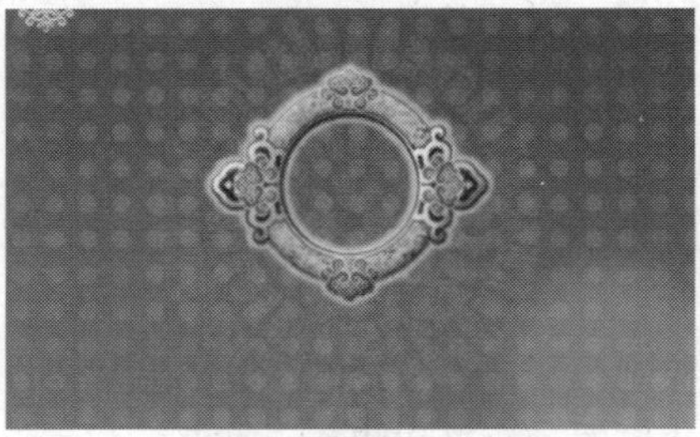

图 3-121

图 3-122

图 3-123

图 3-124

Step 05 单击“图层”控制面板下方的“添加图层样式”按钮 *fx*，在弹出的菜单中选择“渐变叠加”命令，弹出对话框，单击“点按可编辑渐变”按钮，弹出“渐变编辑器”对话框。在“位置”选项中分别输入 0、26、50、75、100 几个位置点，分别设置 0、50 和 100 几个位置点颜色的 R、G、B 值为 255、255、0，设置 26 和 75 位置点颜色的 R、G、B 值为 255、110、2，如图 3-125 所示。单击“确定”按钮，回到“渐变叠加”对话框，其他选项的设置如图 3-126 所示。单击“确定”按钮，效果如图 3-127 所示。

Step 06 贺卡背面底图制作完成。按<Ctrl>+<Shift>+<E>组合键，合并可见图层。按<Ctrl>+<S>组合键，弹出“存储为”对话框，将其命名为“贺卡背面底图”，保存为 TIFF 格式。单击“保存”按钮，弹出“TIFF 选项”对话框，再单击“确定”按钮，将图像保存。

图 3-125

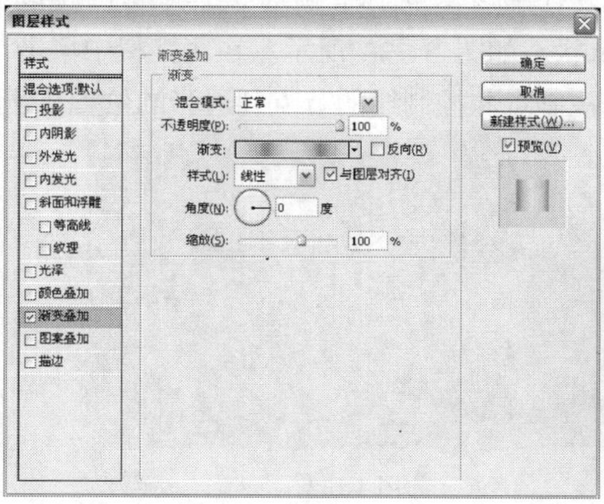

图 3-126

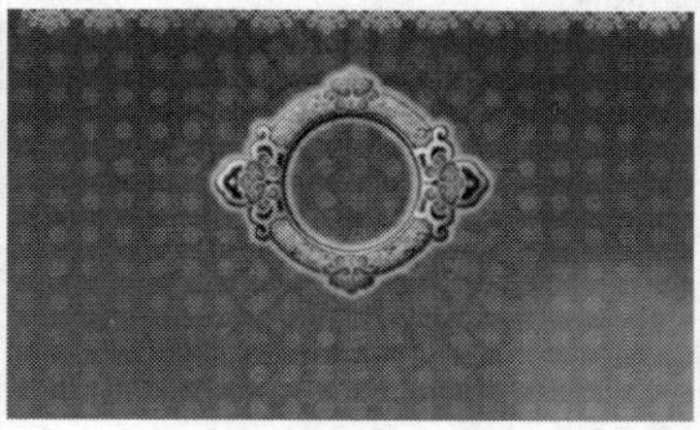

图 3-127

CorelDRAW 应用

3.2.5　添加并编辑祝福性文字

Step 01 打开 CorelDRAW X4 软件，按<Ctrl>+<N>组合键，新建一个页面。在属性栏中的“纸张宽度和高度”选项中分别设置宽度为 200mm，高度为 120mm，按<Enter>键，页面显示为设置的大小，如图 3-128 所示。按<Ctrl>+<I>组合键，弹出“导入”对话框，打开光盘中的“Ch03 > 效果 > 新年拜福贺卡背面设计 > 贺卡背面底图”文件，单击“导入”按钮，在页面中单击导入图片。按<P>键，使图片居中对齐，效果如图 3-129 所示。

图 3-128

图 3-129

Step 02 打开光盘中的“Ch03 > 效果 > 新年拜福贺卡正面设计 >新年拜福贺卡正面”文件，选取需要的文字，如图 3-130 所示，按<Ctrl>+<C>组合键复制文字。回到页面中，按<Ctrl>+<V>组合键，粘贴复制的文字，选择“挑选”工具，分别调整其大小和位置，效果如图 3-131 所示。

图 3-130

图 3-131

Step 03 选择“文本”工具，输入文字，选择“挑选”工具，在属性栏中分别选择合适的字体并设置文字大小，效果如图 3-132 所示。选择“挑选”工具，选取“2011”文字。选择“交互式封套”工具，文字的编辑状态如图 3-133 所示。在属性栏中单击“封套的非强制模式”按钮，按住鼠标左键，分别拖曳控制点和控制线的节点到适当的位置，封套效果如图 3-134 所示。

图 3-132

图 3-133

图 3-134

3.2.6 制作装饰线条和图形

Step 01 选择“手绘”工具，按住<Ctrl>键，在页面中适当的位置绘制一条直线，如图 3-135 所示。设置直线颜色的 CMYK 值为 0、0、49、0，填充直线，并在属性栏中的“轮廓宽度” .2 mm 框中设置数值为 1mm，按<Enter>键确认，效果如图 3-136 所示。

图 3-135

图 3-136

Step 02 选择“挑选”工具，选取直线，按数字键盘上的<+>键，复制直线并将其拖曳至适当的位置，效果如图 3-137 所示。

图 3-137

Step 03 选择“文本”工具输入需要的文字，选择“挑选”工具，在属性栏中选择合适的字体并设置适当的文字大小，效果如图 3-138 所示。

图 3-138

Step 04 选择“矩形”工具，按住<Ctrl>键绘制一个正方形，单击“CMYK 调色板”中的“黄”色块，填充正方形，并去除图形的轮廓线，效果如图 3-139 所示。选择“挑选”工具，按数字键盘上的<+>键，复制一个正方形，设置填充颜色的 CMYK 值为 22、100、98、0，填充图形并将其拖曳到适当的位置，效果如图 3-140 所示。

图 3-139

图 3-140

Step 05 选择“交互式调和”工具，将光标在两个正方形之间拖曳，在属性栏中进行设置，如图 3-141 所示。按<Enter>键确认，效果如图 3-142 所示。新年拜福贺卡背面效果制作完成，如图 3-143 所示。

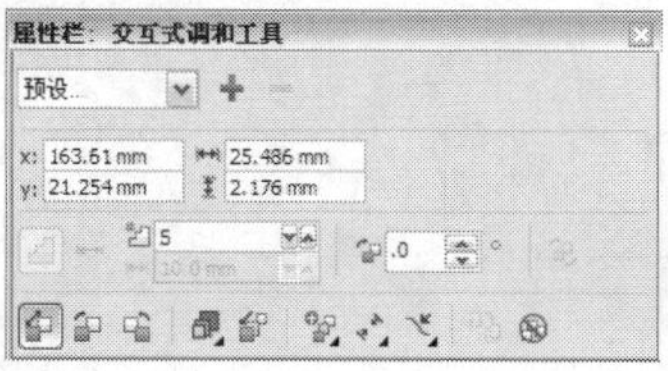

图 3-141

图 3-142

图 3-143

Step 06 按<Ctrl>+<S>组合键，弹出“保存图形”对话框，将制作好的图像命名为“新年拜福贺卡背面”，保存为 CDR 格式，单击“保存”按钮，将图像保存。

3.3 课后习题——新年贺卡设计

习题知识要点：在 Photoshot 中，使用定义图案命令和填充图案命令制作背景图案；使用钢笔工具、混合模式选项和不透明度选项制作底图效果；使用外发光命令添加图片外发光效果。在 CorelDRAW 中，使用交互式阴影工具为标题文字添加白色阴影效果；使用交互式透明工具制作封底福字的半透明效果；使用文本工具添加祝福文字。新年贺卡设计效果如图 3-144 所示。

效果所在的位置：光盘/Ch03/效果/新年贺卡设计/新年贺卡.cdr。

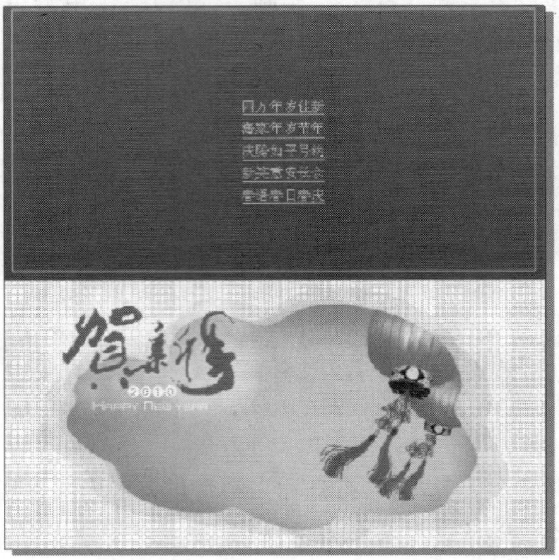

图 3-144

第4章 书籍装帧设计

精美的书籍装帧设计可以带给读者更多的阅读乐趣。一本好书是好的内容和书籍装帧的完美结合。本章主要讲解书籍的封面设计。封面设计包括书名、色彩、装饰元素，以及作者、出版社名称等内容。本章以古都北京书籍封面为例，讲解封面的设计方法和制作技巧。

【教学目标】

- 在 Photoshop 软件中制作古都北京书籍封面的底图。
- 在 CorelDRAW 软件中添加相关内容和出版信息。

4.1 古都北京书籍封面设计

案例学习目标：学习在 Photoshop 中使用参考线分割页面，编辑图片制作背景，使用选区工具、滤镜命令、羽化命令和填充工具制作古门及装饰按钮。在 CorelDRAW 中使用文本工具添加相关内容和出版信息。

案例知识要点：在 Photoshop 中，使用新建参考线命令分割页面；使用图层的混合模式和不透明度选项制作背景文字；使用蒙版和画笔工具擦除图片中不需要的图像；使用喷色描边滤镜命令和套索工具制作古门效果；使用加深工具、减淡工具、渐变工具和高斯模糊滤镜命令制作门上的装饰按钮。在 CorelDRAW 中，使用文本工具和段落格式化命令来编辑文本；使用导入命令和水平镜像按钮来编辑装饰图形；使用后减前命令来制作文字镂空效果。古都北京书籍封面设计效果如图 4-1 所示。

效果所在位置：光盘/Ch04/效果/古都北京书籍封面设计/古都北京书籍封面.cdr。

图 4-1

Photoshop 应用

4.1.1 制作背景文字

Step 01 按<Ctrl>+<N>组合键，新建一个文件：宽度为 36.1cm，高度为 25.6cm，分辨率为 300 像素/英寸，颜色模式为 RGB，背景内容为白色。选择“视图 > 新建参考线”命令，弹出“新建参考线”对话框，选项的设置如图 4-2 所示，单击“确定”按钮，效果如图 4-3 所示。用相同的方法，在 25.3cm 处新建一条水平参考线，效果如图 4-4 所示。

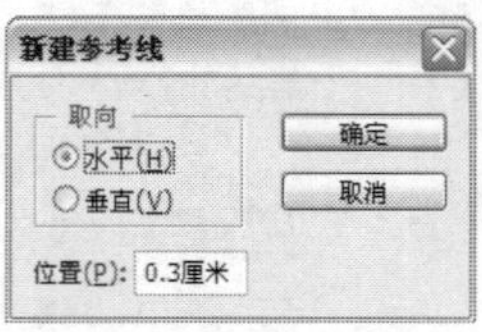

图 4-2

图 4-3

图 4-4

Step 02 选择“视图 > 新建参考线”命令，弹出“新建参考线”对话框，选项的设置如图 4-5 所示，单击“确定”按钮，效果如图 4-6 所示。用相同的方法，在 17.3cm、18.8cm 和 35.8cm 处新建垂直参考线，效果如图 4-7 所示。

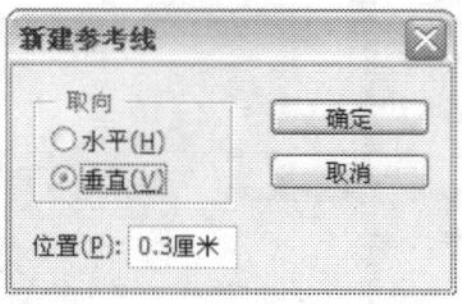

图 4-5

图 4-6

图 4-7

Step 03 选择“渐变”工具，单击属性栏中的“点按可编辑渐变”按钮，弹出“渐变编辑器”对话框，将渐变色设为从浅紫色（其 R、G、B 的值分别为 156、0、203）到深紫色（其 R、G、B 的值分别为 84、2、135），如图 4-8 所示，单击“确定”按钮。单击属性栏中的“径向渐变”按钮，按住<Shift>键的同时，在“背景”图层上从中心向外拖曳渐变色，效果如图 4-9 所示。

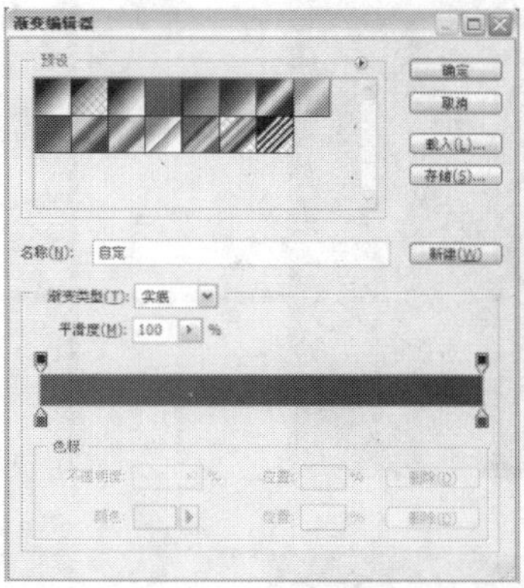

图 4-8

图 4-9

Step 04 按<Ctrl>+<O>组合键，打开光盘中的“Ch04 > 素材 > 古都北京书籍封面设计 > 01”文件。选择“移动”工具，将文字图片拖曳到图像窗口中适当的位置，如图 4-10 所示，在“图层”控制面板中生成新的图层“图层 1”。按住<Alt>键的同时，在图像窗口中分别拖曳鼠标到适当的位置，复制 3 个图片，效果如图 4-11 所示，在“图层”控制面板中生成 3 个副本图层。

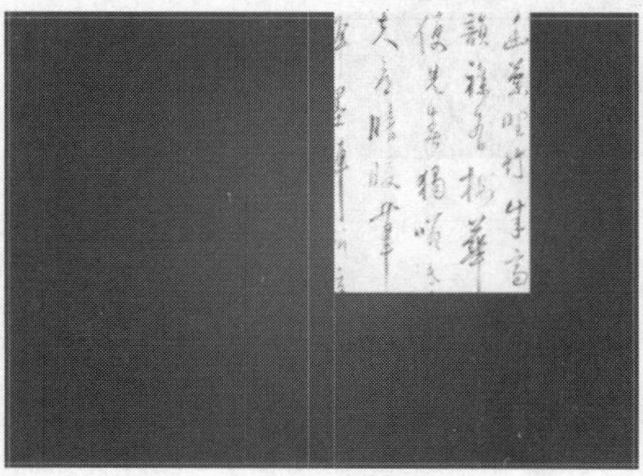
图 4-10

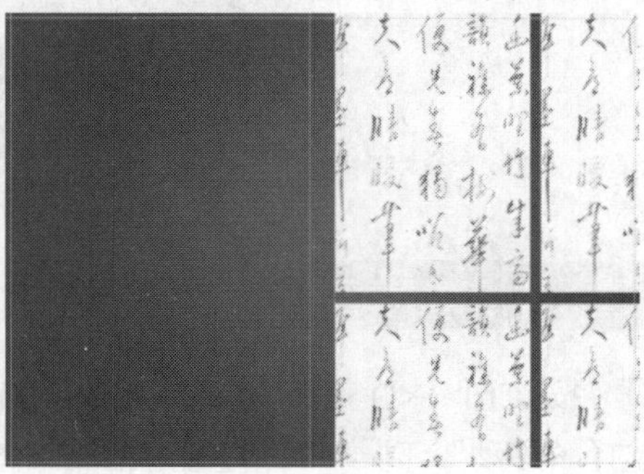
图 4-11

Step 05 在“图层”控制面板中，按住<Ctrl>键的同时，选取“图层 1”及其所有副本图层，按<Ctrl>+<E>组合键，合并图层并将其命名为“背景文字”，如图 4-12 所示。选择“移动”工具，按住<Alt>键的同时，在图像窗口中拖曳鼠标到适当的位置，复制一个图形，效果如图 4-13 所示，在“图层”控制面板中生成新的图层“背景文字 副本”。

图 4-12

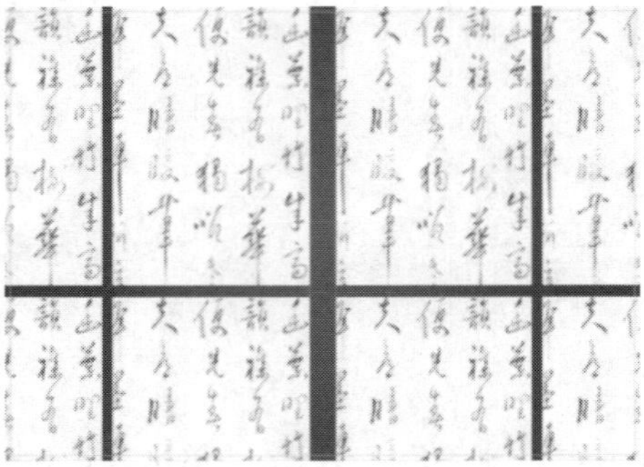

图 4-13

Step 06 在“图层”控制面板上方，将“背景文字 副本”图层的混合模式选项设为“颜色加深”，“不透明度”选项设为 10%，如图 4-14 所示，图像窗口中的效果如图 4-15 所示。用相同的方法制作“背景文字”图层的效果，如图 4-16 所示。

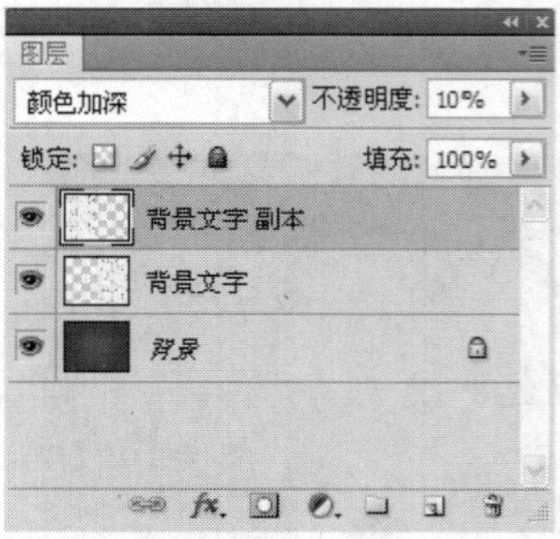

图 4-14

图 4-15

图 4-16

4.1.2 置入并编辑封面图片

Step 01 按<Ctrl>+<O>组合键，打开光盘中的“Ch04 > 素材 > 古都北京书籍封面设计 > 02”文件。选择“移动”工具，将图片拖曳到图像窗口中适当的位置，如图 4-17 所示，在“图层”控制面板中生成新的图层并将其命名为“图片”。

图 4-17

Step 02 在“图层”控制面板上方，将“图片”图层的混合模式选项设为“叠加”，如图 4-18 所示，图像窗口中的效果如图 4-19 所示。

图 4-18

图 4-19

Step 03 单击“图层”控制面板下方的“添加图层蒙版”按钮，为“图片”图层添加蒙版，如图 4-20 所示。将前景色设为黑色。选择“画笔”工具，在属性栏中单击“画笔”选项右侧的按钮，弹出画笔选择面板，选择需要的画笔形状，如图 4-21 所示。在图像窗口中拖曳鼠标擦除不需要的图像，效果如图 4-22 所示。

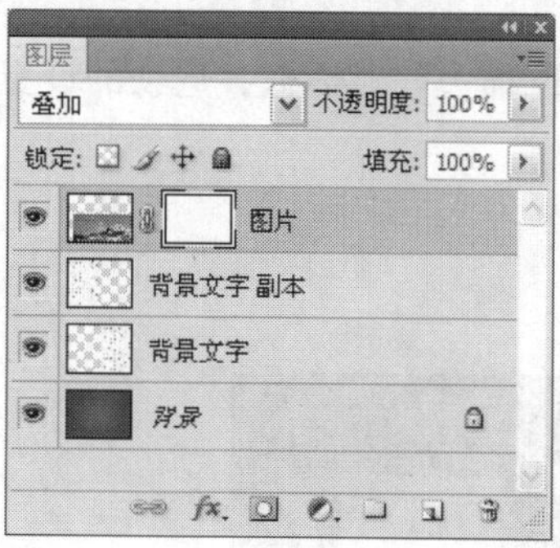

图 4-20

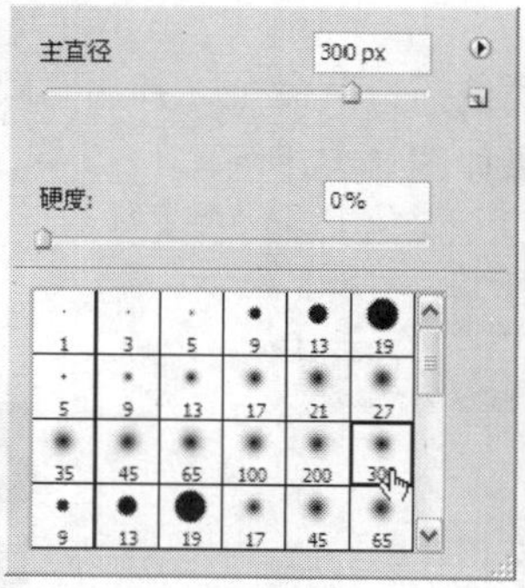

图 4-21

图 4-22

提示：图层蒙版可以使图层中图像的某部分被处理成透明或半透明的效果。按住<Shift>键的同时，单击图层蒙版，可以停用蒙版，将图像全部显示。再次按住<Shift>键的同时，单击图层蒙版，将恢复蒙版效果。按住<Alt>键的同时，单击图层蒙版，图层图像将消失，而只显示图层蒙版。再次按住<Alt>键的同时，单击图层蒙版，将恢复图层图像效果。

4.1.3 制作古门效果

Step 01 新建图层并将其命名为“门”。将前景色设为红色（其R、G、B的值分别为231、7、7）。选择“矩形选框”工具，在图像窗口中绘制出一个矩形选区，如图4-23所示。按<Alt>+<Delete>组合键，用前景色填充选区，效果如图4-24所示。

图4-23

图4-24

Step 02 在“通道”控制面板中单击“将选区存储为通道”按钮，生成“Alpha 1”通道。选中“Alpha 1”通道，如图4-25所示，图像窗口中的效果如图4-26所示。按<Ctrl>+<D>组合键取消选区。

图4-25

图4-26

Step 03 选择“滤镜 > 画笔描边 > 喷色描边”命令，弹出“喷色描边”对话框，选项的设置如图4-27所示。单击“确定”按钮，效果如图4-28所示。

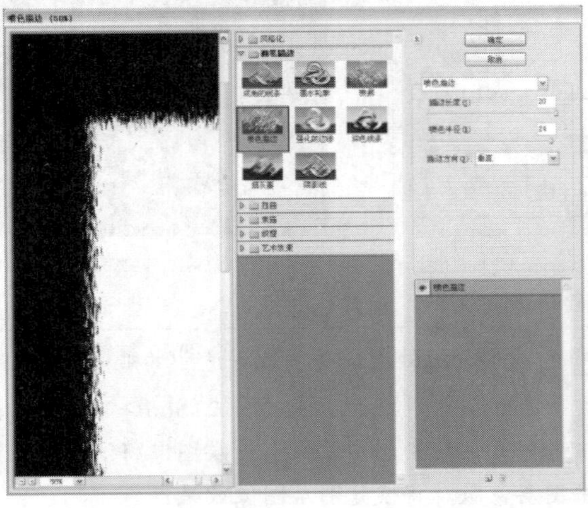

图4-27

图4-28

Step 04 按住<Ctrl>键的同时，在“通道”控制面板中单击“Alpha 1”通道的缩览图，载入选区，如图 4-29 所示，将“Alpha 1”通道删除。在“图层”控制面板中选中“门”图层，图像效果如图 4-30 所示。按<Ctrl>+<Shift>+<I>组合键，将选区反选。按<Delete>键，将选区中的图像删除。按<Ctrl>+<D>组合键取消选区，效果如图 4-31 所示。

图 4-29

图 4-30

图 4-31

提示：只有在“通道”控制面板中使用喷溅命令才可以显示明显的喷溅效果。

Step 05 选择“套索”工具，在图形上绘制一个选区，如图 4-32 所示。按<Delete>键，将选区中的图像删除，如图 4-33 所示。按<Ctrl>+<D>组合键取消选区。用相同的方法制作其他划痕效果，如图 4-34 所示。

图 4-32

图 4-33

图 4-34

Step 06 单击“图层”控制面板下方的“添加图层样式”按钮 fx，在弹出的菜单中选择“外发光”命令，将发光颜色设为黑色，其他选项的设置如图 4-35 所示。单击“确定”按钮，效果如图 3-36 所示。

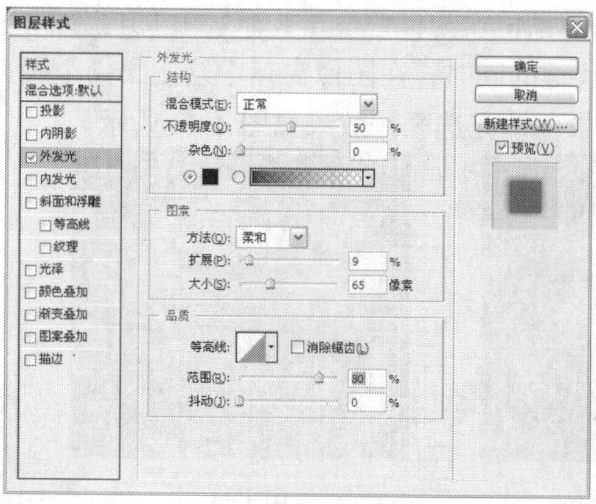

图 4-35

图 4-36

4.1.4 制作门上的按钮与狮子

Step 01 新建图层生成“图层 1”。将前景色设为暗黄色（其 R、G、B 的值分别为 233、163、26）。选择“椭圆选框”工具，按住<Shift>键的同时，在图像窗口中绘制出一个圆形选区，如图 4-37 所示。按<Alt>+<Delete>组合键，用前景色填充选区，效果如图 4-38 所示。

Step 02 选择“加深”工具，在属性栏中单击“画笔”选项右侧的按钮，弹出画笔选择面板，选择需要的画笔形状，如图 4-39 所示。将“曝光度”选项设为 50%，在图像窗口中单击并按住鼠标左键拖曳，在选区周围进行加深操作，效果如图 4-40 所示。

图 4-37

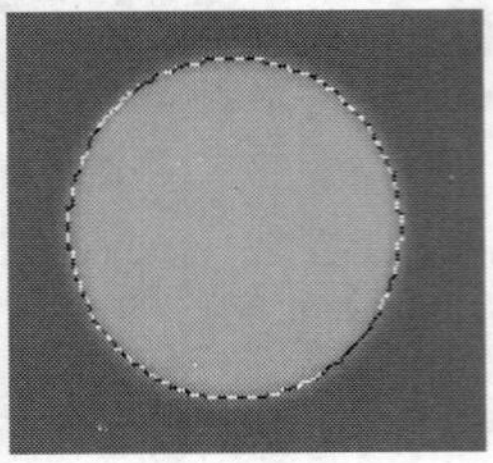
图 4-38

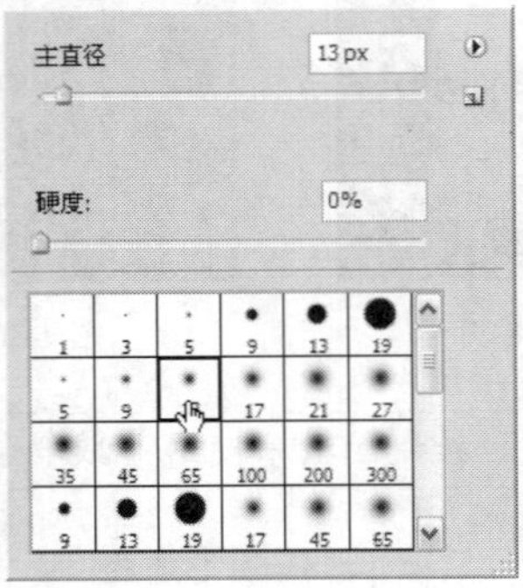

图 4-39

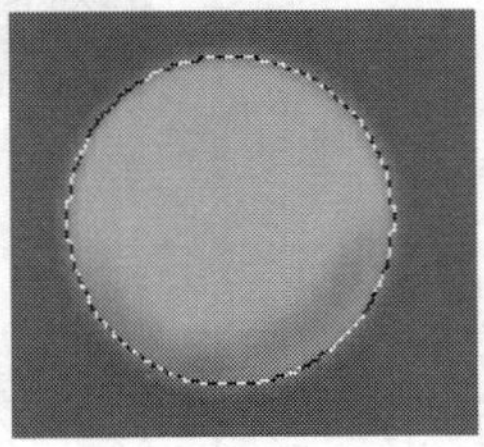
图 4-40

Step 03 选择“减淡”工具，在属性栏中单击“画笔”选项右侧的按钮，弹出画笔选择面板，选择需要的画笔形状，如图 4-41 所示。将“曝光度”选项设为 50%，在图像窗口中单击并按住鼠标左键拖曳，在选区内进行减淡操作，效果如图 4-42 所示。按<Ctrl>+<D>组合键取消选区。

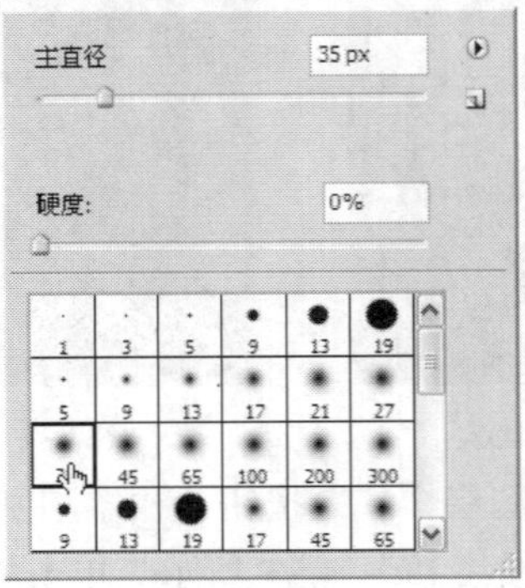

图 4-41

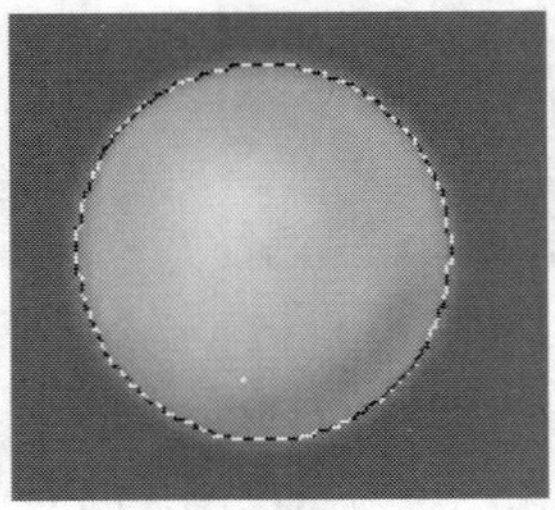
图 4-42

Step 04 新建图层生成“图层 2”。将前景色设为棕色（其 R、G、B 的值分别为 222、124、23）。选择“椭圆选框”工具，按住<Shift>键的同时，在图像窗口中绘制出一个圆形选区，如图 4-43 所示。按<Alt>+<Delete>组合键，用前景色填充选区，效果如图 4-44 所示。

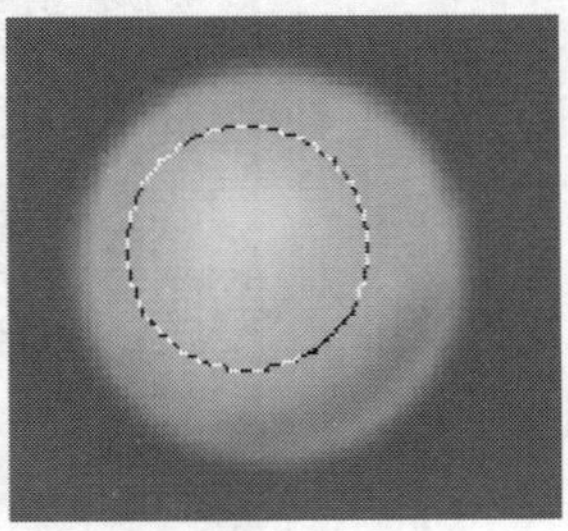
图 4-43

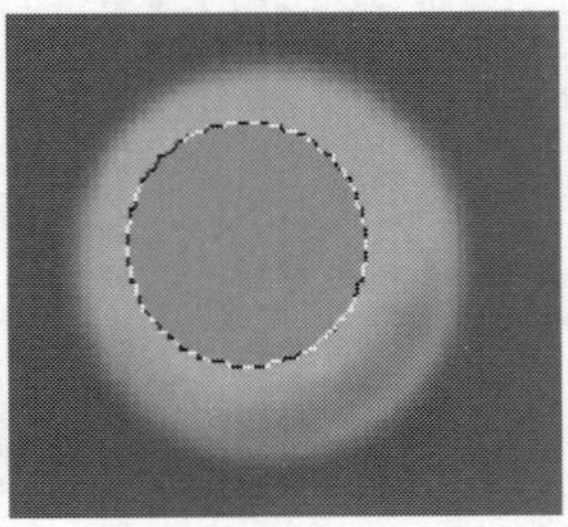
图 4-44

Step 05 选择“减淡”工具，在属性栏中单击“画笔”选项右侧的按钮，弹出画笔选择面板，选择需要的画笔形状，如图 4-45 所示。将“曝光度”选项设为 50%，在图像窗口中单击并按住鼠标左键拖曳，在选区内进行减淡操作，效果如图 4-46 所示。按<Ctrl>+<D>组合键取消选区。

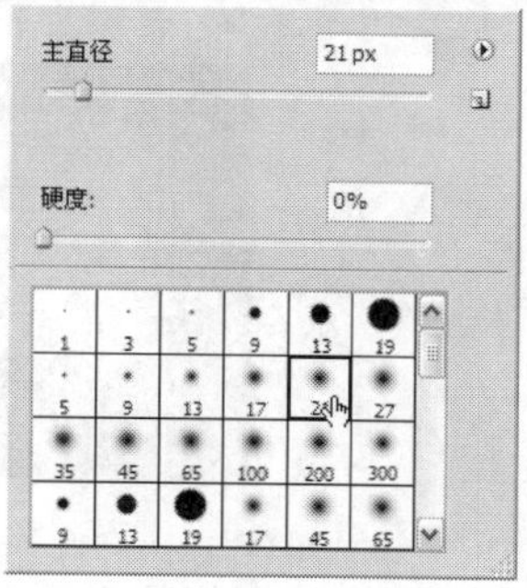

图 4-45

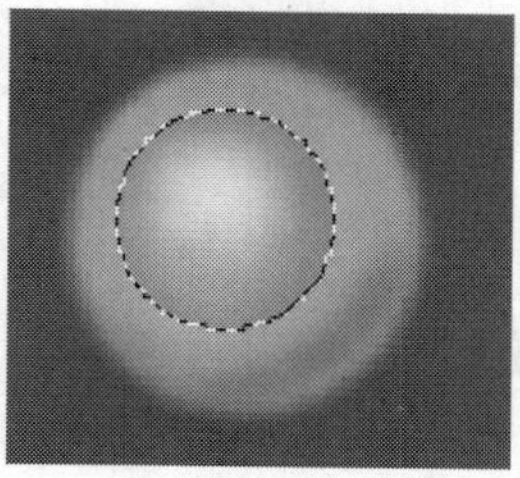

图 4-46

Step 06 新建图层生成“图层 3”。选择“椭圆选框”工具，按住<Shift>键的同时，在图像窗口中绘制出一个圆形选区，如图 4-47 所示。选择“渐变”工具，单击属性栏中的“点按可编辑渐变”按钮，弹出“渐变编辑器”对话框，将渐变色设为从黄色（其 R、G、B 的值分别为 254、247、158）到橙色（其 R、G、B 的值分别为 255、187、80），如图 4-48 所示，单击“确定”按钮。在选区中从左上方向右下方拖曳渐变，效果如图 4-49 所示。按<Ctrl>+<D>组合键取消选区。

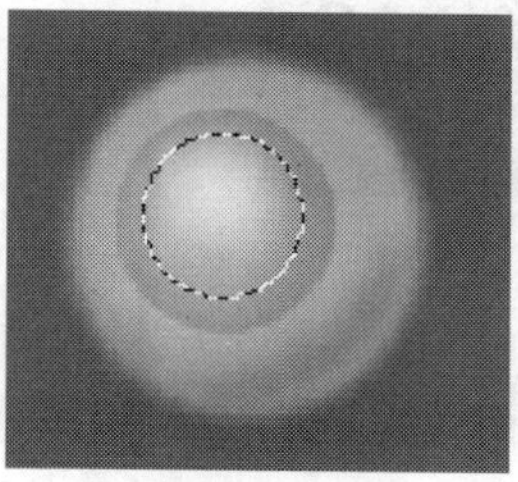

图 4-47

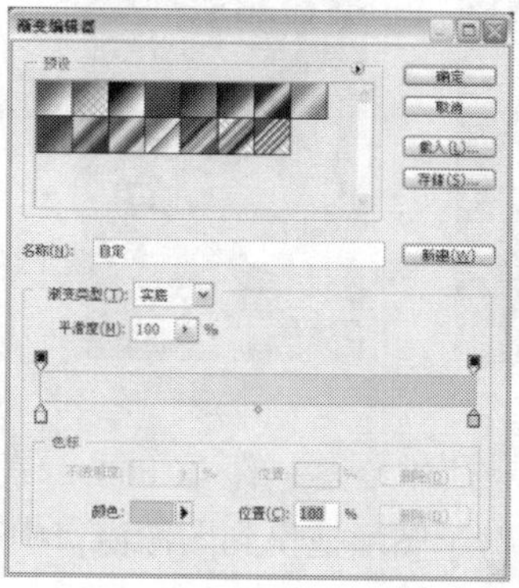

图 4-48

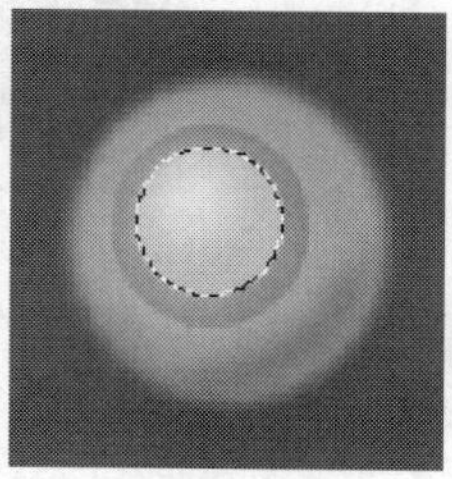

图 4-49

Step 07 在“图层”控制面板中，按住<Shift>键的同时，选中“图层 3”和“图层 1”，按<Ctrl>+<E>组合键，合并图层并将其命名为“按钮”。选择“滤镜 > 模糊 > 高斯模糊”命令，弹出“高斯模糊”对话框，选项的设置如图 4-50 所示。单击“确定”按钮，效果如图 4-51 所示。

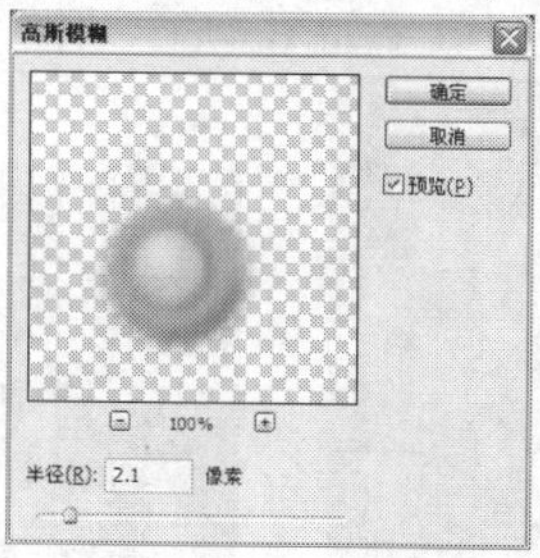

图 4-50

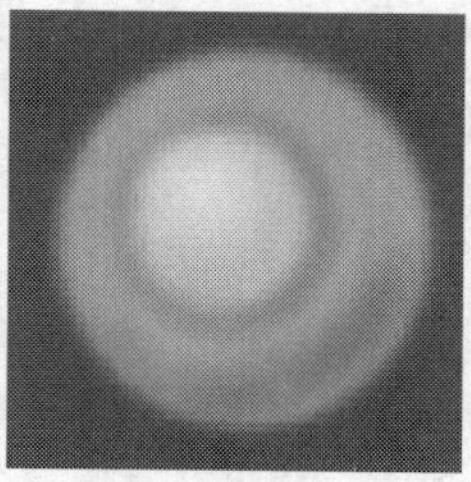

图 4-51

Step 08 单击“图层”控制面板下方的“添加图层样式”按钮，在弹出的菜单中选择“投影”命令，弹出对话框，选项的设置如图 4-52 所示。单击“确定”按钮，效果如图 4-53 所示。

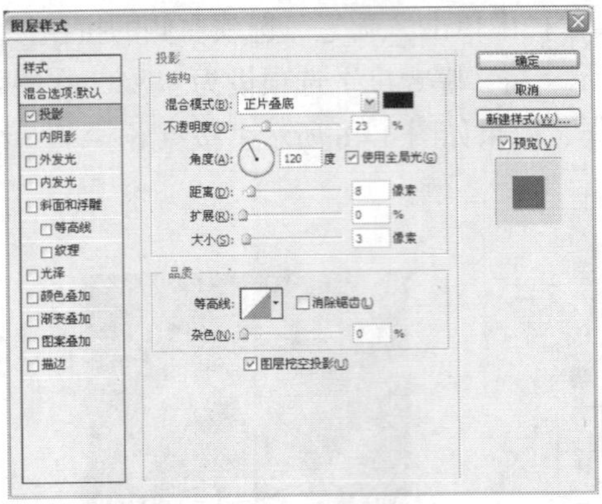

图 4-52

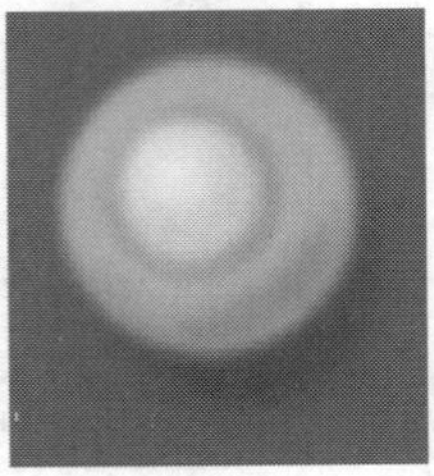

图 4-53

Step 09 选择“移动”工具，按住<Alt>键的同时，按住鼠标左键拖曳图形到适当的位置，复制一个按钮图形，效果如图 4-54 所示。用相同的方法复制多个图形，在“图层”控制面板中生成多个副本图层。按住<Shift>键的同时，选取“按钮”图层及其所有的副本图层，按<Ctrl>+<G>组合键，将其编组并命名为“古门”，图像效果如图 4-55 所示。选择“移动”工具，按住<Alt>键的同时，在图像窗口中拖曳鼠标到适当的位置，复制一组图形，并调整其大小，效果如图 4-56 所示，在“图层”控制面板中生成新的图层“古门 副本”。

图 4-54

图 4-55

图 4-56

Step 10 按<Ctrl>+<O>组合键，打开光盘中的“Ch04 > 素材 > 古都北京书籍封面设计 > 03”文件。选择“移动”工具，将狮子图形拖曳到图像窗口中适当的位置，如图 4-57 所示，在“图层”控制面板中生成新的图层并将其命名为“狮子”。

Step 11 按住<Ctrl>键的同时，在“图层”控制面板中单击“狮子”图层的缩览图载入选区，如图 4-58 所示。单击“图层”控制面板下方的“创建新的填充或调整图层”按钮，在弹出的菜单中选择“色相/饱和度”命令，“图层”控制面板中生成“色相/饱和度 1”图层，同时弹出“色相/饱和度”面板，选项的设置如图 4-59 所示，图像效果如图 4-60 所示。

图 4-57

图 4-58

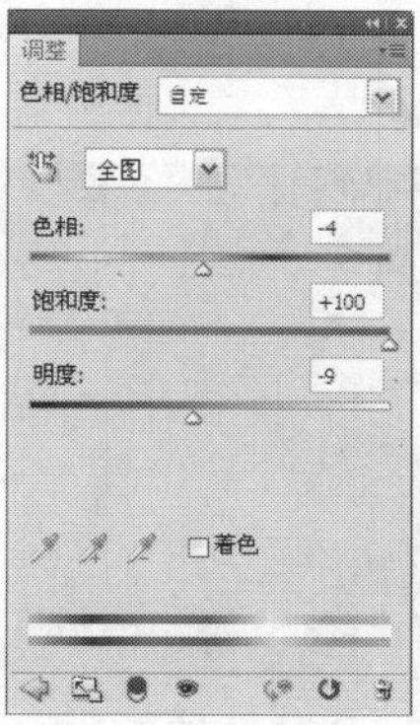

图 4-59

图 4-60

4.1.5　置入并编辑封底图片

Step 01　按<Ctrl>+<O>组合键，打开光盘中的“Ch04 > 素材 > 古都北京书籍封面设计 > 04”文件。选择“移动”工具，将图片拖曳到图像窗口中适当的位置，如图 4-61 所示，在“图层”控制面板中生成新的图层并将其命名为“山”。

Step 02　在“图层”控制面板上方，将“山”图层的混合模式选项设为“线性加深”，如图 4-62 所示，图像窗口中的效果如图 4-63 所示。

图 4-61

图 4-62

图 4-63

Step 03　单击“图层”控制面板下方的“添加图层蒙版”按钮，为“山”图层添加蒙版，如图 4-64 所示。将前景色设为黑色。选择“画笔”工具，在属性栏中单击“画笔”选项右侧的按钮，弹出画笔选择面板，选择需要的画笔形状，如图 4-65 所示。在图像窗口中拖曳鼠标擦除不需要的图像，效果如图 4-66 所示。

图 4-64

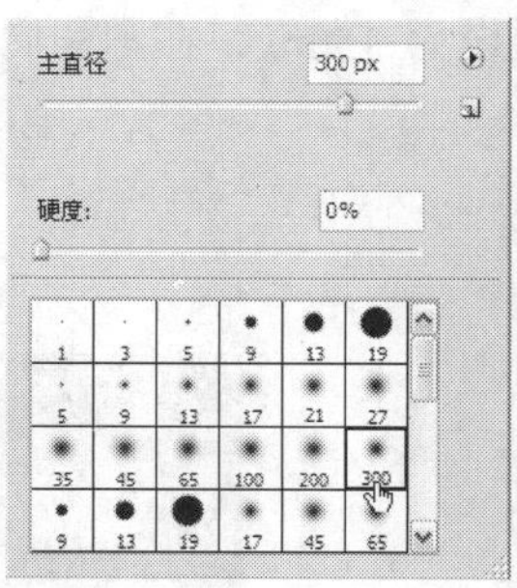

图 4-65

图 4-66

Step 04　按<Ctrl>+<O>组合键，打开光盘中的“Ch04 > 素材 > 古都北京书籍封面设计 > 05”文件。选择“移动”工具，将图片拖曳到图像窗口中适当的位置，如图 4-67 所示，在“图层”

控制面板中生成新的图层并将其命名为“图片 2”。按<Ctrl>+<T>组合键，在图片周围生成控制手柄，向内拖曳鼠标将图片缩小，效果如图 4-68 所示。

图 4-67

图 4-68

Step 05 按<Ctrl>+<Shift>+<U>组合键，对图片进行去色操作，效果如图 4-69 所示。选择“图像 > 调整> 色彩平衡”命令，弹出“色彩平衡”对话框，选项的设置如图 4-70 所示。选择“阴影”单选项，弹出相应的选项，设置如图 4-71 所示。选择“高光”单选项，弹出相应的选项，设置如图 4-72 所示。单击“确定”按钮，效果如图 4-73 所示。

图 4-69

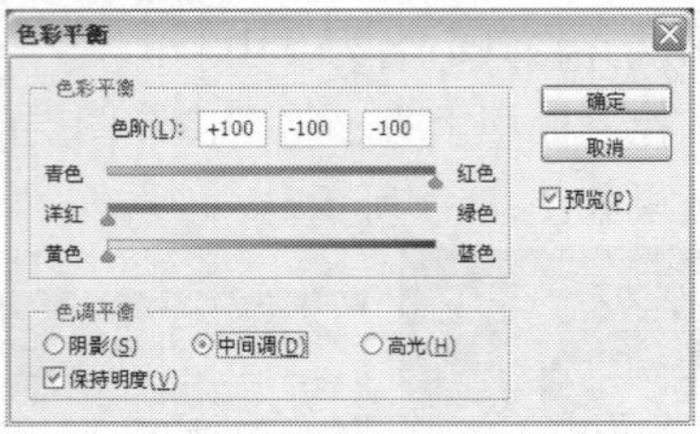

图 4-70

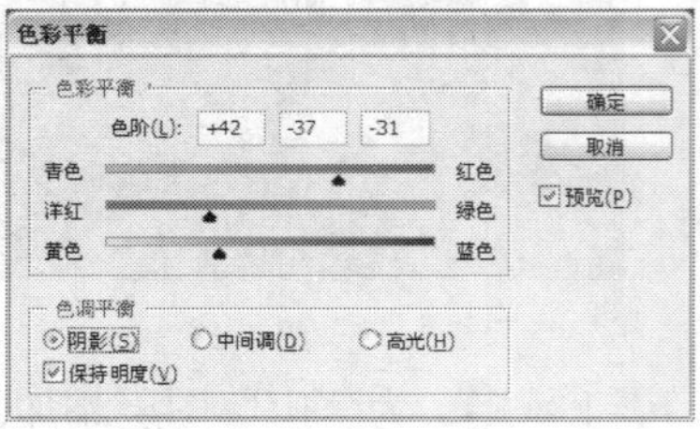

图 4-71

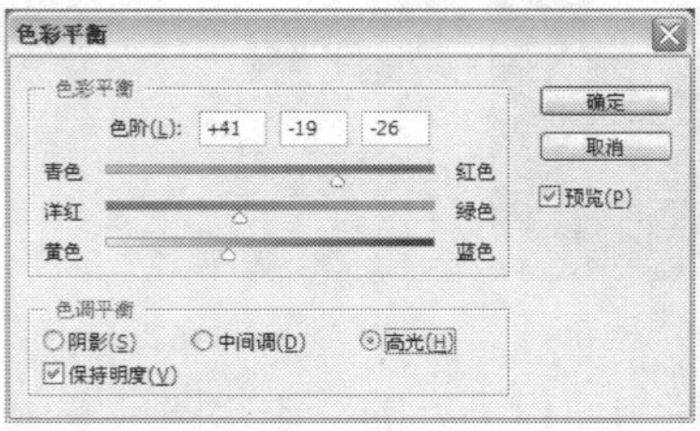

图 4-72

图 4-73

Step 06 选择“橡皮擦”工具，在属性栏中单击“画笔”项右侧的按钮，弹出画笔选择面板。单击右侧的按钮，在弹出的列表中选择“自然画笔”，并在画笔选择面板中选择需要的画笔形状，如图 4-74 所示。将“主直径”选项设为 150px，在图片周围拖曳鼠标擦除不需要的图像，效果如图 4-75 所示。

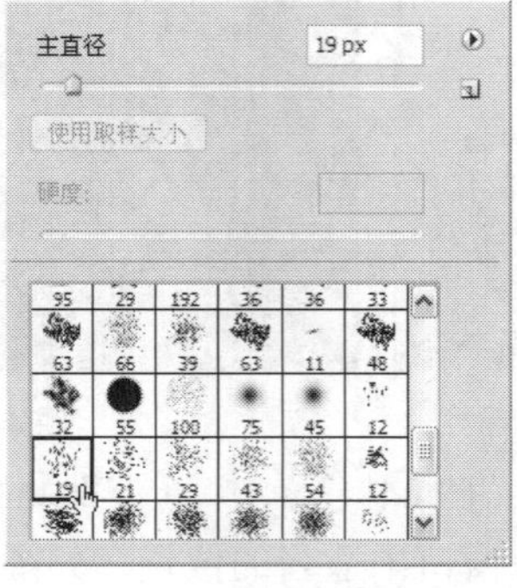

图 4-74

图 4-75

Step 07 单击“图层”控制面板下方的“添加图层样式”按钮 *fx*，在弹出的菜单中选择“外发光”命令，将发光颜色设为白色，其他选项的设置如图 4-76 所示。单击“确定”按钮，效果如图 4-77 所示。封面底图效果制作完成，如图 4-78 所示。

Step 08 按<Ctrl>+<; >组合键，隐藏参考线。按<Ctrl>+<Shift>+<E>组合键，合并可见图层。按<Ctrl>+<S>组合键，弹出“存储为”对话框，将制作好的图像命名为“封面底图”，保存为 TIFF 格式。单击“保存”按钮，弹出“TIFF”对话框，再单击“确定”按钮将图像保存。

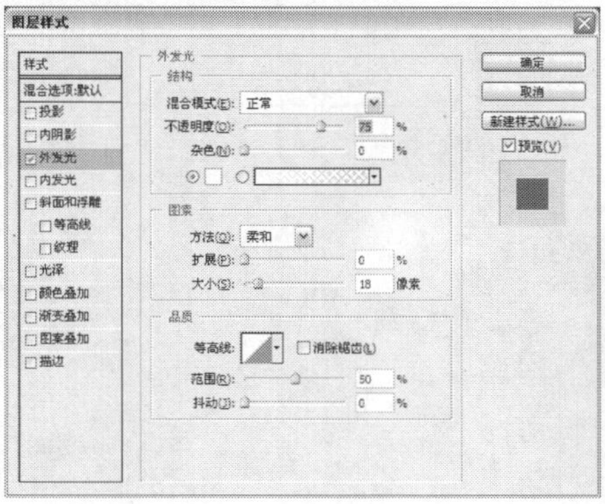

图 4-76

图 4-77

图 4-78

CorelDRAW 应用

4.1.6　定义图案制作背景效果

Step 01 打开 CorelDRAW X4 软件，按<Ctrl>+<N>组合键，新建一个页面。在属性栏的“纸张宽度和高度”选项中设置数值，如图 4-79 所示。按<Enter>键，页面尺寸显示为设置的大小，如图 4-80 所示。

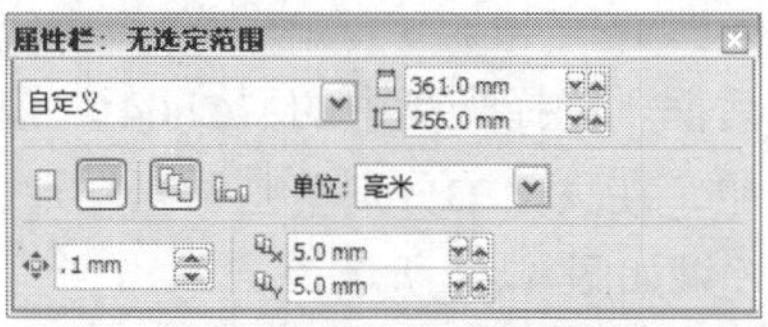

图 4-79

图 4-80

Step 02 按<Ctrl>+<J>组合键，弹出“选项”对话框，选择“辅助线/水平”选项，在文字框中设置数值为 3，如图 4-81 所示，单击“添加”按钮，在页面中添加一条水平辅助线。再添加 253mm 的水平辅助线，单击“确定”按钮，效果如图 4-82 所示。

Step 03 按<Ctrl>+<J>组合键，弹出“选项”对话框，选择“辅助线/垂直”选项，在文字框中设置数值为 3，如图 4-83 所示，单击“添加”按钮，在页面中添加一条垂直辅助线。再添加 173mm、188mm、358mm 的垂直辅助线，单击“确定”按钮，效果如图 4-84 所示。

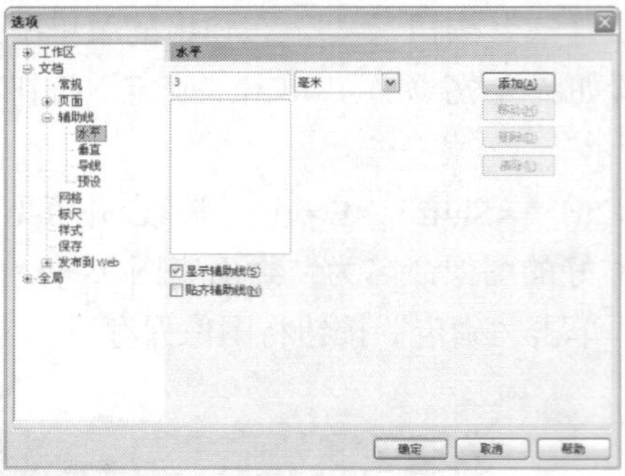

图 4-81

图 4-82

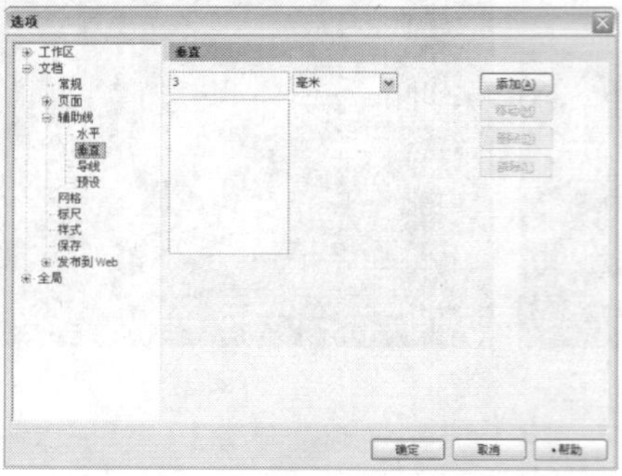

图 4-83

图 4-84

Step 04 选择“文件 > 导入”命令，弹出“导入”对话框。选择光盘中的“Ch04 > 效果 > 古都北京书籍封面设计 > 封面底图”文件，单击“导入”按钮，在页面中单击导入图片，如图 4-85 所示。按<P>键，图片在页面中居中对齐，效果如图 4-86 所示。

图 4-85

图 4-86

Step 05 选择“文件 > 导入”命令，弹出“导入”对话框。选择光盘中的“Ch04 > 素材 > 古都北京书籍封面设计 > 06、07”文件，单击“导入”按钮，在页面中分别单击导入图片，将其拖曳到适当的位置，如图 4-87 所示，并填充图形为白色，效果如图 4-88 所示。

图 4-87

图 4-88

Step 06 选择“挑选”工具，用圈选的方法将两个图形同时选取，按<Ctrl>+<G>组合键将其编组。选择“交互式阴影”工具，在文字上由上至下拖曳光标，为文字添加阴影效果。在属性栏中将“阴影颜色”设为黑色，其他选项的设置如图 4-89 所示。按<Enter>键确认，阴影效果如图 4-90 所示。

Step 07 选择“文本”工具，在页面中输入需要的文字。选择“挑选”工具，在属性栏中选择合适的字体并设置文字大小，设置文字颜色的 CNYK 值为 0、0、0、10，填充文字，效果如图 4-91 所示。单击属性栏中的“将文本更改为垂直方向”按钮，将文字竖排并拖曳到适当的位置，效果如图 4-92 所示。

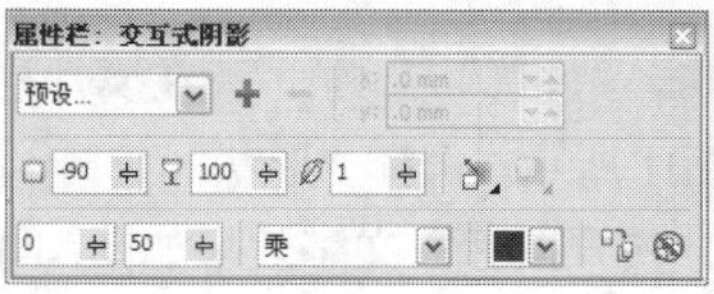

图 4-89

图 4-90

图 4-91

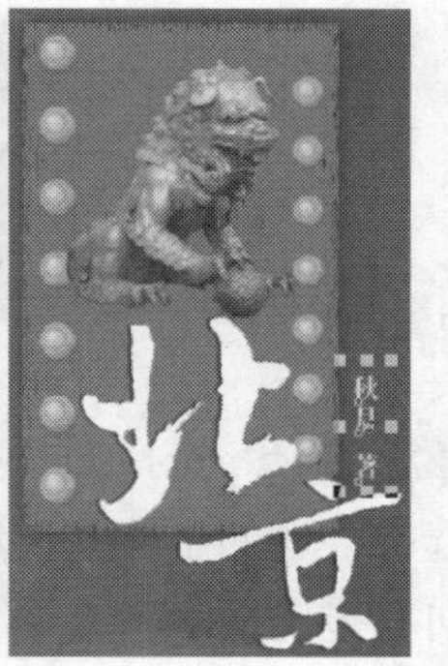
图 4-92

4.1.7　添加装饰纹理和文字

Step 01 选择“文件 > 导入”命令，弹出“导入”对话框。选择光盘中的“Ch04 > 素材 > 古都北京书籍封面设计 > 08”文件，单击“导入”按钮，在页面中单击导入图片，如图 4-93 所示。取消图形的填充并设置轮廓线颜色的 CMYK 值为 0、0、0、10，填充轮廓线，效果如图 4-94 所示。

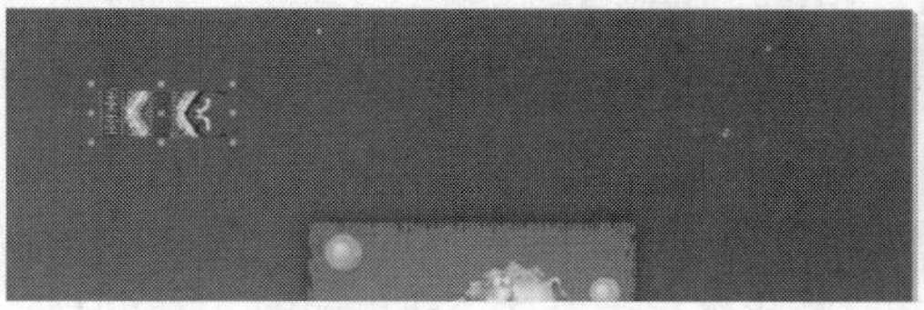
图 4-93

图 4-94

Step 02 选择“椭圆形”工具，按住<Ctrl>键，在页面中绘制一个圆形，填充图形为浅灰色（其 C、M、Y、K 的值分别为 0、0、0、10）并去除圆形的轮廓线，效果如图 4-95 所示。选择“挑选”工具，按住<Ctrl>键的同时，水平向右拖曳圆形，并在适当的位置上单击鼠标右键，复制一个新的圆形，效果如图 4-96 所示。按住<Ctrl>键，再连续按<D>键，复制出多个圆形，效果如图 4-97 所示。用圈选的方法选取圆形和复制后的圆形，按<Ctrl>+<G>组合键将其群组，如图 4-98 所示。

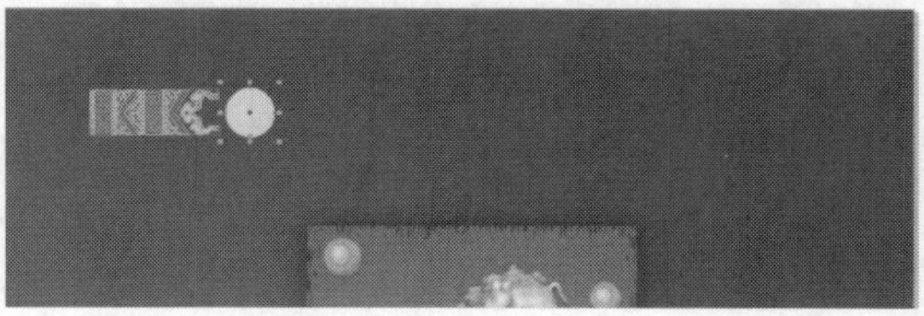
图 4-95

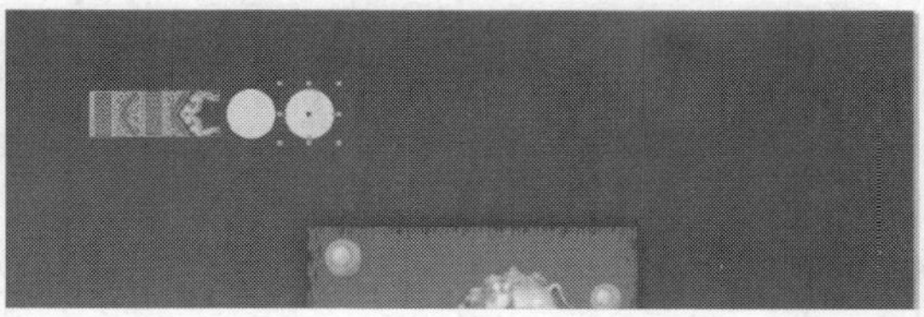
图 4-96

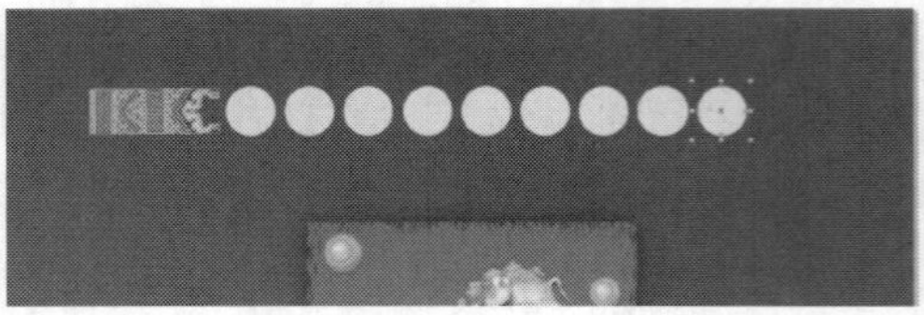

图 4-97

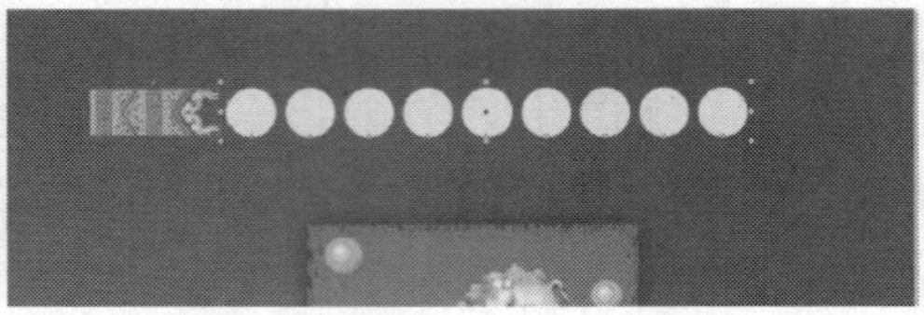

图 4-98

Step 03 选择“挑选”工具，选取需要的图形，按数字键盘上的<+>键复制图形，并将其拖曳到适当的位置，效果如图 4-99 所示。单击属性栏中的“水平镜像”按钮，水平翻转复制的图形，效果如图 4-100 所示。

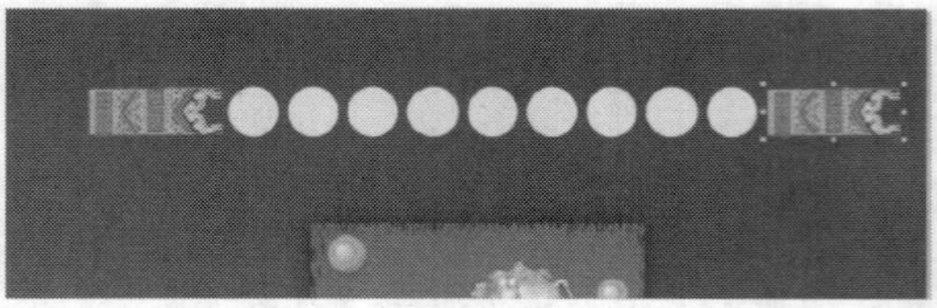

图 4-99

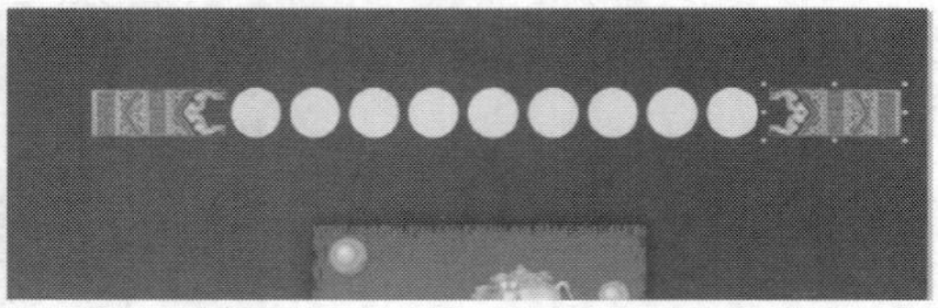

图 4-100

Step 04 选择“文本”工具，在页面中输入需要的文字。选择“挑选”工具，在属性栏中选择合适的字体并设置文字大小，填充文字为黑色，效果如图 4-101 所示。选择“形状”工具，向右拖曳文字下方的图标，调整文字的间距如图 4-102 所示，松开鼠标，文字效果如图 4-103 所示。

图 4-101

图 4-102

图 4-103

Step 05 选择“挑选”工具，将图形、圆形和文字同时选取，如图 4-104 所示。选择“排列 > 对齐和分布 > 水平居中对齐”命令，将图形、圆形和文字水平居中对齐，效果如图 4-105 所示。将圆形和文字同时选取，如图 4-106 所示，单击属性栏中的“移除前面对象”按钮，效果如图 4-107 所示。

图 4-104

图 4-105

图 4-106

图 4-107

Step 06 选择“文本”工具，在页面中输入需要的文字。选择“挑选”工具，在属性栏中选择合适的字体并设置文字大小，设置文字颜色的 CMYK 值为 0、0、0、10，填充文字，效果如图 4-108 所示。

图 4-108

4.1.8　制作书脊

Step 01　选择“矩形”工具，在页面中绘制一个矩形，设置矩形颜色的 CMYK 值为 0、100、100、10，填充图形，并去除图形的轮廓线，效果如图 4-109 所示。选择“挑选”工具，选取需要的文字，按数字键盘上的<+>键复制文字，调整大小并将其拖曳到适当的位置，效果如图 4-110 所示。

图 4-109

图 4-110

Step 02　选择“文本”工具，分别在页面中输入需要的文字。选择“挑选”工具，在属性栏中选择合适的字体并设置文字大小，效果如图 4-111 所示。单击属性栏中的“将文本更改为垂直方向”按钮，将文字竖排并拖曳到适当的位置，效果如图 4-112 所示。选择“挑选”工具，选取需要的文字，设置文字颜色的 CMYK 值为 0、0、0、10，填充文字，效果如图 4-113 所示。

图 4-111

图 4-112

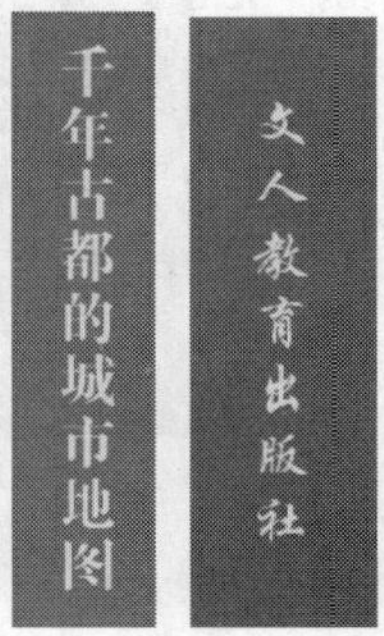

图 4-113

Step 03　选择“挑选”工具，选取文字“北京”，按数字键盘上的<+>键复制文字，调整大小并将其拖曳到适当的位置，效果如图 4-114 所示。设置文字颜色的 CMYK 值为 0、0、0、10，填充文字，效果如图 4-115 所示。

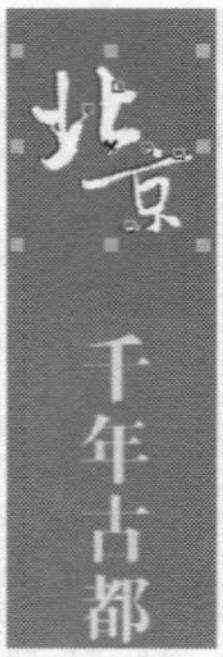

图 4-114

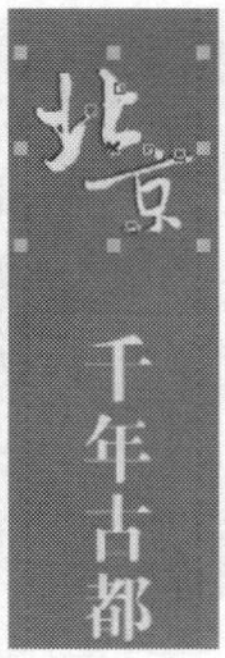

图 4-115

Step 04 选择“挑选”工具，选取需要的文字，如图 4-116 所示。选择“排列 > 对齐和分布 > 垂直居中对齐”命令，将文字垂直居中对齐，效果如图 4-117 所示。

图 4-116

图 4-117

4.1.9 添加并编辑内容文字

Step 01 选择“文本”工具，在页面中输入需要的文字。选择“挑选”工具，在属性栏中选择合适的字体并设置文字大小，填充文字为白色，效果如图 4-119 所示。选择“矩形”工具，在页面中绘制一个矩形，设置矩形颜色的 CMYK 值为 0、0、0、10，填充矩形，并去除图形的轮廓线，效果如图 4-118 所示。

图 4-118

图 4-119

Step 02 选择“文本”工具，在页面中输入需要的文字。选择“挑选”工具，在属性栏中选择合适的字体并设置文字大小，设置文字颜色的 CMYK 值为 0、0、0、10，填充文字，效果如图 4-120 所示。选择“文字 > 段落格式化”命令，弹出“段落格式化”面板，选项的设置如图 4-121 所示。按<Enter>键确认，效果如图 4-122 所示。单击属性栏中的“将文本更改为垂直方向”按钮，将文字竖排并拖曳到适当的位置，效果如图 4-123 所示。

图 4-120

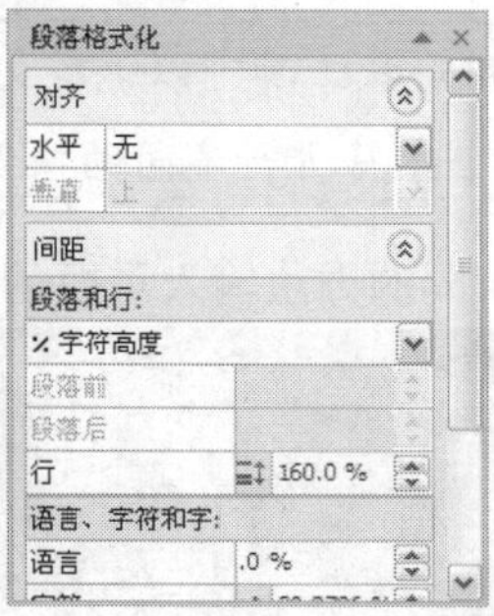

图 4-121

图 4-122

图 4-123

Step 03 选择“椭圆形”工具，按住<Ctrl>键，在页面中绘制一个圆形，设置图形颜色的 CMYK 值为 10、99、91、0，填充图形，并去除图形的轮廓线，如图 4-124 所示。选择“挑选”工具，按数字键盘上的<+>键复制一个图形，并将其拖曳到适当的位置，如图 4-125 所示。选择“文本”工具，在页面中输入需要的文字。选择“挑选”工具，在属性栏中选择合适的字体并设置文字大小，填充文字为白色，如图 4-126 所示。

图 4-124

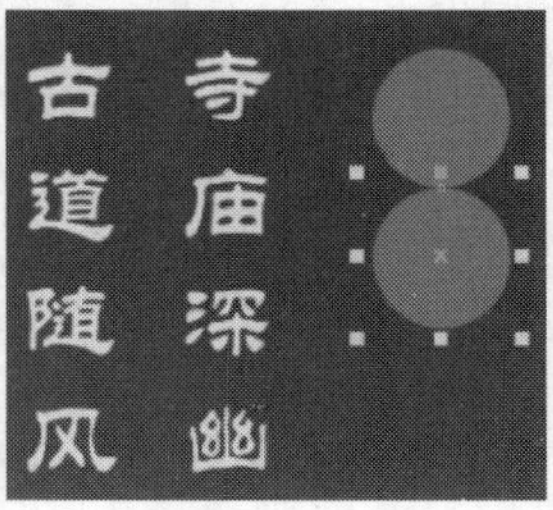

图 4-125

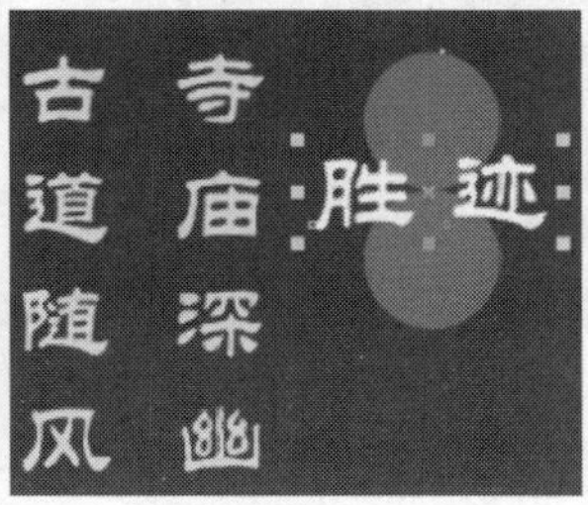

图 4-126

Step 04 选择“挑选”工具，选取需要的文字，单击属性栏中的“将文本更改为垂直方向”按钮，将文字竖排并拖曳到适当的位置，效果如图 4-127 所示。选择“形状”工具，选取“迹”字的节点并拖曳到适当的位置，如图 4-128 所示，松开鼠标，文字效果如图 4-129 所示。

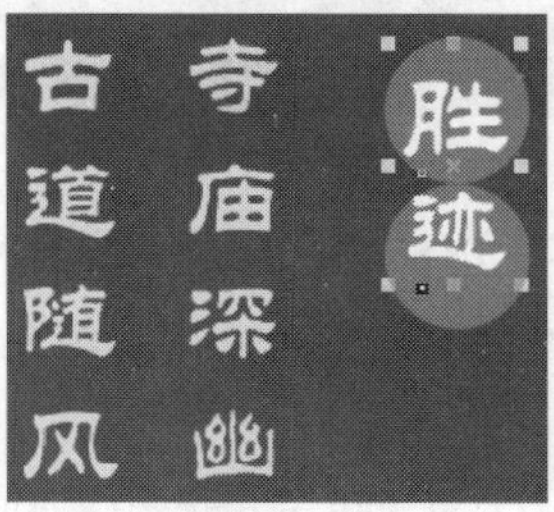

图 4-127

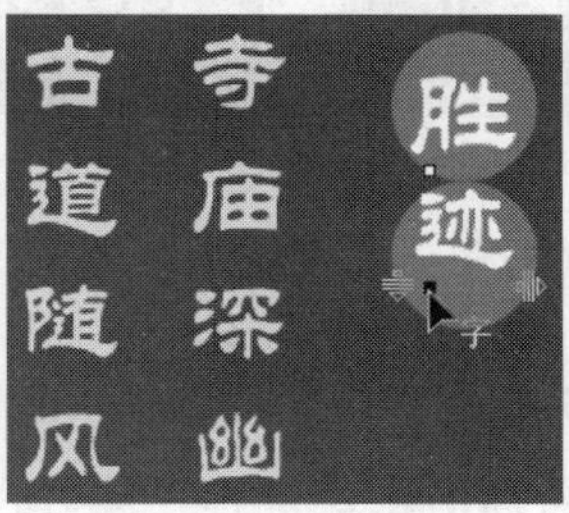

图 4-128

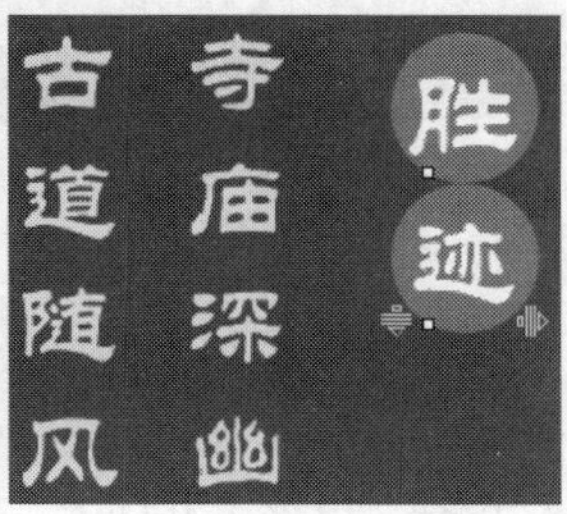

图 4-129

提示：使用形状工具可以调整文本间距。在调整过程中，可以使每个字符形成一个独立的单元，从而对每个字符进行不同的操作。

Step 05 用相同的方法输入需要的文字并绘制需要的图形，制作出如图 4-130 所示的效果。

图 4-130

4.1.10 添加出版信息

Step 01 选择“文本”工具，在页面中输入需要的文字。选择“挑选”工具，在属性栏中选择合适的字体并设置文字大小，设置文字颜色的 CMYK 值为 0、0、0、10，填充文字，效果如图 4-131 所示。选择“手绘”工具，按住<Ctrl>键绘制一条直线。按<F12>键，弹出“轮廓笔”对话框，在“颜色”选项中选择轮廓线颜色为浅灰色（其 C、M、Y、K 的值分别为 0、0、0、10），其他选项的设置如图 4-132 所示。单击“确定”按钮，效果如图 4-133 所示。

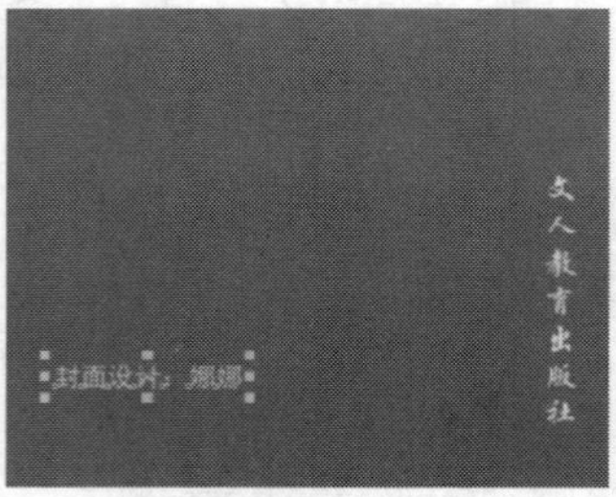

图 4-131

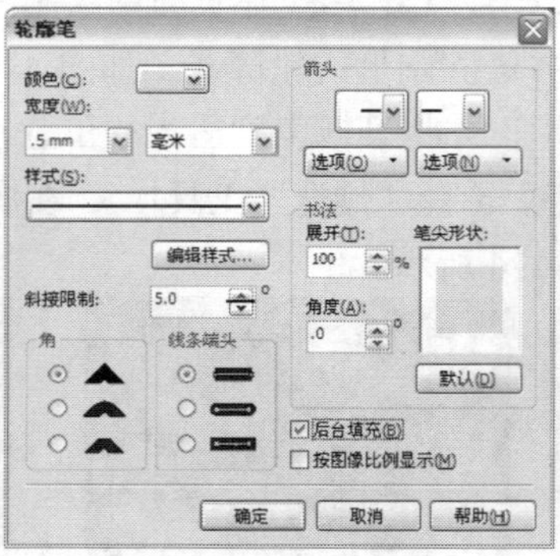

图 4-132

图 4-133

Step 02 选择“矩形”工具，在页面中绘制一个矩形，设置矩形颜色的 CMYK 值为 0、0、0、10，填充矩形，并去除矩形的轮廓线，效果如图 4-134 所示。选择“挑选”工具，选取需要的文字和图形，按<Ctrl>+<G>组合键将其群组，效果如图 4-135 所示。

图 4-134

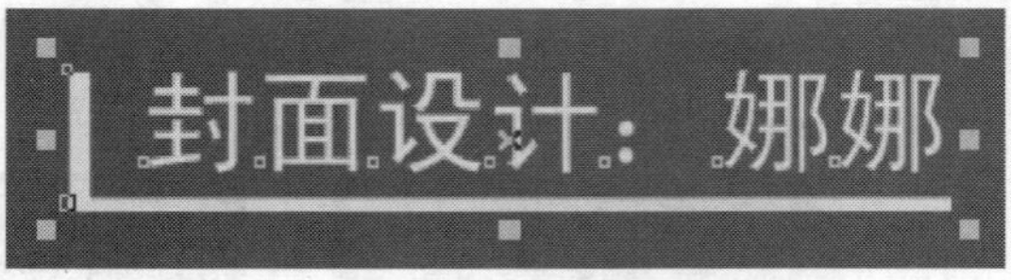

图 4-135

Step 03 选择“文本”工具，分别在页面中输入需要的文字。选择“挑选”工具，在属性栏中选择合适的字体并设置文字大小，设置文字颜色的 CMYK 值为 0、0、0、10，填充文字，效果如图 4-136 所示。

Step 04 选择“矩形”工具，在页面中绘制一个矩形，填充矩形为白色并去除矩形的轮廓线，效果如图 4-137 所示。

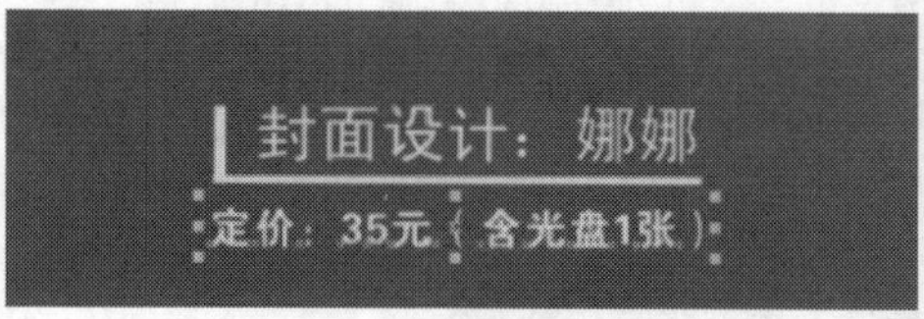

图 4-136

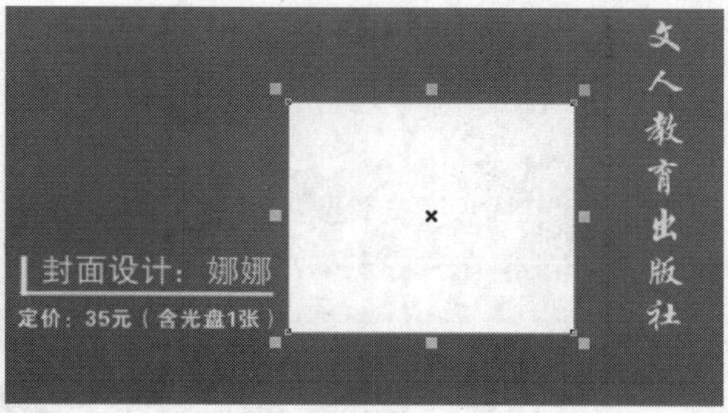

图 4-137

Step 05 选择“编辑 > 插入条形码”命令，弹出“条码向导”对话框，在各选项中按需要进行设置，如图 4-138 所示。设置好后，单击“下一步”按钮，在设置区内按需要进行设置，如图 4-139 所示。设置好后，单击“下一步”按钮，在设置区内按需要进行各项设置，如图 4-140 所示。设置好后，单击“完成”按钮，效果如图 4-141 所示。

图 4-138

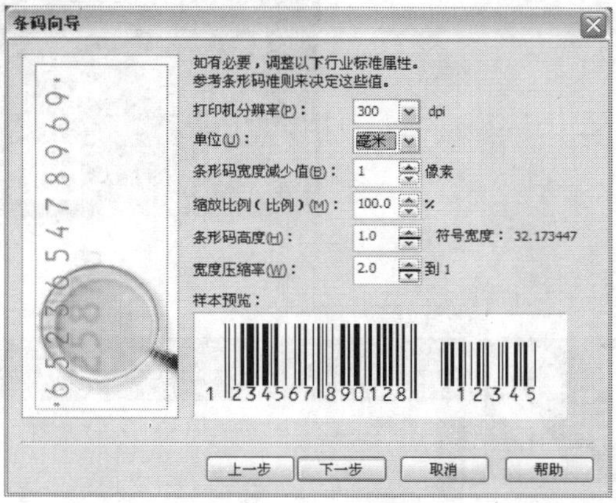

图 4-139

图 4-140

图 4-141

Step 06 选择“挑选”工具，选取需要的图形并将其拖曳到适当的位置，效果如图 4-142 所示。选择“贝塞尔”工具，在白色矩形中绘制一个图形，在属性栏中的“轮廓宽度”.2 mm框中设置数值为 0.5pt，按<Enter>键确认，效果如图 4-143 所示。按<Esc>键取消选取状态，古都北京封面制作完成，效果如图 4-144 所示。

Step 07 按<Ctrl>+<S>组合键，弹出“保存图形”对话框，将制作好的图像命名为“古都北京书籍封面”，保存为 CDR 格式，单击“保存”按钮将图像保存。

图 4-142

图 4-143

图 4-144

4.2 课后习题——脸谱书籍封面设计

习题知识要点：在 Photoshop 中，使用矩形工具和外发光命令制作矩形底图；使用图层混合模式和不透明度命令编辑云图片；使用套索工具和喷溅命令制作印章。在 CorelDRAW 中，使用矩形工具制作装饰框；使用交互式透明工具为文字图片添加透明效果；使用交互式阴影工具为书名添加阴影效果。脸谱书籍封面效果如图 4-145 所示。

效果所在位置：光盘/Ch04/效果/脸谱书籍封面设计/脸谱书籍封面.cdr。

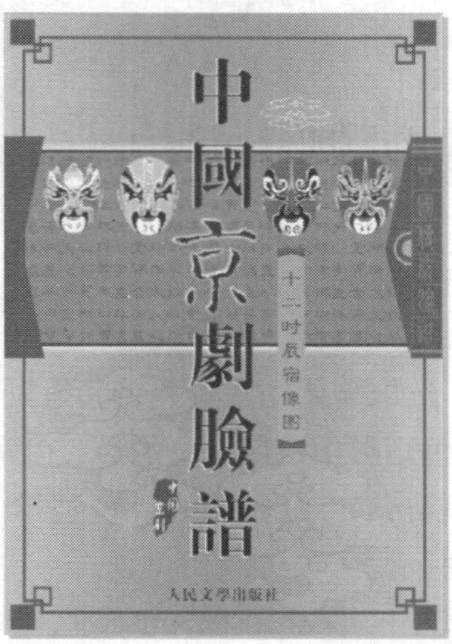

图 4-145

第5章 唱片封面设计

唱片封面设计是应用设计的一个重要门类。唱片封面是音乐的外貌，不仅要体现出唱片的内容和性质，还要表现出美感。本章以音乐 CD 封面为例，讲解唱片封面的设计方法和制作技巧。

【教学目标】

- 在 Photoshop 软件中制作音乐 CD 封面底图。
- 在 CorelDRAW 软件中添加文字及出版信息。

5.1 音乐 CD 封面设计

案例学习目标：学习在 Photoshop 中使用滤镜、蒙版、绘图和填充工具制作音乐 CD 的封面底图。在 CorelDRAW 中使用文本工具和图形的绘制、编辑工具添加相关文字及出版信息。

案例知识要点：在 Photoshop 中，使用高斯模糊命令制作图片的模糊效果；使用添加蒙版和渐变工具为图片添加透明渐变；使用画笔工具擦除图片中不需要的图像；使用描边命令对矩形选框进行描边。在 CorelDRAW 中，使用交互式阴影工具为图片添加阴影效果；使用交互式调和工具制作两个正方形的调和效果；使用轮廓笔工具制作矩形轮廓框；使用矩形工具制作标志的底图。音乐 CD 封面效果如图 5-1 所示。

效果所在位置：光盘/Ch05/效果/音乐 CD 封面设计/音乐 CD 封面.cdr。

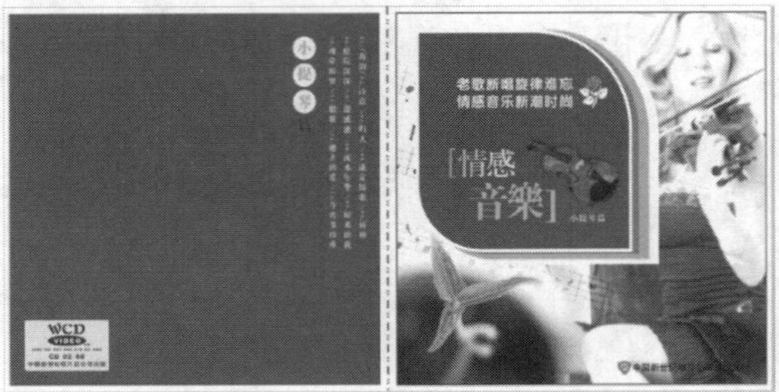

图 5-1

Photoshop 应用

5.1.1 置入并编辑图片

Step 01 按<Ctrl>+<N>组合键，新建一个文件：宽度为 24cm，高度为 12cm，分辨率为 300 像素/英寸，颜色模式为 RGB，背景内容为白色。按<Ctrl>+<R>组合键，图像窗口中出现标尺。选择“移动”工具，从图像窗口的水平标尺和垂直标尺中拖曳出需要的参考线，效果如图 5-2 所示。单击“图层”控制面板下方的“创建新图层”按钮，生成新的图层并将其命名为“白色选区”。选择“矩形选框”工具，在图像窗口中的右半部分绘制出一个矩形选区，填充选区为白色，如图 5-3 所示。按<Ctrl>+<D>组合键，取消选区。

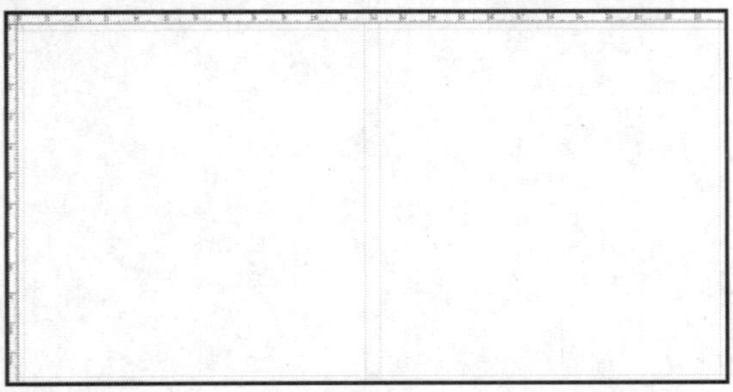

图 5-2

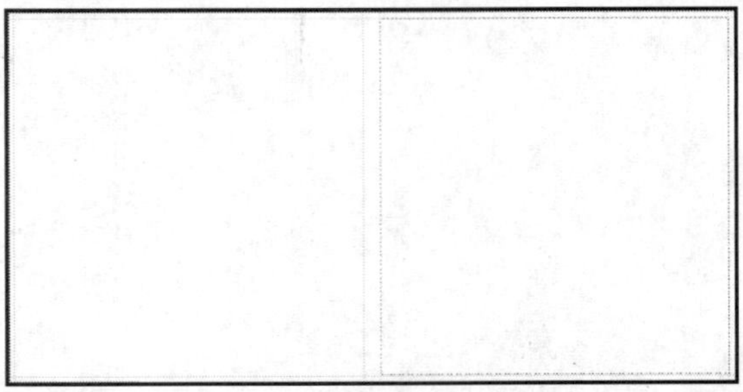

图 5-3

Step 02 按<Ctrl>+<O>组合键，打开光盘中的“Ch05 > 素材 > 音乐 CD 封面设计 > 01”文件。选择“移动”工具 ，将图片拖曳到图像窗口中适当的位置，如图 5-4 所示，在“图层”控制面板中生成新的图层并将其命名为“人物”。

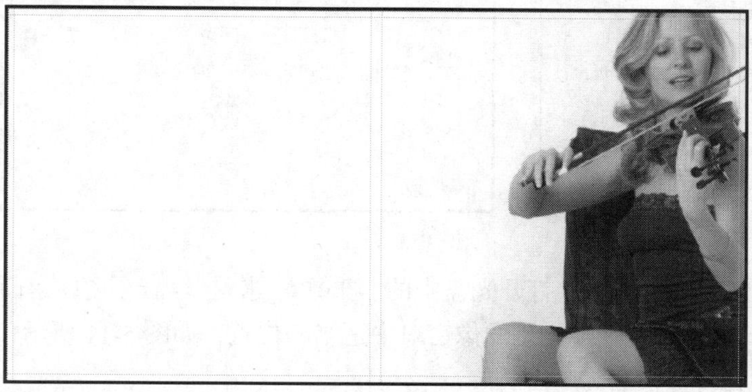

图 5-4

Step 03 选择“滤镜 > 模糊 > 高斯模糊”命令，在弹出的对话框中进行设置，如图 5-5 所示。单击“确定”按钮，效果如图 5-6 所示。

图 5-5

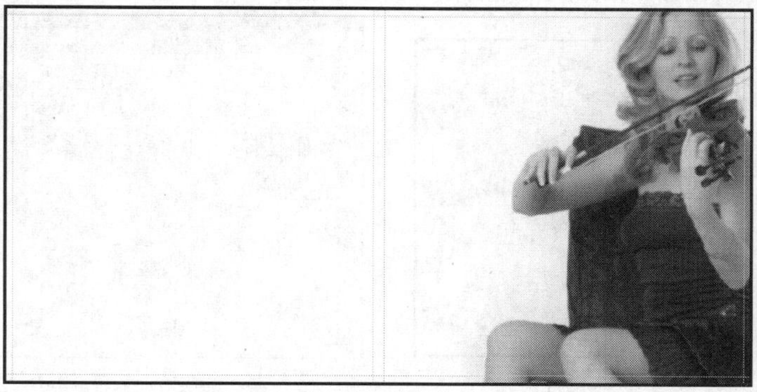

图 5-6

Step 04 按住<Alt>键的同时，在“图层”控制面板中将鼠标放在“人物”图层和“白色矩形”图层中间，鼠标指针变为图标 ，如图 5-7 所示。单击鼠标，创建剪贴蒙版，图像窗口中的效果如图 5-8 所示。

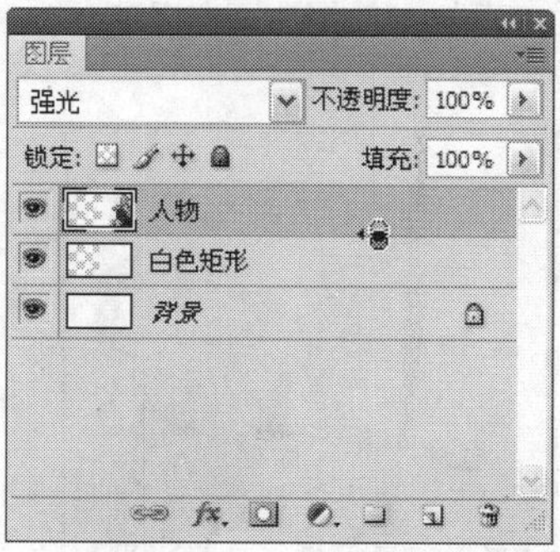

图 5-7

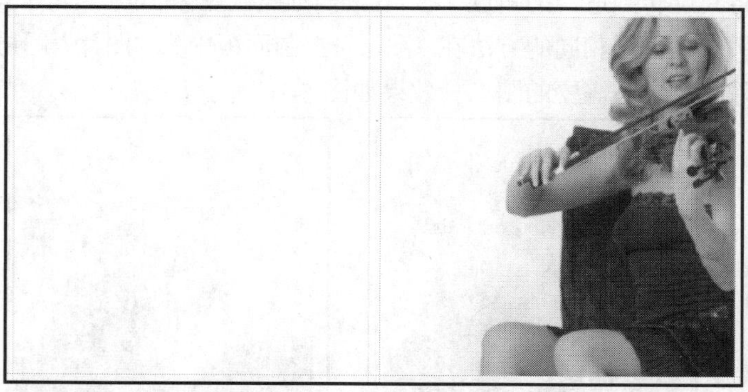

图 5-8

Step 05 在“图层”控制面板上方，将“人物”图层的混合模式选项设为“强光”，如图 5-9 所示，在图像窗口中的效果如图 5-10 所示。

图 5-9

图 5-10

Step 06 按<Ctrl>+<O>组合键，打开光盘中的“Ch05 > 素材 > 音乐 CD 封面设计 > 02”文件。选择“移动”工具，将图片拖曳到图像窗口中适当的位置，如图 5-11 所示，在“图层”控制面板中生成新的图层并将其命名为“音符”。

Step 07 单击“图层”控制面板下方的“添加图层蒙版”按钮，为“音符”图层添加蒙版。在“图层”控制面板上方，将“音符”图层的混合模式选项设为“强光”，“不透明度”选项设为 80%，如图 5-12 所示。选择“画笔”工具，擦除图片中不需要的图像，效果如图 5-13 所示。

图 5-11

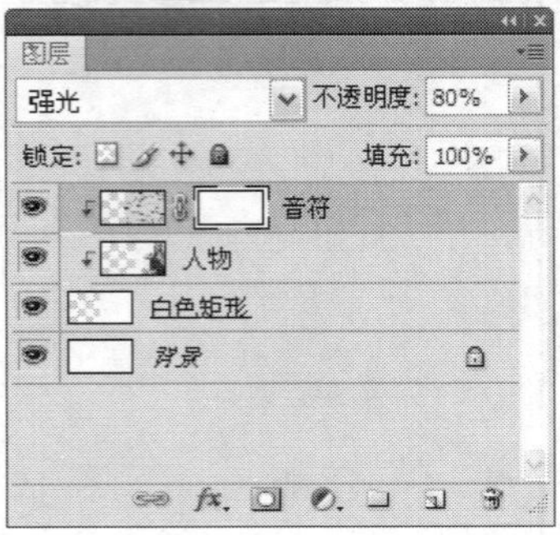

图 5-12

图 5-13

Step 08 按<Ctrl>+<O>组合键，打开光盘中的“Ch03 > 素材 > 音乐 CD 封面设计 > 03”文件。选择“移动”工具，将图片拖曳到图像窗口中适当的位置，如图 5-14 所示，在“图层”控制面板中生成新的图层并将其命名为“图片”。按<Ctrl>+<T>组合键，图像周围出现控制手柄，拖曳鼠标将其旋转到适当的角度，按<Enter>键确认操作，效果如图 5-15 所示。

Step 09 用相同的方法在“图层”控制面板中为“图片”图层添加蒙版。选择“画笔”工具，擦除图片中不需要的图像，效果如图 5-16 所示。

图 5-14

图 5-15

图 5-16

Step 10 选择“滤镜 > 模糊 > 高斯模糊”命令，在弹出的对话框中进行设置，如图 5-17 所示。单击“确定”按钮，效果如图 5-18 所示。

图 5-17

图 5-18

5.1.2　添加边框及底色

Step 01 选中“图片”图层，新建图层并将其命名为“描边”。将前景色设为红色（其 R、G、B 的值分别为 118、3、3）。按住<Ctrl>键的同时，单击“白色矩形”图层的图层缩览图，载入选区，如图 5-19 所示。选择“编辑 > 描边”命令，弹出“描边”对话框，选项的设置如图 5-20 所示。单击“确定”按钮，按<Ctrl>+<D>组合键取消选区，效果如图 5-21 所示。

图 5-19

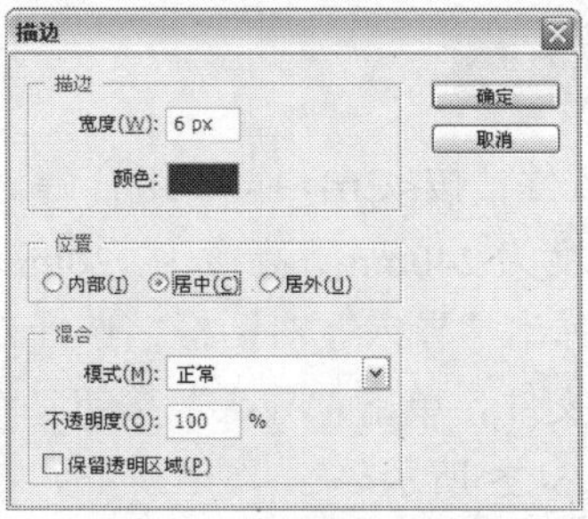

图 5-20

图 5-21

提示： 在“描边”对话框中，“描边”选项组用于设定边线的宽度和颜色；“位置”选项组用于设定所描边线相对于区域边缘的位置，包括居内、居中和居外 3 个选项；“混合”选项组用于设置描边模式和不透明度。

Step 02 新建图层并将其命名为“色块”。将前景色设为暗红色（其 R、G、B 的值分别为 118、3、3）。选择“矩形选框”工具 ，在图像窗口中的左半部分绘制出一个矩形选区，如图 5-22 所示，按<Alt>+<Delete>组合键，用前景色填充选区，如图 5-23 所示。按<Ctrl>+<D>组合键，取消选区。

图 5-22

图 5-23

Step 03 按<Ctrl>+<R>组合键隐藏标尺，按<Ctrl>+<; >组合键隐藏参考线。按<Shift>+<Ctrl>+<E>组合键合并可见图层。音乐 CD 封面底图制作完成，效果如图 5-24 所示。按<Ctrl>+<S>组合键，弹出“储存为”对话框，将其命名为“音乐 CD 封面底图”，保存图像为 TIFF 格式。单击“保存”按钮，弹出“TIFF 选项”对话框，再单击“确定”按钮将图像保存。

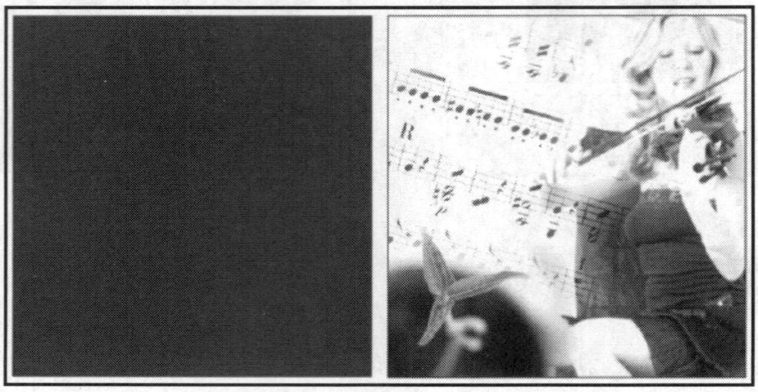

图 5-24

CorelDRAW 应用

5.1.3 制作小提琴图片的阴影效果

Step 01 打开 CorelDRAW X4 软件，按<Ctrl>+<N>组合键，新建一个页面。在属性栏中的“纸张宽度和高度”选项中分别设置宽度为 240mm，高度为 120mm，按<Enter>键，页面尺寸显示为设置的大小。按<Ctrl>+<I>组合键，弹出“导入”对话框，选择光盘中的“Ch05 > 效果 > 音乐 CD 封面设计 > 音乐 CD 封面底图”文件，单击“导入”按钮，在页面中单击导入图片。按<P>键，图片在页面中居中对齐，效果如图 5-25 所示。

图 5-25

Step 02 选择“手绘”工具，按住<Ctrl>键绘制一条直线，如图 5-26 所示。在属性栏中的“轮廓样式选择器”框中选择需要的轮廓线样式，如图 5-27 所示，在“轮廓宽度” .2 mm 框中设置数值为 1pt，按<Enter>键，效果如图 5-28 所示。

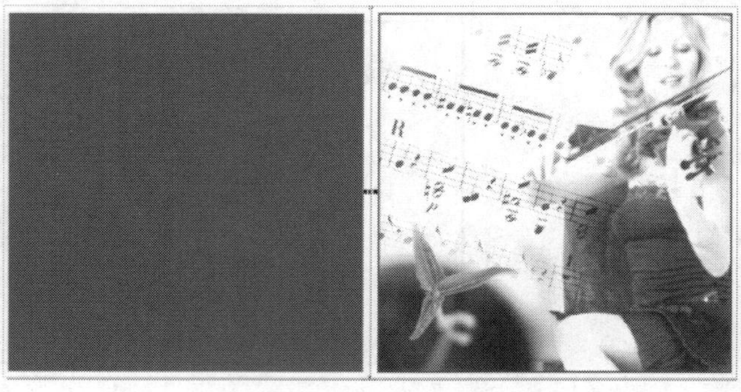

图 5-26

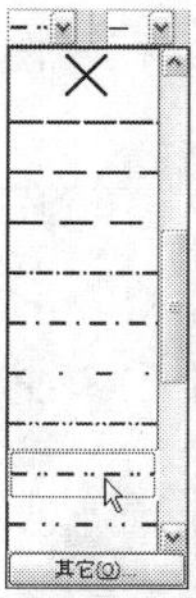

图 5-27

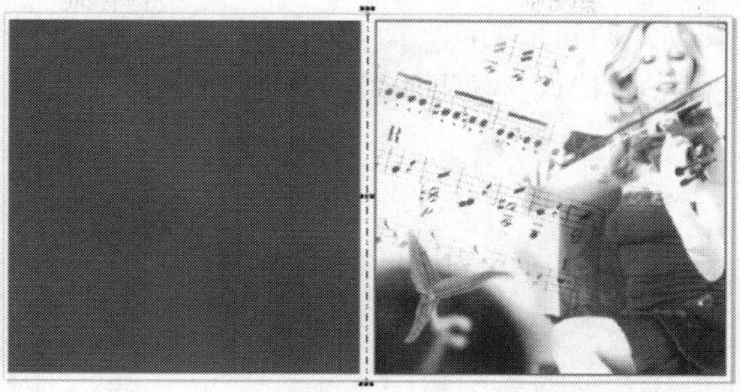

图 5-28

Step 03 选择“矩形”工具，在底图右侧绘制一个矩形，设置图形颜色的 CMYK 值为 40、100、100、10，填充图形。按<F12>键，弹出“轮廓笔”对话框，在“颜色”选项中选择轮廓线颜色为白色，其他选项的设置如图 5-29 所示。单击“确定”按钮，效果如图 5-30 所示。在属性栏中的“边角圆滑度”框中进行设置，如图 5-31 所示。按<Enter>键确认，效果如图 5-32 所示。

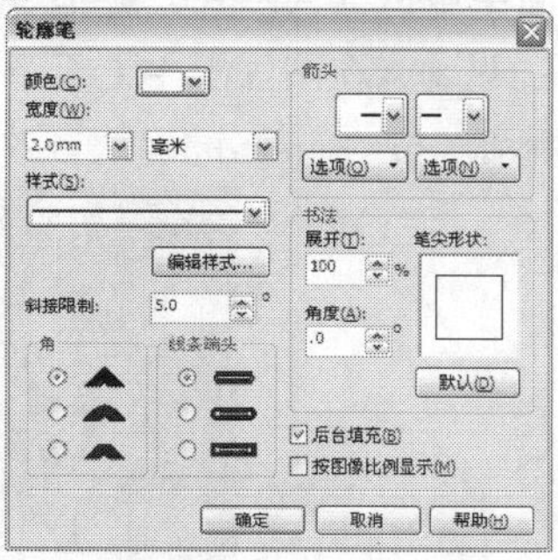

图 5-29

图 5-30

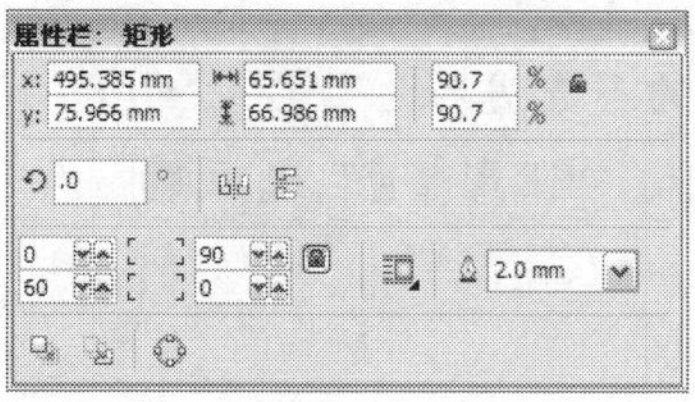

图 5-31

图 5-32

Step 04 按数字键盘上的<+>键复制图形，将图形填充为白色，并去除图形的轮廓线，效果如图 5-33 所示。选择“排列 > 顺序 > 向后一层”命令，将图形置后一层，效果如图 5-34 所示。选择“挑选”工具，将其拖曳到适当的位置，如图 5-35 所示。

图 5-33

图 5-34

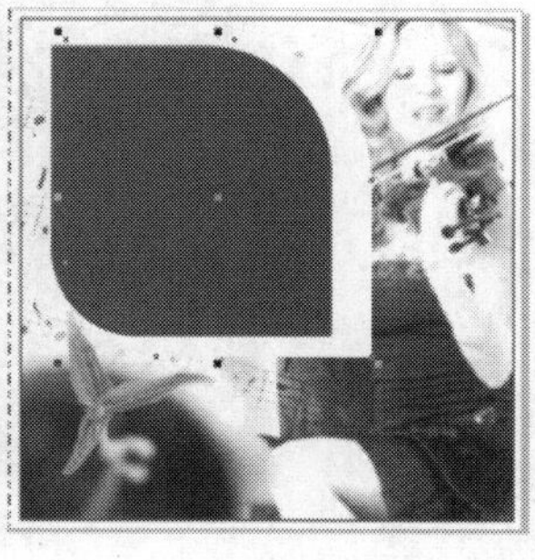

图 5-35

Step 05 选择“交互式调和”工具，将光标在两个图形之间拖曳，在属性栏中进行设置，如图 5-36 所示。按<Enter>键确认，效果如图 5-37 所示。

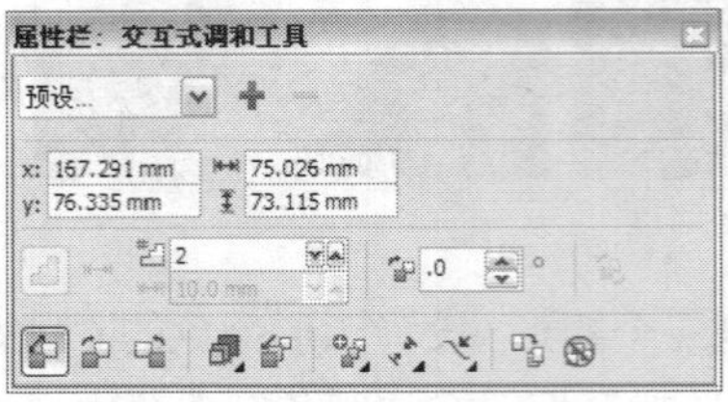

图 5-36

图 5-37

Step 06 按<Ctrl>+<I>组合键，弹出“导入”对话框，选择光盘中的“Ch05 > 素材> 音乐 CD 封面设计 > 04”文件，单击“导入”按钮，在页面中单击导入图片，并拖曳图片到矩形中适当的位置，效果如图 5-38 所示。选择“交互式阴影”工具，在图片上由上至下拖曳光标，为图片添加阴影效果，并在属性栏中进行设置，如图 5-39 所示。按<Enter>键确认，效果如图 5-40 所示。

图 5-38

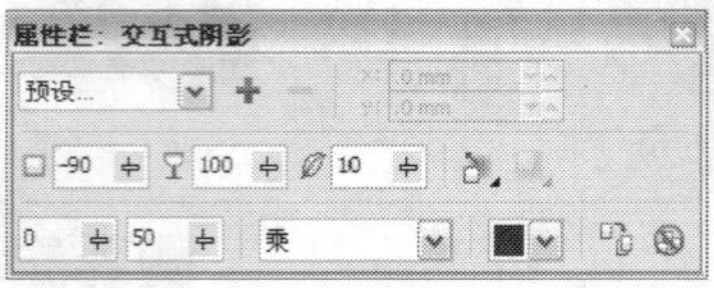

图 5-39

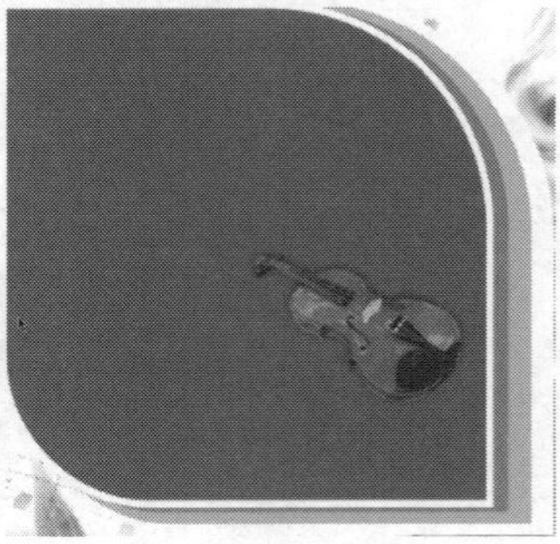

图 5-40

提示：在“交互式阴影”属性栏中，“阴影的不透明”选项 50 用于设置阴影的透明度，“阴影羽化”选项 15 用于设置阴影的羽化程度，“阴影颜色”选项用于改变阴影的颜色。

5.1.4 添加宣传文字

Step 01 选择“文本”工具，在矩形上分别输入需要的文字。选择“挑选”工具，在属性栏中选择合适的字体并设置文字大小，如图 5-41 所示。选取需要的文字，填充文字为白色，效果如图 5-42 所示。

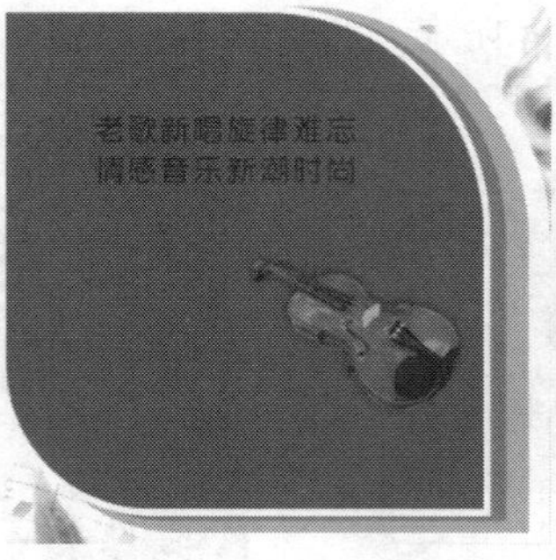

图 5-41

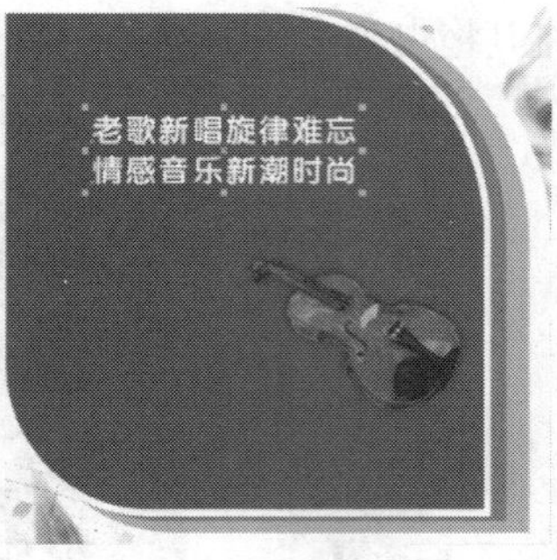

图 5-42

Step 02 选择“手绘”工具，按住<Ctrl>键绘制一条直线，如图 5-43 所示。在“轮廓宽度” .2 mm 框中设置数值为 0.25pt，效果如图 5-44 所示。按数字键盘上的<+>键复制一条直线，将其拖曳到适当的位置，效果如图 5-45 所示。

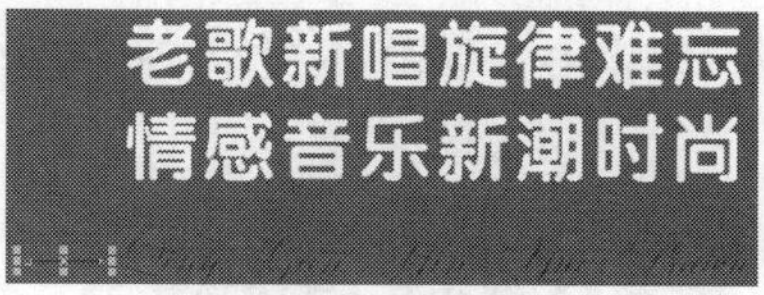

图 5-43

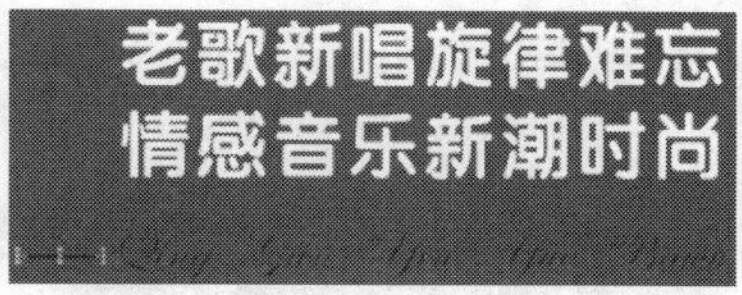

图 5-44

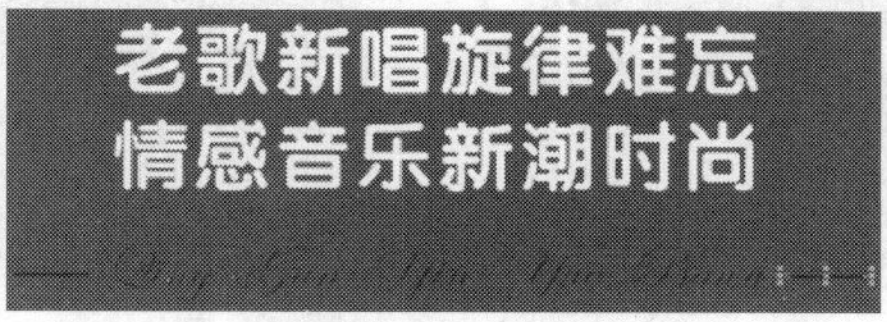

图 5-45

5.1.5　制作名称文字效果

Step 01 选择“文本”工具，在页面中分别输入需要的文字。选择“挑选”工具，在属性栏中选择合适的字体并设置文字大小。按<Esc>键取消选取状态，文字的效果如图 5-46 所示。选择“挑选”工具，选取需要的文字，如图 5-47 所示。

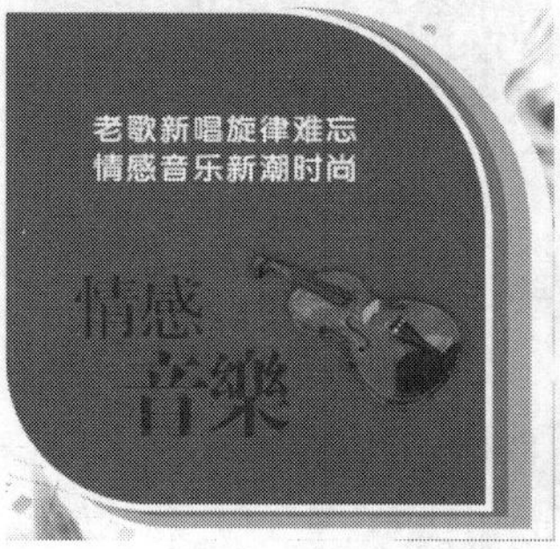

图 5-46

图 5-47

Step 02 选择“渐变填充对话框”工具，弹出“渐变填充”对话框，选择“自定义”单选项，在“位置”选项中分别输入 0、39、56、100 几个位置点，单击右下角的“其它”按钮，分别设置这几个位置点颜色的 CMYK 值为：0（0、60、100、0）、39（0、29、100、0）、56（0、0、100、0）、100（0、0、100、0），如图 5-48 所示。单击“确定”按钮填充文字，效果如图 5-49 所示。

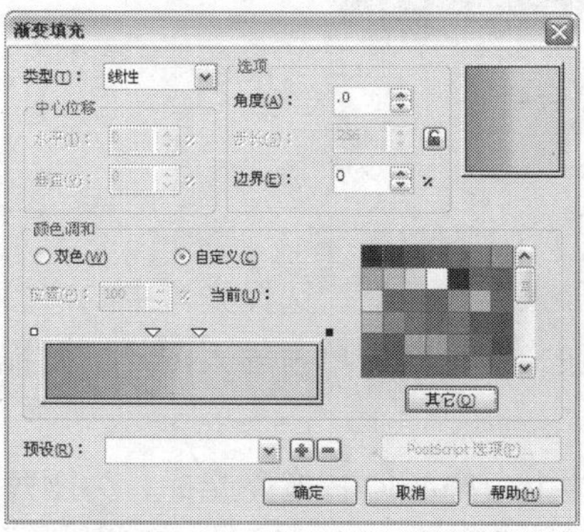

图 5-48

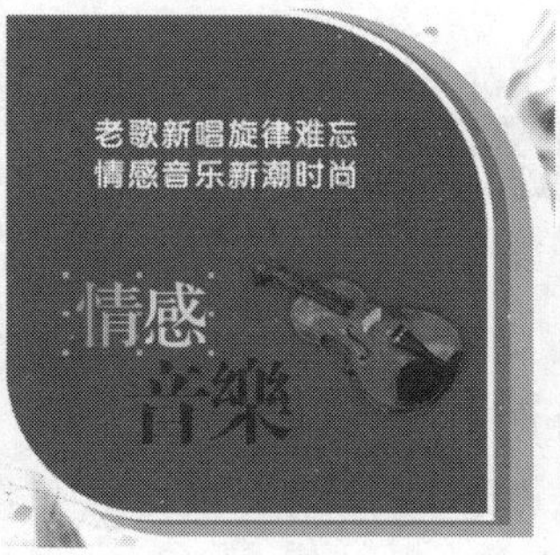

图 5-49

Step 03 选择“挑选”工具，选取需要的文字，如图 5-50 所示。设置文字颜色的 CMYK 值为 0、40、80、0，填充文字，如图 5-51 所示。选择“文本”工具，在适当的位置插入光标，按键盘上的<[>键输入符号。选择“挑选”工具，将符号拖曳到适当的位置，效果如图 5-52 所示。选择“文本”工具，在适当的位置插入光标，按键盘上的<]>键输入符号，效果如图 5-53 所示。

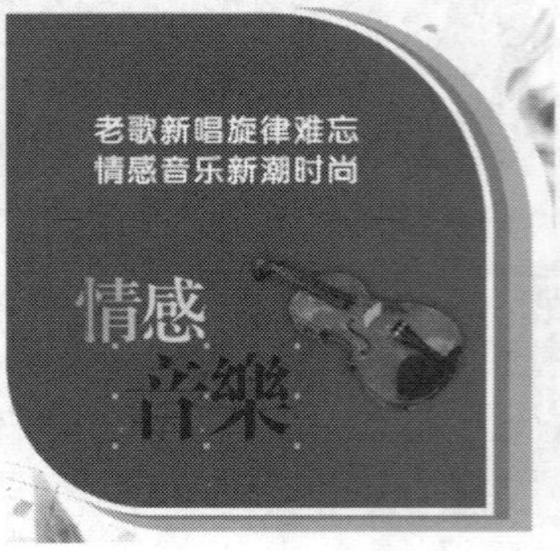

图 5-50

图 5-51

图 5-52

图 5-53

Step 04 选择“文本”工具，在矩形中输入需要的文字。选择“挑选”工具，在属性栏中选择合适的字体并设置文字大小，填充文字为白色，效果如图 5-54 所示。

图 5-54

5.1.6 添加装饰图案和出版标志

Step 01 选择“文件 > 导入”命令，弹出“导入”对话框。选择光盘中的“Ch05 > 素材 > 音乐 CD 封面设计 > 05”文件，单击“导入”按钮，在页面中单击导入图片，并拖曳图片到适当的位置，如图 5-55 所示。

Step 02 选择“交互式阴影”工具，在图片上由中心向右拖曳光标，为图片添加阴影效果，属性栏中的设置如图 5-56 所示。按<Enter>键确认，阴影效果如图 5-57 所示。

图 5-55

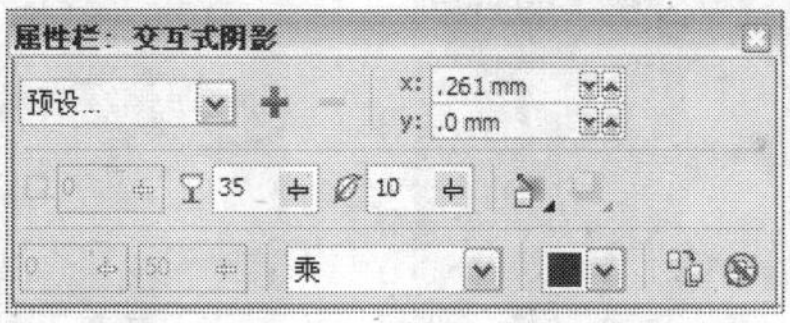

图 5-56

图 5-57

Step 03 选择“文件 > 导入”命令，弹出“导入”对话框。选择光盘中的“Ch05 > 素材 > 音乐 CD 封面设计 > 06”文件，单击“导入”按钮，在页面中单击导入图形，拖曳图形到适当的位置并调整其大小，如图 5-58 所示。

Step 04 选择“文本”工具，在页面中输入需要的文字。选择“挑选”工具，在属性栏中选择合适的字体并设置文字大小，效果如图 5-59 所示。

图 5-58

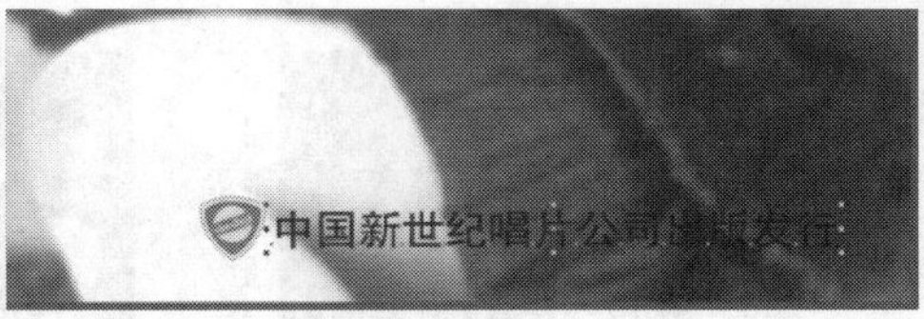

图 5-59

5.1.7　制作封底效果

Step 01 选择“文件 > 导入”命令，弹出“导入”对话框。选择光盘中的“Ch05 > 素材 > 音乐 CD 封面设计 > 07”文件，单击“导入”按钮，在页面中单击导入图片，并拖曳图片到适当的位置，如图 5-60 所示。

Step 02 选择“椭圆形”工具，按住<Ctrl>键，在页面中绘制一个圆形，设置圆形颜色的 CMYK 值为 0、0、20、0，填充圆形，并去除圆形的轮廓线，效果如图 5-61 所示。按数字键盘上的<+>键复制一个圆形，设置圆形颜色的 CMYK 值为 0、10、70、0，填充圆形。按住<Shift>键，向内拖曳圆形右上角的控制手柄到适当的位置，效果如图 5-62 所示。

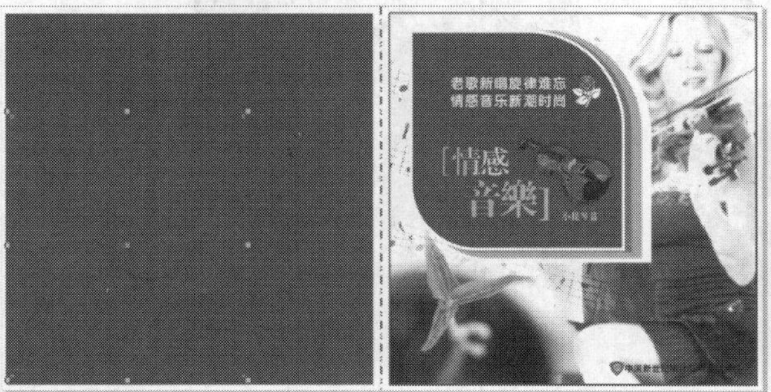

图 5-60

图 5-61

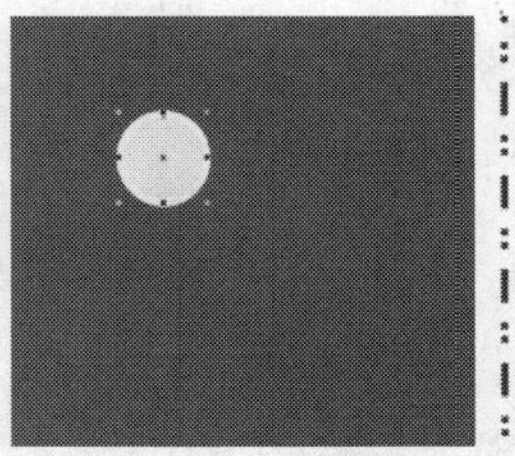

图 5-62

Step 03 选择“挑选”工具，用圈选的方法将原图形和复制的图形同时选取，按<Ctrl>+<G>组合键将其群组，效果如图 5-63 所示。按数字键盘上的<+>键复制两个新的图形，拖曳复制的图形到适当的位置，效果如图 5-64 所示。

Step 04 选择“文本”工具，输入需要的文字。选择“挑选”工具，在属性栏中选择合适的字体并设置文字大小，效果如图 5-65 所示。选择“文本”工具，选取需要的文字，设置文字颜色的 CMYK 值为 0、60、100、0，填充文字，如图 5-66 所示。

图 5-63

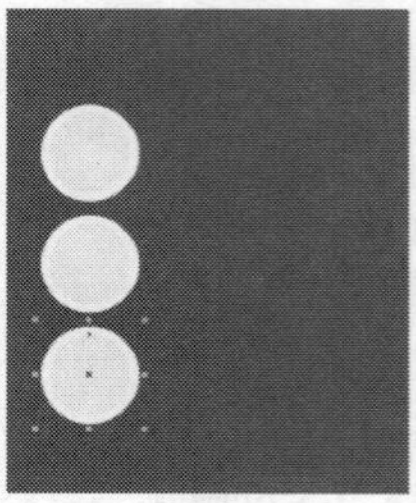

图 5-64

图 5-65

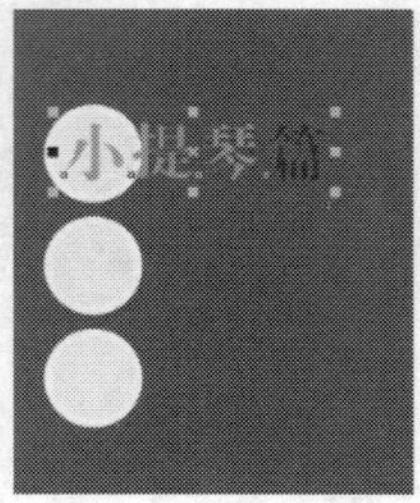

图 5-66

Step 05 选择“挑选”工具，单击属性栏中的“将文本更改为垂直方向”按钮，将文字竖排并拖曳到适当的位置，效果如图 5-67 所示。选择“形状”工具，分别选取“提”“琴”“篇”字的节点并拖曳到适当的位置，效果如图 5-68 所示。按<Esc>键取消选取状态，文字效果如图 5-69 所示。

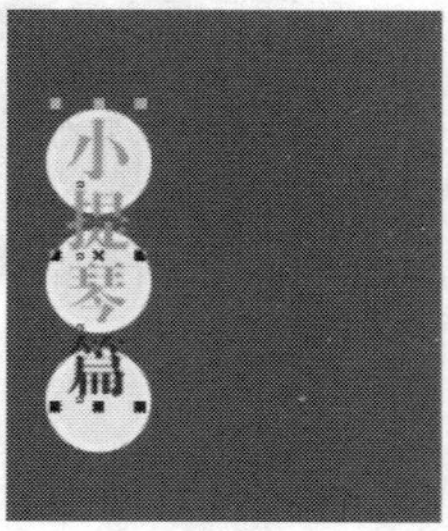

图 5-67

图 5-68

图 5-69

Step 06 选择“文本”工具，在页面中输入需要的文字。选择“挑选”工具，在属性栏中选择合适的字体并设置文字大小，填充文字为白色，选择“形状”工具，调整文字的行距与字距到适当的位置，效果如图 5-70 所示。单击属性栏中的“将文本更改为垂直方向”按钮，将文字竖排并拖曳到适当的位置，效果如图 5-71 所示。

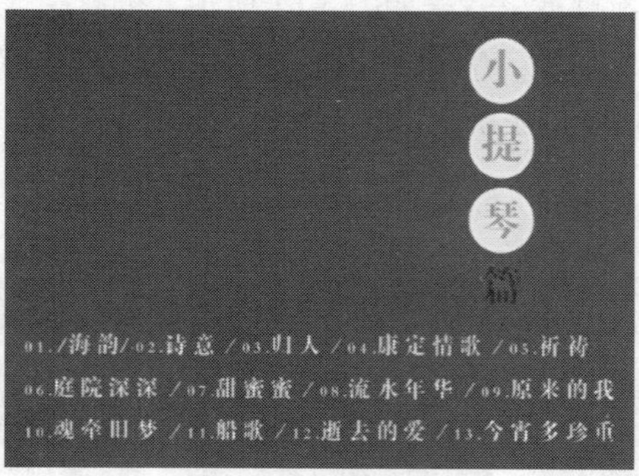

图 5-70

图 5-71

5.1.8 添加出版信息

Step 01 选择“矩形”工具，在页面中绘制一个矩形，在属性栏中设置该矩形上下左右 4 个角的“边角圆滑度”的数值均为 10，如图 5-72 所示。按<Enter>键效果如图 5-73 所示。

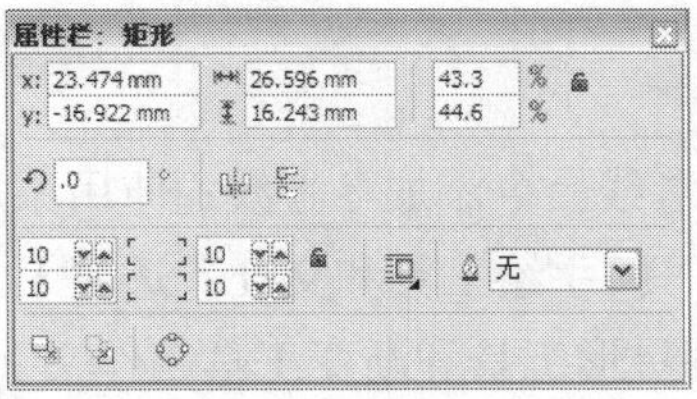

图 5-72

图 5-73

Step 02 设置图形颜色的 CMYK 值为 0、0、100、0，填充图形，并去除图形的轮廓线，效果如图 5-74 所示。选择“文本”工具字，在圆角矩形中输入需要的文字。选择“挑选”工具，在属性栏中选择合适的字体并设置文字大小，效果如图 5-75 所示。

Step 03 选择“椭圆形”工具，绘制一个椭圆形，将其填充为黑色，如图 5-76 所示。选择“文本”工具字，在椭圆形上输入需要的文字。选择“挑选”工具，在属性栏中选择合适的字体并设置文字大小，填充文字为白色，效果如图 5-77 所示。

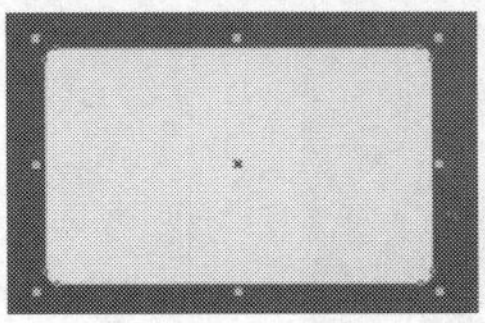

图 5-74

图 5-75

图 5-76

图 5-77

Step 04 选择“文本”工具字，在矩形中适当的位置输入需要的文字。选择“挑选”工具，在属性栏中选择合适的字体并设置文字大小，如图 5-78 所示。用相同的方法在矩形中适当的位置输入需要的文字，如图 5-79 所示。按<Esc>键取消选取状态。音乐 CD 封面制作完成，效果如图 5-80 所示。

Step 05 按<Ctrl>+<S>组合键，弹出“保存图形”对话框，将制作好的图像命名为“音乐 CD 封面”，保存为 CDR 格式，单击“保存”按钮，将图像保存。

图 5-78

图 5-79

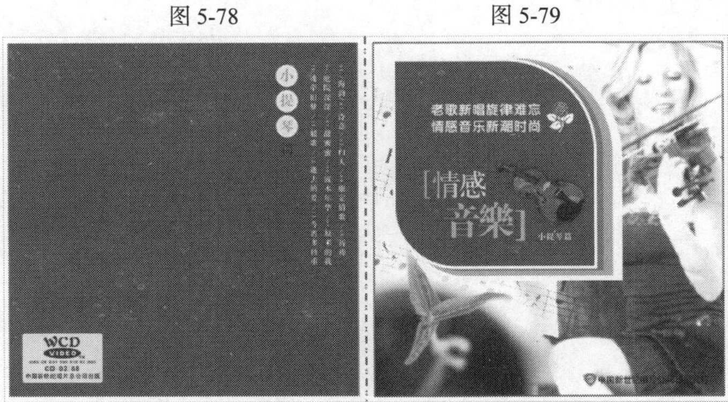

图 5-80

5.2 课后习题——新春序曲唱片封面设计

习题知识要点：在 Photoshop 中，使用新建参考线命令添加参考线；使用添加图层蒙版命令制作图片的渐隐效果。在 CorelDRAW 中，使用矩形工具、手绘工具和交互式透明工具制作装饰图形；使用精确剪裁工具将装饰图形置入到页面中；使用星形工具和渐变工具制作文字下方的装饰图形；使用置入命令和形状工具编辑花图形。新春序曲唱片封面效果如图 5-81 所示。

效果所在位置：光盘/Ch05/效果/新春序曲唱片封面设计/新春序曲唱片封面.cdr。

图 5-81

第6章 室内平面图设计

室内平面图设计反映了居室的布局和各房间的功能、面积，同时还决定了门、窗的位置，可以根据不同的房间布局进行设计。室内设计没有刻意追求某种既定的风格，只要兼具都市便利与自然生态，尽可能给人以舒适的空间即可。本章以室内平面图设计为例，讲解室内平面图的设计方法和制作技巧。

【教学目标】

- 在 Photoshop 软件中制作底图。
- 在 CorelDRAW 软件中制作室内平面图和相关信息。

6.1 室内平面图设计

案例学习目标：学习在 Photoshop 中编辑路径和改变图片的颜色制作底图。在 CorelDRAW 中使用图形的绘制工具和填充工具制作室内平面图，使用标注工具和文本工具标注平面图并添加相关信息。

案例知识要点：在 Photoshop 中，使用矩形工具、路径选择工具和钢笔工具编辑路径的节点；使用色相/饱和度命令调整图片的颜色。在 CorelDRAW 中，使用文字工具和形状工具制作标题文字；使用矩形工具绘制墙体；使用椭圆工具绘制饼形制作门图形；使用图纸工具绘制地板和窗图形；使用矩形工具、图案填充工具和贝塞尔工具制作床的图形；使用矩形工具和底纹填充工具制作沙发图形；使用标注工具标注平面图。室内平面图设计效果如图 6-1 所示。

效果所在位置：光盘/Ch06/效果/室内平面图设计/室内平面图.cdr。

图 6-1

Photoshop 应用

6.1.1 制作背景图

Step 01 按<Ctrl>+<N>组合键，新建一个文件：宽度为 29.7cm，高度为 15cm，分辨率为 300 像素/英寸，颜色模式为 RGB，背景内容为白色。将前景色设为灰色（其 R、G、B 的值分别为 130、165、28），按<Alt>+<Delete>组合键，用前景色填充“背景”图层，效果如图 6-2 所示。

Step 02 选择“矩形”工具，单击属性栏中的“路径”按钮，在图像窗口右侧绘制一个矩形路径，如图 6-3 所示。

图 6-2

图 6-3

Step 03 选择“路径选择”工具，选取路径。选择“钢笔”工具，在路径的右上角和左下角上单击添加 4 个锚点，如图 6-4 所示。在左下角的锚点上单击，如图 6-5 所示，删除锚点，效果如图 6-6 所示。按住<Alt>键的同时，单击两个刚添加的锚点，将其转化为直线点，效果如图 6-7 所示。用相同的方法删除右上角的锚点，效果如图 6-8 所示。按住 Ctrl 键的同时，将两个锚点的控制点拖曳到适当的位置，效果如图 6-9 所示。

图 6-4

图 6-5

图 6-6

图 6-7

图 6-8

图 6-9

提示：将钢笔工具置于已有路径上时，钢笔工具转换为添加锚点工具，可添加锚点；将其置于已有锚点上时，钢笔工具转换为删除锚点工具，可删除锚点；按住<Alt>键的同时，将其置于已有锚点上，钢笔工具暂时转换成转换点工具，可转换锚点；按住<Ctrl>键的同时，钢笔工具暂时转换成直接选择工具，可选取和移动锚点。

Step 04 按<Ctrl>+<Enter>组合键，将路径转化为选区，如图 6-10 所示。将前景色设为白色，按<Alt>+<Delete>组合键，用前景色填充选区，效果如图 6-11 所示。按<Ctrl>+<D>组合键，取消选区。

图 6-10

图 6-11

6.1.2　添加并编辑图片

Step 01 单击“图层”控制面板下方的“创建新图层”按钮，生成新的图层并将其命名为

"白色矩形"。选择"矩形选框"工具，在图像窗口的左侧绘制一个矩形选区，填充选区为白色，按<Ctrl>+<D>组合键取消选区，效果如图 6-12 所示。

Step 02 按<Ctrl>+<O>组合键，打开光盘中的"Ch06 > 素材 > 室内平面图设计 > 01"文件。选择"移动"工具，将建筑图片拖曳到图像窗口中适当的位置，如图 6-13 所示，在"图层"控制面板中生成新的图层并将其命名为"图片"。

图 6-12

图 6-13

Step 03 按住<Ctrl>键的同时，单击"图片"图层的图层缩览图，在图像窗口中生成选区。选择"图像 > 调整 > 色相/饱和度"命令，在弹出的对话框中进行设置，如图 6-14 所示。单击"确定"按钮，图像窗口中的效果如图 6-15 所示。

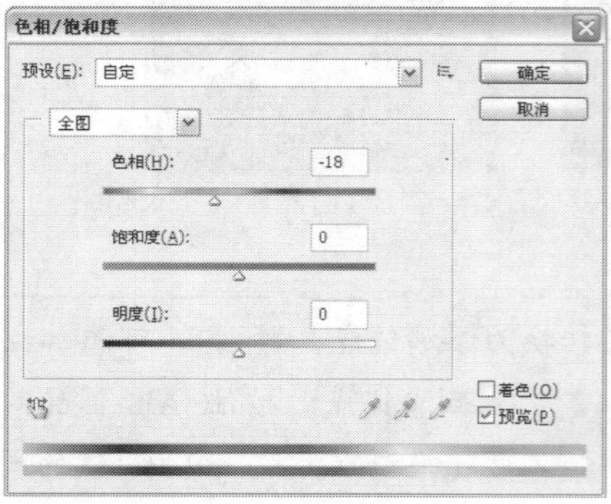

图 6-14

图 6-15

Step 04 按住<Alt>键的同时，在"图层"控制面板中将鼠标放在"图片"图层和"白色矩形"图层的中间，鼠标指针变为图标，如图 6-16 所示。单击鼠标，创建剪贴蒙版，在图像窗口中的效果如图 6-17 所示。

图 6-16

图 6-17

Step 05 按<Shift>+<Ctrl>+<E>组合键，合并可见图层。室内平面图设计底图制作完成。按<Ctrl>+<S>组合键，弹出"存储为"对话框，将其命名为"底图"，保存图像为 TIFF 格式。单击"保存"按钮，弹出"TIFF 选项"对话框，再单击"确定"按钮将图像保存。

CorelDRAW 应用

6.1.3　添加并制作标题文字

Step 01 打开 CorelDRAW X4 软件，按<Ctrl>+<N>组合键，新建一个页面。在属性栏中的“纸张宽度和高度”选项中分别设置宽度为 297mm，高度为 150mm，按<Enter>键，页面尺寸显示为设置大小。按<Ctrl>+<I>组合键，弹出“导入”对话框，选择光盘中的“Ch06 > 效果 > 室内平面图设计 > 底图”文件，单击“导入”按钮，在页面中单击导入图片，如图 6-18 所示。按<P>键，图片在页面中居中对齐，效果如图 6-19 所示。

图 6-18

图 6-19

Step 02 选择“文本”工具，在页面中输入需要的文字。选择“挑选”工具，在属性栏中选择合适的字体并设置文字大小，效果如图 6-20 所示。设置文字颜色的 CMYK 值为 94、51、95、23，填充文字，效果如图 6-21 所示。再次单击文字，使其处于旋转状态，如图 6-22 所示。用鼠标拖曳上边中间的控制手柄到适当的位置，如图 6-23 所示。松开鼠标左键，使文字倾斜，效果如图 6-24 所示。

图 6-20

图 6-21

图 6-22

图 6-23

图 6-24

Step 03 选择“挑选”工具，将文字选取，按<Ctrl>+<K>组合键，将文字拆分，效果如图 6-25 所示。分别选取需要的文字并将其拖曳到适当的位置，效果如图 6-26 所示。

图 6-25

图 6-26

Step 04 选择“挑选”工具，选取“新”字，按<Ctrl>+<Q>组合键，将文字转换为曲线，如图 6-27 所示。选择“形状”工具，用圈选的方法选取需要的节点，如图 6-28 所示，将其左侧的节点向左拖曳到适当的位置，如图 6-29 所示。用相同的方法将右侧的节点拖曳到适当的位置，效果如图 6-30 所示。按<Ctrl>+<Q>组合键，分别将其他文字转换为曲线，拖曳“光”字右侧的节点到适当的位置，效果如图 6-31 所示。

图 6-27

图 6-28

图 6-29

图 6-30

图 6-31

Step 05 选择“挑选”工具，选取“阳”字，如图 6-32 所示。选择“形状”工具，用圈选的方法选取需要的节点，如图 6-33 所示，按<Delete>键将其删除，效果如图 6-34 所示。

图 6-32

图 6-33

图 6-34

Step 06 选择“贝塞尔”工具，在适当的位置绘制一条曲线，如图 6-35 所示。选择“艺术笔”工具，单击属性栏中的“预设”按钮，然后在“预设笔触列表”选项的下拉列表中选择需要的笔触，其他选项的设置如图 6-36 所示。按<Enter>键确认，效果如图 6-37 所示。

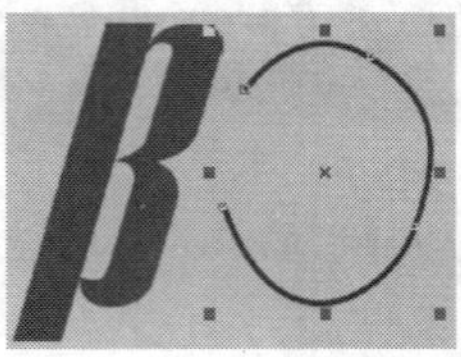

图 6-35

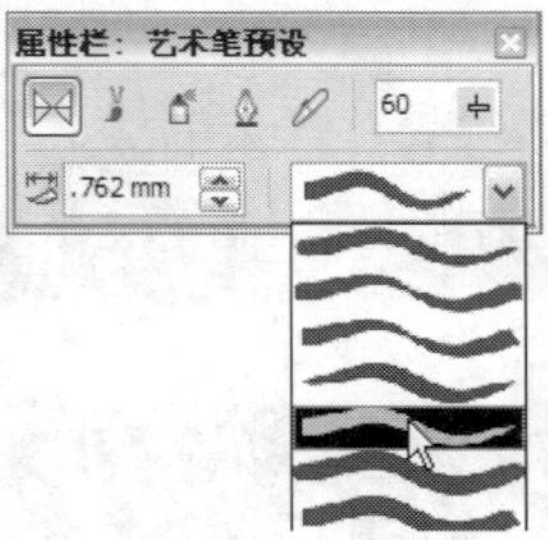

图 6-36

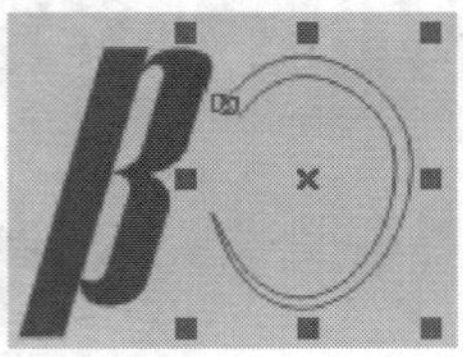

图 6-37

提示： 在“艺术笔”工具的属性栏中，单击“预设”按钮，然后在“笔触列表”选项的下拉列表中选择需要的笔触。若已选择曲线，则曲线直接转换为需要的图形；若无任何选择，在页面中直接拖曳鼠标也可绘制出需要的图形。

Step 07 选择“挑选”工具，选取图形，在“CMYK 调色板”中的“黄”色块上单击，填充图形，并去除图形的轮廓线，效果如图 6-38 所示。选择“椭圆形”工具，绘制一个椭圆形，在“CMYK 调色板”中的“黄”色块上单击，填充椭圆形，并去除图形的轮廓线，效果如图 6-39 所示。

图 6-38

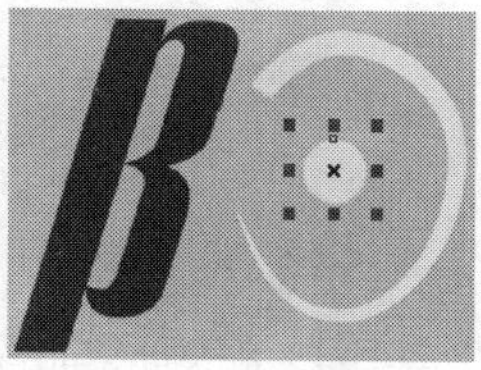

图 6-39

Step 08 选择“椭圆形”工具，绘制一个椭圆形，设置椭圆形颜色的 CMYK 值为 94、51、95、23，填充椭圆形，并去除图形的轮廓线，效果如图 6-40 所示。将所有的文字和图形同时选取，按<Ctrl>+<G>组合键将其群组，效果如图 6-41 所示。

图 6-40

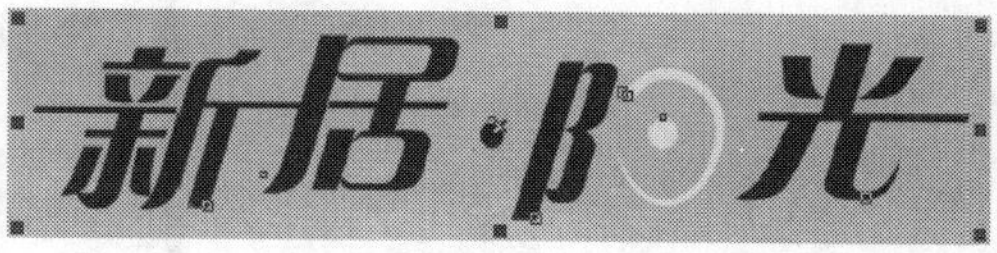

图 6-41

Step 09 选择“文本”工具，分别在页面中输入需要的文字。选择“挑选”工具，在属性栏中选择合适的字体并设置文字大小，效果如图 6-42 所示。

Step 10 选择“挑选”工具，分别选取需要的文字，设置文字颜色的 CMYK 值为 0、0、100、0 和 94、51、95、23，填充文字，效果如图 6-43 所示。

图 6-42

图 6-43

6.1.4 绘制墙体图形

Step 01 选择“矩形”工具，绘制一个矩形，如图 6-44 所示。再绘制一个矩形，如图 6-45 所示。选择“挑选”工具，将两个矩形同时选取，按数字键盘上的<+>键复制矩形，单击属性栏中的“水平镜像”按钮和“垂直镜像”按钮，水平、垂直翻转复制的矩形效果如图 6-46 所示。

图 6-44

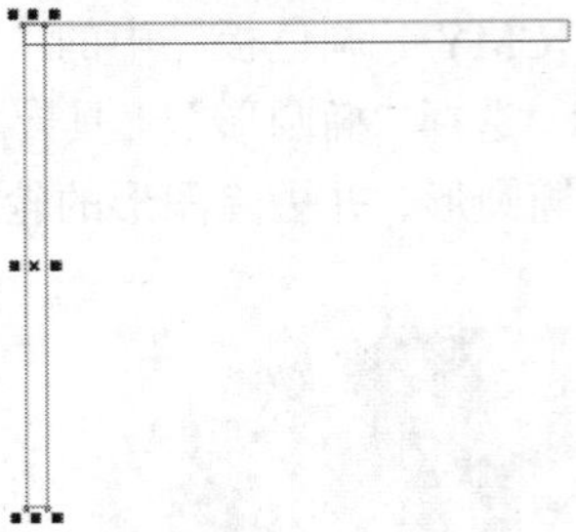

图 6-45

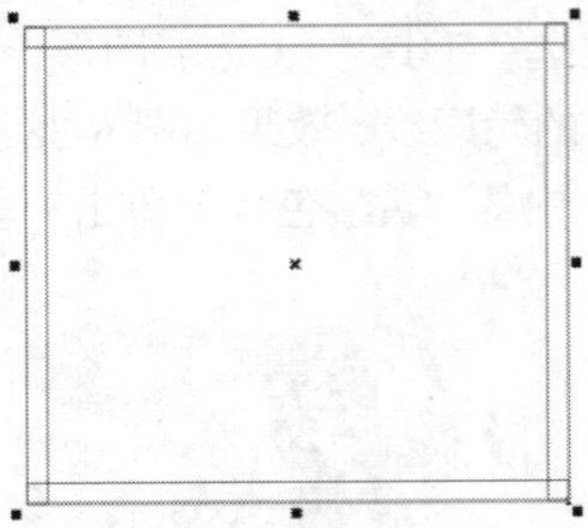

图 6-46

Step 02 选择"挑选"工具，将矩形全部选取，单击属性栏中的"焊接"按钮，将矩形焊接在一起，效果如图 6-47 所示。填充矩形为黑色，用相同的方法再绘制一个矩形，并填充为黑色，如图 6-48 所示。将矩形和焊接图形同时选取，将其再焊接在一起，效果如图 6-49 所示。

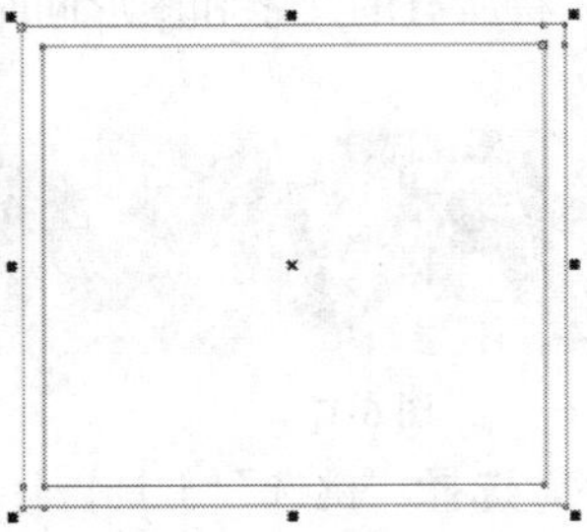

图 6-47

图 6-48

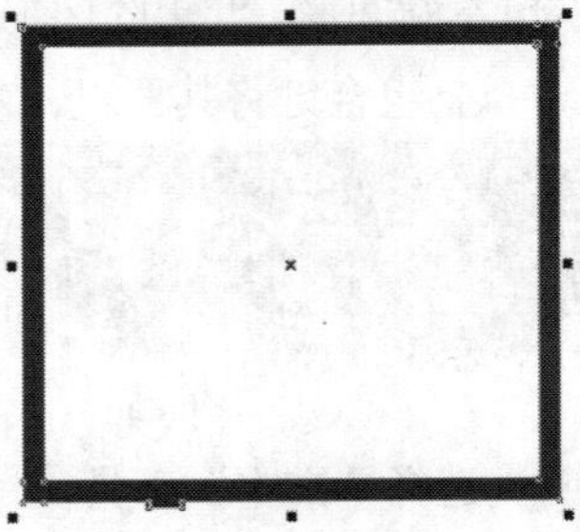

图 6-49

Step 03 选择"矩形"工具，在适当的位置绘制 4 个矩形，如图 6-50 所示。选择"挑选"工具，将矩形和黑色框同时选取，单击属性栏中的"移除前面对象"按钮，剪切后的效果如图 6-51 所示。

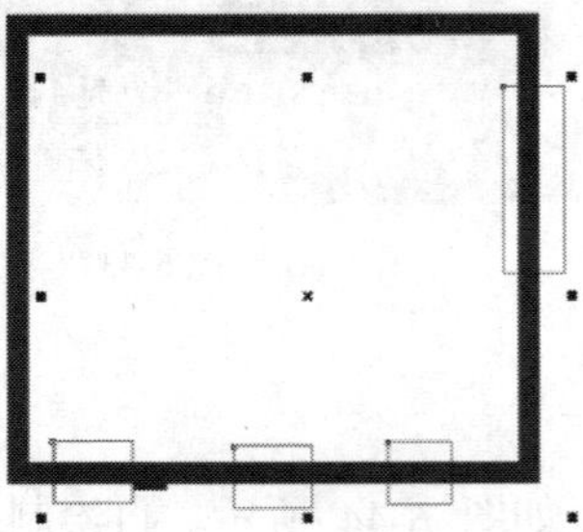

图 6-50

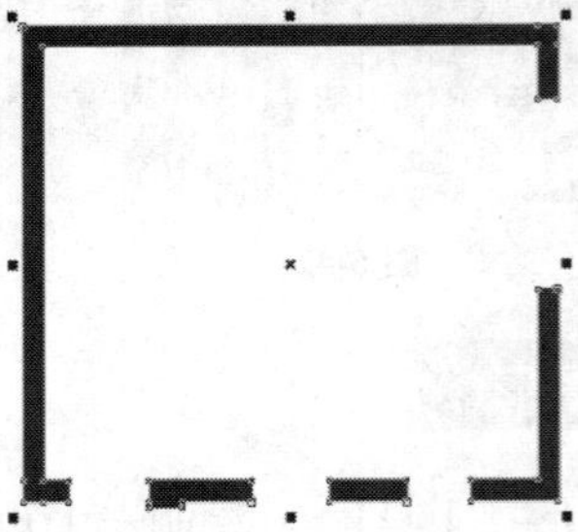

图 6-51

Step 04 选择"矩形"工具，在适当的位置绘制 3 个矩形，如图 6-52 所示。选择"挑选"工具，将矩形和外框同时选取，单击属性栏中的"焊接"按钮，将其焊接在一起，效果如图 6-53 所示。

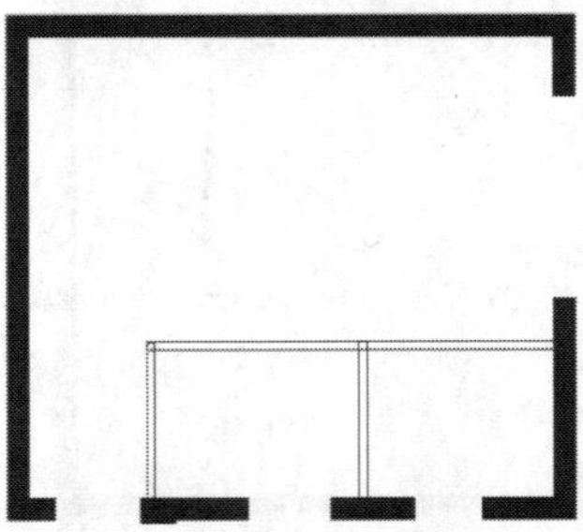

图 6-52

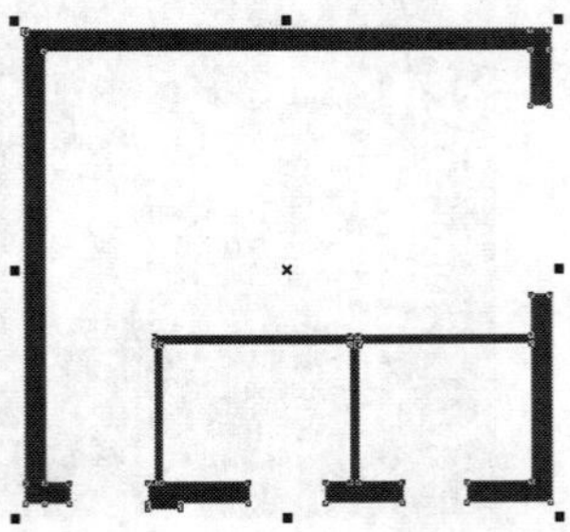

图 6-53

Step 05 选择“矩形”工具，在适当的位置绘制两个矩形，如图 6-54 所示。选择“挑选”工具，将矩形和黑色框同时选取，单击属性栏中的“移除前面对象”按钮，剪切后的效果如图 6-55 所示。

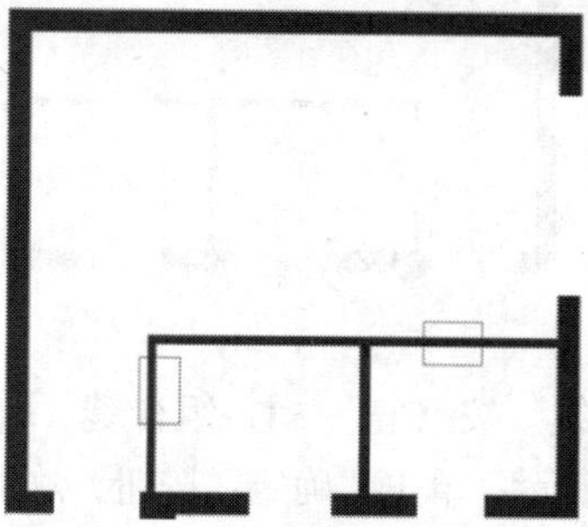

图 6-54

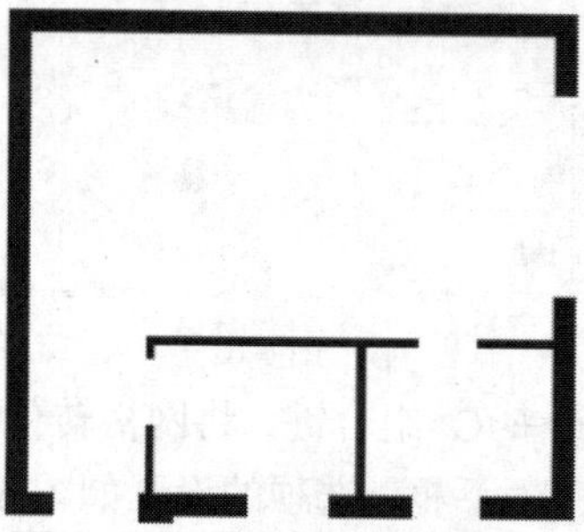

图 6-55

6.1.5 制作门和窗户图形

Step 01 选择“椭圆形”工具，单击属性栏中的“饼形”按钮，其他选项的设置如图 6-56 所示。从左上方向右下方拖曳鼠标绘制饼形，效果如图 6-57 所示。设置图形填充色的 CMYK 值为 3、3、56、0，填充图形，在属性栏中将“旋转角度”选项设为 90°，“轮廓宽度” .2 mm 框中设置数值为 0.5pt，按<Enter>键确认，效果如图 6-58 所示。

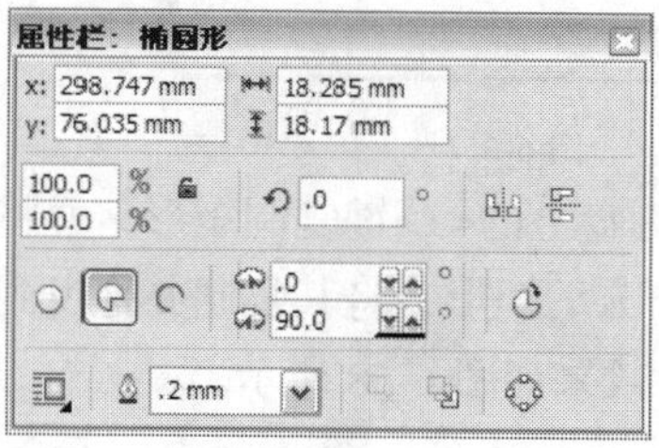

图 6-56

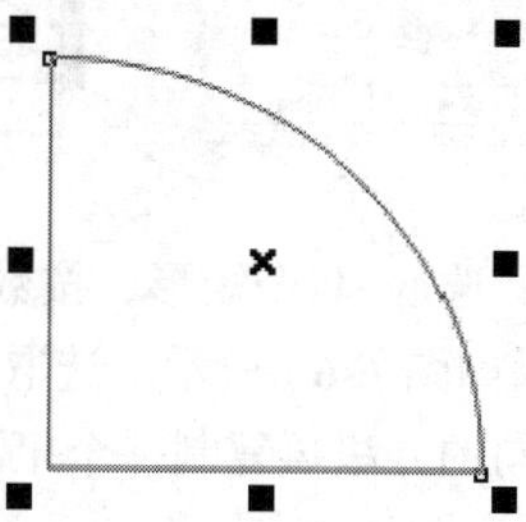

图 6-57

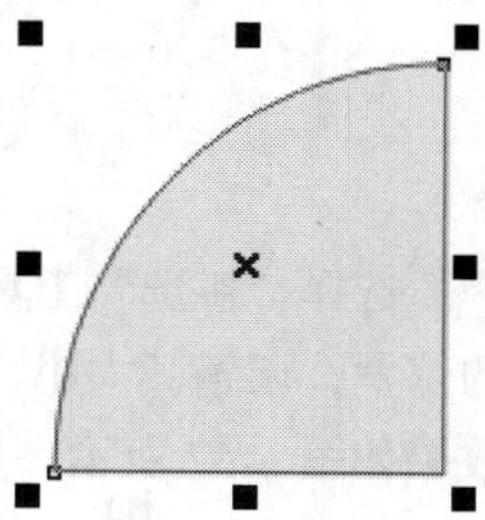

图 6-58

Step 02 选择“矩形”工具，在适当的位置绘制一个矩形，设置图形填充色的 CMYK 值为 2、2、10、0，填充图形，并设置适当的轮廓宽度，效果如图 6-59 所示。选择“挑选”工具，将饼形和矩形同时选取并拖曳到适当的位置，效果如图 6-60 所示。用相同的方法绘制多个矩形，并填充相同的颜色和轮廓宽度，效果如图 6-61 所示。

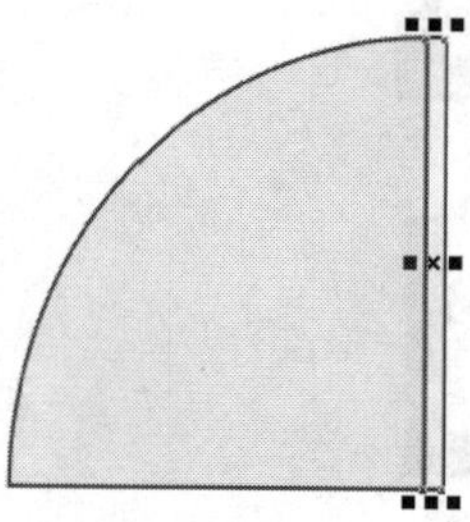

图 6-59

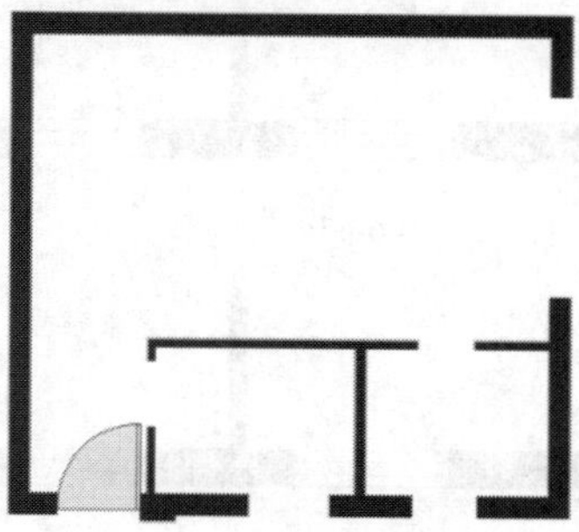

图 6-60

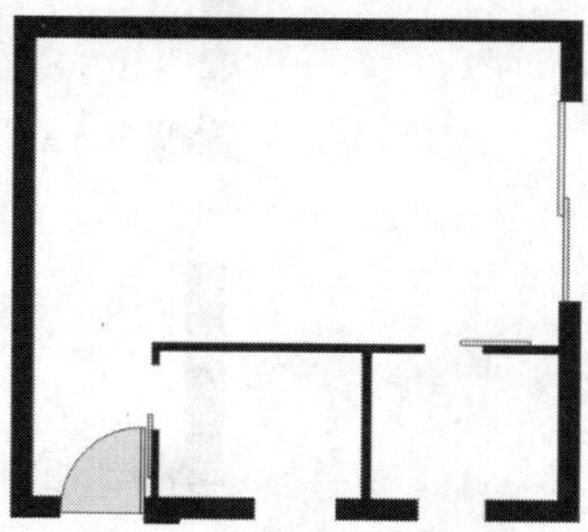

图 6-61

Step 03 选择“表格”工具，在属性栏中的设置如图 6-62 所示。在页面中适当的位置绘制网格图形，如图 6-63 所示。

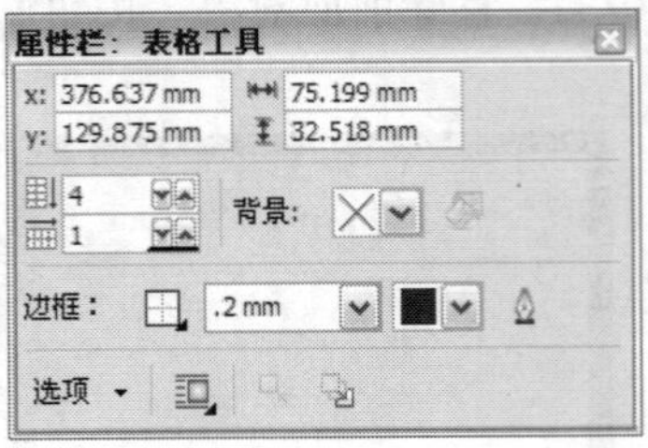

图 6-62

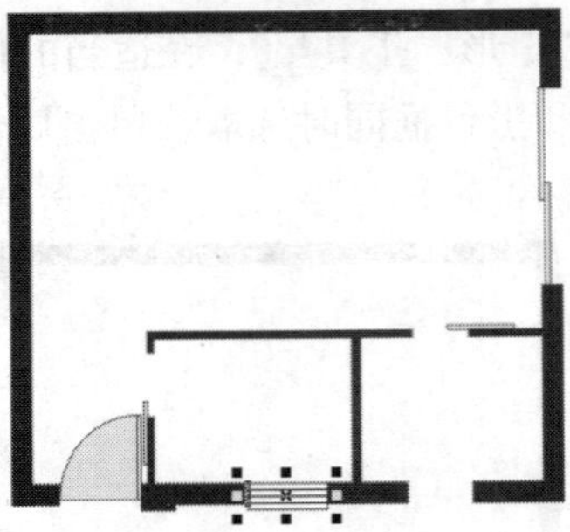

图 6-63

Step 04 按<Ctrl>+<Q>组合键，将网格转化为曲线。按<Ctrl>+<U>组合键，取消群组。按<F12>键，弹出“轮廓笔”对话框，选项的设置如图 6-64 所示。单击“确定”按钮，效果如图 6-65 所示。

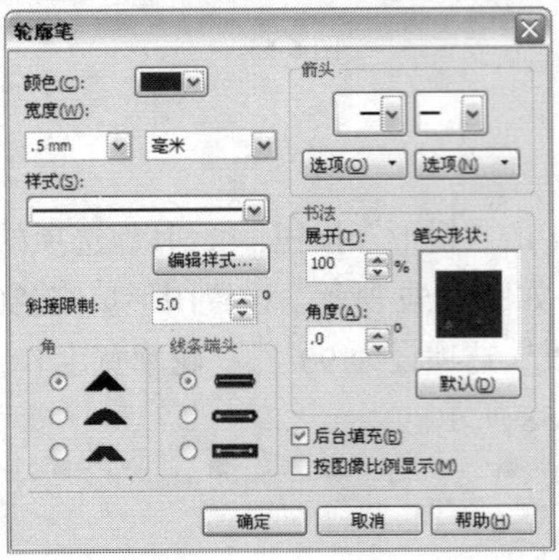

图 6-64

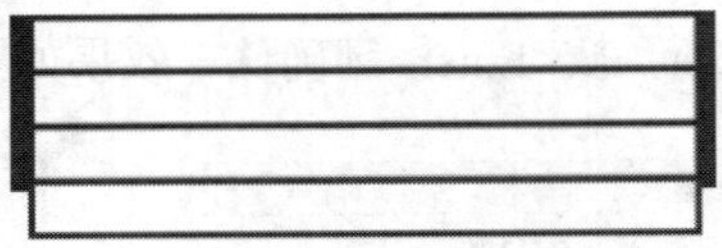

图 6-65

Step 05 选择“挑选”工具，选取 4 个矩形，按数字键盘上的<+>键复制矩形，并将其拖曳到适当的位置，调整其大小，效果如图 6-66 所示。选取最下方的矩形，将其复制并拖曳到适当的位置，效果如图 6-67 所示。用相同的方法再复制一个矩形，效果如图 6-68 所示。

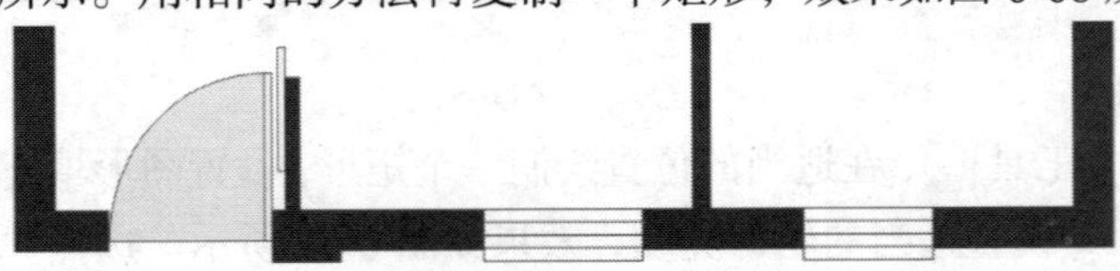

图 6-66

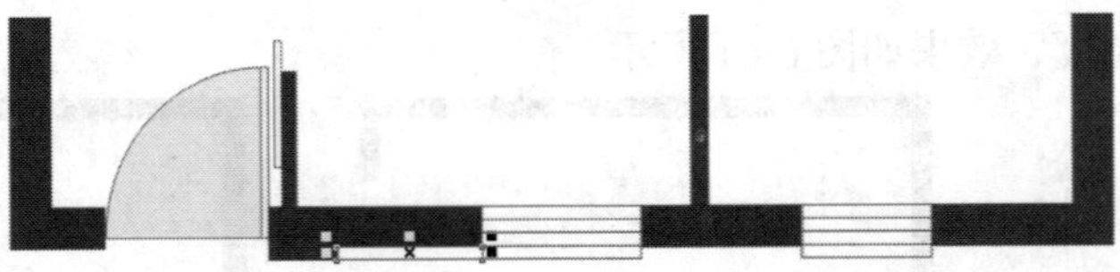

图 6-67

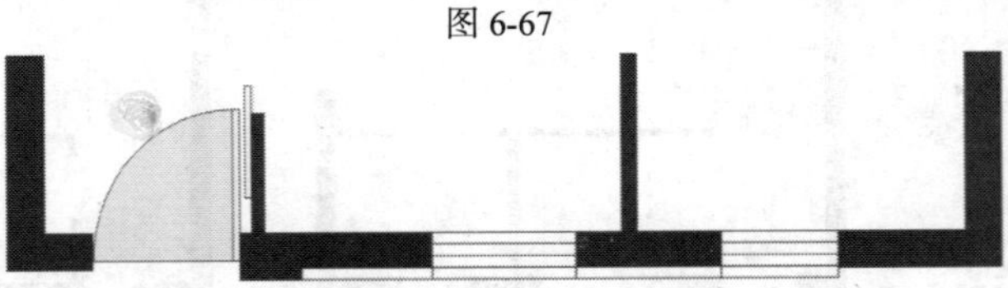

图 6-68

Step 06 选择“矩形”工具，在适当的位置绘制两个矩形，如图 6-69 所示。选择“挑选”工具，将两个矩形同时选取，单击属性栏中的“焊接”按钮，将其焊接在一起，效果如图 6-70 所示。

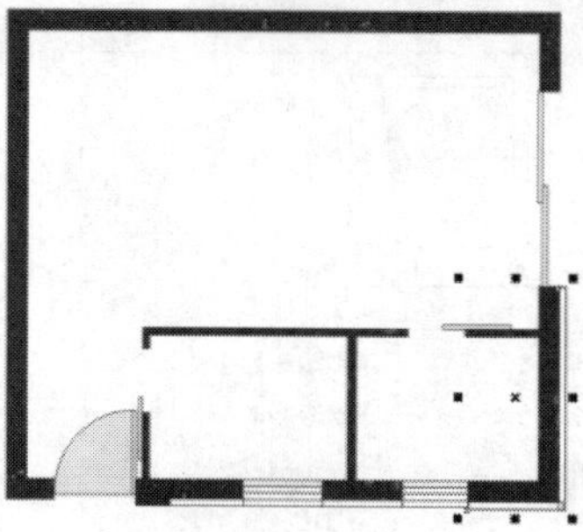

图 6-69

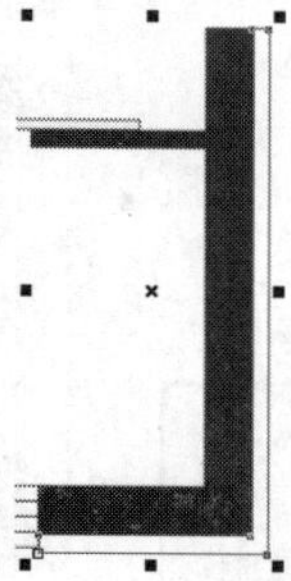

图 6-70

6.1.6　制作地板和床

Step 01　选择“矩形”工具，在适当的位置绘制一个矩形，如图 6-71 所示。选择“图样填充对话框”工具，弹出“填充图案”对话框，选择“位图”单选项，单击右侧的按钮，并在弹出的面板中选择需要的图案，如图 6-72 所示，单击“确定”按钮，填充效果如图 6-73 所示。连续按<Ctrl>+<PageDown>组合键，将其置后到黑色框的下方，效果如图 6-74 所示。

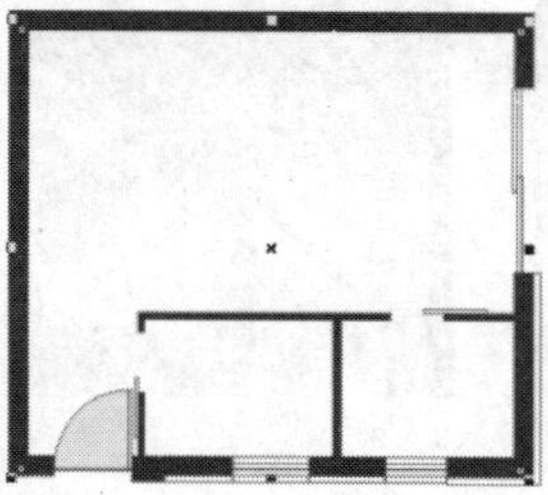

图 6-71

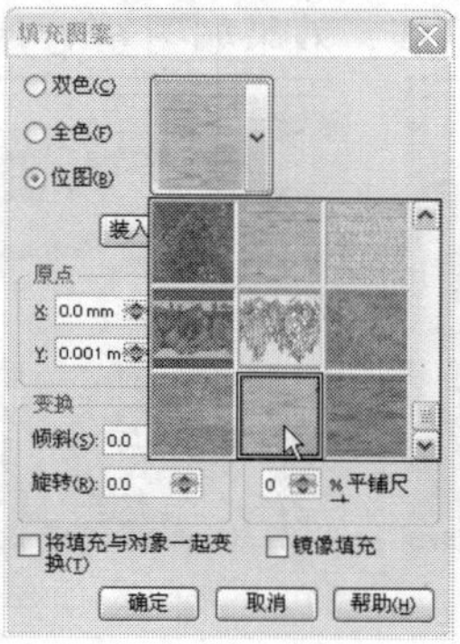

图 6-72

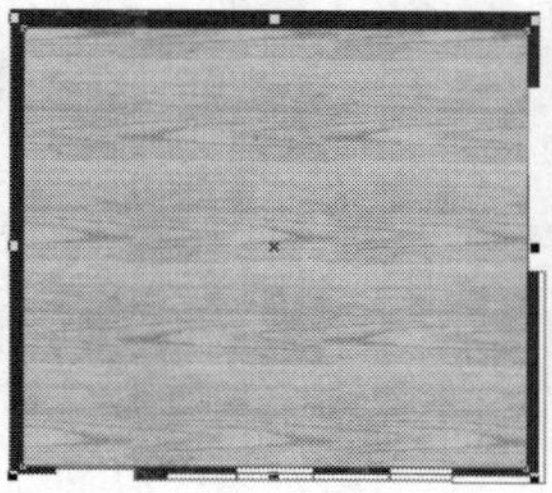

图 6-73

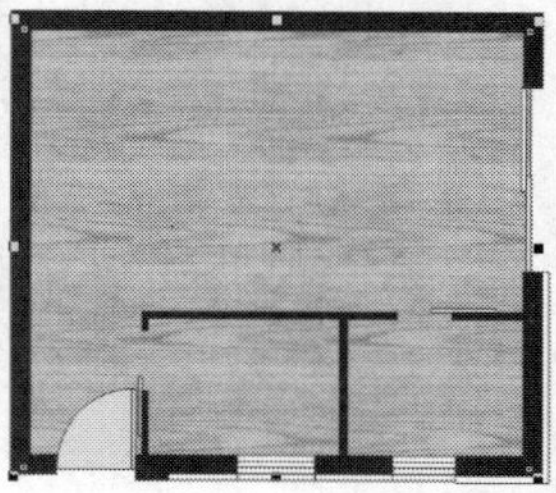

图 6-74

Step 02　选择“矩形”工具，在适当的位置绘制一个矩形，设置图形填充色的 CMYK 值为 2、2、10、0，并填充图形。在属性栏中的“轮廓宽度” .2 mm 框中设置数值为 0.5pt，按<Enter>键确认，效果如图 6-75 所示。

Step 03　选择“矩形”工具，再绘制一个矩形，如图 6-76 所示。选择“图样填充对话框”工具，弹出“图样填充”对话框，选择“位图”单选项，单击右侧的按钮，在弹出的面板中选择需要的图案，如图 6-77 所示，其他选项的设置如图 6-78 所示。单击“确定”按钮，效果如图 6-79 所示。

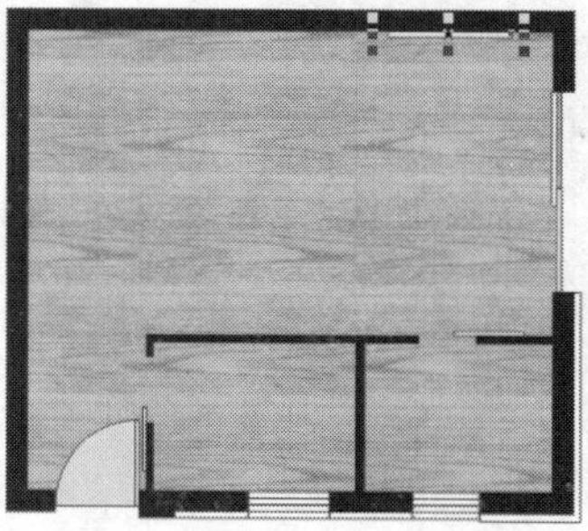

图 6-75

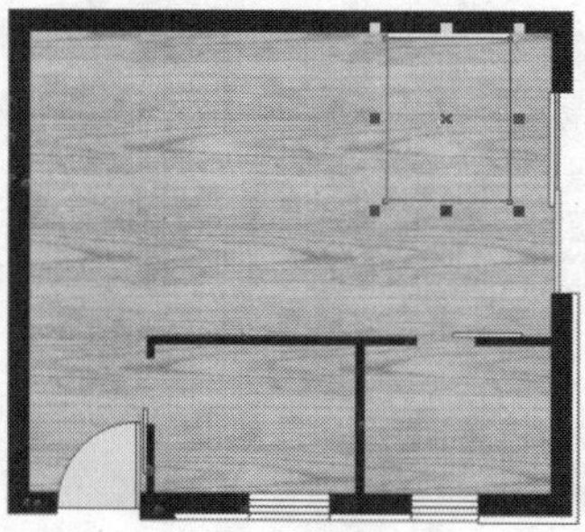

图 6-76

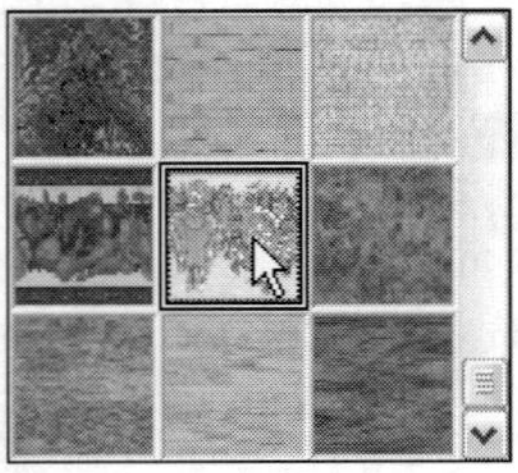

图 6-77

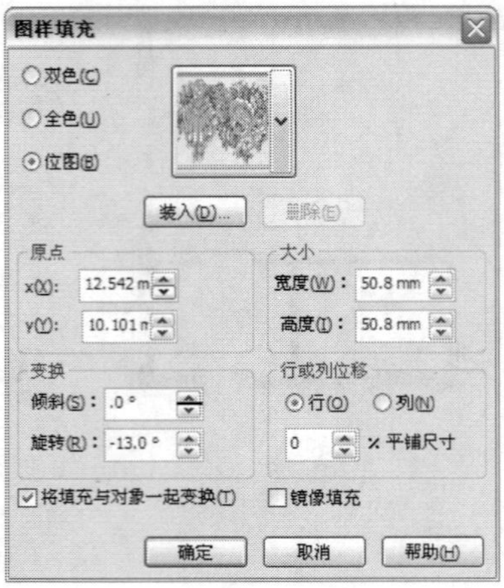

图 6-78

图 6-79

Step 04 选择“矩形”工具，绘制一个矩形，在属性栏中的“边角圆滑度”框中进行设置，如图 6-80 所示。按<Enter>键确认，效果如图 6-81 所示。按<Ctrl>+<Q>组合键，将矩形转化为曲线，选择“形状”工具，用圈选的方法选取需要的节点，如图 6-82 所示。在属性栏中单击“转换曲线为直线”按钮，将曲线转换为直线，效果如图 6-83 所示。

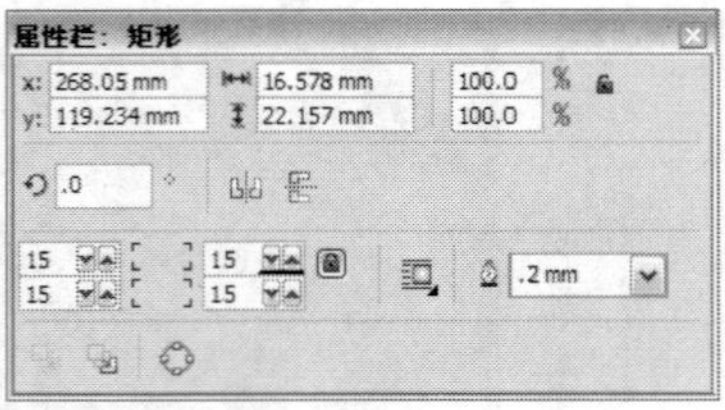

图 6-80

图 6-81

图 6-82

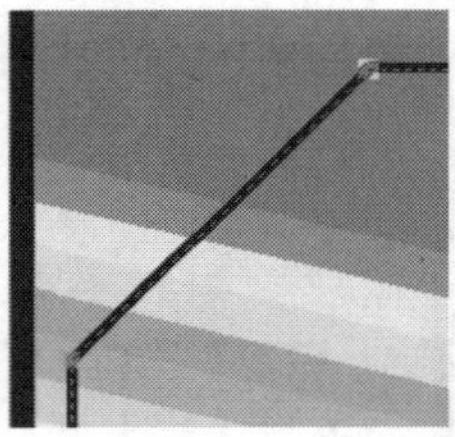

图 6-83

Step 05 选择“形状”工具，选取并拖曳需要的节点到适当的位置，效果如图 6-84 所示。在属性栏中的“轮廓宽度”框中设置数值为 0.5pt，按<Enter>键确认，填充与下方的床相同的图案，效果如图 6-85 所示。选择“贝塞尔”工具，绘制一个图形，填充与床相同的图案，并设置适当的轮廓宽度，效果如图 6-86 所示。选择“手绘”工具，按住<Ctrl>键绘制一条直线，效果如图 6-87 所示。

图 6-84

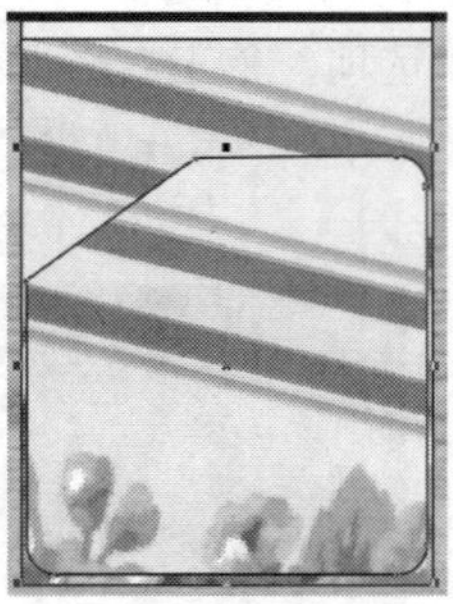

图 6-85

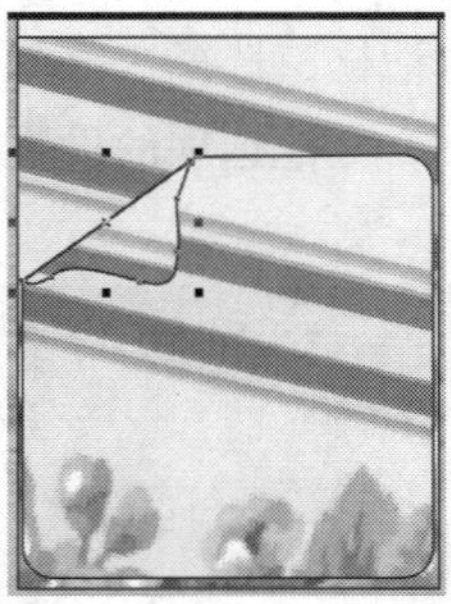

图 6-86

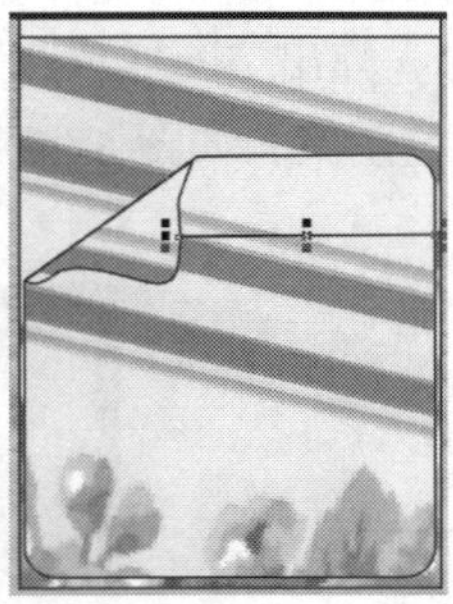

图 6-87

6.1.7 制作枕头和抱枕

Step 01 选择“矩形”工具，绘制一个矩形，在属性栏中的“边角圆滑度”框中进行设置，如图 6-88 所示。按<Enter>键确认，效果如图 6-89 所示。选择“3 点椭圆形”工具，在适当的位置绘制 4 个椭圆形，如图 6-90 所示。

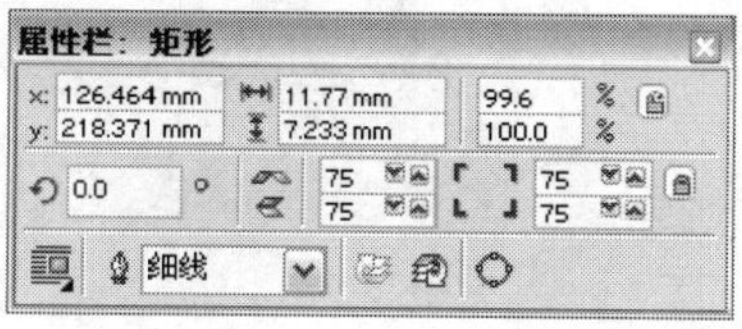

图 6-88

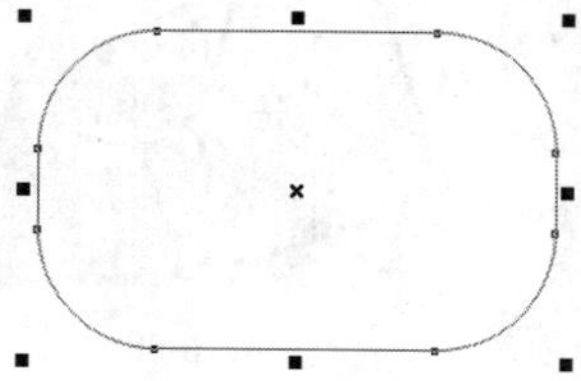

图 6-89

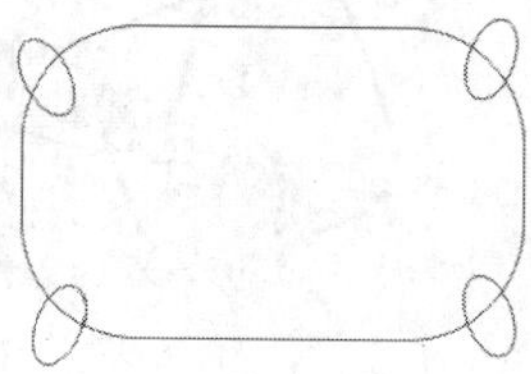

图 6-90

Step 02 选择“挑选”工具，选取绘制的图形，单击属性栏中的“焊接”按钮，将其焊接在一起，效果如图 6-91 所示。选择“图样填充对话框”工具，弹出“图样填充”对话框，并选择与床相同的图案，其他选项的设置如图 6-92 所示。单击“确定”按钮，效果如图 6-93 所示。

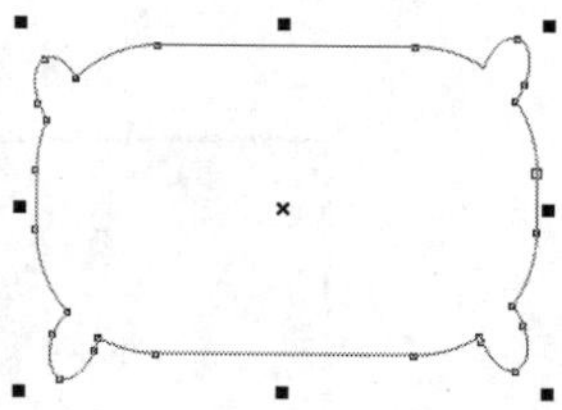

图 6-91

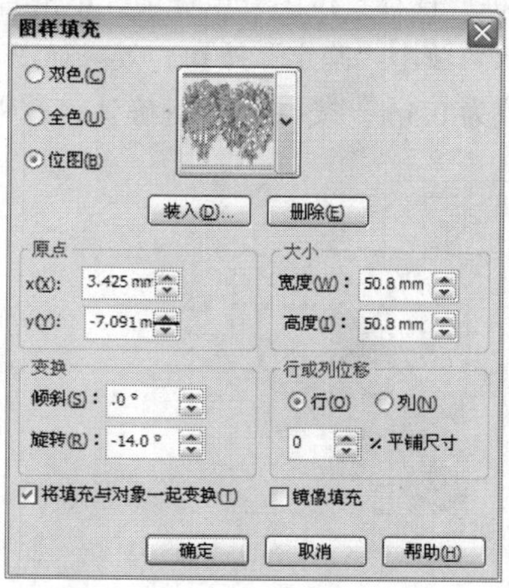

图 6-92

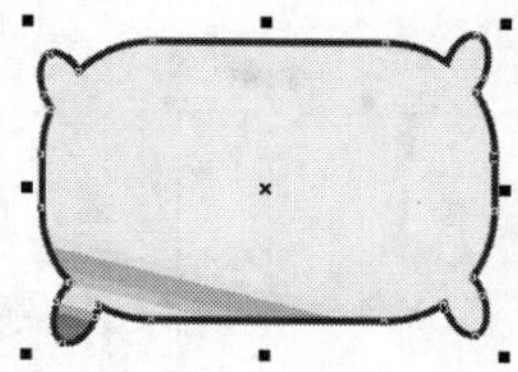

图 6-93

Step 03 选择“挑选”工具，选取需要的图形并将其拖曳到适当的位置，如图 6-94 所示。按数字键盘上的<+>键，复制图形并将其拖曳到适当的位置，效果如图 6-95 所示。用相同的方法再复制两个图形，分别将其拖曳到适当的位置，调整大小并将其旋转到适当的角度，取消左侧图形的填充，效果如图 6-96 所示。

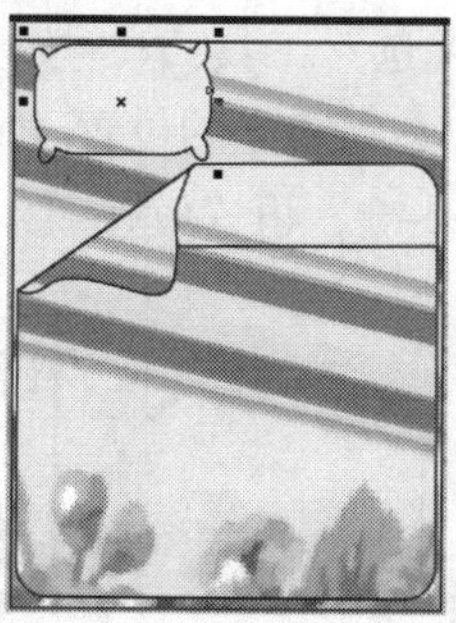

图 6-94

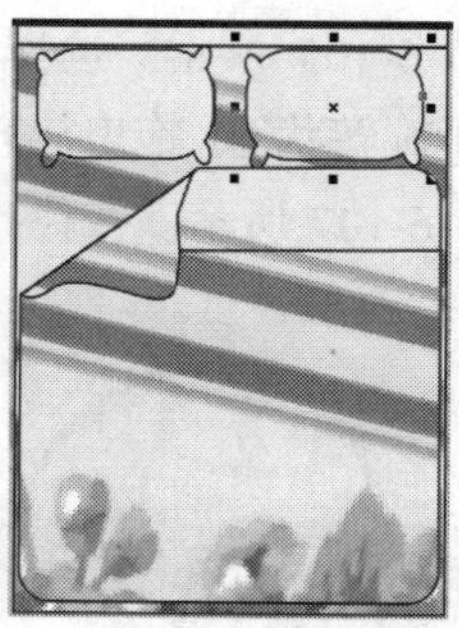

图 6-95

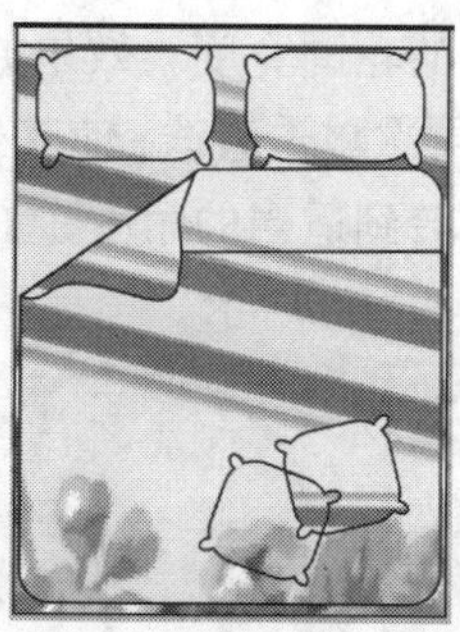

图 6-96

Step 04 选择“贝塞尔”工具，绘制多条直线，在属性栏中的“轮廓宽度” .2 mm 框中设置数值为 0.5pt，按<Enter>键确认，效果如图 6-97 所示。选择“椭圆形”工具，在适当的位置绘制一个圆形，设置图形填充色的 CMYK 值为 2、2、10、0，填充图形。在属性栏中的“轮廓宽度” .2 mm 框中设置数值为 0.5pt，按<Enter>键确认，效果如图 6-98 所示。用相同的方法制作出右侧图形，效果如图 6-99 所示。

图 6-97

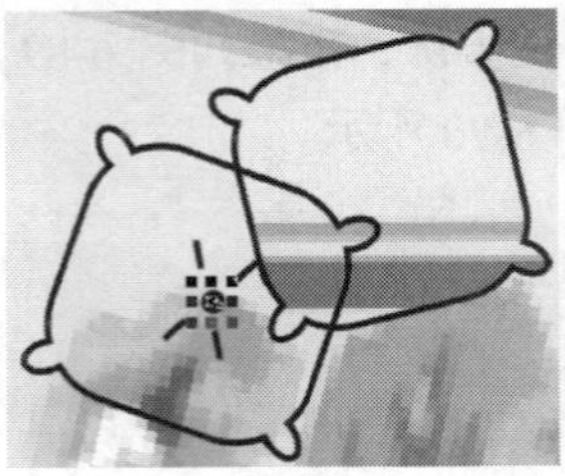

图 6-98

图 6-99

6.1.8 制作床头柜和灯

Step 01 选择“矩形”工具，绘制一个矩形，如图 6-100 所示。选择“图样填充对话框”工具，弹出“图样填充”对话框，选择“位图”单选项，单击右侧的按钮，并在弹出的面板中选择需要的图案，如图 6-101 所示。单击“确定”按钮，效果如图 6-102 所示。在属性栏中的“轮廓宽度” .2 mm 框中设置数值为 0.5pt，按<Enter>键确认，效果如图 6-103 所示。

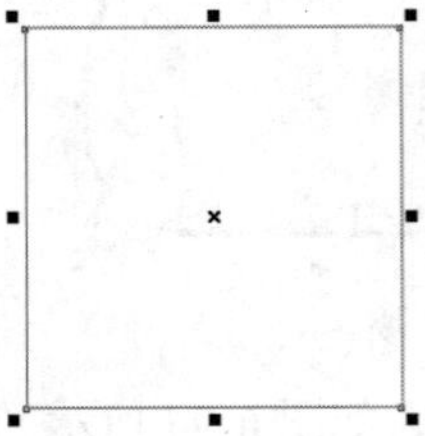

图 6-100

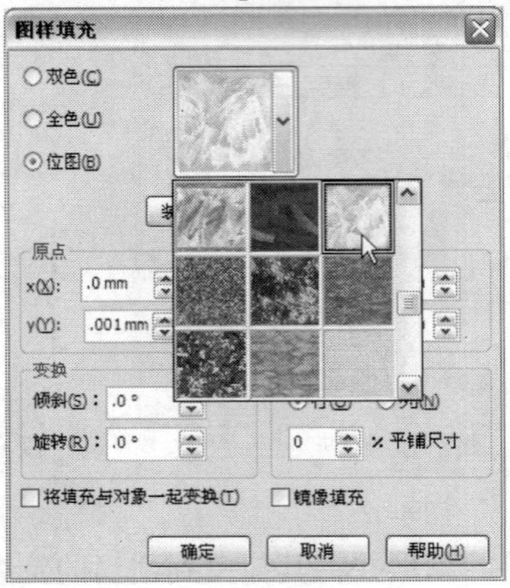

图 6-101

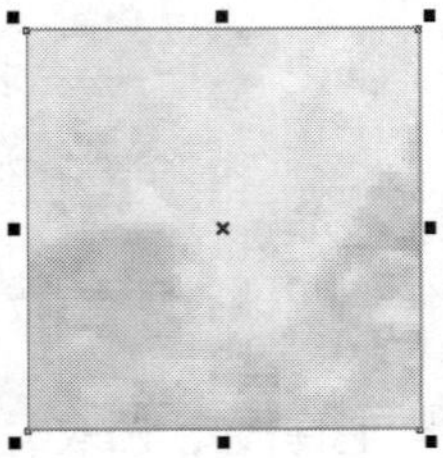

图 6-102

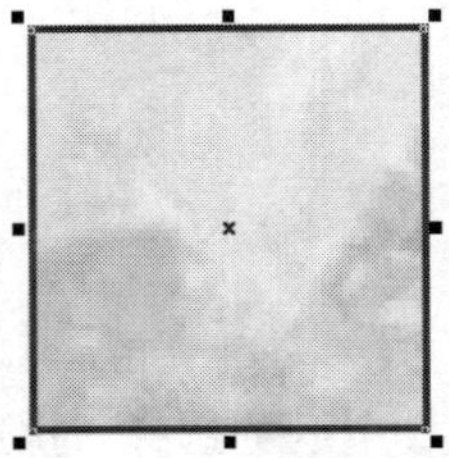

图 6-103

Step 02 选择“椭圆形”工具，在适当的位置绘制一个圆形，并在属性栏中的“轮廓宽度” .2 mm 框中设置数值为 0.5pt，如图 6-104 所示。选择“手绘”工具，按住<Ctrl>键绘制一条直线，设置适当的轮廓宽度，效果如图 6-105 所示。选择“挑选”工具，按数字键盘上的<+>键复制直线，并再次单击直线，使其处于旋转状态。拖曳旋转中心到适当的位置，如图 6-106 所示。拖曳鼠标将其旋转到适当的角度，如图 6-107 所示。按住<Ctrl>键，再连续按<D>键，复制出多条直线，效果如图 6-108 所示。

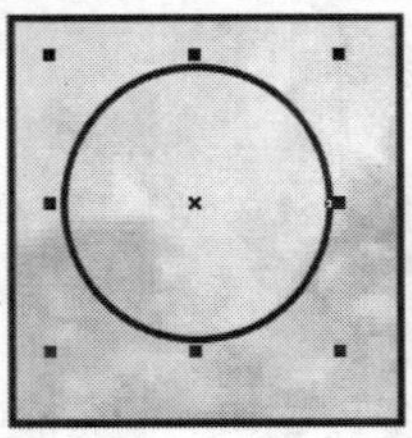

图 6-104

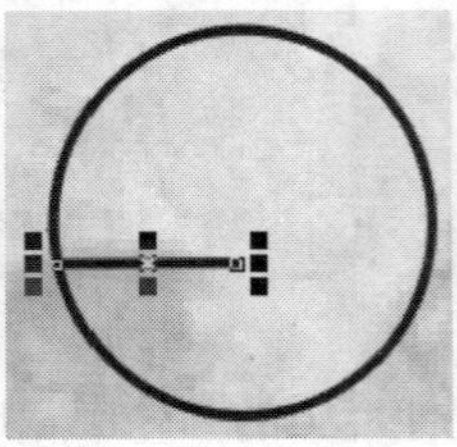

图 6-105

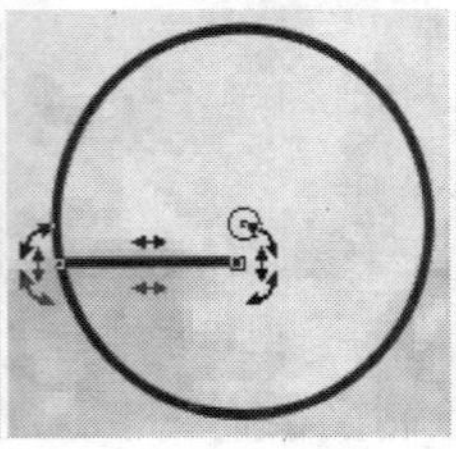

图 6-106

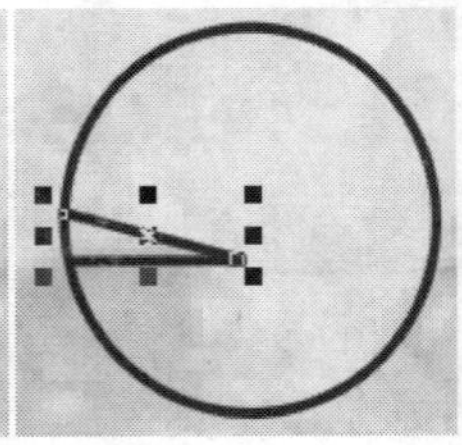

图 6-107

图 6-108

Step 03 选择“挑选”工具，选取需要的图形，按<Ctrl>+<G>组合键将其群组，如图 6-109 所示。将其拖曳到适当的位置，如图 6-110 所示。按数字键盘上的<+>键，复制图形并将其拖曳到适当的位置，按<Ctrl>+<U>组合键，取消群组图形，调整下方图形的大小，效果如图 6-111 所示。

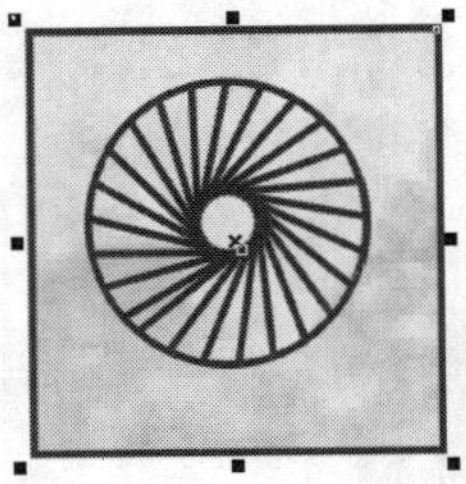

图 6-109

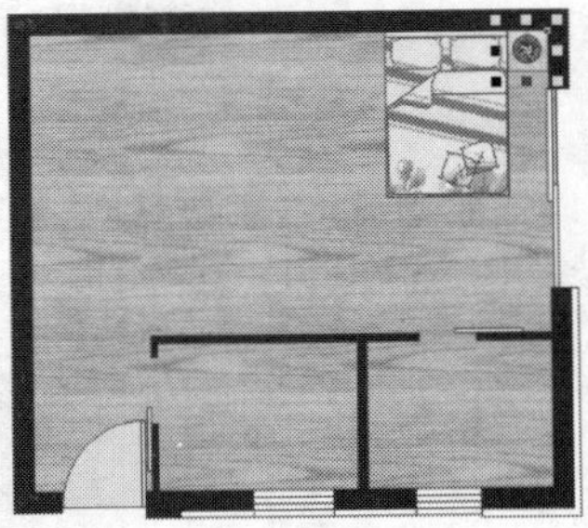

图 6-110

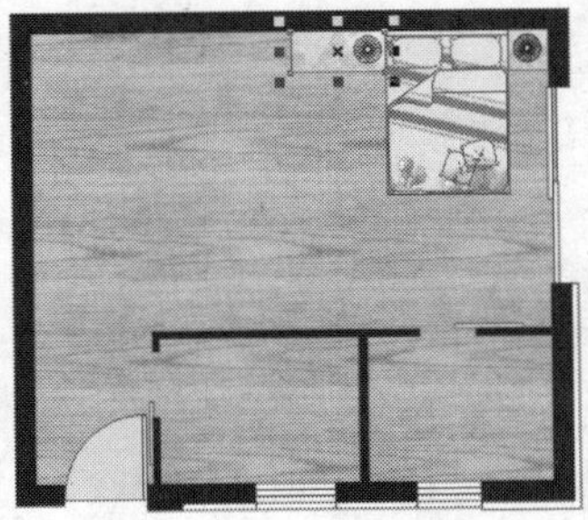

图 6-111

6.1.9　制作地毯和沙发图形

Step 01 选择“矩形”工具，绘制一个矩形，如图 6-112 所示。选择“底纹填充对话框”工具，弹出“底纹填充”对话框，选项的设置如图 6-113 所示。单击“确定”按钮，效果如图 6-114 所示。

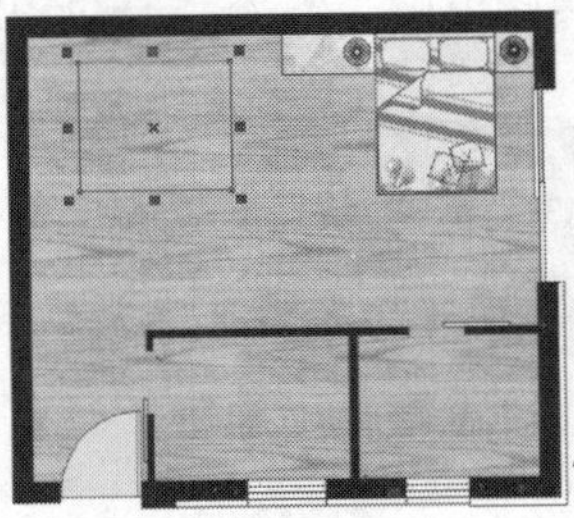

图 6-112

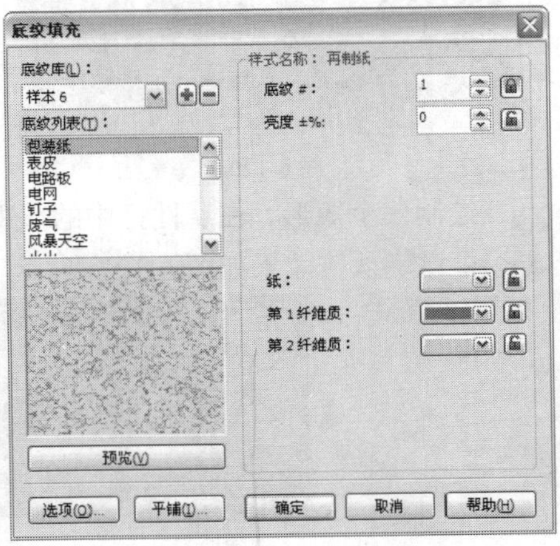

图 6-113

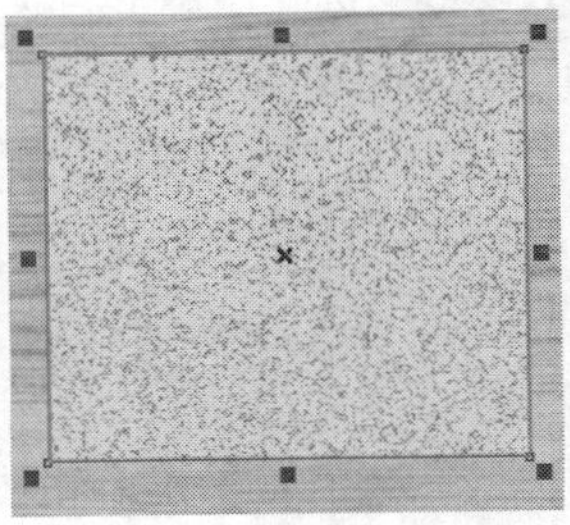

图 6-114

Step 02 选择“贝塞尔”工具，绘制多条折线，如图 6-115 所示。选择“挑选”工具，选取绘制的折线，按<Ctrl>+<PageDown>组合键将其置于矩形之后，效果如图 6-116 所示。

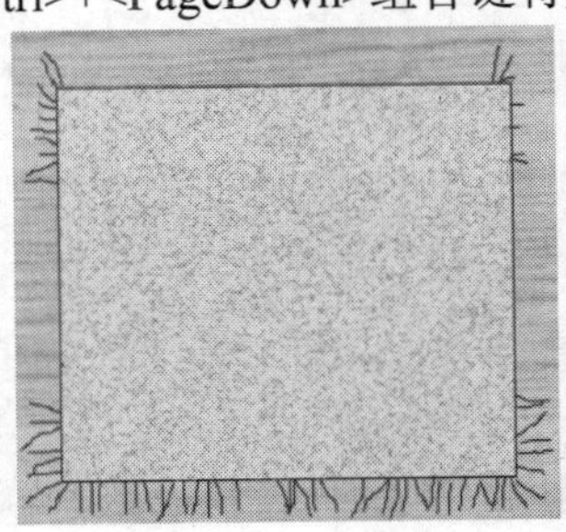

图 6-115

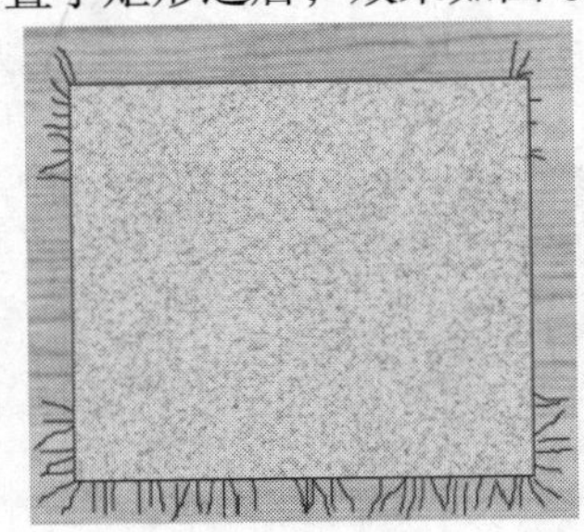

图 6-116

Step 03 选择“矩形”工具，绘制一个矩形，在属性栏中的“边角圆滑度”框中设置数值为 15pt，按<Enter>键确认，效果如图 6-117 所示。选择“底纹填充对话框”工具，弹出“底纹填充”对话框，单击“平铺”按钮，在弹出的对话框中进行设置，如图 6-118 所示。单击“确定”按钮，返回到“底纹填充”对话框，选项的设置如图 6-119 所示。单击“确定”按钮，效果如图 6-120 所示。

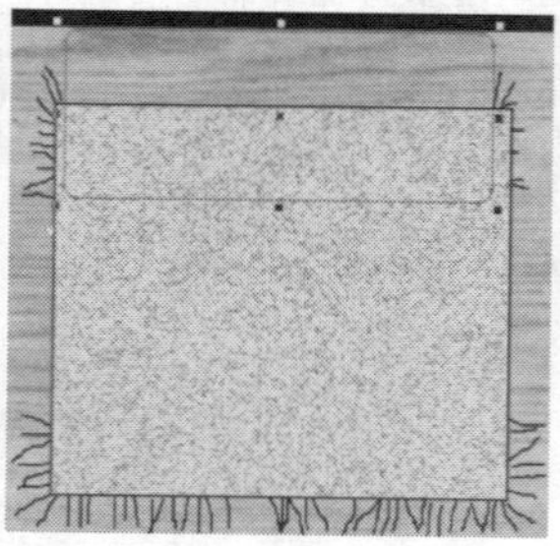

图 6-117

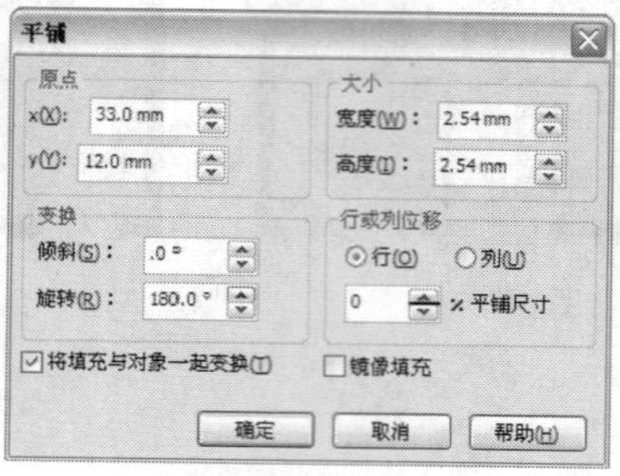

图 6-118

图 6-119

图 6-120

Step 04 选择“矩形”工具，绘制一个矩形，在属性栏中的“边角圆滑度”框中进行设置，如图 6-121 所示。按<Enter>键确认，效果如图 6-122 所示。

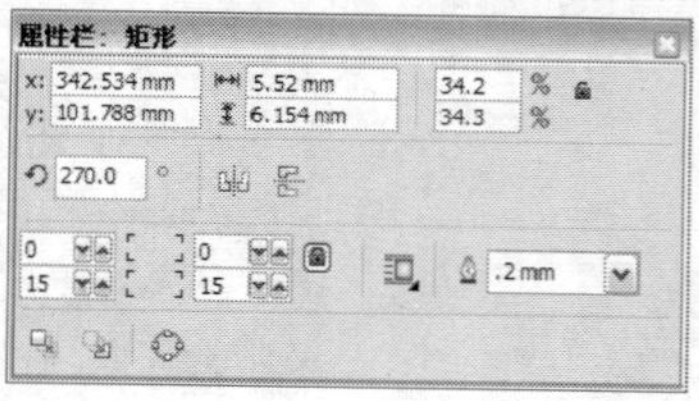

图 6-121

图 6-122

Step 05 选择“挑选”工具，选取矩形，在属性栏中的“轮廓宽度” .2 mm 框中设置数值为 0.5pt，按<Enter>键确认，效果如图 6-123 所示。用相同的方法再绘制两个图形，如图 6-124 所示。选取右侧的图形，在属性栏中将矩形右上方的“边角圆滑度”框设为 15，按<Enter>键确认，效果如图 6-125 所示。

图 6-123

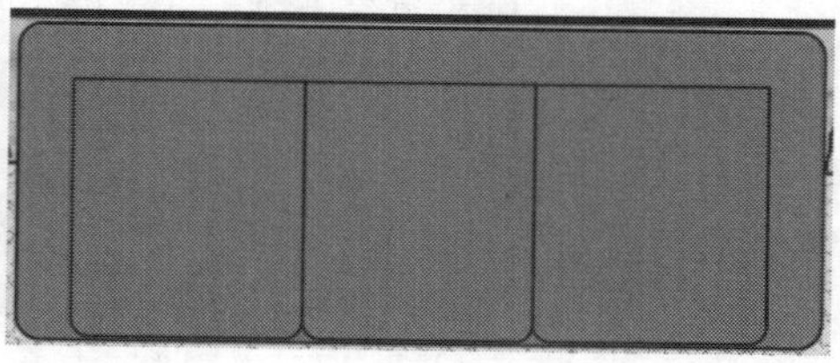

图 6-124

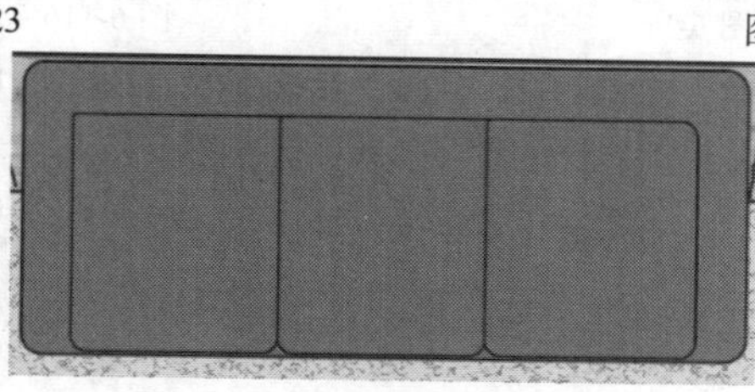

图 6-125

Step 06 选择“椭圆形”工具，按住<Ctrl>键绘制一个圆形，如图 6-126 所示。选择“挑选”工具，按住<Ctrl>键的同时，按住鼠标左键垂直向下拖曳圆形，并在适当的位置上单击鼠标右键，复制一个新的圆形，效果如图 6-127 所示。按住<Ctrl>键，再连续按<D>键，复制出多个圆形，效果如图 6-128 所示。

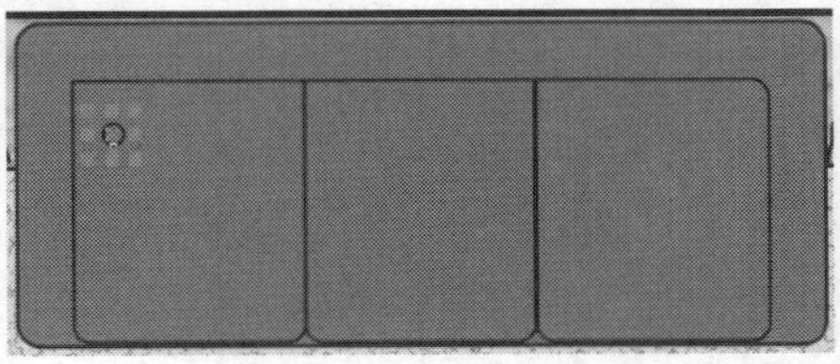

图 6-126

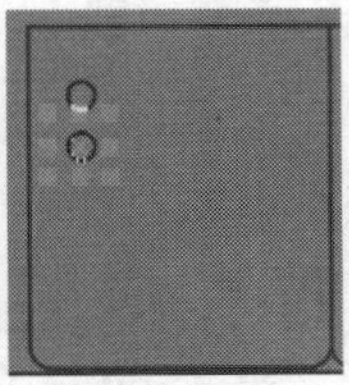

图 6-127

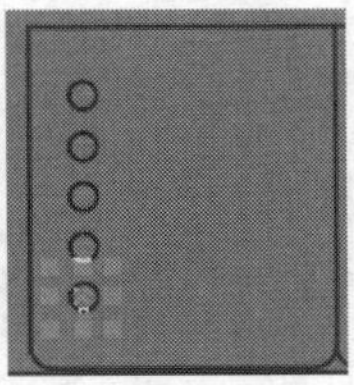

图 6-128

Step 07 选择“挑选”工具，选取需要的圆形，按住<Ctrl>键的同时，按住鼠标左键水平向右拖曳图形，并在适当的位置上单击鼠标右键，复制一个新的图形。按住<Ctrl>键，再连续按<D>键，复制出多个圆形，效果如图 6-129 所示。用相同的方法复制多个圆形，效果如图 6-130 所示。用相同的方法再制出两个沙发图形，效果如图 6-131 所示。

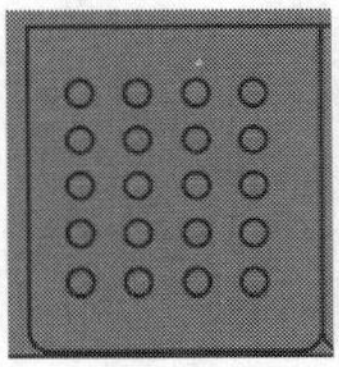

图 6-129

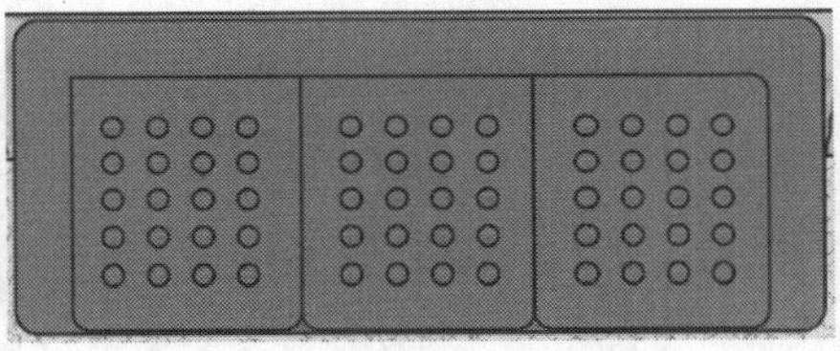

图 6-130

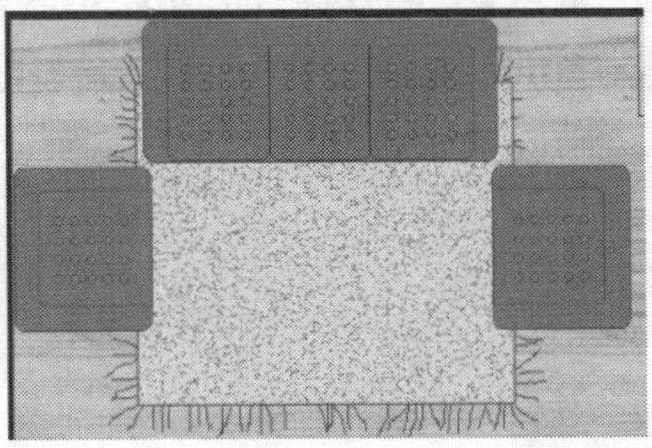

图 6-131

6.1.10　制作盆栽和茶几

Step 01 选择“矩形”工具，绘制一个矩形，在属性栏中的“轮廓宽度” .2 mm 框中设置数值为 0.5pt，按<Enter>键确认，效果如图 6-132 所示。选择“底纹填充对话框”工具，弹出“底纹填充”对话框，单击“色调”选项右侧的按钮，弹出“选择颜色”对话框，选项的设置如图 6-133 所示。单击“确定”按钮，返回到“底纹填充”对话框，单击“平铺”按钮，在弹出的对话框中进行设置，如图 6-134 所示。单击“确定”按钮，返回到“底纹填充”对话框，选项的设置如图 6-135 所示。单击“确定”按钮，效果如图 6-136 所示。

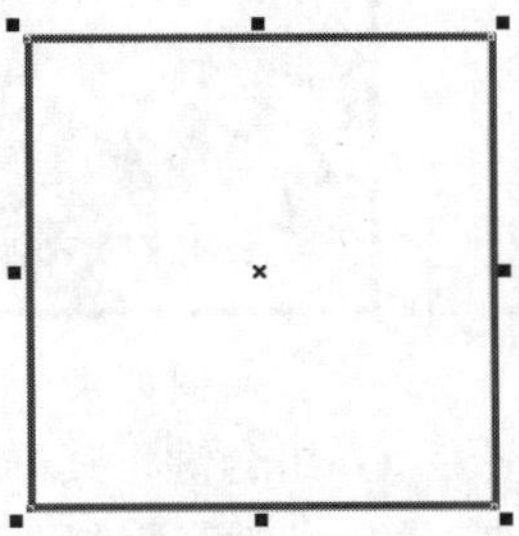

图 6-132

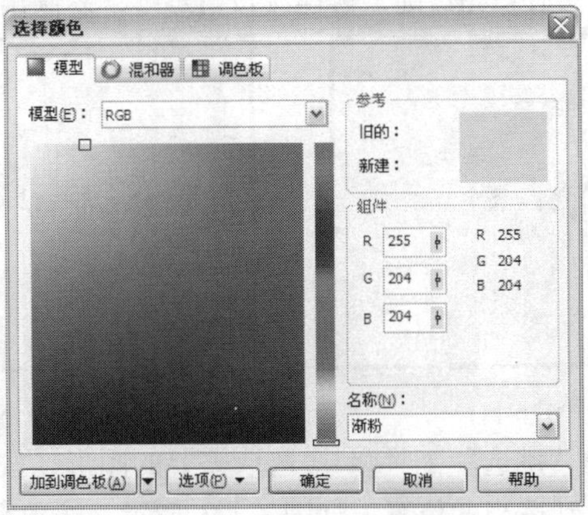

图 6-133

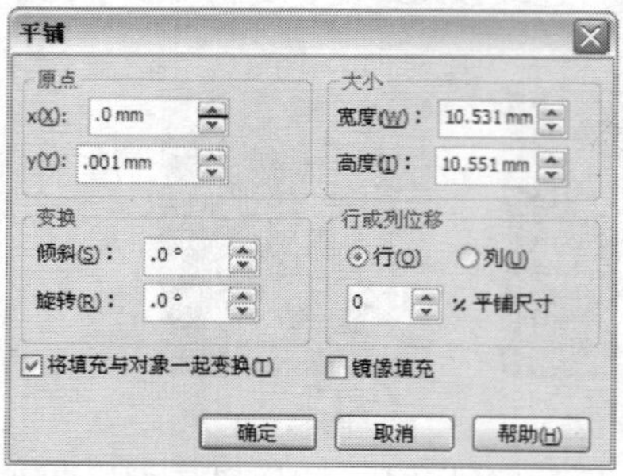

图 6-134

图 6-135

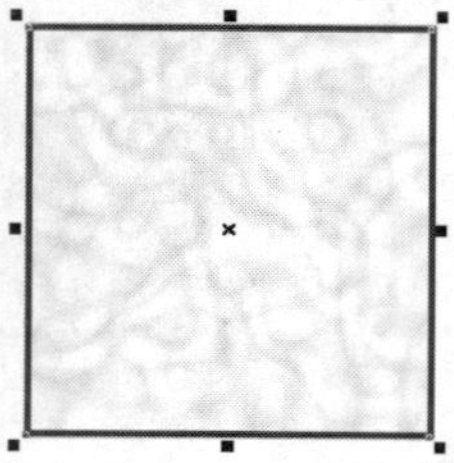

图 6-136

Step 02 选择“贝塞尔”工具，在矩形中绘制一个图形，并在属性栏中的“轮廓宽度” .2 mm 框中设置数值为 0.5pt，按<Enter>键确认，效果如图 6-137 所示。选择“底纹填充对话框”工具，弹出“底纹填充”对话框，单击“平铺”按钮，然后在弹出的对话框中进行设置，如图 6-138 所示。单击“确定”按钮，返回到“底纹填充”对话框，选项的设置如图 6-139 所示。单击“确定”按钮，效果如图 6-140 所示。

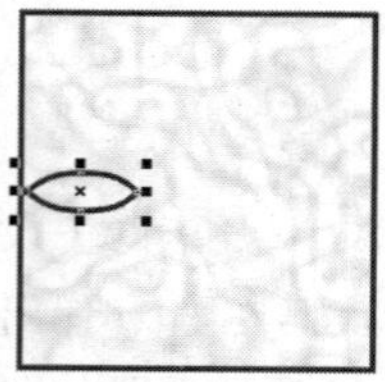

图 6-137

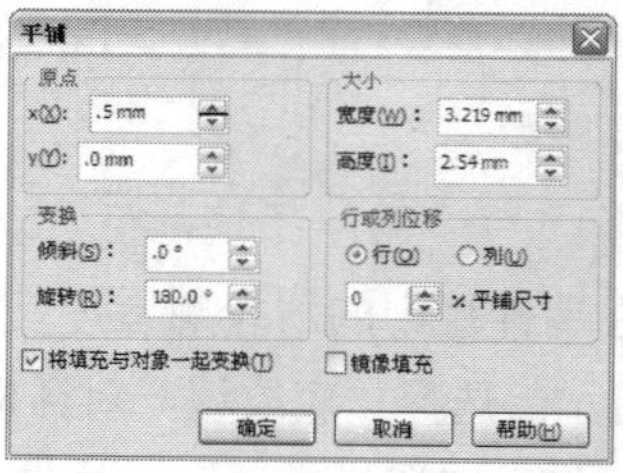

图 6-138

图 6-139

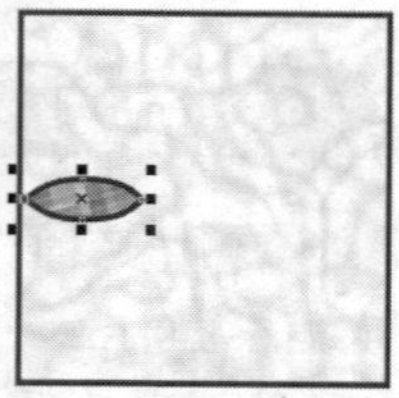

图 6-140

Step 03 选择“挑选”工具，按数字键盘上的<+>键复制图形，并再次单击图形，使其处于旋转状态。拖曳旋转中心到适当的位置，如图 6-141 所示。再拖曳鼠标将其旋转到适当的角度，如图 6-142 所示。按住<Ctrl>键，再连续按<D>键，复制出多个图形，效果如图 6-143 所示。

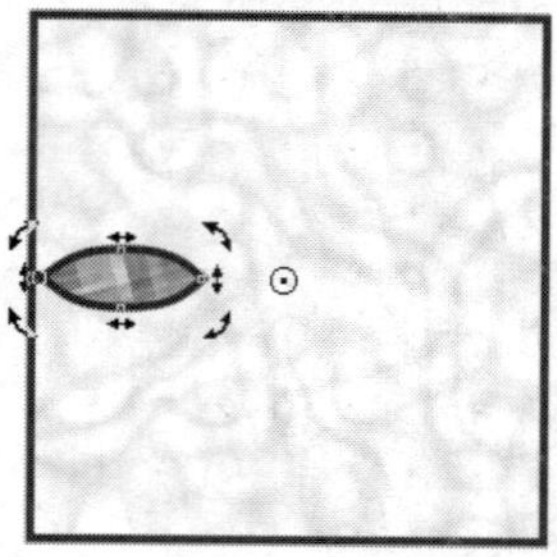

图 6-141

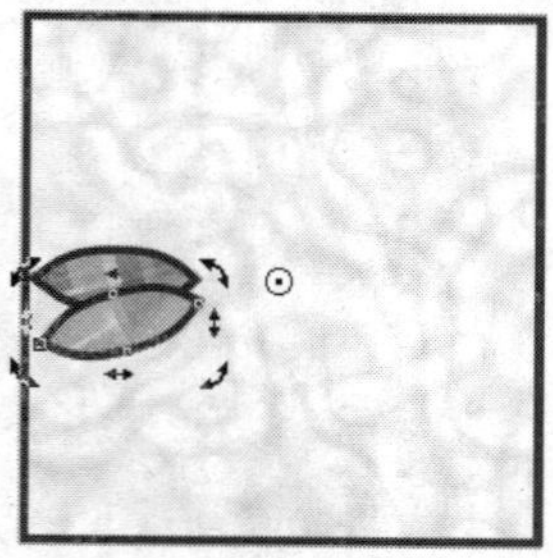

图 6-142

图 6-143

Step 04 选择“挑选”工具，选取需要的图形，按<Ctrl>+<G>组合键将其群组，如图 6-144 所示。将其拖曳到适当的位置，如图 6-145 所示。按数字键盘上的<+>键，复制图形并将其拖曳到适当的位置，效果如图 6-146 所示。

图 6-144

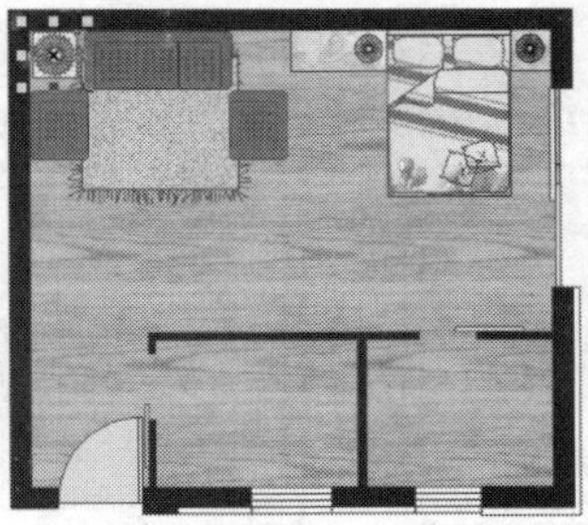

图 6-145

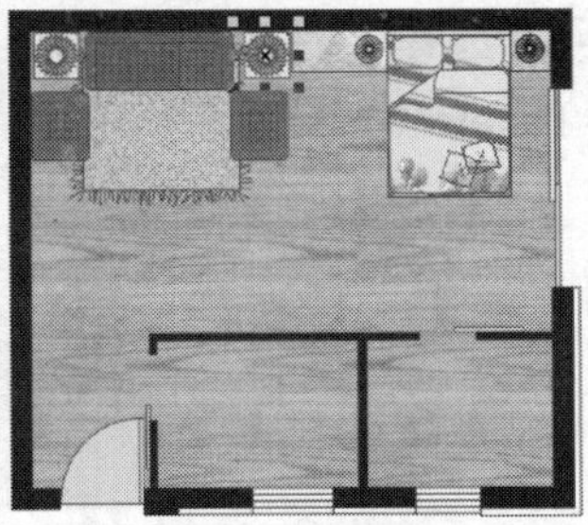

图 6-146

Step 05 选择“矩形”工具，绘制一个矩形，设置图形填充色的 CMYK 值为 2、2、10、0，填充图形，在属性栏中的设置如图 6-147 所示。按<Enter>键确认，效果如图 6-148 所示。

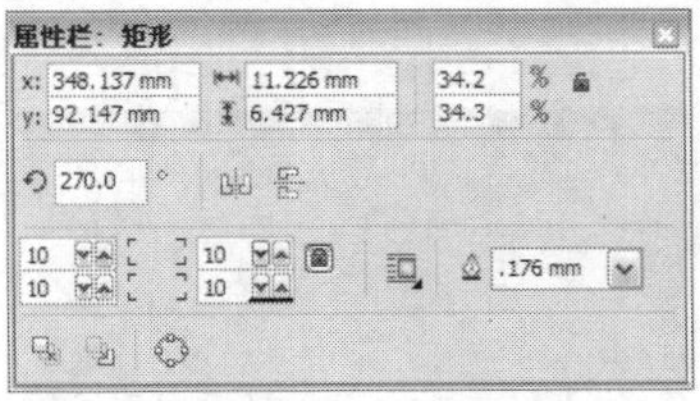

图 6-147

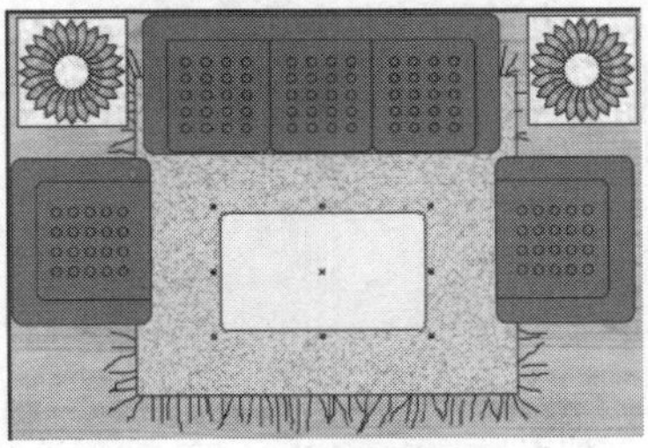

图 6-148

Step 06 用相同的方法再绘制一个圆角矩形。选择“渐变填充对话框”工具，弹出“渐变填充”对话框，选择“双色”单选项，“从”选项颜色的 CMYK 值设置为 0、0、0、25，“到”选项颜色的 CMYK 值设置为 0、0、0、0，其他选项的设置如图 6-149 所示。单击“确定”按钮，填充图形。在属性栏中设置适当的轮廓宽度，效果如图 6-150 所示。

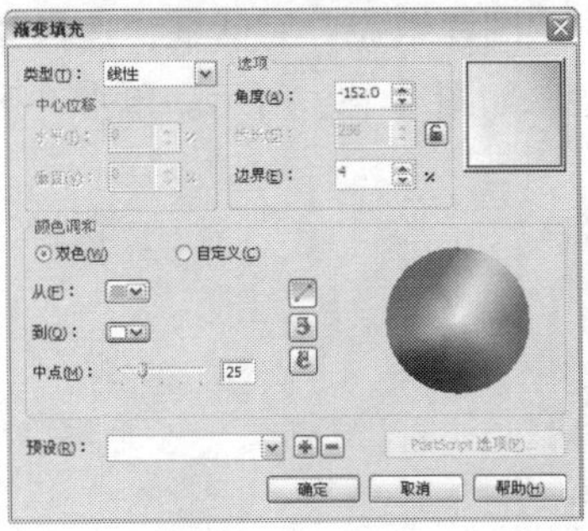

图 6-149

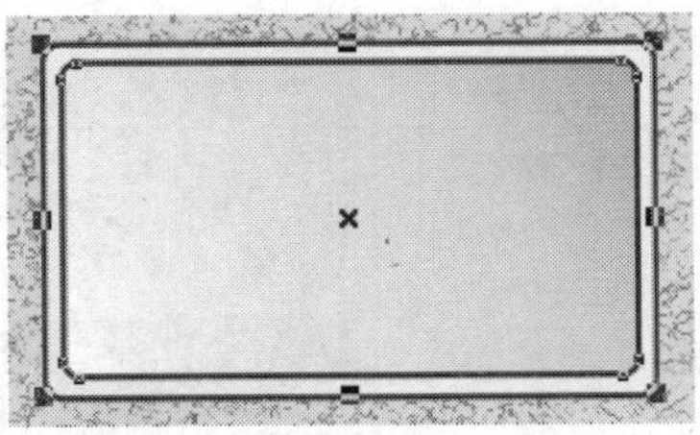

图 6-150

Step 07 选择“挑选”工具，选取需要的图形，按住<Ctrl>键的同时，按住鼠标左键向下拖曳图形，并在适当的位置上单击鼠标右键，复制一个新的图形，效果如图 6-151 所示。按<Ctrl>+<U>组合键，取消图形的群组。选取下方的图形，设置图形填充色的 CMYK 值为 2、18、25、7，填充图形，如图 6-152 所示。选取上方的图形，设置图形填充色的 CMYK 值为 13、2、28、0，填充图形，效果如图 6-153 所示。

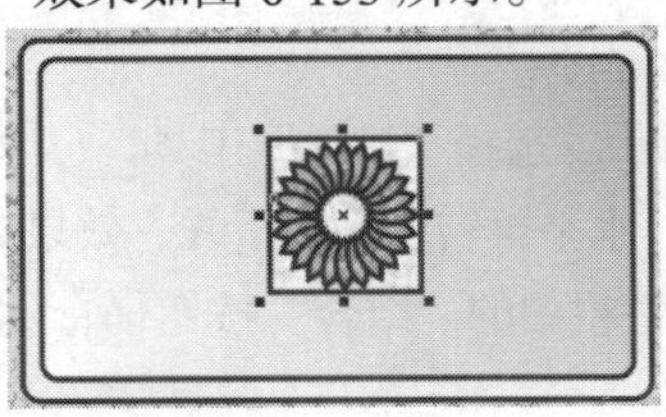

图 6-151

图 6-152

图 6-153

Step 08 选择“贝塞尔”工具，在矩形中绘制多条直线，如图 6-154 所示。连续按<Ctrl>+<PageDown>组合键，将其置于红色矩形的下方，效果如图 6-155 所示。

图 6-154

图 6-155

6.1.11 制作桌子和椅子图形

Step 01 选择“矩形”工具，绘制一个矩形，在属性栏中的设置如图 6-156 所示。按<Enter>键确认，效果如图 6-157 所示。

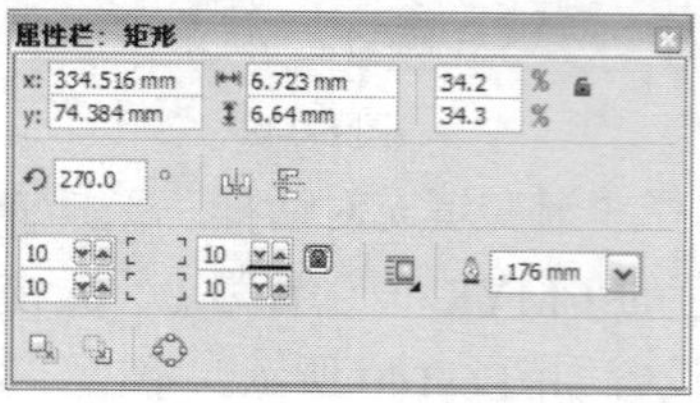

图 6-156

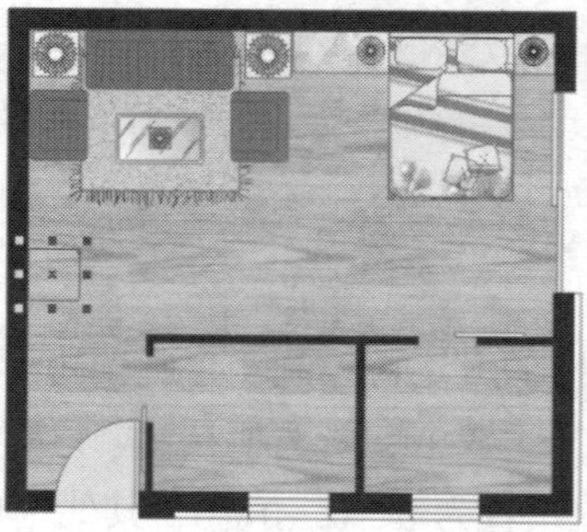
图 6-157

Step 02 选择“图样填充对话框”工具，弹出“图样填充”对话框，选择“位图”单选项，单击右侧的按钮，在弹出的面板中选择需要的图案，如图 6-158 所示。单击“确定”按钮，效果如图 6-159 所示。

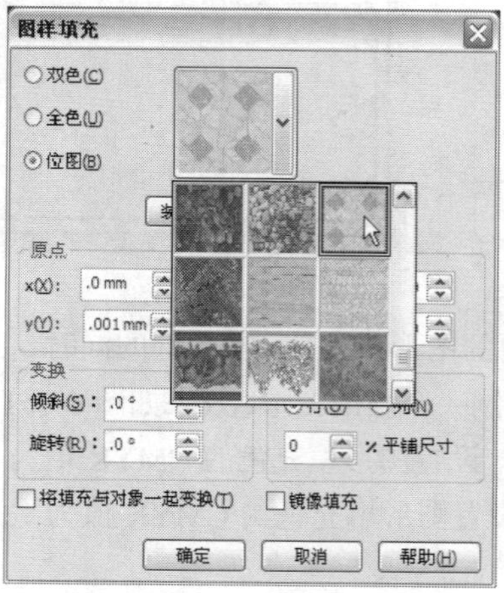

图 6-158

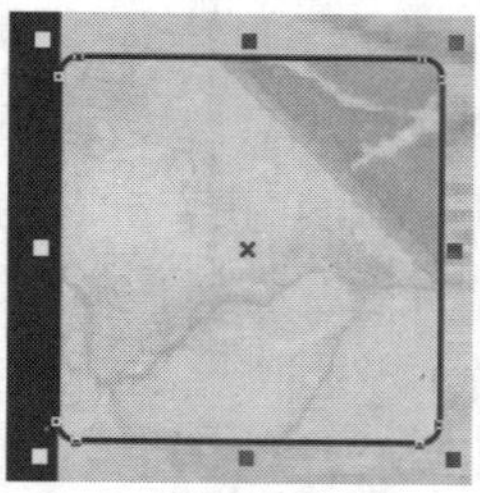
图 6-159

Step 03 选择“贝塞尔”工具，绘制一条折线，如图 6-160 所示。选择“挑选”工具，按数字键盘上的<+>键复制折线。单击属性栏中的“水平镜像”按钮，水平翻转复制的折线，效果如图 6-161 所示，将其拖曳到适当的位置，效果如图 6-162 所示。单击属性栏中的“结合”按钮，将两条折线结合，效果如图 6-163 所示。

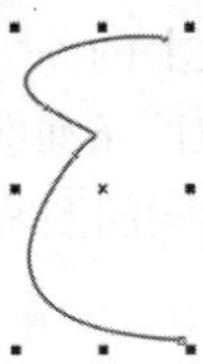
图 6-160

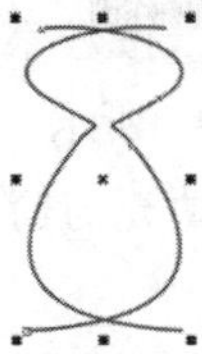
图 6-161

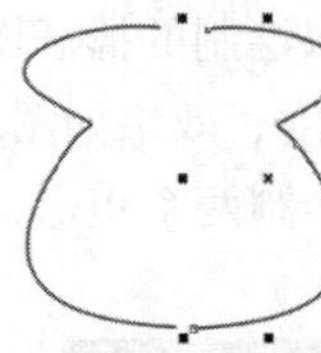
图 6-162

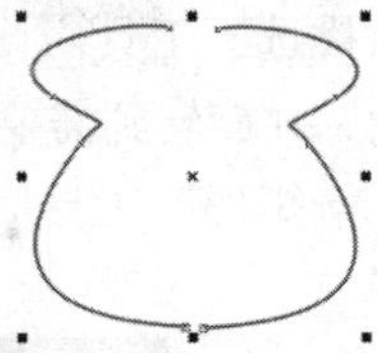
图 6-163

Step 04 选择“形状”工具，选取需要的节点，如图 6-164 所示。单击属性栏中的“连接两个节点”按钮，将两点连接，效果如图 6-165 所示。用相同的方法将下方的两个节点连接，效果如图 6-166 所示。

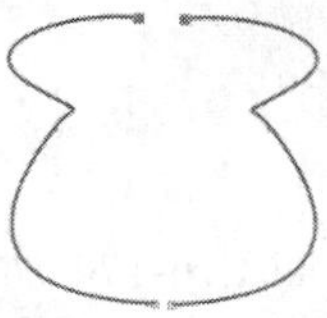
图 6-164

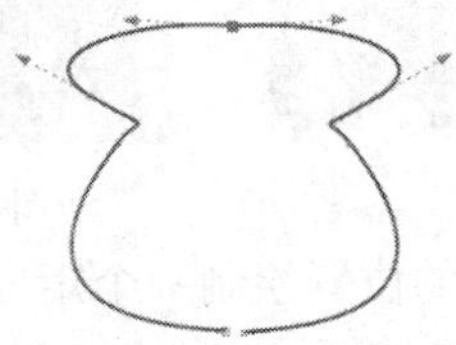
图 6-165

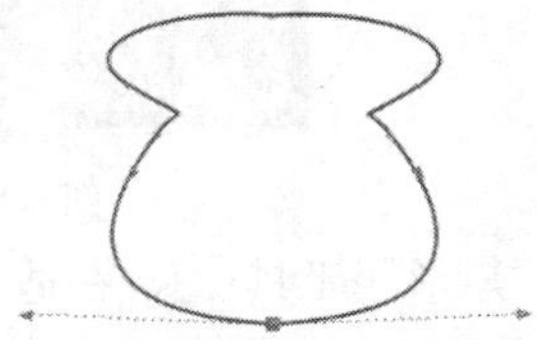
图 6-166

提示：将两条曲线的节点连接时，必须先将两条曲线结合，再分别选取需要的节点将其连接。

Step 05 选择“图样填充对话框”工具，弹出“图样填充”对话框，选择“位图”单选项，单击右侧的按钮，在弹出的面板中选择需要的图案，如图 6-167 所示。单击“确定”按钮，并填充适当的轮廓宽度，效果如图 6-168 所示。

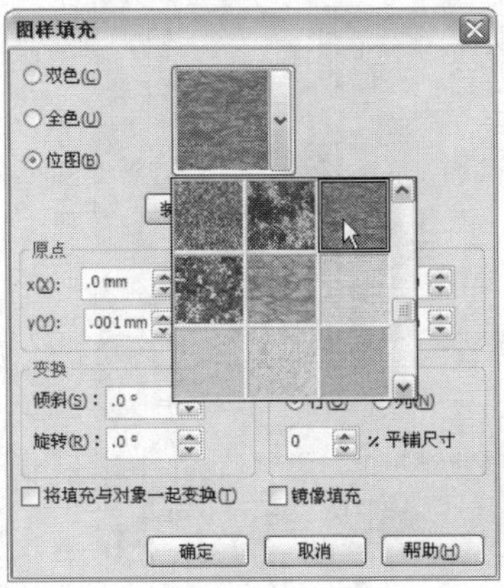

图 6-167

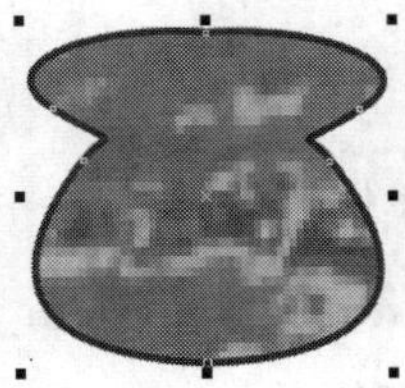
图 6-168

Step 06 选择“贝塞尔”工具，绘制两条曲线，并填充适当的轮廓宽度，如图 6-169 所示。选择“挑选”工具，将绘制的图形同时选取，并拖曳到适当的位置，效果如图 6-170 所示。用相同的方法再绘制两个图形，效果如图 6-171 所示。

图 6-169

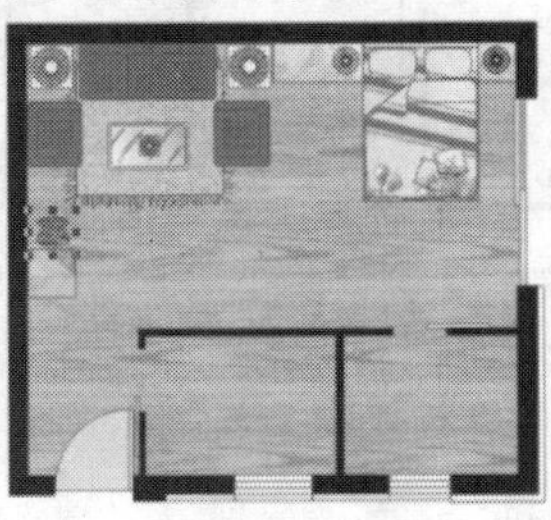
图 6-170

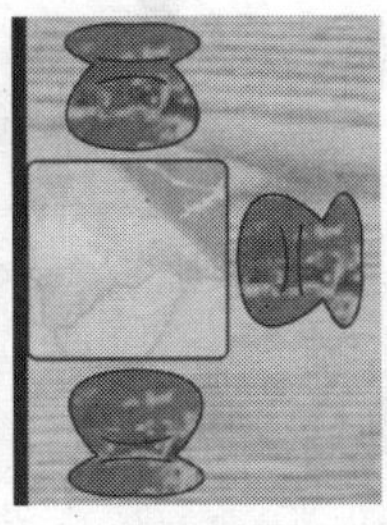
图 6-171

Step 07 选择“挑选”工具，选取绘制的椅子图形，按数字键盘上的<+>键复制图形，将其拖曳到适当的位置，并旋转到需要的角度，效果如图 6-172 所示。选取两条曲线，按<Delete>键将其删除。选择“3 点矩形”工具，绘制两个矩形，并填充与椅子相同的图案，效果如图 6-173 所示。

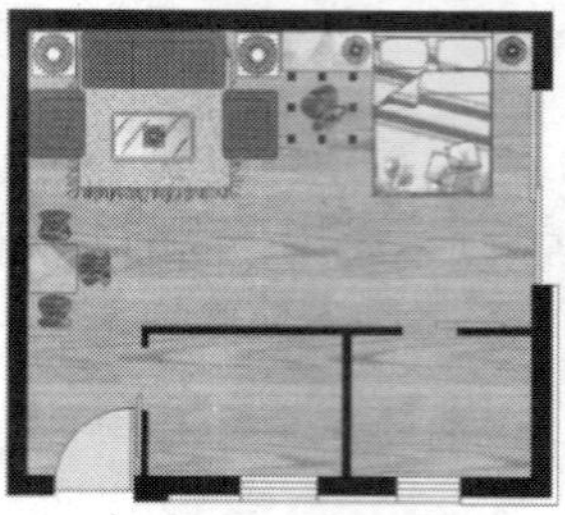
图 6-172

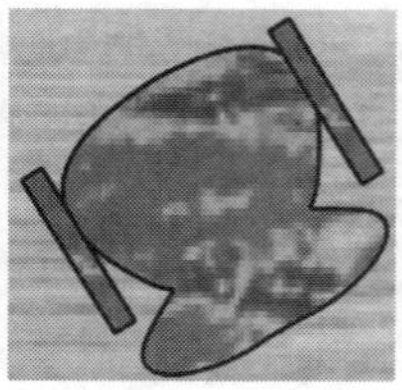
图 6-173

Step 08 选择“矩形”工具，在适当的位置绘制一个矩形，如图 6-174 所示。选择“图样填充对话框”工具，弹出“图样填充”对话框，选择“位图”单选项，单击右侧的按钮，在弹出的面板中选择需要的图案，如图 6-175 所示。单击“确定”按钮，效果如图 6-176 所示。用相同的方法再绘制两个矩形并填充相同的图案，效果如图 6-177 所示。

Step 09 选择“矩形”工具，在适当的位置绘制一个矩形，设置图形填充色的 CMYK 值为 2、2、10、0，并填充图形。在属性栏中的“轮廓宽度” .2 mm 框中设置数值为 0.5pt，按<Enter>键确认，效果如图 6-178 所示。

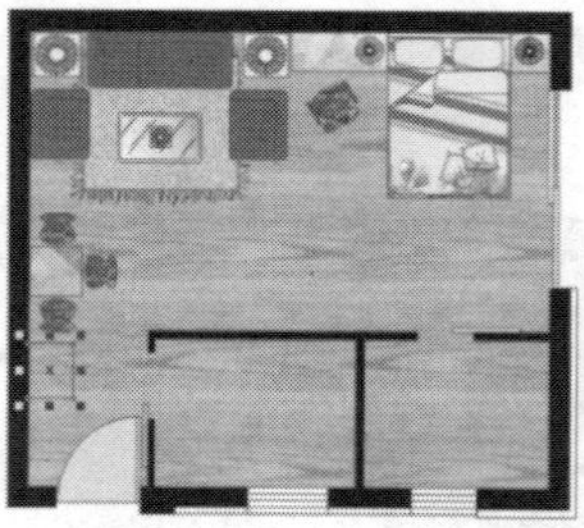
图 6-174

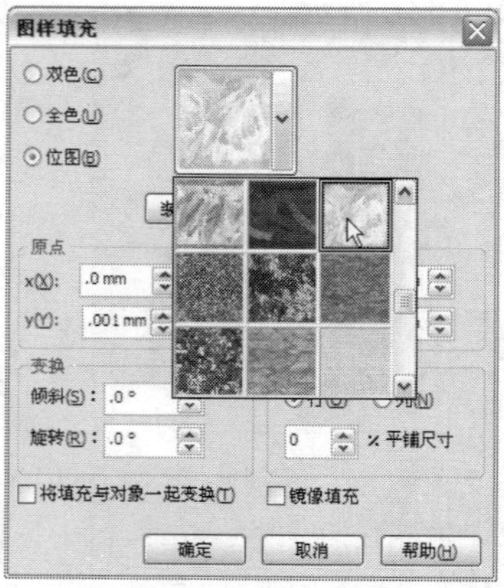

图 6-175

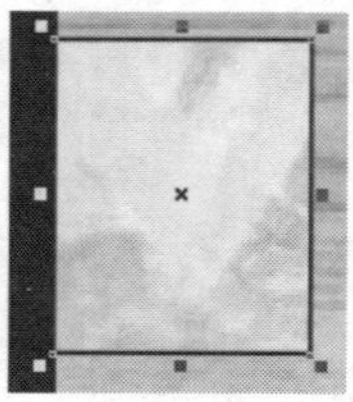
图 6-176

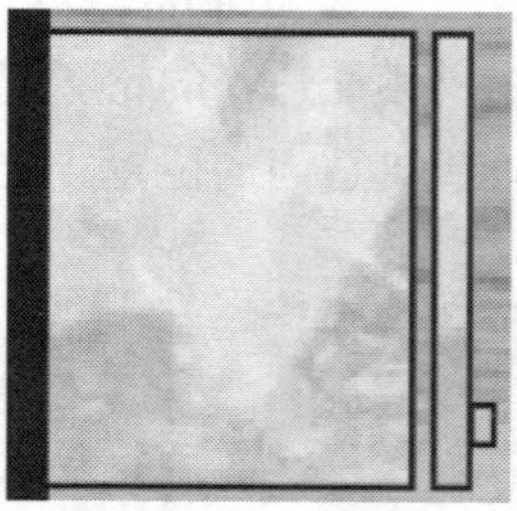
图 6-177

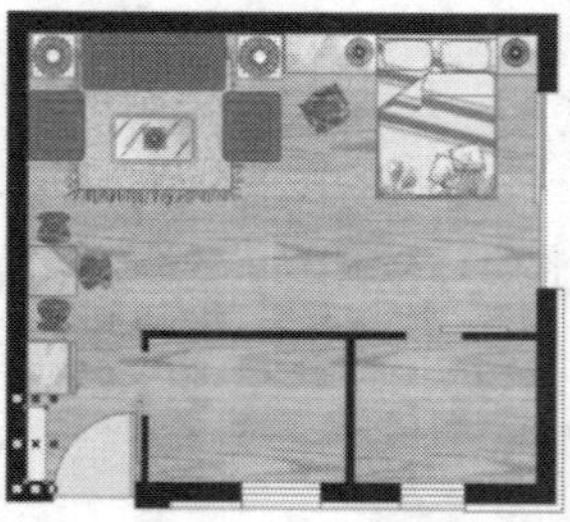
图 6-178

6.1.12 制作阳台

Step 01 选择“矩形”工具，在适当的位置绘制一个矩形，设置图形填充色的 CMYK 值为 27、

12、30、0，并填充图形。在属性栏中的“轮廓宽度” .2 mm 框中设置数值为 0.5pt，按<Enter>键确认，效果如图 6-179 所示。选择“贝塞尔”工具，在适当的位置绘制一个图形，如图 6-180 所示。

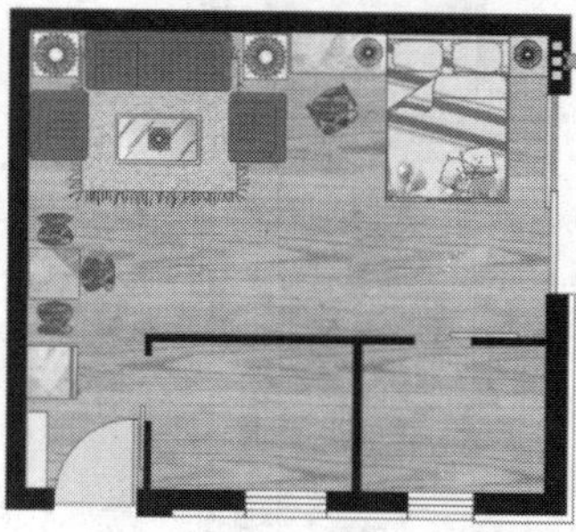
图 6-179

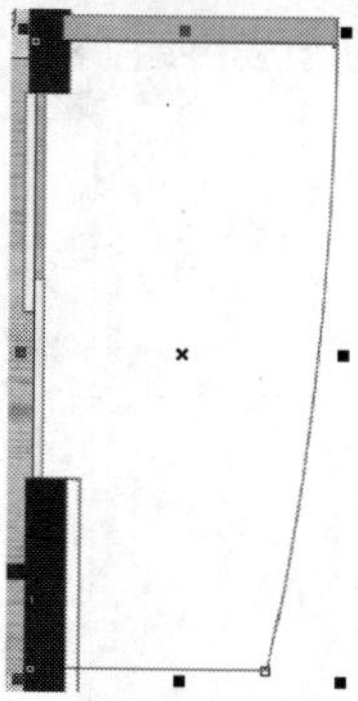
图 6-180

Step 02 选择“底纹填充对话框”工具，弹出“底纹填充”对话框，选项的设置如图 6-181 所示。单击“确定”按钮，效果如图 6-182 所示。选择“矩形”工具，在适当的位置绘制 3 个矩形，如图 6-183 所示。选择“挑选”工具，选取最内侧的矩形，按数字键盘上的<+>键复制一个矩形，效果如图 6-184 所示。

图 6-181

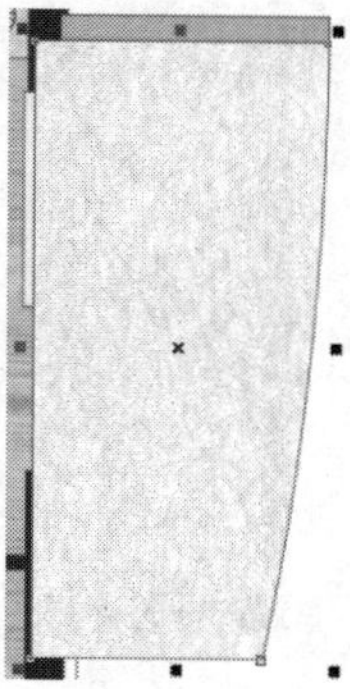
图 6-182

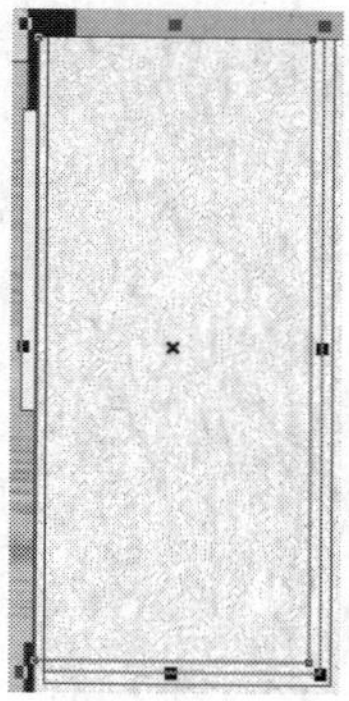
图 6-183

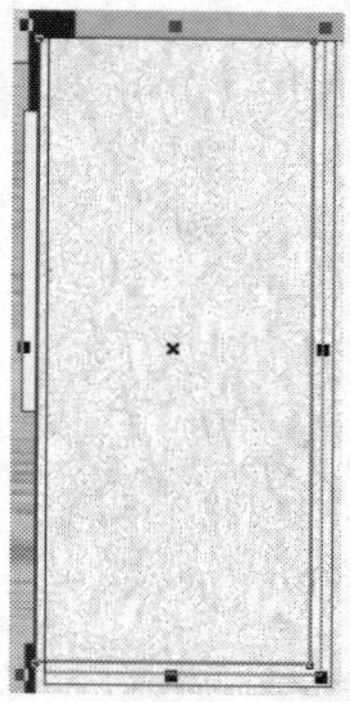
图 6-184

Step 03 选择“表格”工具，在属性栏中的设置如图 6-185 所示。在页面中适当的位置绘制网格图形，如图 6-186 所示。设置图形填充色的 CMYK 值为 0、0、0、10，填充网格。按<Ctrl>+<Q>组合键，将网格转化为曲线，设置网格轮廓色的 CMYK 值为 0、0、0、37，填充网格轮廓线，效果如图 6-187 所示。

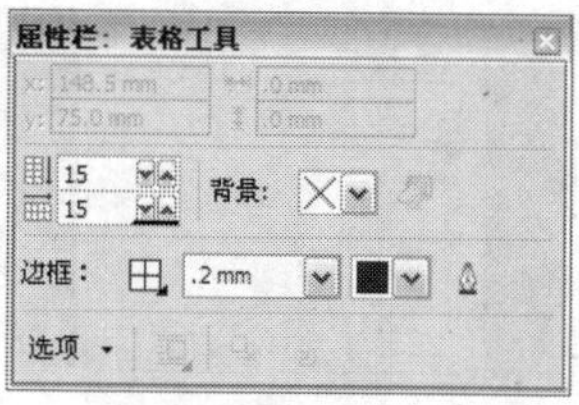

图 6-185

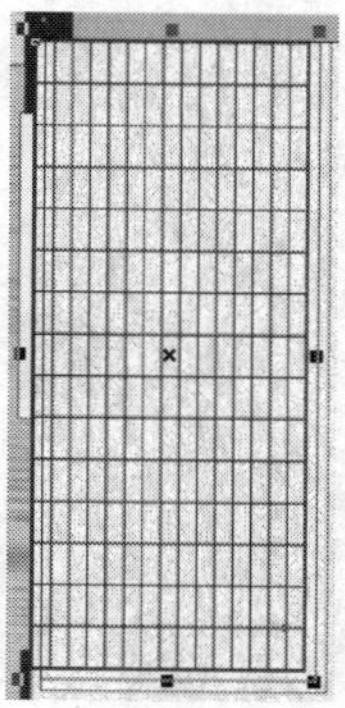
图 6-186

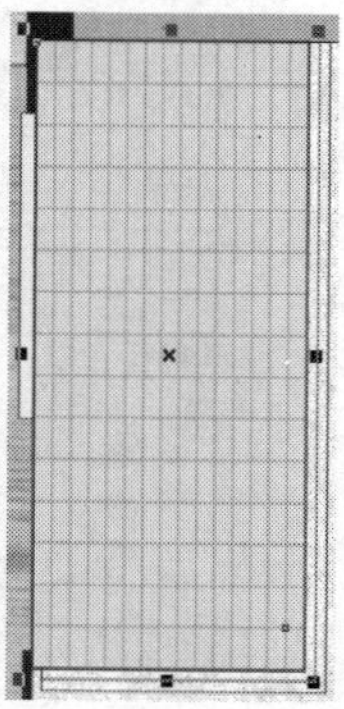
图 6-187

Step 04 选择“矩形”工具，在适当的位置绘制一个矩形，设置图形填充色的 CMYK 值为 0、0、0、10，填充图形。设置图形轮廓色的 CMYK 值为 0、0、0、20，填充图形轮廓线，效果如图 6-188 所示。用相同的方法再绘制 3 个矩形，效果如图 6-189 所示。

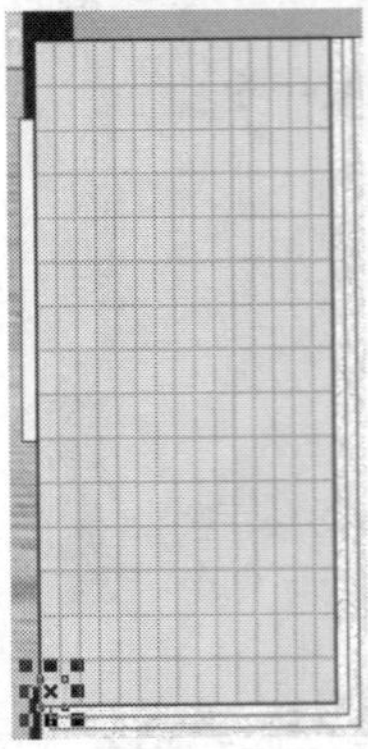
图 6-188

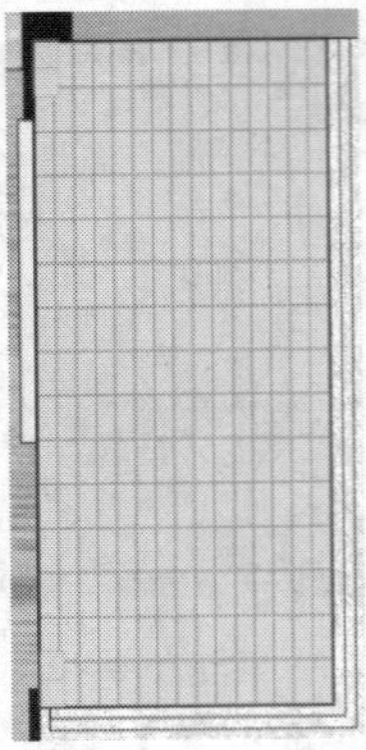
图 6-189

Step 05 选择“矩形”工具和“椭圆形”工具，在适当的位置绘制矩形和圆形，如图 6-190 所示。选择“挑选”工具，选取需要的图形，如图 6-191 所示，连续按<Ctrl>+<PageDown>组合键，将其置于墙体图形的下方，效果如图 6-192 所示。

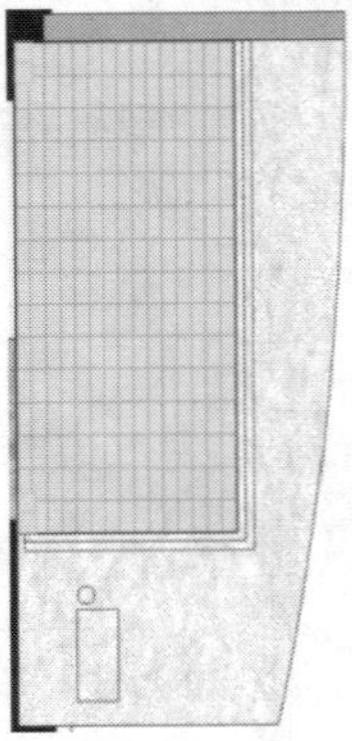
图 6-190

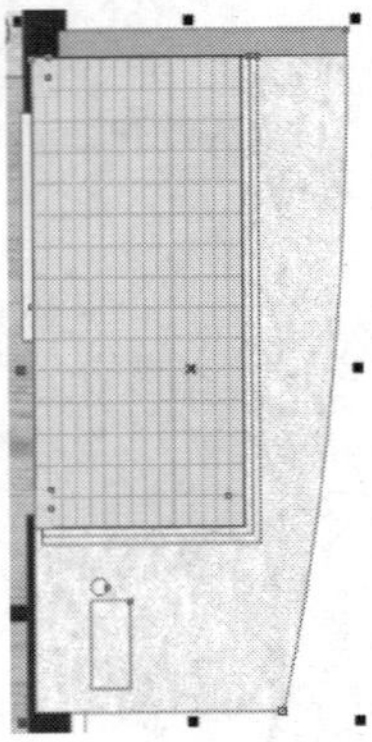
图 6-191

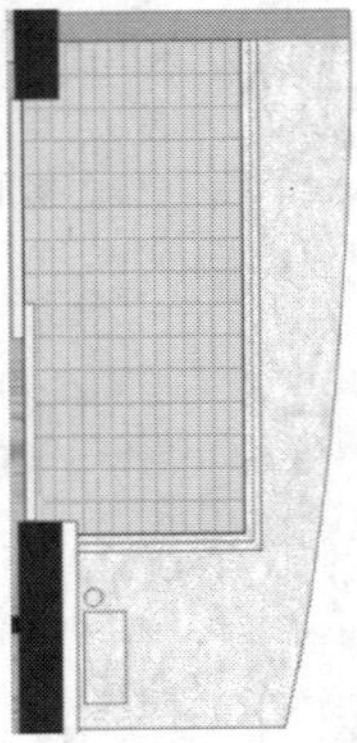
图 6-192

Step 06 选择“矩形”工具，在适当的位置绘制一个矩形，如图 6-193 所示。按<F12>键，弹出“轮廓笔”对话框，选项的设置如图 6-194 所示。单击“确定”按钮，效果如图 6-195 所示。

Step 07 选择“挑选”工具，选取需要的图形，按住<Ctrl>键的同时，向下拖曳图形并在适当的位置上单击鼠标右键，复制一个新的图形，效果如图 6-196 所示。

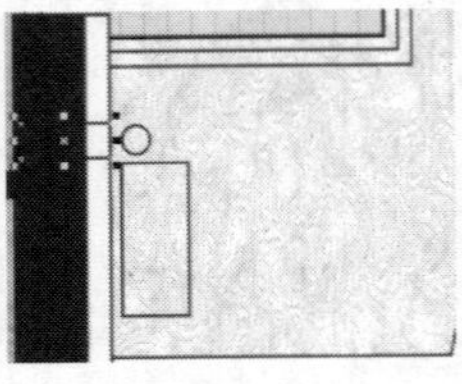
图 6-193

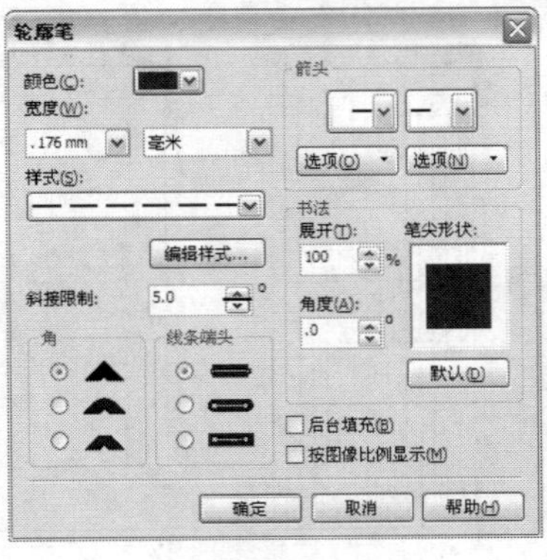

图 6-194

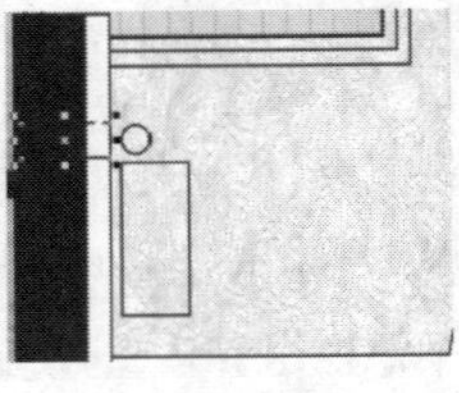
图 6-195

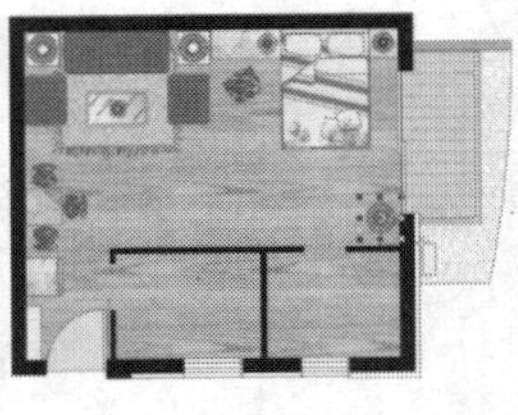
图 6-196

6.1.13　制作电视和衣柜图形

Step 01 选择“矩形”工具，绘制一个矩形，在属性栏中的设置如图 6-197 所示。按<Enter>键确认，效果如图 6-198 所示。

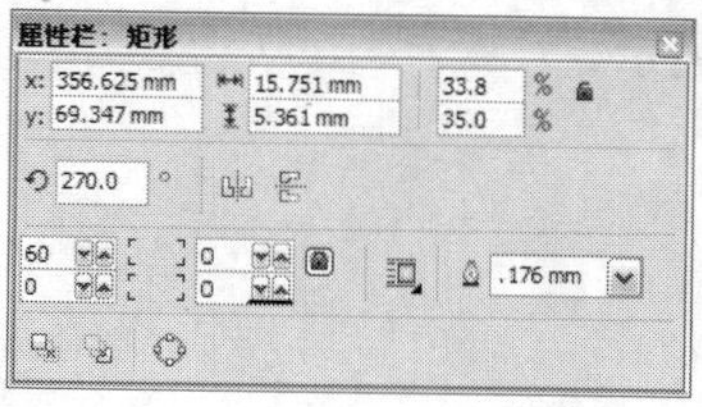

图 6-197

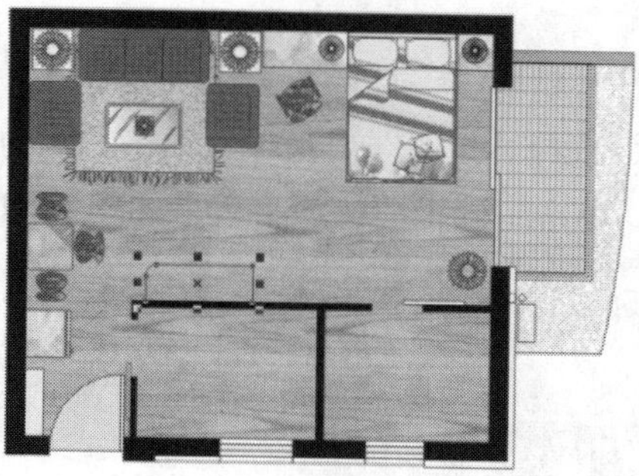

图 6-198

Step 02 选择“渐变填充对话框”工具，弹出“渐变填充”对话框，选择“双色”单选项，将“从”选项颜色的 CMYK 值设置为 2、0、0、8，“到”选项颜色的 CMYK 值设置为 2、20、28、8，其他选项的设置如图 6-199 所示。单击“确定”按钮填充图形，效果如图 6-200 所示。

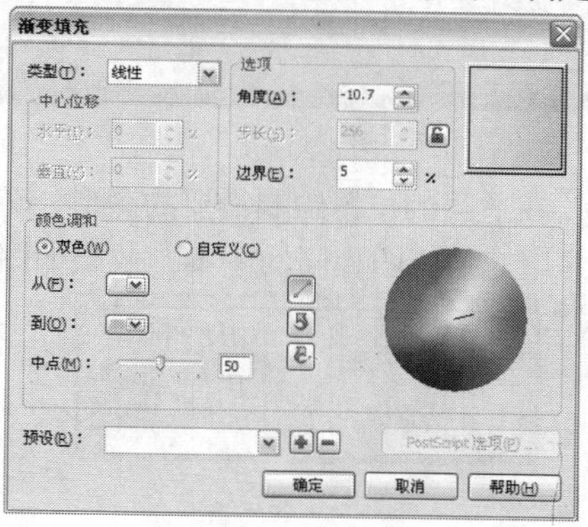

图 6-199

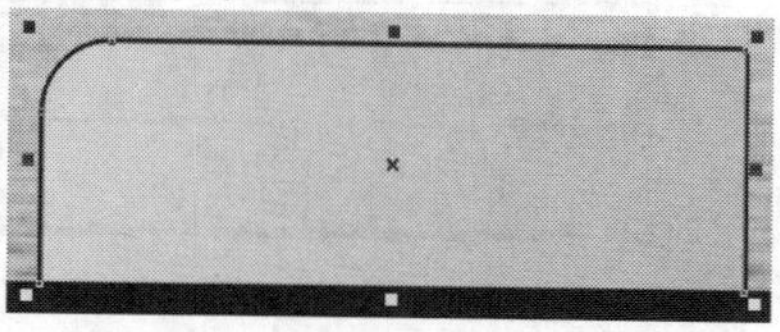

图 6-200

Step 03 选择“矩形”工具，绘制一个矩形。选择“渐变填充对话框”工具，弹出“渐变填充”对话框，选择“双色”单选项，将“从”选项颜色的 CMYK 值设置为 2、2、0、36，“到”选项颜色的 CMYK 值设置为 0、0、0、0，其他选项的设置如图 6-201 所示。单击“确定”按钮填充图形，设置适当的轮廓宽度，效果如图 6-202 所示。选择“矩形”工具和“贝塞尔”工具，绘制两个图形，并填充适当的渐变色，效果如图 6-203 所示。

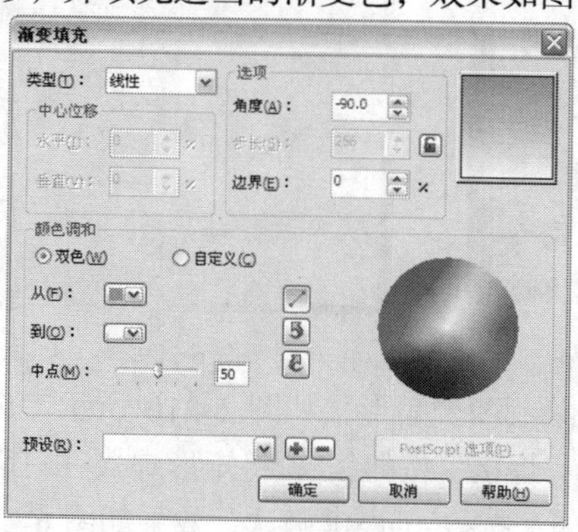

图 6-201

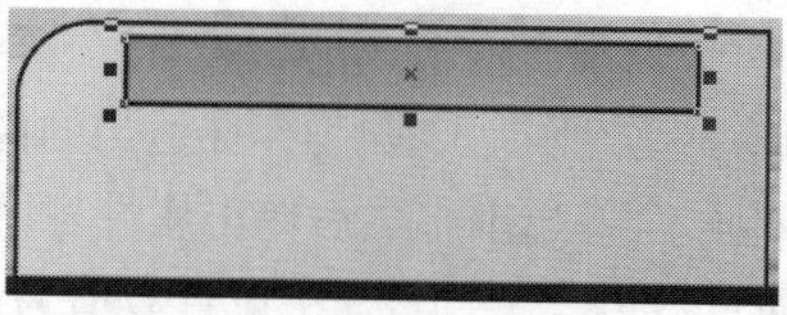

图 6-202

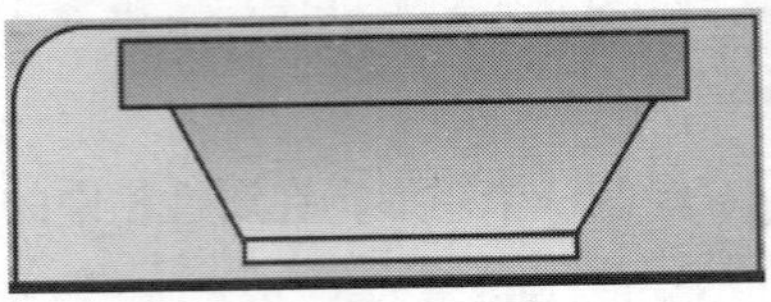

图 6-203

Step 04 选择“矩形”工具，绘制一个矩形。选择“图样填充对话框”工具，弹出“图样填充”对话框，选择“位图”单选项，单击右侧的按钮，并在弹出的面板中选择需要的图案，如图 6-204 所示。单击“确定”按钮，效果如图 6-205 所示。

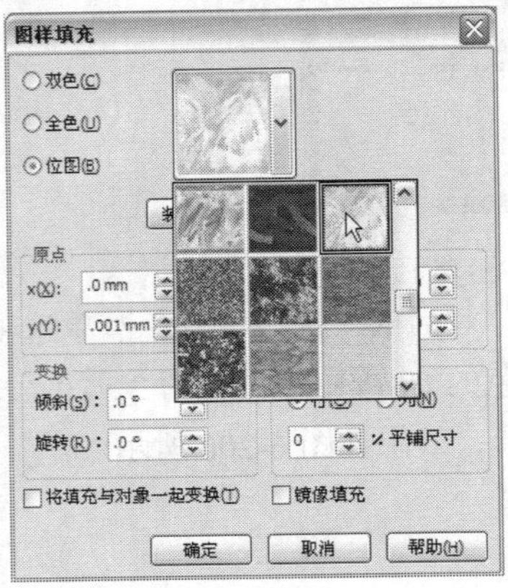

图 6-204

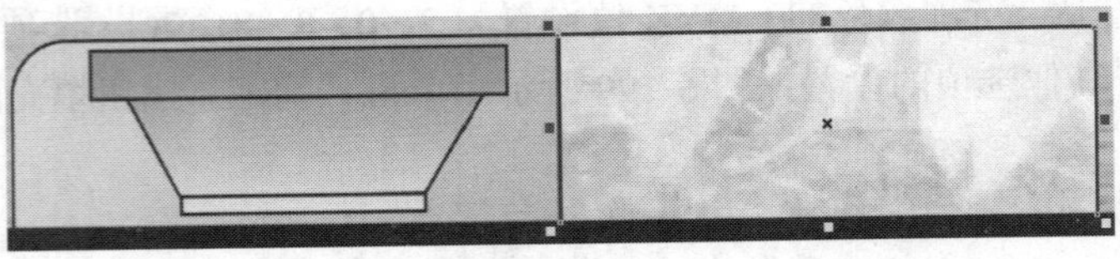

图 6-205

Step 05 选择“矩形”工具和“手绘”工具，在适当的位置绘制需要的图形，效果如图 6-206 所示。选择“3 点矩形”工具，绘制多个矩形并填充与底图相同的图案，效果如图 6-207 所示。

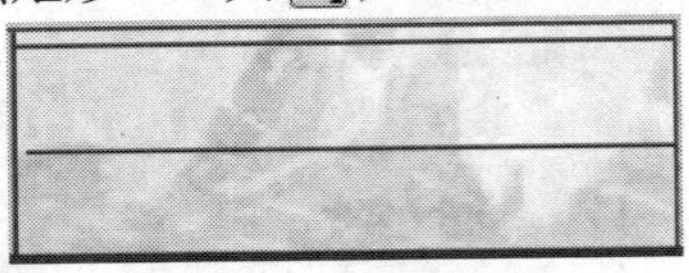

图 6-206

图 6-207

6.1.14 制作厨房的地板和厨具

Step 01 选择“表格”工具，在页面中适当的位置绘制网格图形，如图 6-208 所示。设置图形填充色的 CMYK 值为 11、0、0、0，填充图形。按<Ctrl>+<Q>组合键，将网格转化为曲线，设置图形轮廓色的 CMYK 值为 0、0、0、28，填充图形轮廓线，效果如图 6-209 所示。

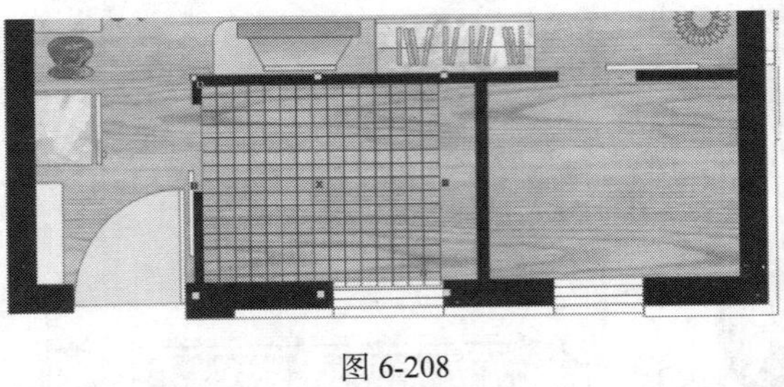

图 6-208

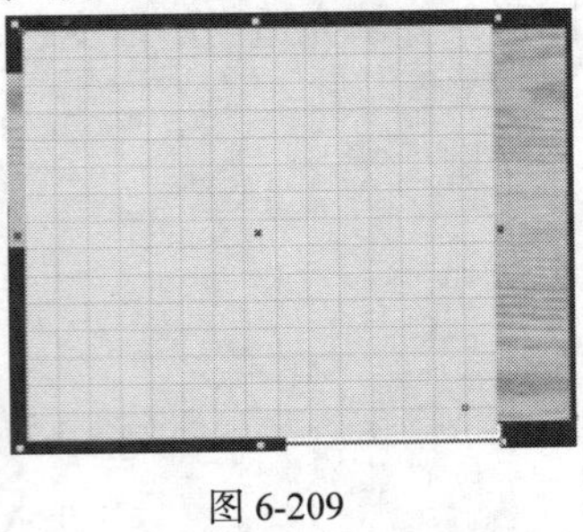

图 6-209

Step 02 选择“矩形”工具，在适当的位置绘制两个矩形，如图 6-210 所示。选择“挑选”工具，将矩形全部选取，然后单击属性栏中的“焊接”按钮，将矩形焊接在一起。在属性栏中的“轮廓宽度” .2 mm 框中设置数值为 0.5pt，按<Enter>键确认，效果如图 6-211 所示。

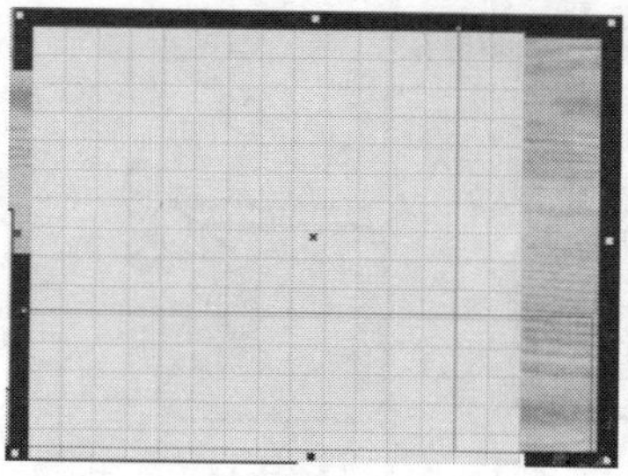

图 6-210

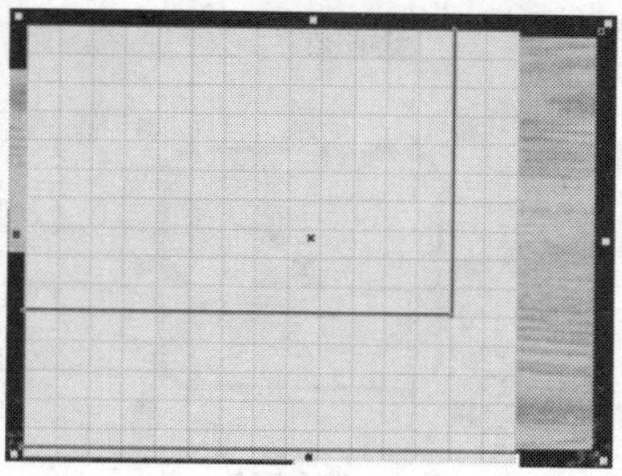

图 6-211

Step 03 选择“底纹填充对话框”工具，弹出“底纹填充”对话框，选项的设置如图 6-212 所示。单击“确定”按钮，效果如图 6-213 所示。

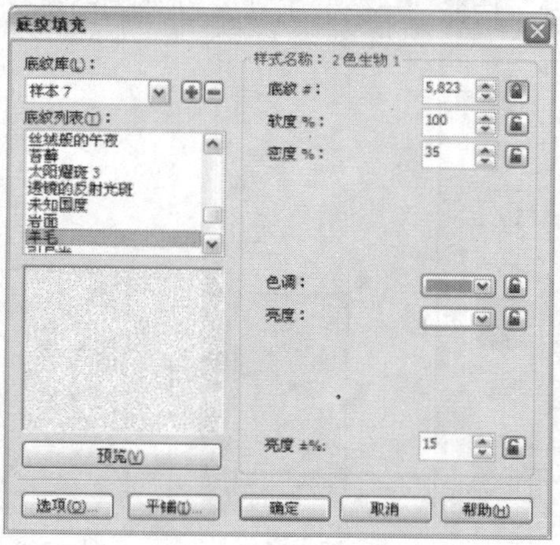

图 6-212

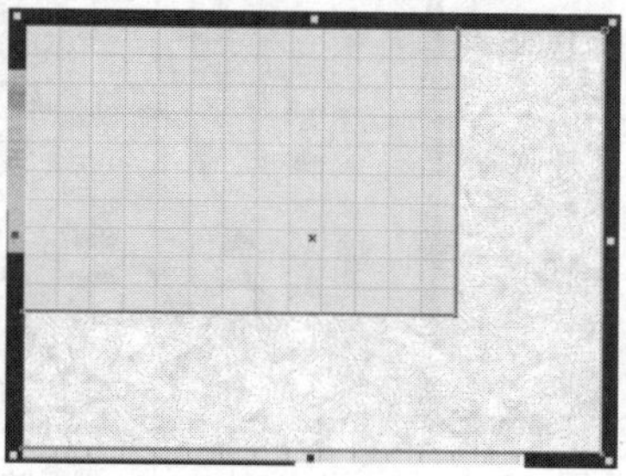

图 6-213

Step 04 选择“矩形”工具，在页面中绘制一个矩形，在属性栏中的设置如图 6-214 所示。按<Enter>键确认，效果如图 6-215 所示。

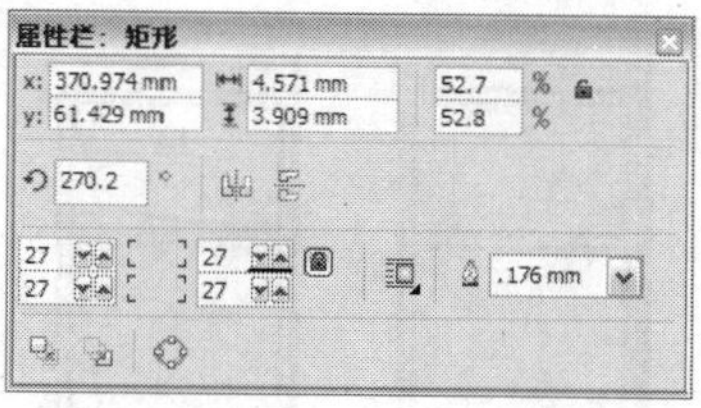

图 6-214

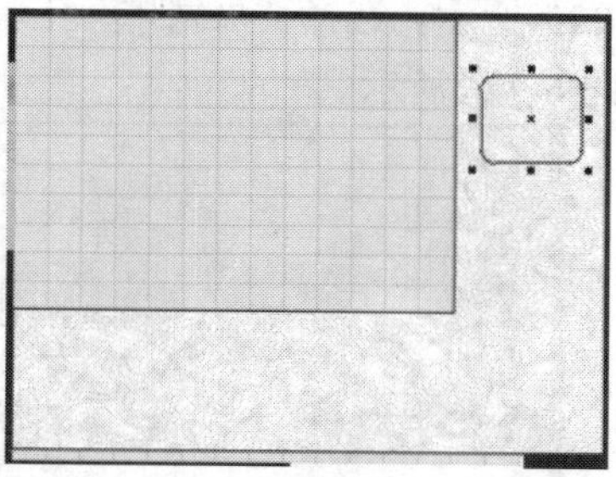

图 6-215

Step 05 选择“渐变填充对话框”工具，弹出“渐变填充”对话框，选择“双色”单选项，将“从”选项颜色的 CMYK 值设置为 0、2、0、0，“到”选项颜色的 CMYK 值设置为 12、2、10、11，其他选项的设置如图 6-216 所示。单击“确定”按钮填充图形，效果如图 6-217 所示。

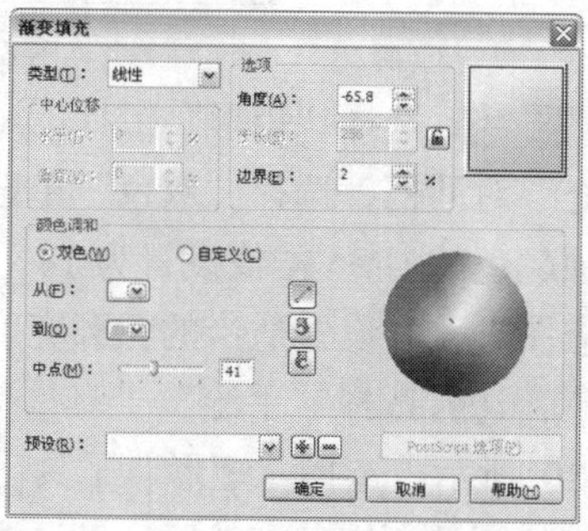

图 6-216

Step 06 用相同的方法再绘制一个圆角矩形并填充相同的渐变色，效果如图 6-218 所示。选择“椭圆形”工具和“手绘”工具，绘制需要的圆形和不规则图形，填充相同的渐变色，效果如图 6-219 所示。

图 6-217

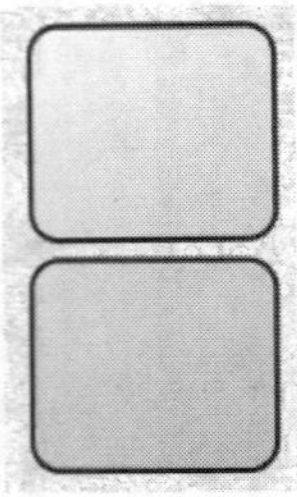

图 6-218

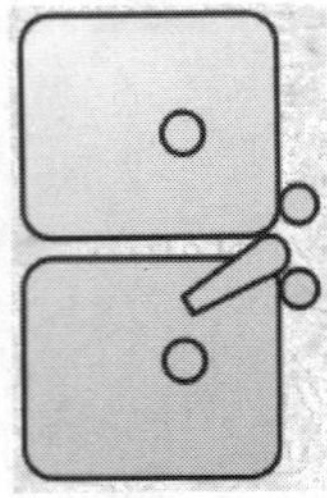

图 6-219

Step 07 选择“矩形”工具，在适当的位置绘制一个矩形，设置图形填充色的 CMYK 值为 9、2、10、7，填充图形，如图 6-220 所示。按<F12>键，弹出“轮廓笔”对话框，选项的设置如图 6-221 所示。单击“确定”按钮，效果如图 6-222 所示。选择“手绘”工具，绘制两条直线，并设置相同的轮廓样式和轮廓宽度，效果如图 6-223 所示。

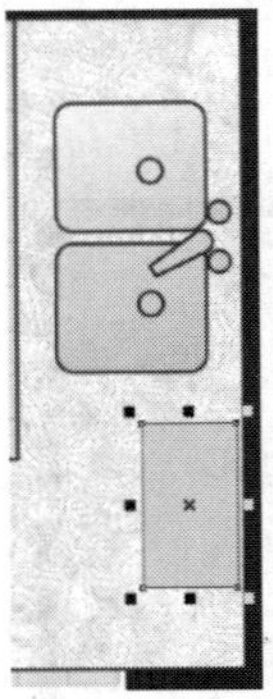

图 6-220

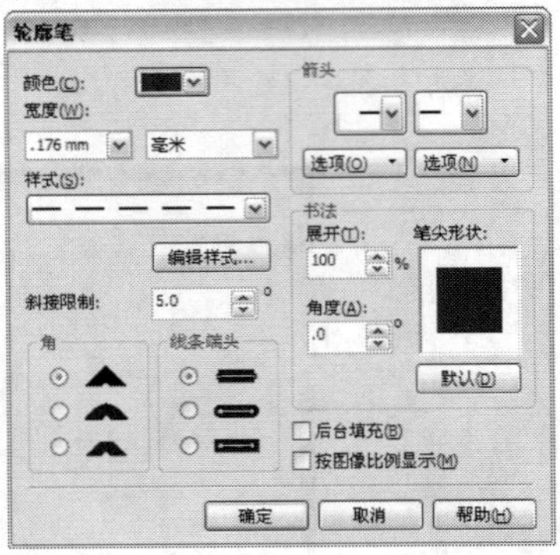

图 6-221

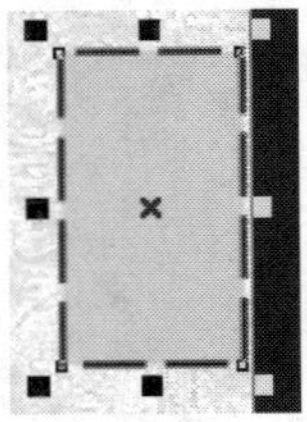

图 6-222

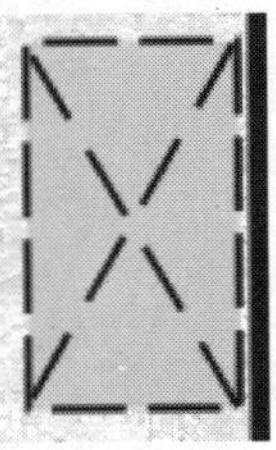

图 6-223

Step 08 选择“矩形”工具，在适当的位置绘制一个矩形，设置图形填充色的 CMYK 值为 7、2、10、7，填充图形，并设置适当的轮廓宽度，效果如图 6-224 所示。用相同的方法再绘制两个矩形，效果如图 6-225 所示。选择“贝塞尔”工具，在适当的位置绘制两个图形，设置适当的轮廓宽度，效果如图 6-226 所示。

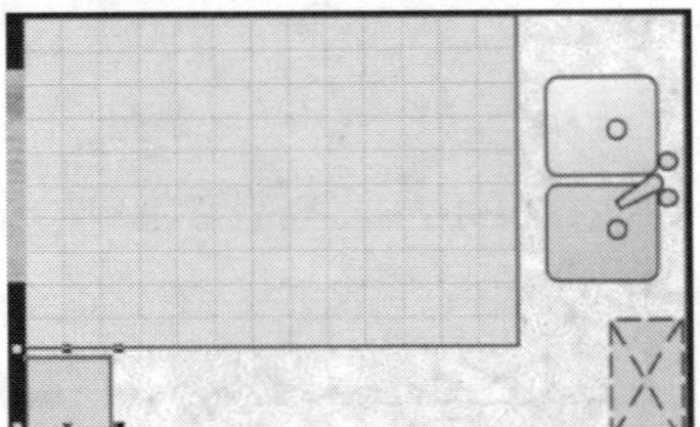

图 6-224

图 6-225

图 6-226

Step 09 选择“矩形”工具，绘制一个矩形。选择“渐变填充对话框”工具，弹出“渐变填充”对话框，选择“双色”单选项，将“从”选项颜色的 CMYK 值设置为 0、2、0、0，“到”选项颜色的 CMYK 值设置为 14、5、0、17，其他选项的设置如图 6-227 所示。单击“确定”按钮填充图形，并设置适当的轮廓宽度，效果如图 6-228 所示。

Step 10 选择“手绘”工具，按住<Ctrl>键绘制一条直线，设置适当的轮廓宽度，效果如图 6-229 所示。选择“矩形”工具和“椭圆形”工具，在适当的位置绘制两个圆形和矩形，并填充相同的渐变色和轮廓宽度，效果如图 6-230 所示。选择“椭圆形”工具和“手绘”工具，绘制需要的图形，设置相同的轮廓宽度，效果如图 6-231 所示。

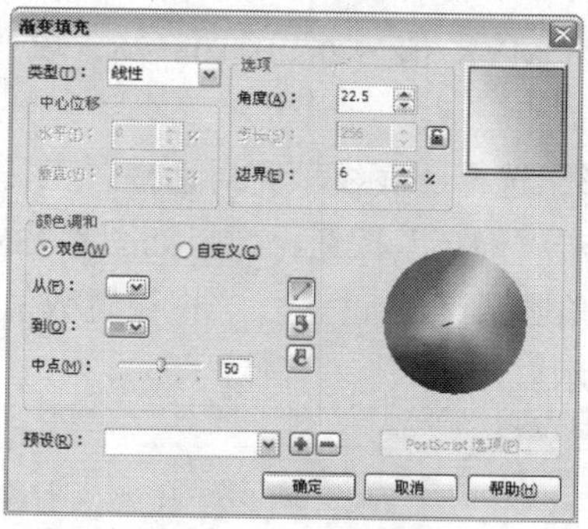

图 6-227

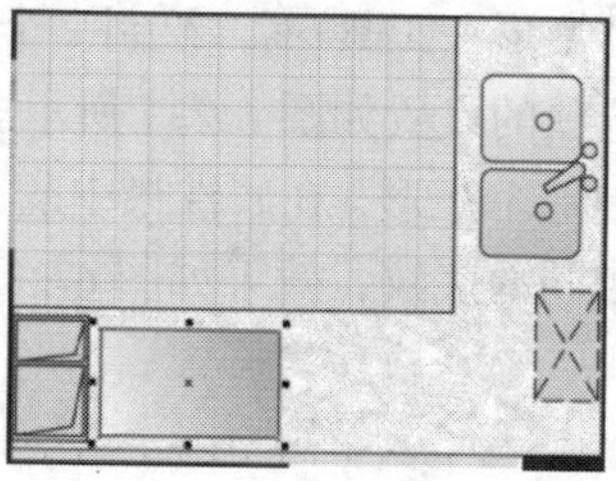

图 6-228

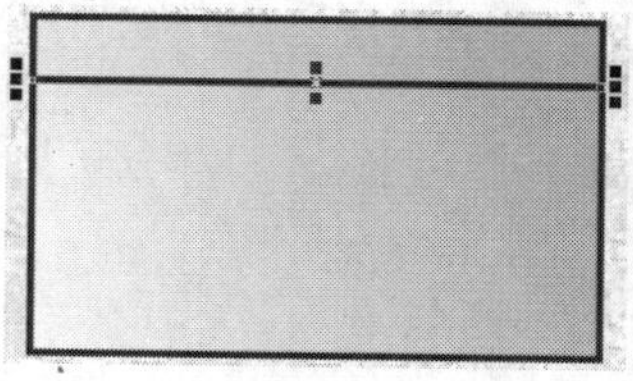

图 6-229

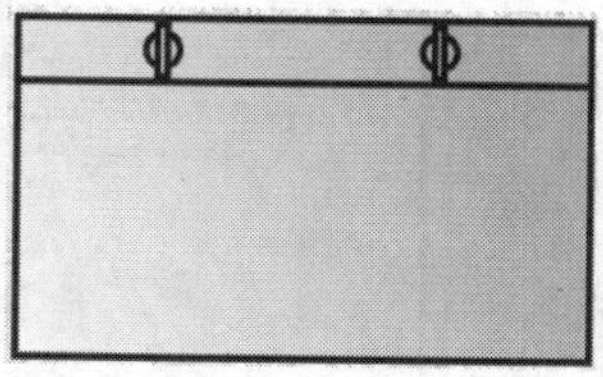

图 6-230

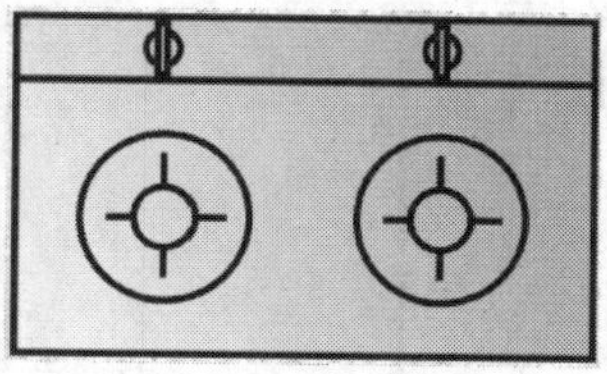

图 6-231

Step 11 选择“挑选”工具，选取需要的图形，如图 6-232 所示，连续按<Ctrl>+<PageDown>组合键，将其置于墙体图形的下方，效果如图 6-233 所示。

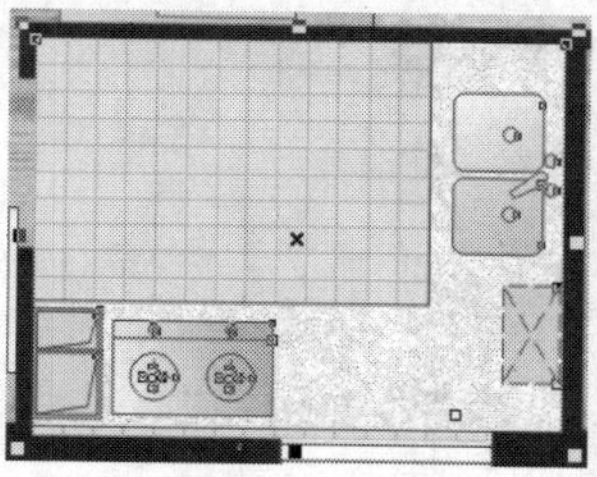

图 6-232

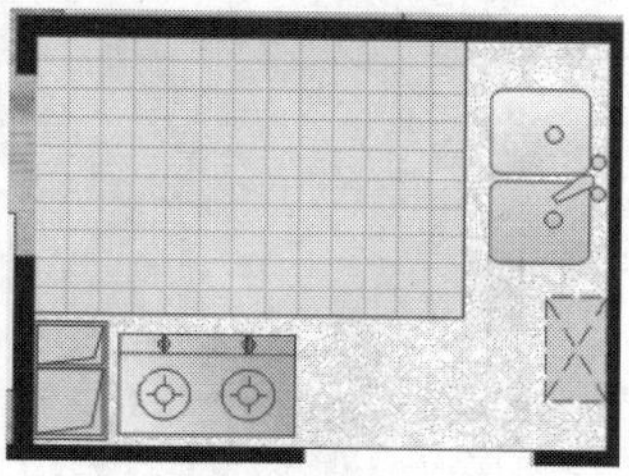

图 6-233

6.1.15 制作浴室

Step 01 选择“表格”工具，在属性栏中的“表格行和列数”框中设置数值为 15、5，在页面中适当的位置绘制网格图形，如图 6-234 所示。设置图形填充色的 CMYK 值为 0、0、0、10，填充图形。按<Ctrl>+<Q>组合键，将网格转化为曲线，设置图形轮廓色的 CMYK 值为 0、0、0、20，填充图形轮廓线，并设置适当的轮廓宽度，效果如图 6-235 所示。

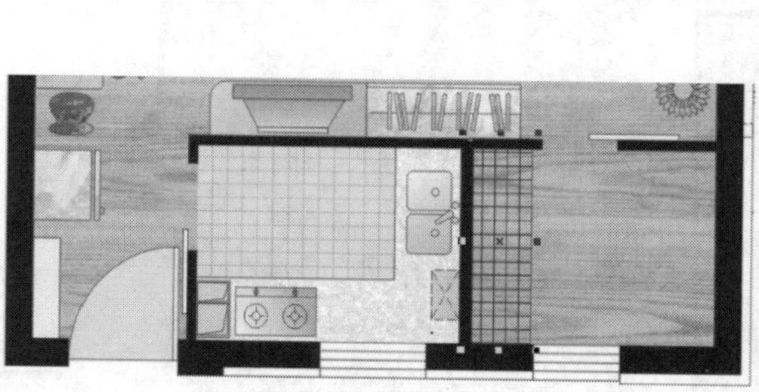

图 6-234

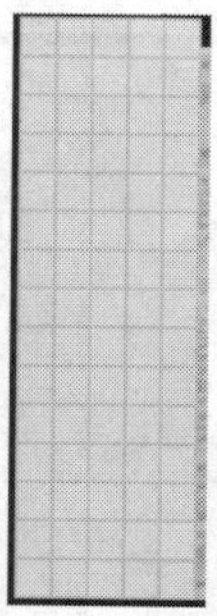

图 6-235

Step 02 选择“表格”工具，在属性栏中的“表格行和列数”框中设置数值为 15、15，并在适当的位置绘制网格图形，设置图形填充色的 CMYK 值为 11、0、0、0，填充图形。按<Ctrl>+<Q>

组合键，将网格转化为曲线，设置图形轮廓色的 CMYK 值为 0、0、0、28，填充图形轮廓线，效果如图 6-236 所示。

Step 03 选择“矩形”工具，绘制一个矩形，选择“底纹填充对话框”工具，弹出“底纹填充”对话框，选项的设置如图 6-237 所示。单击“确定”按钮，效果如图 6-238 所示。选择“矩形”工具，绘制一个矩形，在属性栏中的“边角圆滑度”框设置数值为 48，按<Enter>键，填充与底图相同的底纹，效果如图 6-239 所示。

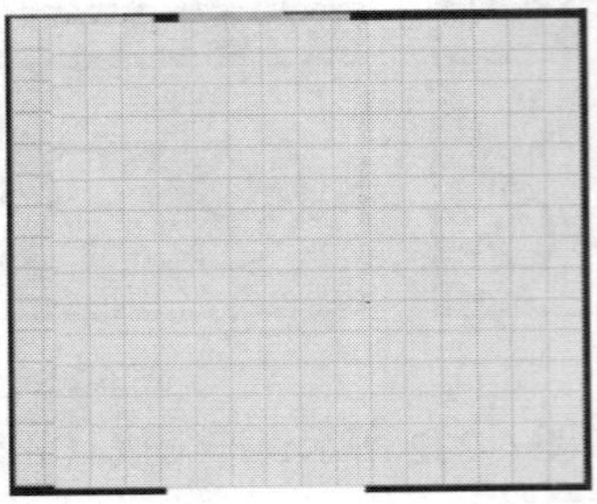

图 6-236

图 6-237

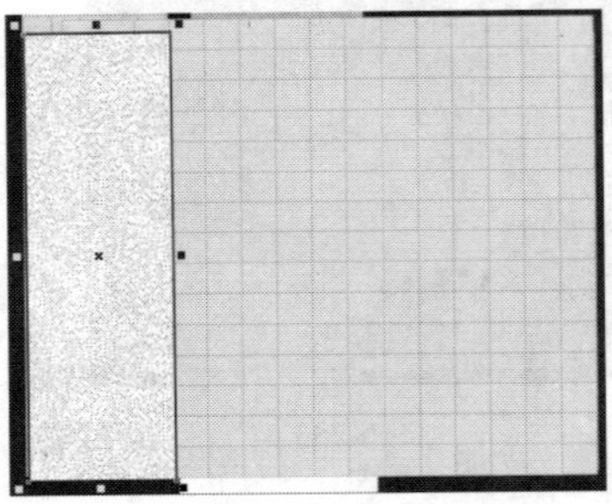

图 6-238

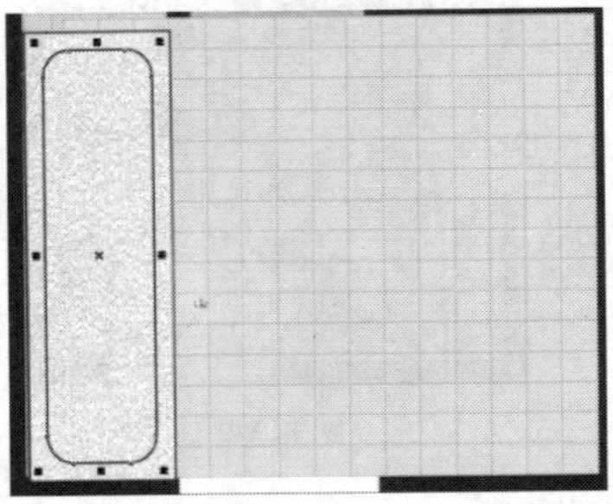

图 6-239

Step 04 选择“矩形”工具，绘制一个矩形，如图 6-240 所示。选择“渐变填充对话框”工具，弹出“渐变填充”对话框，选择“双色”单选项，将“从”选项颜色的 CMYK 值设置为 2、2、0、0，“到”选项颜色的 CMYK 值设置为 2、2、0、21，其他选项的设置如图 6-241 所示。单击“确定”按钮填充图形，并设置适当的轮廓宽度，效果如图 6-242 所示。

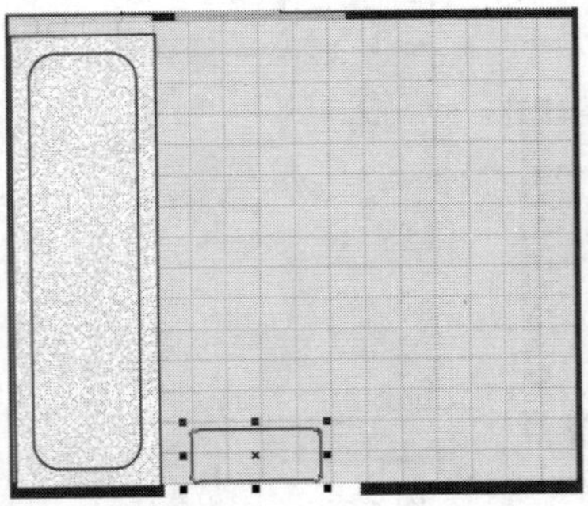

图 6-240

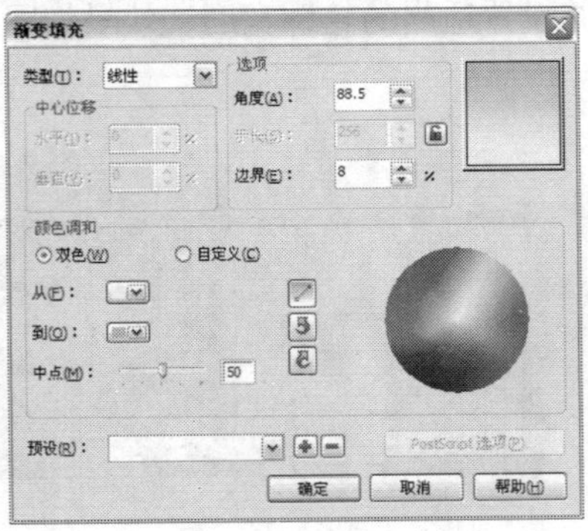

图 6-241

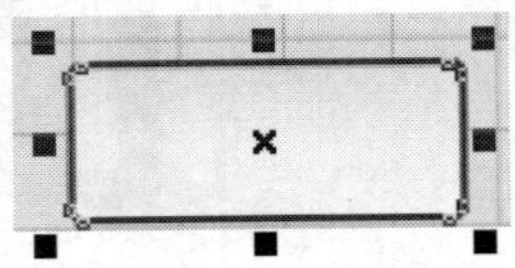

图 6-242

Step 05 选择“矩形”工具和“椭圆形”工具，在适当的位置绘制需要的图形，如图 6-243 所示。选择“挑选”工具，将需要的图形全部选取，然后单击属性栏中的“焊接”按钮，将图形焊接在一起，效果如图 6-244 所示。填充与下方图形相同的渐变色，效果如图 6-245 所示。

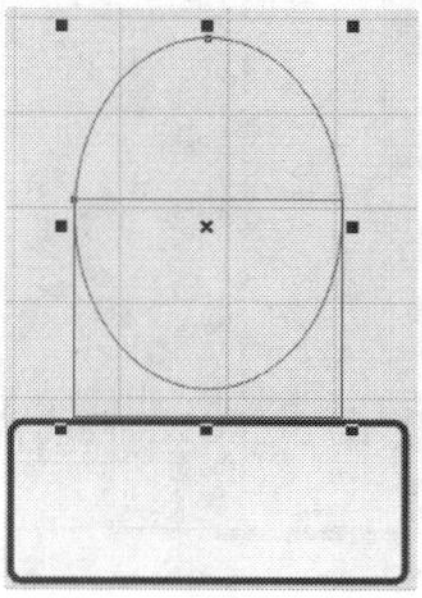

图 6-243

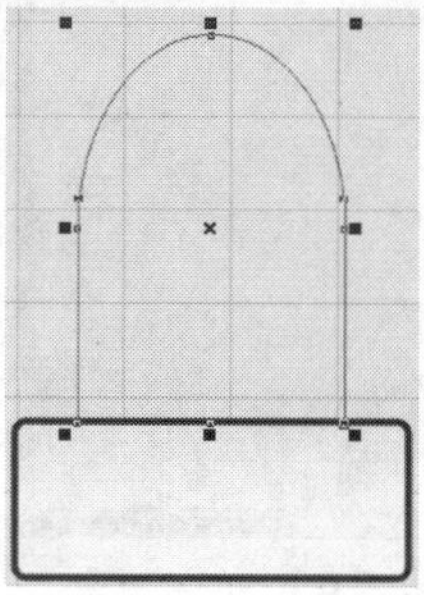

图 6-244

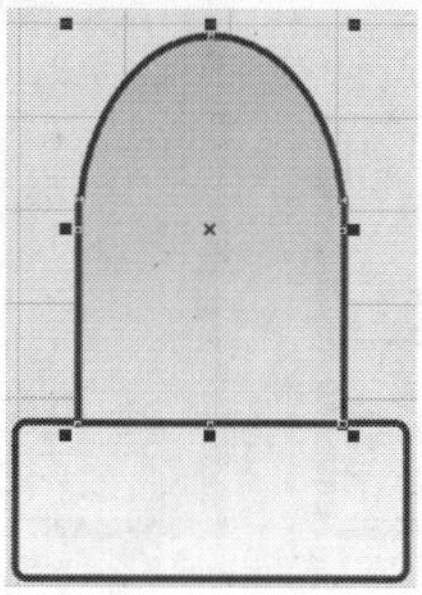

图 6-245

Step 06　选择“矩形”工具，和“椭圆形”工具，在适当的位置绘制需要的图形，如图 6-246 所示。选择“挑选”工具，将需要的图形全部选取，单击属性栏中的“移除前面对象”按钮，剪切后的效果如图 6-247 所示。填充与下方图形相同的渐变色，效果如图 6-248 所示。

Step 07　选择“椭圆形”工具和“贝塞尔”工具，在适当的位置绘制需要的图形，并填充相同的渐变色，效果如图 6-249 所示。

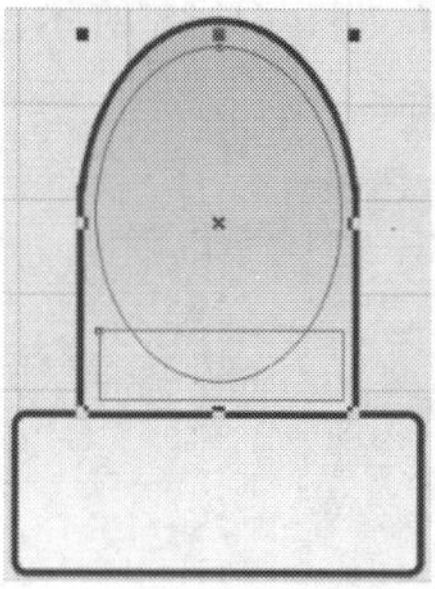

图 6-246

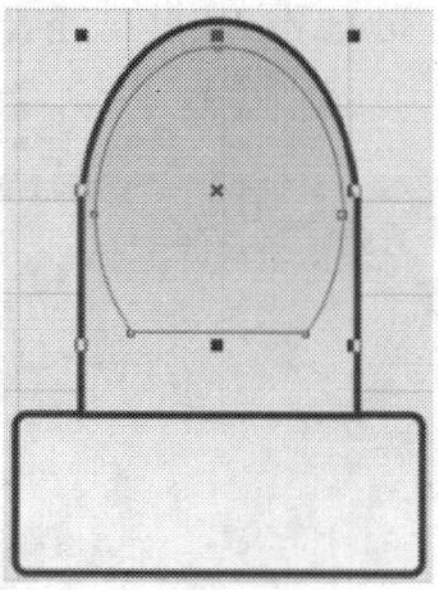

图 6-247

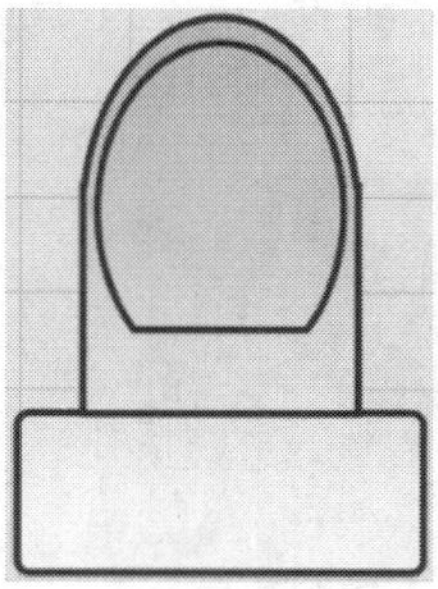

图 6-248

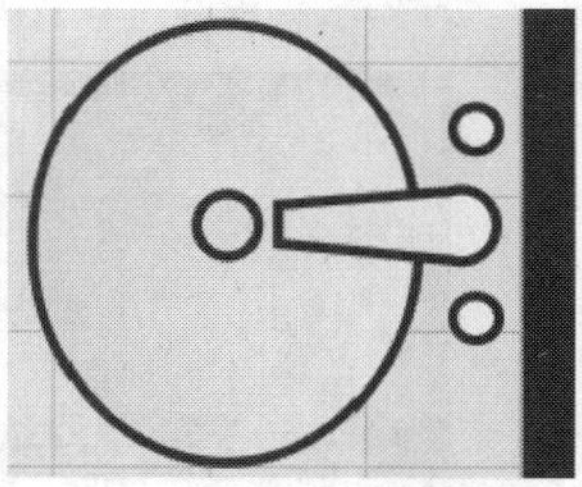

图 6-249

Step 08　选择“贝塞尔”工具，绘制一个不规则图形，如图 6-250 所示。选择“渐变填充对话框”工具，弹出“渐变填充”对话框，选择“双色”单选项，将“从”选项颜色的 CMYK 值设置为 0、1、0、0，“到”选项颜色的 CMYK 值设置为 18、1、36、0，其他选项的设置如图 6-251 所示。单击“确定”按钮填充图形，并设置适当的轮廓宽度，效果如图 6-252 所示。

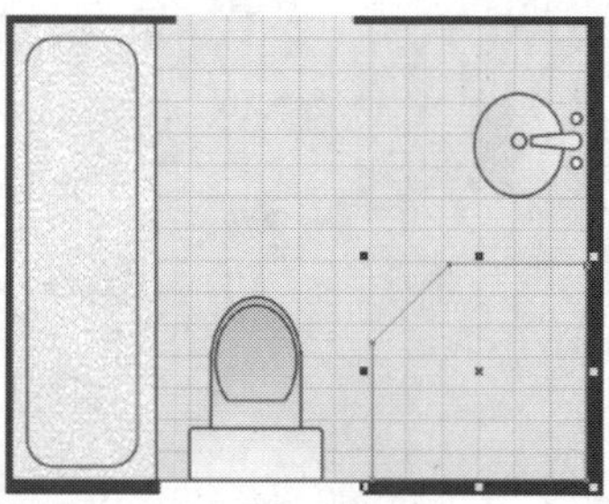

图 6-250

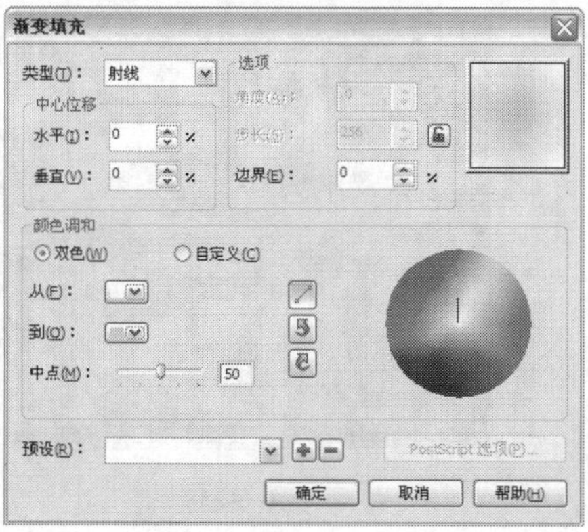

图 6-251

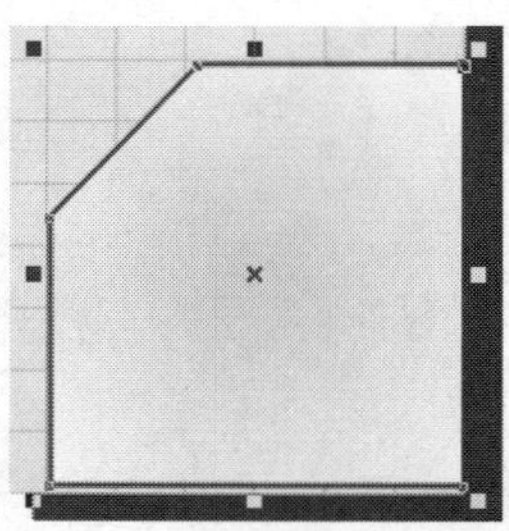

图 6-252

Step 09　选择“矩形”工具，绘制一个矩形，在属性栏中的“轮廓宽度” .2 mm 框中设置数值为 0.5pt，如图 6-253 所示。选择“挑选”工具，选取需要的图形，如图 6-254 所示，连续按<Ctrl>+<PageDown>组合键，将其置于墙体图形的下方，效果如图 6-255 所示。

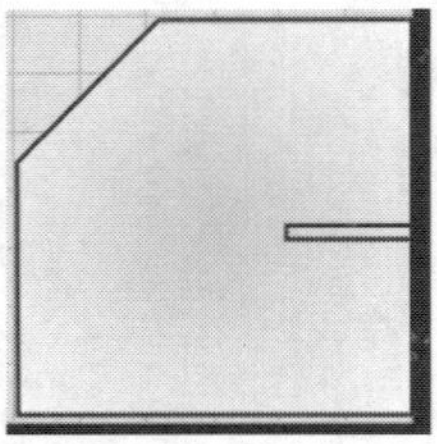

图 6-253

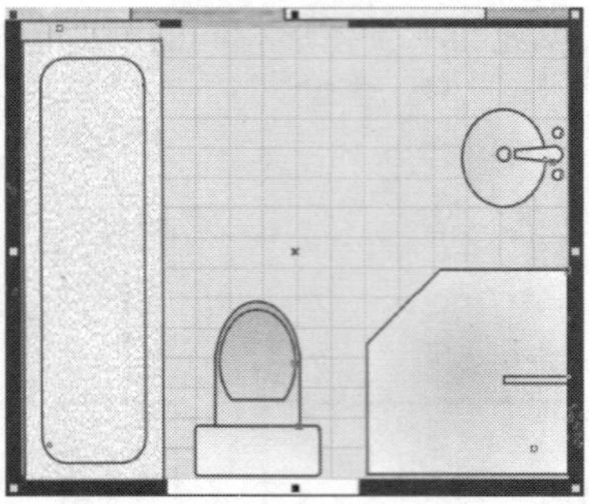

图 6-254

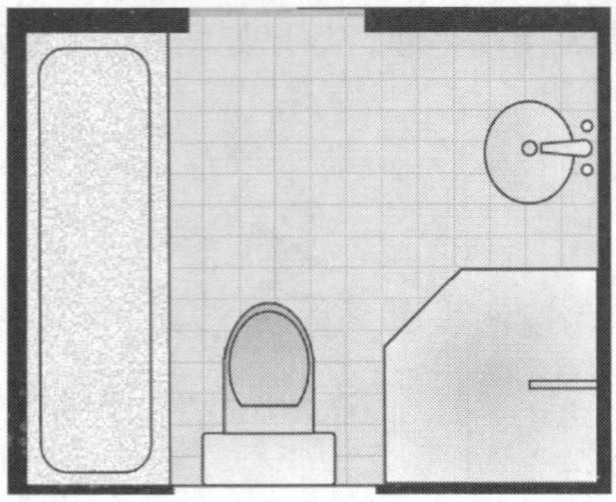

图 6-255

6.1.16 添加标注和指南针

Step 01 选择“度量”工具，将鼠标指针移动到平面图上方墙体的左侧单击拖曳鼠标，将其移动到右侧再次单击，再将鼠标指针拖曳到线段中间单击完成标注，效果如图 6-256 所示。选择“挑选”工具，选取标注的文字，在属性栏中设置适当的文字大小，效果如图 6-257 所示。选择“度量”工具，单击属性栏中的“垂直尺度”工具，标注左侧的墙体，效果如图 6-258 所示。

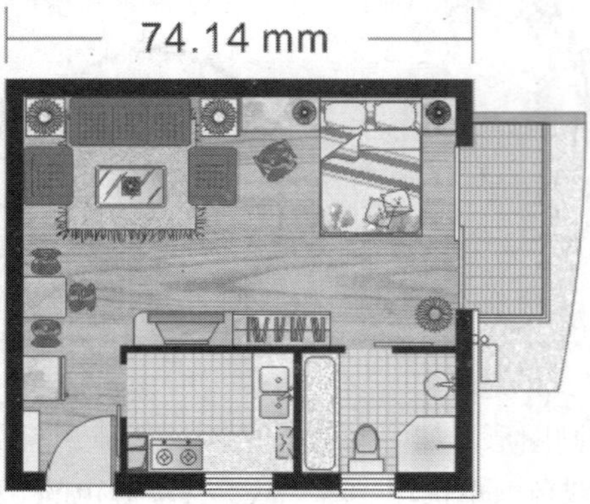

图 6-256

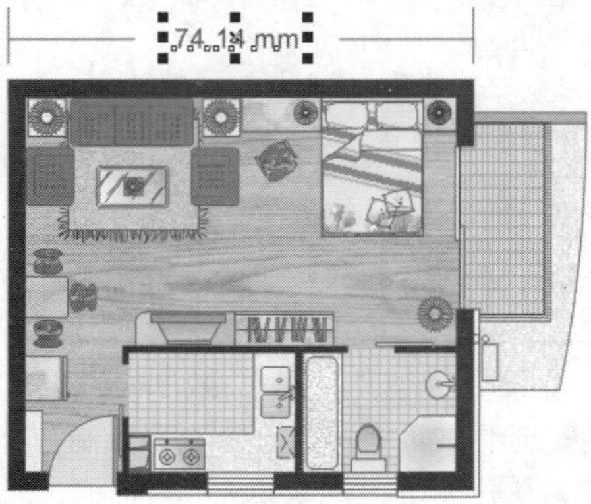

图 6-257

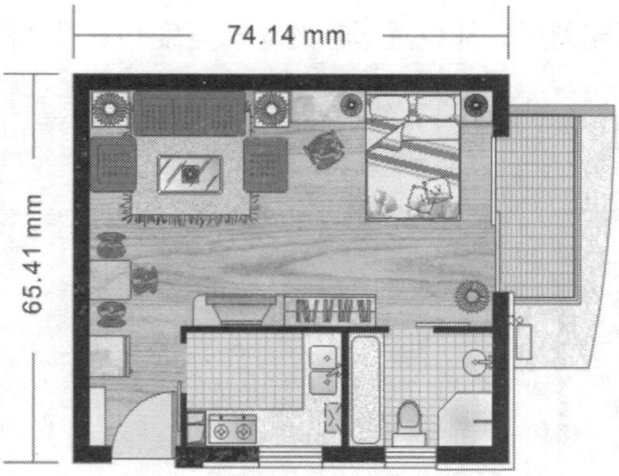

图 6-258

Step 02 选择“椭圆形”工具，按住<Ctrl>键的同时绘制一个圆形，如图 6-259 所示。选择“文本”工具，在页面中输入需要的文字。选择“挑选”工具，在属性栏中选择合适的字体并设置文字大小，效果如图 6-260 所示。

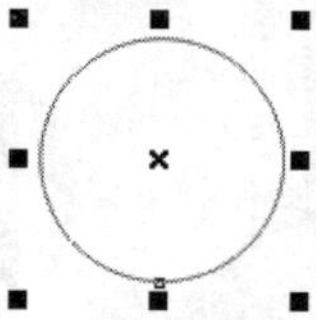

图 6-259　　　　图 6-260

Step 03 选择“流程图形状”工具，在属性栏中单击“完美形状”按钮，在弹出的下拉列表中选择需要的图标，如图 6-261 所示。在页面中绘制出需要的图形，如图 6-262 所示。用相同的方法绘制出其他图形，并将其拖曳到适当的位置，旋转到需要的角度，效果如图 6-263 所示。选择“挑选”工具，选取需要的图形，将其拖曳到适当的位置，效果如图 6-264 所示。

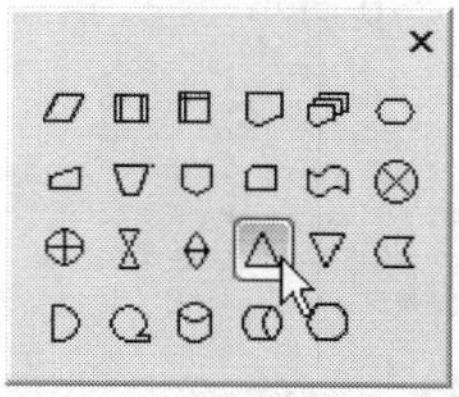

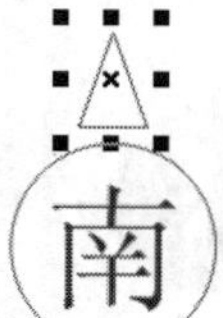

图 6-261　　　　图 6-262　　　　图 6-263

图 6-264

6.1.17　添加线条和说明性文字

Step 01 选择“文本”工具，在页面中分别输入需要的文字。选择“挑选”工具，在属性栏中选择合适的字体并设置文字大小，效果如图 6-265 所示。选择“挑选”工具，选取需要的文字，设置文字颜色的 CMYK 值为 94、51、95、23，填充文字，效果如图 6-266 所示。

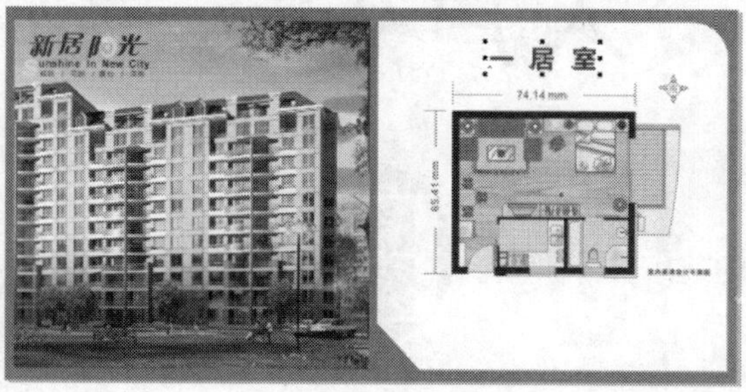

图 6-265　　　　图 6-266

Step 02 选择“椭圆形”工具，按住<Ctrl>键的同时绘制一个圆形，设置圆形颜色的 CMYK 值为 94、51、95、23，填充圆形，效果如图 6-267 所示。选择“文本”工具，分别在圆中输入需要的文字。选择“挑选”工具，在属性栏中选择合适的字体并设置文字大小，填充文字为白色，效果如图 6-268 所示。

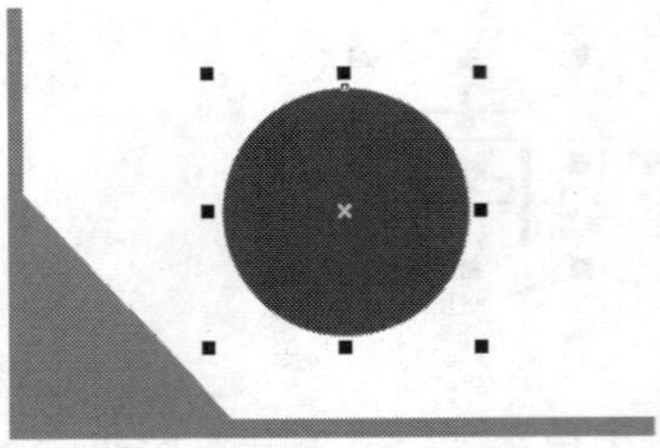

图 6-267

图 6-268

Step 03 选择“矩形”工具，绘制一个矩形，设置矩形颜色的 CMYK 值为 0、0、0、10，填充矩形，效果如图 6-269 所示。选择“文本”工具字，输入需要的文字。选择“挑选”工具，在属性栏中选择合适的字体并设置文字大小，效果如图 6-270 所示。

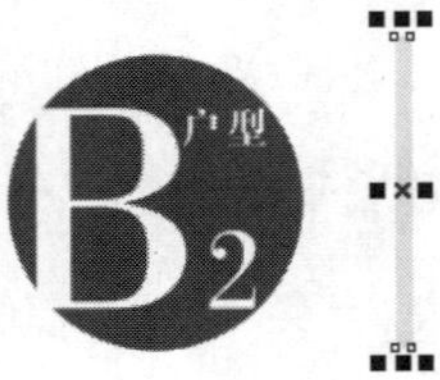

图 6-269

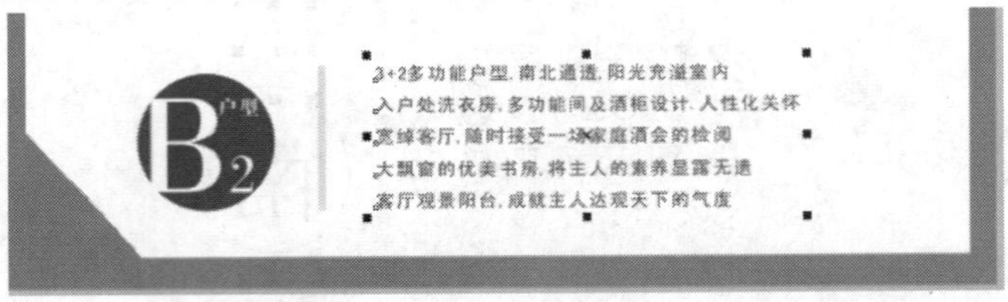

图 6-270

Step 04 选择“文本”工具字，在页面中单击插入光标，如图 6-271 所示。选择“文本 > 插入符号字符”命令，弹出“插入字符”对话框，在对话框中进行设置并选择需要的字符，如图 6-272 所示。单击“插入”按钮，将字符插入，效果如图 6-273 所示。选取字符，在属性栏中设置适当的字符大小，效果如图 6-274 所示。用相同的方法在其他位置插入字符，效果如图 6-275 所示。

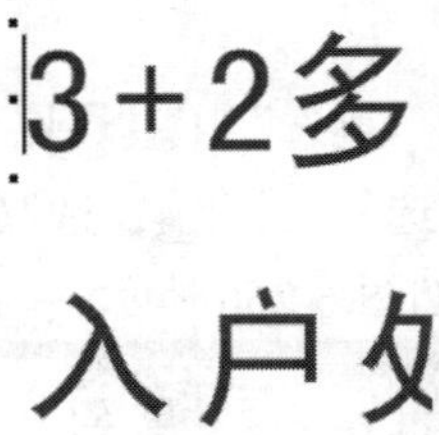

图 6-271

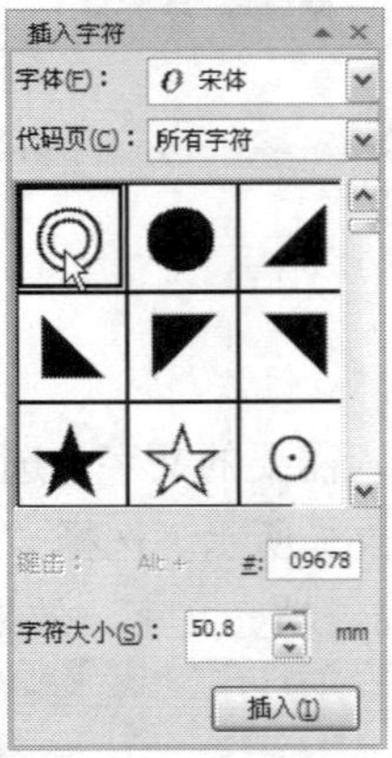

图 6-272

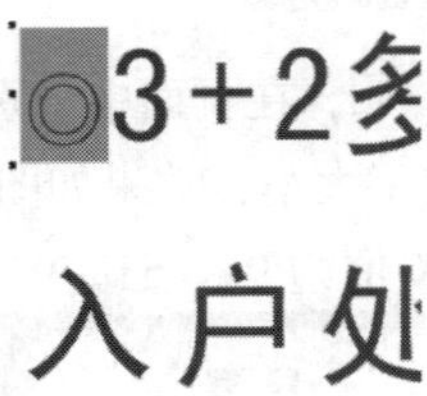

图 6-273

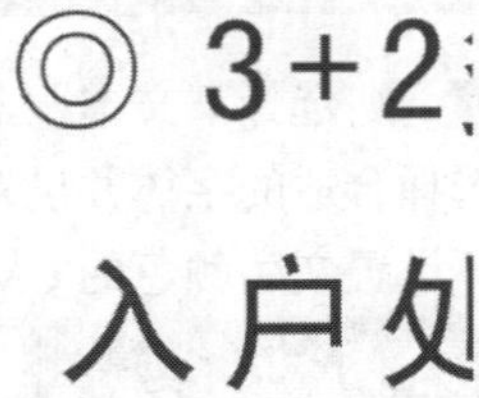

图 6-274

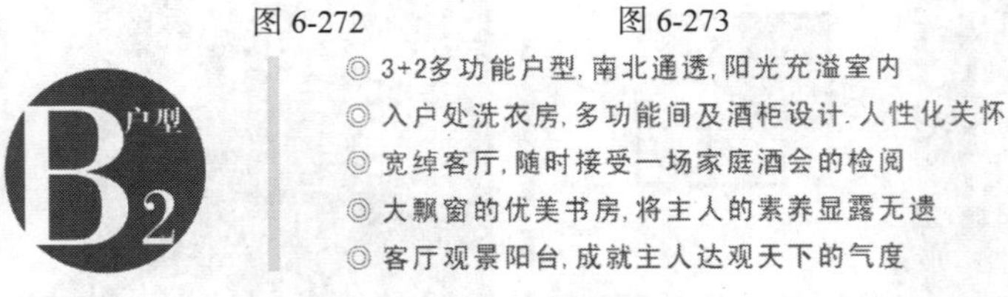

图 6-275

Step 05 选择“矩形”工具，绘制一个矩形，在属性栏中的设置如图 6-276 所示。设置矩形颜色的 CMYK 值为 0、0、0、10，填充矩形，并去除矩形轮廓线，效果如图 6-277 所示。按 <Ctrl>+<PageDown>组合键，将矩形置于文字的下方，效果如图 6-278 所示。按数字键盘上的<+>键，复制两个矩形并拖曳到适当的位置，效果如图 6-279 所示。

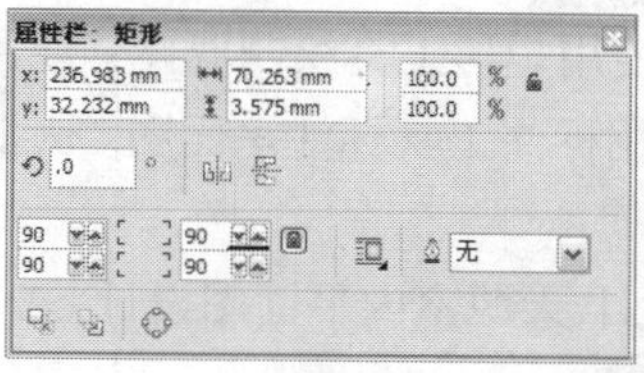

图 6-276

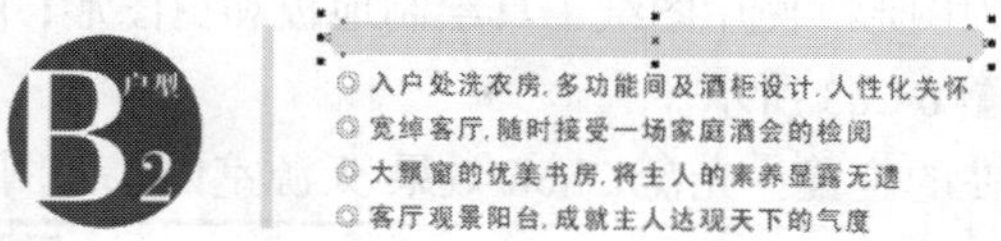

图 6-277

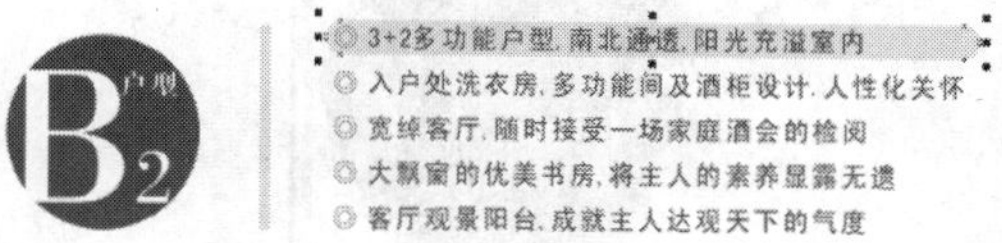

图 6-278

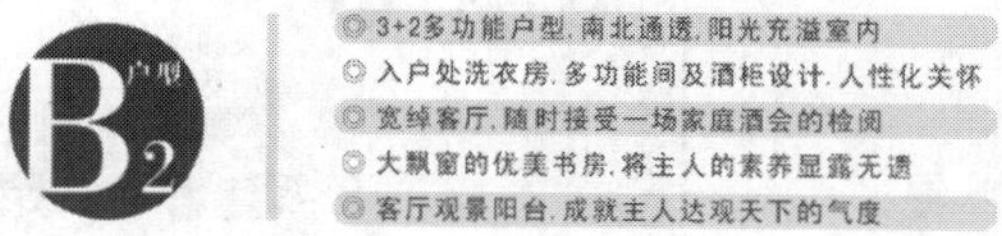

图 6-279

Step 06　选择“文本”工具，分别输入需要的文字，并填充为白色。选择“挑选”工具，在属性栏中选择合适的字体并设置文字大小，效果如图 6-280 所示。选择“挑选”工具，选取需要的文字，再次单击文字，使其处于旋转状态，拖曳上边中间的控制手柄到适当的位置，松开鼠标左键，使文字倾斜，效果如图 6-81 所示。室内平面图设计制作完成，效果如图 6-282 所示。

图 6-280

图 6-281

图 6-282

Step 07　按<Ctrl>+<S>组合键，弹出“保存图形”对话框，将制作好的图像命名为“室内平面图”，保存为 CDR 格式，单击“保存”按钮将图像保存。

6.2 课后习题——天源室内平面图设计

习题知识要点：在 Photoshop 中，使用不透明度选项和添加图层蒙版命令制作底图合成效果；

使用横排文字工具添加需要的文字。在 CorelDRAW 中，使用矩形工具绘制墙体；使用椭圆工具绘制饼形制作门图形；使用图纸工具绘制地板和窗图形；使用标注工具标注平面图。天源室内平面图设计效果如图 6-283 所示。

效果所在的位置：光盘/Ch06/效果/天源室内平面图设计/天源室内平面图设计.cdr。

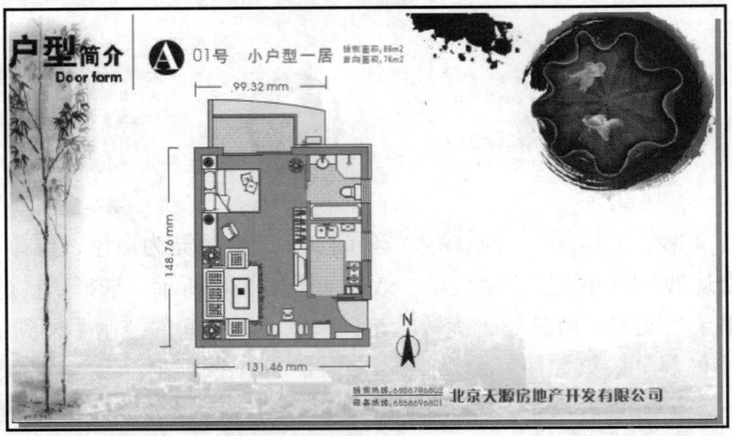

图 6-283

第7章 宣传单设计

宣传单是直销广告的一种，对宣传活动和促销商品有着重要的作用。宣传单通过派送、邮递等形式，可以有效地将信息传达给目标受众。众多的企业和商家都希望通过宣传单来宣传自己的产品，传播自己的文化。本章以摄像产品宣传单为例，讲解宣传单的设计方法和制作技巧。

【教学目标】

- 在 Photoshop 软件中制作摄像产品宣传单的底图。
- 在 CorelDRAW 软件中添加产品及相关信息。

7.1 摄像产品宣传单设计

案例学习目标：学习在 Photoshop 中使用蒙版、羽化和选区命令制作宣传单底图。在 CorelDRAW 中使用图形的绘制工具、对象的排序命令、交互式工具和文本工具添加产品及相关信息。

案例知识要点：在 Photoshop 中，使用添加图层蒙版按钮、椭圆选框工具和羽化命令制作高光的效果。在 CorelDRAW 中，使用椭圆工具和交互式调和工具制作标志效果；使用图纸工具绘制需要的网格图形；使用精确剪裁命令将图片置入到圆角矩形中；使用交互式透明工具为图片制作倒影效果；使用插入字符命令插入需要的字符图形；使用交互式阴影工具为新主品添加阴影；使用交互式套索工具制作文字的变形效果。摄像产品宣传单设计效果如图 7-1 所示。

图 7-1

效果所在位置：光盘/Ch07/效果/摄像产品宣传单设计/摄像产品宣传单.cdr。

Photoshop 应用

7.1.1 添加图层蒙版

Step 01 打开 Photoshop CS4 软件，按<Ctrl>+<N>组合键，新建一个文件：宽度为 21cm，高度为 29.7cm，分辨率为 300 像素/英寸，颜色模式为 RGB，背景内容为透明。

Step 02 按<Ctrl>+<O>组合键，打开光盘中的“Ch07 > 素材 > 摄像产品宣传单设计 > 01”文件。选择“移动”工具，将人物图片拖曳到图像窗口中适当的位置，如图 7-2 所示。单击“图层”控制面板下方的“创建新图层”按钮，生成新的图层并将其命名为“色块”。将前景色设为棕红色（其 R、G、B 的值分别为 135、67、30），按<Alt>+<Delete>组合键，用前景色填充图层，效果如图 7-3 所示。单击“图层”控制面板下方的“添加图层蒙版”按钮，为“色块”图层添加蒙版，如图 7-4 所示。

图 7-2

图 7-3

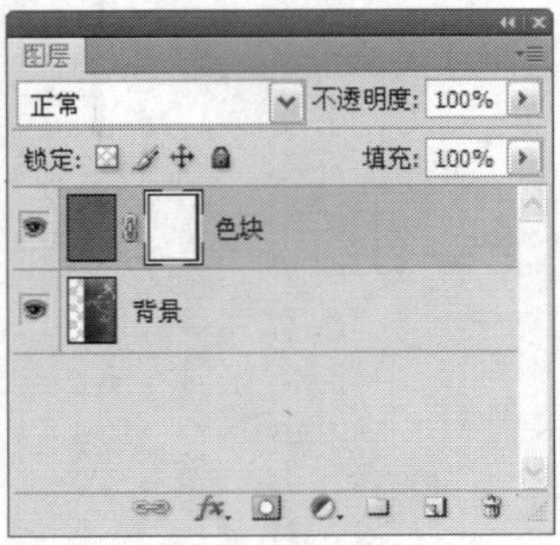

图 7-4

7.1.2 制作蒙版效果

Step 01 选择“椭圆选框”工具，在图像窗口中绘制一个椭圆形选区，效果如图 7-5 所示。选择“选择 > 修改 > 羽化”命令，弹出“羽化选区”对话框，选项的设置如图 7-6 所示。单击“确定”按钮，效果如图 7-7 所示。用相同的方法对选区再次进行羽化操作，效果如图 7-8 所示。

图 7-5

图 7-6

图 7-7

图 7-8

Step 02 将前景色设为黑色。按<Alt>+<Delete>组合键，用前景色填充选区，连续填充 4 次，效果如图 7-9 所示。按<Ctrl>+<D>组合键取消选区，宣传单底图制作完成，效果如图 7-10 所示。按<Ctrl>+<Shift>+<E>组合键，合并可见图层。按<Ctrl>+<Shift>+<S>组合键，弹出“存储为”对话框，将其命名为“宣传单底图”，保存图像为 TIFF 格式。单击“保存”按钮，弹出“TIFF 选项”对话框，再单击“确定”按钮将图像保存。

图 7-9

图 7-10

CorelDRAW 应用

7.1.3 制作背景网格

Step 01 打开 CorelDRAW X4 软件，按<Ctrl>+<N>组合键，新建一个页面。在属性栏的“纸张宽度和高度”选项中分别设置宽度为 210mm，高度为 297mm，按<Enter>键，页面尺寸显示为设置的大小，如图 7-11 所示。

Step 02 选择“文件 > 导入”命令，弹出“导入”对话框。选择光盘中的“Ch07 > 效果 > 摄像产品宣传单设计 > 宣传单底图”文件，单击“导入”按钮，在页面中单击导入图片。按<P>键，图片在页面中居中对齐，如图 7-12 所示。

图 7-11

图 7-12

Step 03 选择“表格”工具，在属性栏中进行设置，如图 7-13 所示。按<Enter>键，在页面中按住鼠标左键不放，沿对角线拖曳出网格图形，效果如图 7-14 所示。按<F12>键，弹出“轮廓笔”对话框，在“颜色”选项中选择轮廓线颜色的 CMYK 值为 0、60、100、0，其他选项的设置如图 7-15 所示。单击“确定”按钮，效果如图 7-16 所示。

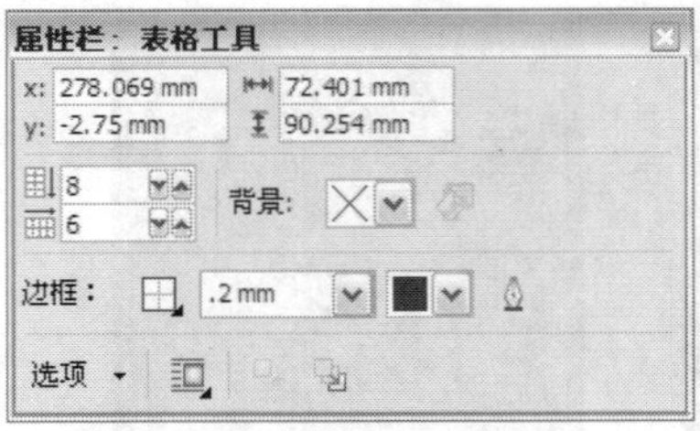

图 7-13

图 7-14

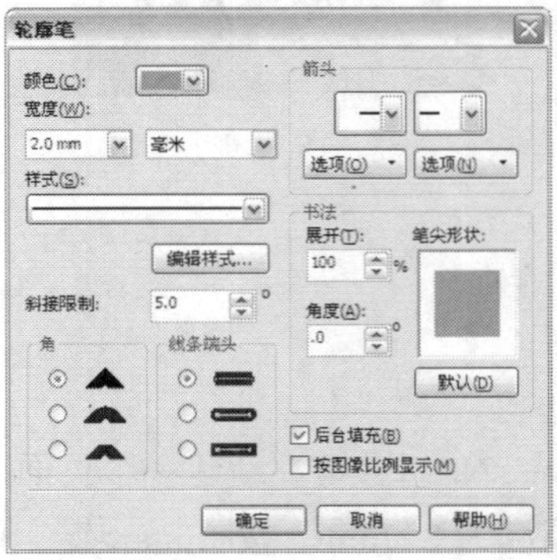

图 7-15

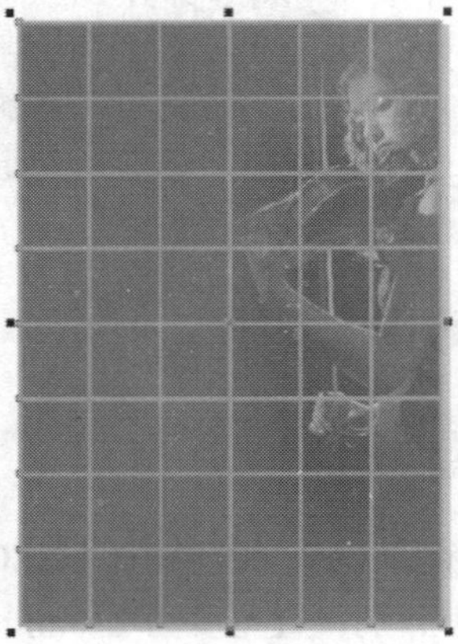

图 7-16

Step 04 双击“矩形”工具，绘制一个与页面大小相等的矩形。选择“挑选”工具，选取网格图形和宣传单底图，如图 7-17 所示，按<Shift>+<PageDown>组合键将其置于底层。选择“效果 > 图框精确剪裁 > 放置在容器中”命令，鼠标的光标变为黑色箭头形状，在矩形上单击，如图 7-18 所示，将其置入到矩形中，去除矩形的轮廓线，效果如图 7-19 所示。

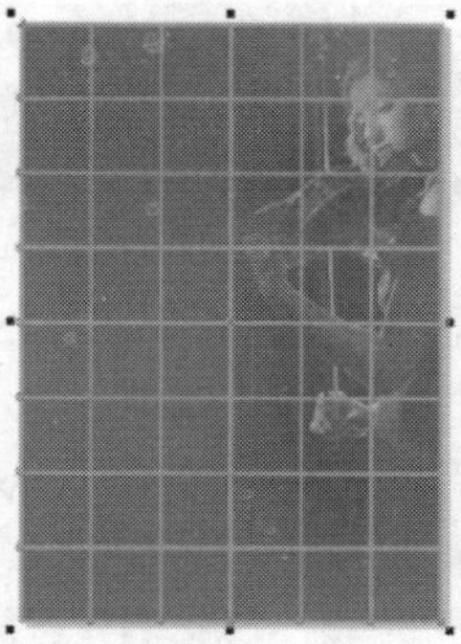

图 7-17

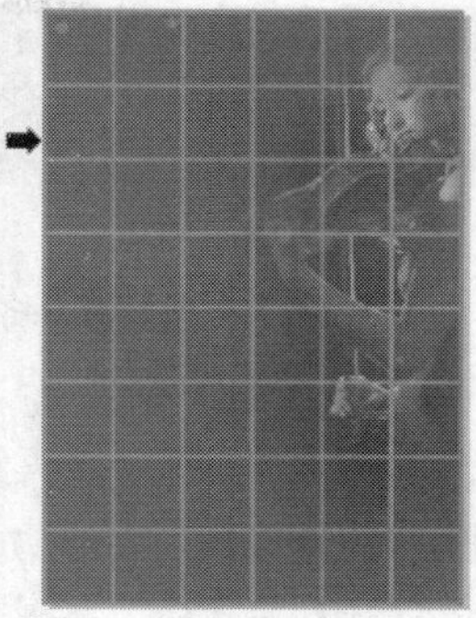

图 7-18

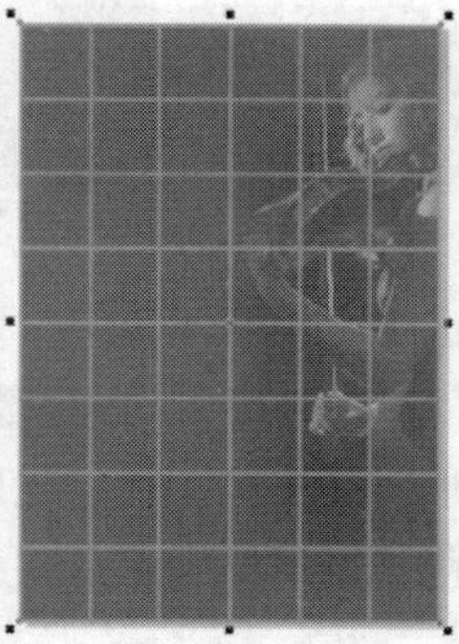

图 7-19

Step 05 选择“效果 > 图框精确剪裁 > 编辑内容”命令，选择“挑选”工具，选取网格图形，按住<Shift>键的同时，拖曳右上方的控制手柄将置入的网格图形等比例调大，如图 7-20 所示。选择“交互式透明”工具，在属性栏中的设置如图 7-21 所示。按<Enter>键确认，网格的透明效果如图 7-22 所示。选择“效果 > 图框精确剪裁 > 结束编辑”命令，完成对置入图形的编辑，效果如图 7-23 所示。

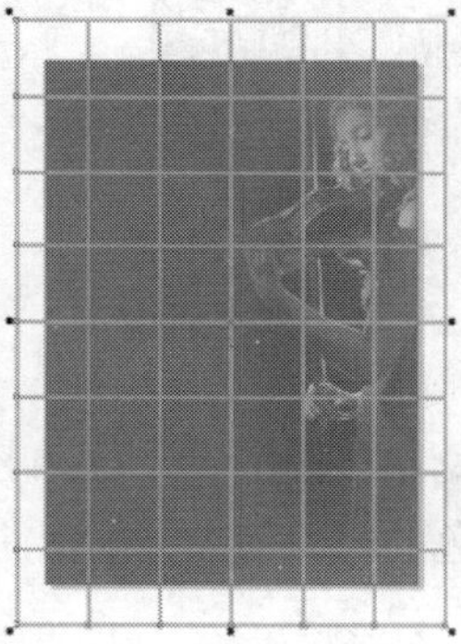

图 7-20

图 7-21

图 7-22

图 7-23

提示： 若使用精确剪裁命令前，选择“工具 > 选项”命令，并在弹出的“选项”对话框中的“编辑”设置区中，勾选“新的图框精确剪裁内容自动居中”复选框，新的内置对象将不会对齐容器对象的中心，而是以当前位置置入容器中。

7.1.4　制作标志图形

Step 01 选择“文本”工具，在页面上方适当的位置分别输入需要的文字。选择“挑选”工具，在属性栏中选择合适的字体并设置文字大小，效果如图 7-24 所示。选择“挑选”工具，选取上方的文字，再次单击文字，使其处于旋转状态，如图 7-25 所示。拖曳上边中间控制手柄到适当的位置，如图 7-26 所示，松开鼠标左键，使文字倾斜，并填充为白色，效果如图 7-27 所示。选取下方的文字，设置文字颜色的 CMYK 值为 0、60、80、0，填充文字，效果如图 7-28 所示。

图 7-24

图 7-25

图 7-26

图 7-27

图 7-28

Step 02 选择“贝塞尔”工具，在文字的右侧绘制一条不规则的曲线，如图 7-29 所示。选择“椭圆形”工具，按住<Ctrl>键，在页面中绘制一个圆形，单击“CMYK 调色板”中的“红”色块，填充圆形，并去除圆形的轮廓线，如图 7-30 所示。再绘制一个圆形，单击“CMYK 调色板”中的“黄”色块，填充圆形，并去除圆形的轮廓线，如图 7-31 所示。

图 7-29

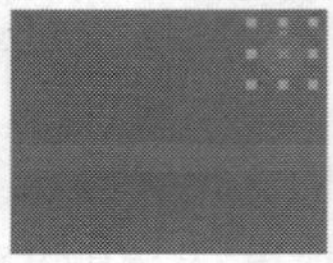

图 7-30

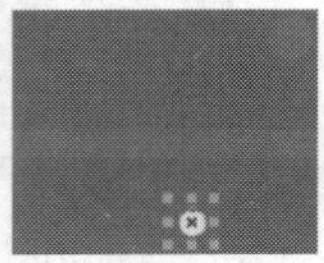

图 7-31

Step 03 选择“交互式调和”工具，将光标在两个圆形之间拖曳，如图 7-32 所示，并在属性栏中进行设置，如图 7-33 所示。按<Enter>键确认，效果如图 7-34 所示。

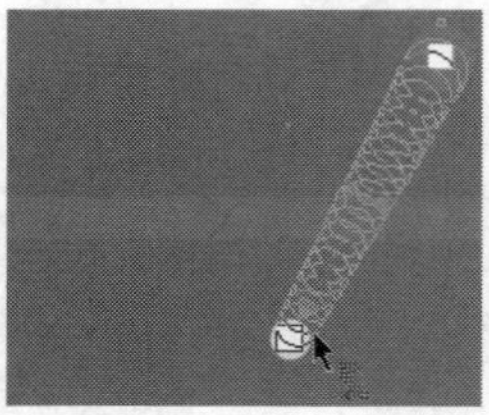

图 7-32

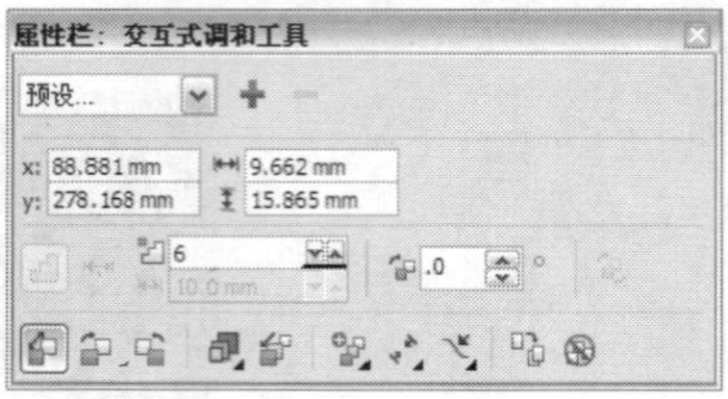

图 7-33

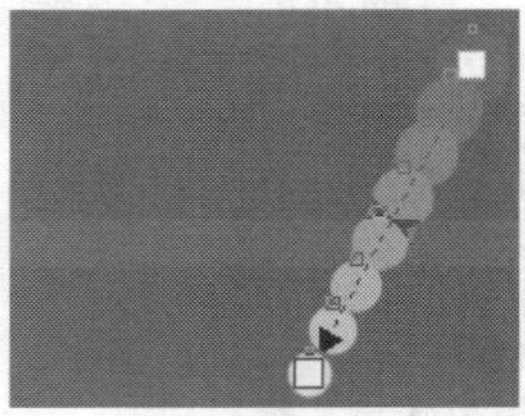

图 7-34

Step 04 选择“挑选”工具，选取调和图形，单击属性栏中的“路径属性”按钮，在弹出的下拉菜单中选择“新路径”命令，如图 7-35 所示。这时鼠标指针变为黑色的弯曲箭头，用弯曲箭头在路径上单击，如图 7-36 所示，调和图形沿路径进行调和，效果如图 7-37 所示。

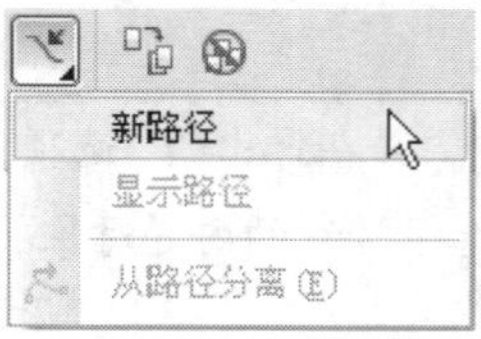

图 7-35

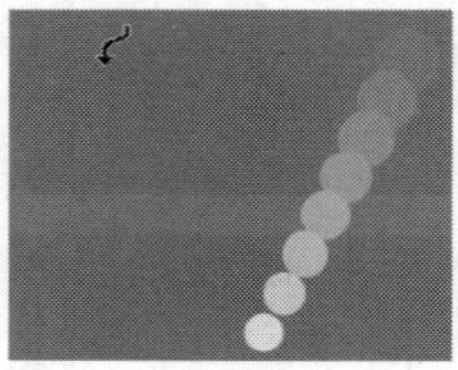

图 7-36

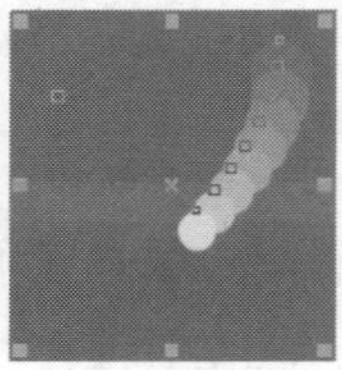

图 7-37

Step 05 选择“挑选”工具，选取调和图形，单击属性栏中的“杂项调和选项”按钮，并在下拉菜单中勾选“沿全路径调和”复选框，如图 7-38 所示，调和图形沿路径均匀分布，效果如图 7-39 所示。选取路径，如图 7-40 所示，在“CMYK 调色板”中的“无填充”按钮☒上单击鼠标右键，取消路径的填充，效果如图 7-41 所示。

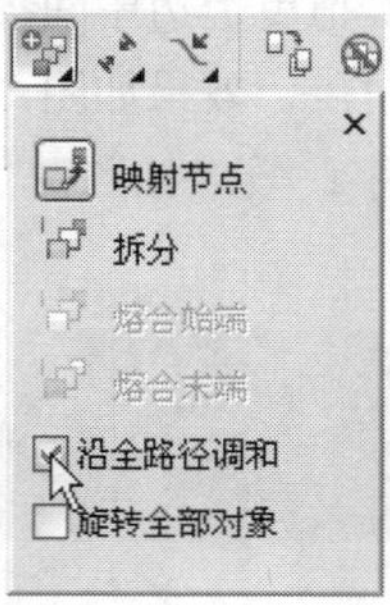

图 7-38

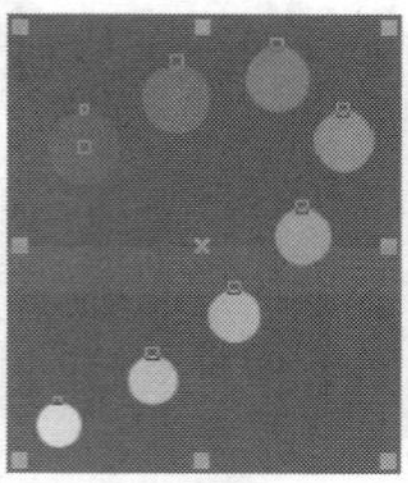

图 7-39

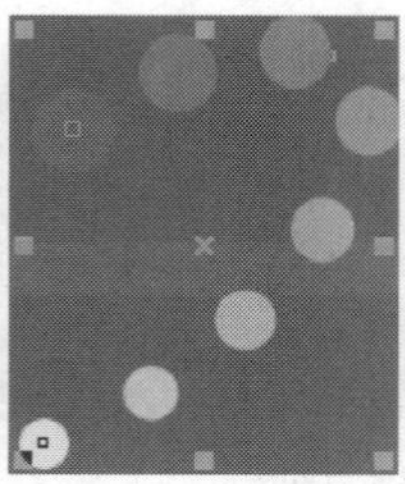

图 7-40

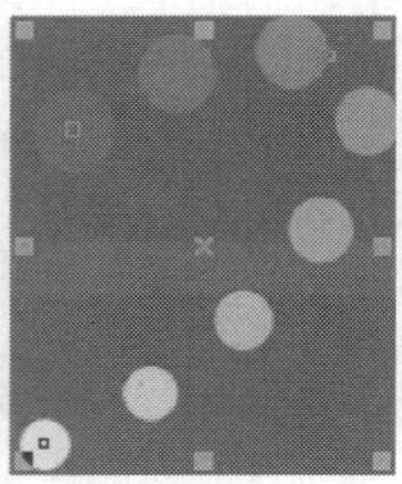

图 7-41

7.1.5　制作图片的倒影效果

Step 01 选择“文件 > 导入”命令，弹出“导入”对话框。选择光盘中的“Ch07 > 素材 > 摄像产品宣传单设计 > 06”文件，单击“导入”按钮，在页面中单击导入图片，如图 7-42 所示。选择“挑选”工具，选取图片，按住<Ctrl>键，向下拖曳图片上方中间的控制手柄到适当的位置，如图 7-43 所示。单击鼠标右键，复制一张图片，将其拖曳到适当的位置，效果如图 7-44 所示。

图 7-42

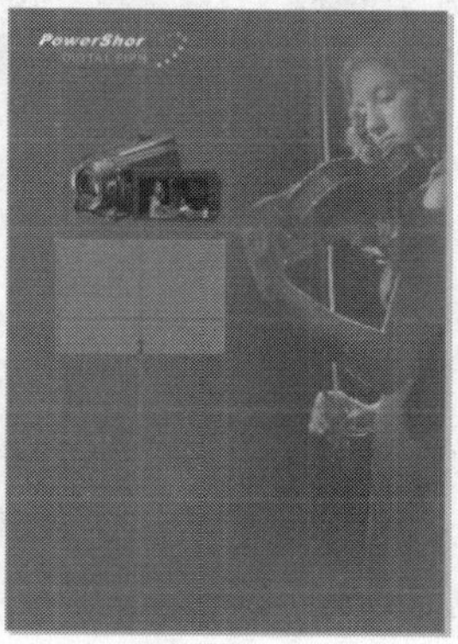
图 7-43

图 7-44

Step 02 选择“交互式透明”工具，在图片上由上至下拖曳光标，如图 7-45 所示。在属性栏中进行设置，如图 7-46 所示。按<Enter>键确认，效果如图 7-47 所示。

图 7-45

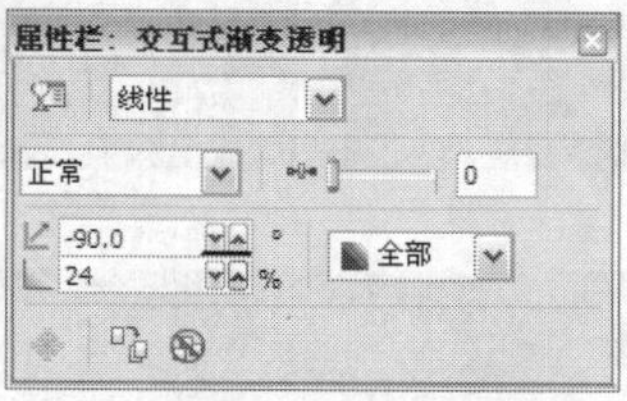

图 7-46

图 7-47

Step 03 选择“文本”工具，在页面中适当的位置分别输入需要的文字。选择“挑选”工具，在属性栏中选择合适的字体并设置文字大小，效果如图 7-48 所示。选取上方的文字，填充为白色；选取下方的文字，设置文字颜色的 CMYK 值为 4、3、92、0，填充文字，效果如图 7-49 所示。

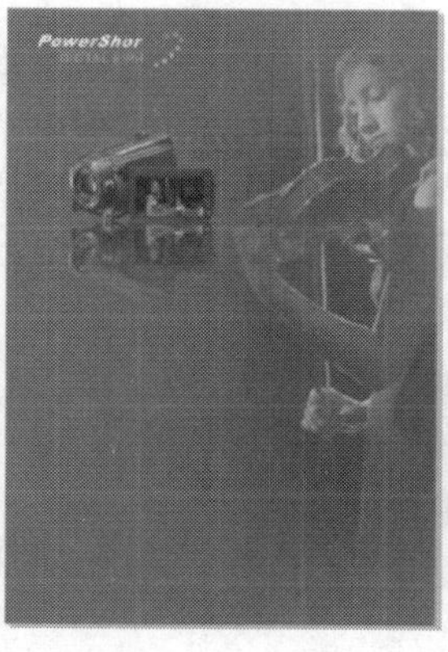
图 7-48

图 7-49

Step 04 选择“挑选”工具，选取需要的文字，保持选取状态，单击文字，使其处于旋转状态，并向右拖曳上边中间的控制手柄到适当的位置，如图 7-50 所示，松开鼠标，将文字倾斜，效果如图 7-51 所示。

图 7-50

图 7-51

7.1.6 制作标题文字

Step 01 选择“文本”工具，在页面中输入需要的文字。选择“挑选”工具，在属性栏中选择合适的字体并设置文字大小，填充文字为白色，效果如图 7-52 所示。选择“文本”工具，在页面中输入需要的文字。选择“挑选”工具，在属性栏中选择合适的字体并设置文字大小，效果如图 7-53 所示。选择“文本”工具，在页面中输入需要的文字。选择“挑选”工具，在属性栏中选择合适的字体并设置文字大小，填充为白色，效果如图 7-54 所示。

图 7-52

图 7-53

图 7-54

Step 02 选择“挑选”工具，选取需要的文字，按数字键盘上的<+>键复制文字。设置文字颜色的 CMYK 值为 0、0、100、0，填充文字，并微调文字到适当的位置，效果如图 7-55 所示。

图 7-55

Step 03　选择"贝塞尔"工具，在页面中绘制一个不规则的图形，如图 7-56 所示。选择"渐变填充对话框"工具，弹出"渐变填充"对话框，选择"双色"单选项，将"从"选项颜色的 CMYK 值设置为 0、60、100、0，"到"选项颜色的 CMYK 值设置为 0、0、100、0，其他选项的设置如图 7-57 所示。单击"确定"按钮填充图形，去除图形的轮廓线，效果如图 7-58 所示。

图 7-56

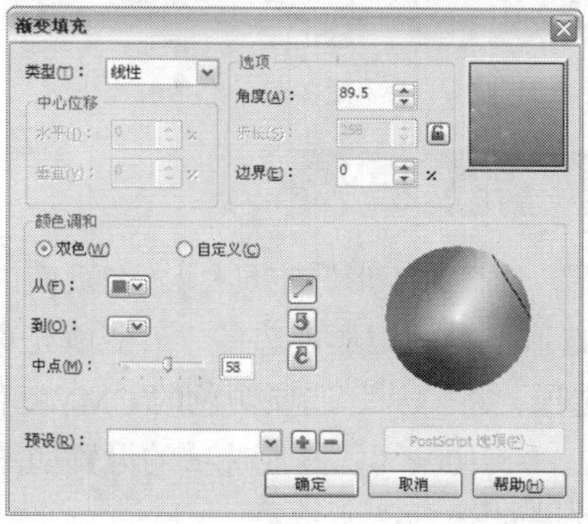

图 7-57

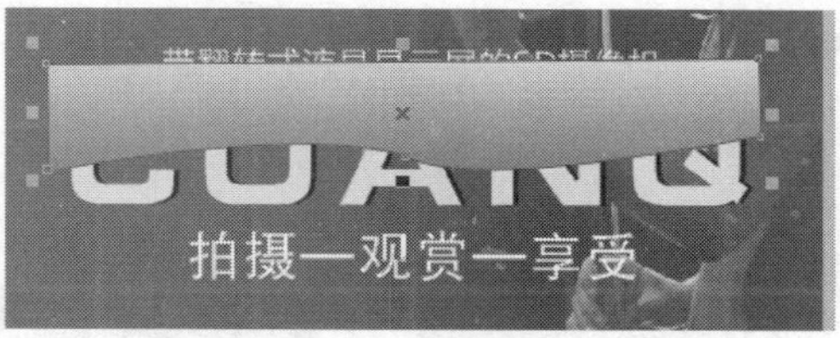

图 7-58

Step 04　选择"挑选"工具，选取渐变图形。选择"效果 > 图框精确剪裁 > 放置在容器中"命令，鼠标指针变为黑色箭头形状，在黄色文字上单击，如图 7-59 所示，将其置入到黄色文字中，效果如图 7-60 所示。

图 7-59

图 7-60

Step 05　选择"效果 > 图框精确剪裁 > 编辑内容"命令，按住<Ctrl>键的同时，将置入的图形拖曳到适当的位置，并去除圆角矩形的轮廓线，如图 7-61 所示。选择"效果 > 图框精确剪裁 > 结束编辑"命令，完成对置入图形的编辑，效果如图 7-62 所示。

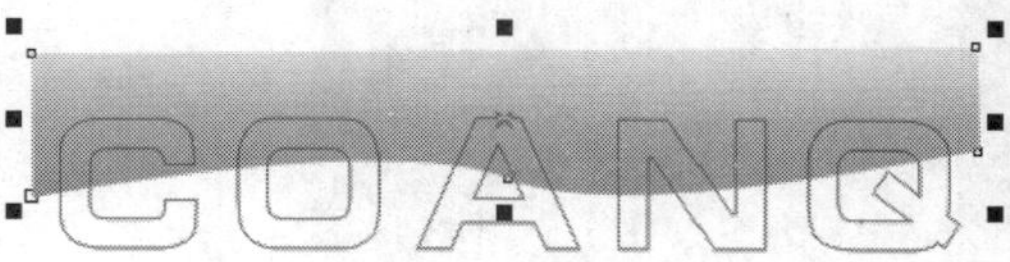

图 7-61

图 7-62

Step 06　选择"交互式填充"工具，按住<Ctrl>键，在文字上由上方至下方垂直拖曳光标，为文字添加渐变效果，并在属性栏中将渐变色的 CMYK 值设置由"白"色到"黄"色，其他选项的设置如图 7-63 所示。按<Enter>键确认，文字的渐变效果如图 7-64 所示。

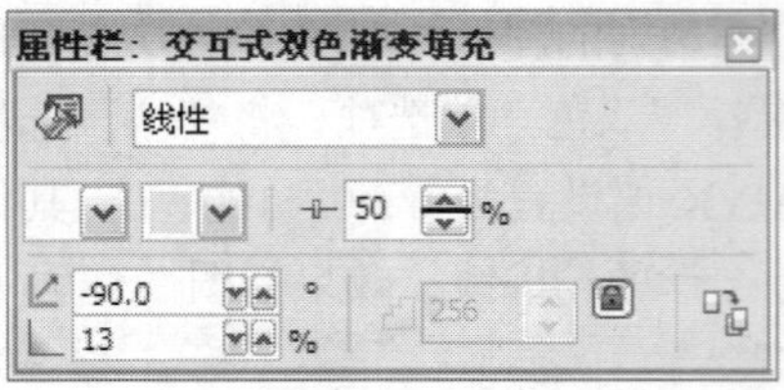

图 7-63

图 7-64

7.1.7 添加产品介绍

Step 01 选择“矩形”工具，在页面中分别绘制两个矩形，如图 7-65 所示。选择“挑选”工具，选取上方的矩形，选择“渐变填充对话框”工具，弹出“渐变填充”对话框，选择“双色”单选项，将“从”选项颜色的 CMYK 值设置为 0、60、100、0，“到”选项颜色的 CMYK 值设置为 0、0、100、0，其他选项的设置如图 7-66 所示。单击“确定”按钮填充矩形，去除矩形轮廓线，效果如图 7-67 所示。

图 7-65

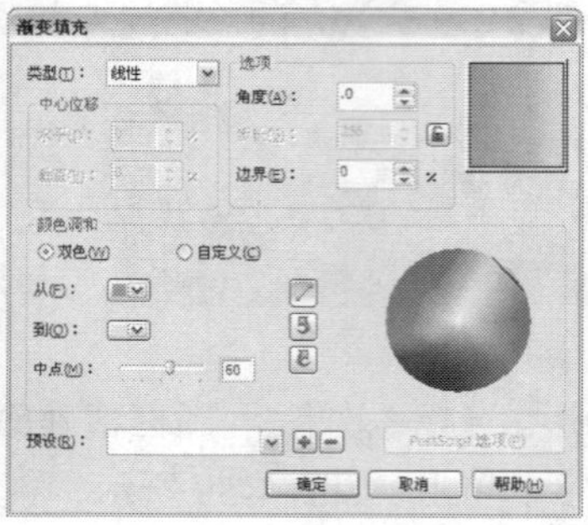

图 7-66

图 7-67

Step 02 选择“交互式透明”工具，在属性栏中进行设置，如图 7-68 所示。按<Enter>键确认，效果如图 7-69 所示。选择“文本”工具，在页面中输入需要的文字。选择“挑选”工具，在属性栏中选择合适的字体并设置文字大小，填充文字为白色，效果如图 7-70 所示。

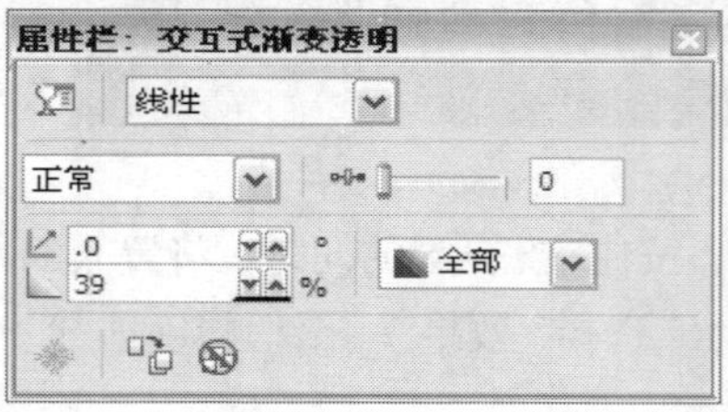

图 7-68

图 7-69

图 7-70

Step 03 选择“文本”工具，在适当的位置插入光标，如图 7-71 所示。选择“文本 > 插入符号字符”命令，在弹出的对话框中进行设置，如图 7-72 所示。单击“插入”按钮，在光标处插入字符，如图 7-73 所示。选取插入的字符，在属性栏中设置适当的大小，效果如图 7-74 所示。

图 7-71

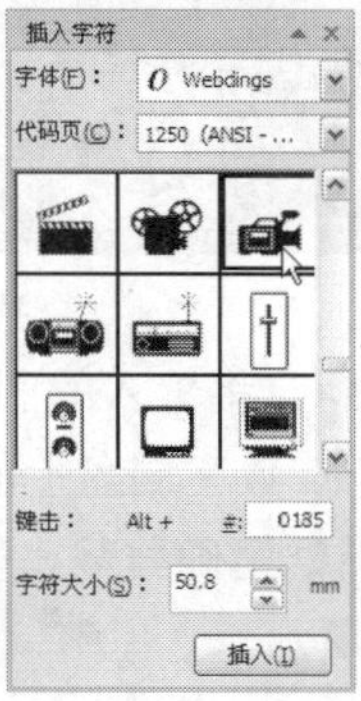

图 7-72

图 7-73

图 7-74

提示： 在“插入字符”对话框中，单击选取需要的字符，并按住鼠标将其拖曳到绘制页面中，松开鼠标，即可将符号添加到页面中成为图形。

Step 04 使用相同的方法添加需要的字符，效果如图 7-75 所示。选择“挑选”工具，按住<Shift>键，单击渐变条和文字将其同时选取，按<E>键，进行水平居中对齐，效果如图 7-76 所示。

图 7-75

图 7-76

Step 05 选择“文件 > 导入”命令，弹出“导入”对话框。选择光盘中的“Ch07 > 素材 > 摄像产品宣传单设计 > 01、02、03、04”文件，单击“导入”按钮，在页面中单击导入图片。选择“挑选”工具，在属性栏中设置图片的大小并拖曳到适当的位置，效果如图 7-77 所示。

图 7-77

Step 06 选择“挑选”工具，选取需要的图片，选择“效果 > 图框精确剪裁 > 放置在容器中”命令，鼠标的光标变为黑色箭头形状，在矩形上单击，如图 7-78 所示，将其置入到矩形中，效果如图 7-79 所示。

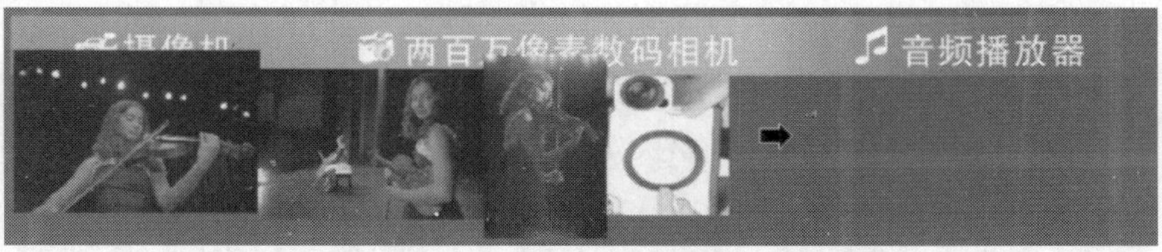

图 7-78

图 7-79

Step 07 选择“效果 > 图框精确剪裁 > 编辑内容”命令，将置入的图片拖曳到适当的位置，如图 7-80 所示。选择“挑选”工具，选取需要的图片，按数字键盘上的<+>键复制图片，并调整图片大小和位置，效果如图 7-81 所示。选择“效果 > 图框精确剪裁 > 结束编辑”命令，完成对置入图片的编辑，并去除矩形的轮廓线，效果如图 7-82 所示。

图 7-80

图 7-81

图 7-82

Step 08 选择“手绘”工具，按住<Ctrl>键绘制一条直线，填充轮廓线为白色，效果如图 7-83 所示。选择“文本”工具，在页面中输入需要的文字。选择“挑选”工具，在属性栏中选择合适的字体并设置文字大小，填充文字为白色，效果如图 7-84 所示。

图 7-83

图 7-84

7.1.8　介绍新产品

Step 01　选择“文件 > 导入”命令，弹出“导入”对话框。选择光盘中的“Ch07 > 素材 > 摄像产品宣传单设计 > 05”文件，单击“导入”按钮，在页面中单击导入图片，如图 7-85 所示。

图 7-85

Step 02　选择“交互式阴影”工具，在图片上由右下方至左上方拖曳光标，为文字添加阴影效果。在属性栏中将“阴影颜色”的 CMYK 值设置为 0、0、0、50，其他选项的设置如图 7-86 所示。按<Enter>键确认，效果如图 7-87 所示。

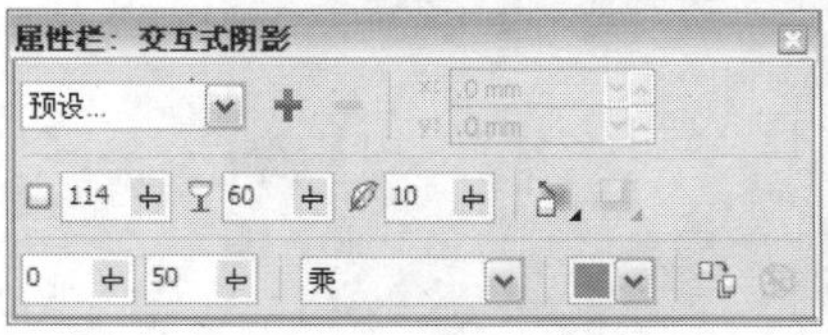

图 7-86

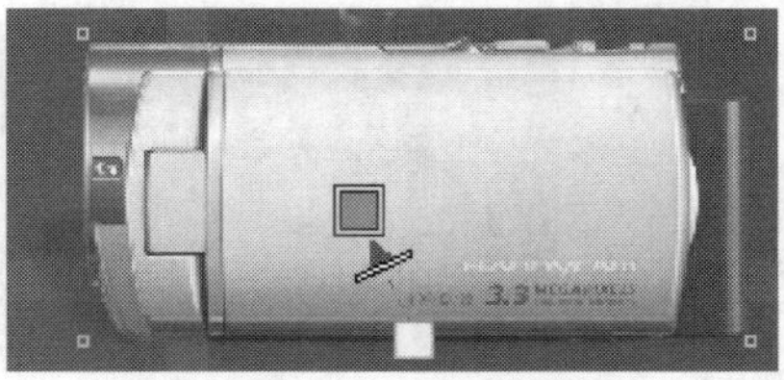

图 7-87

Step 03　选择“贝塞尔”工具，在页面中绘制一条折线，填充轮廓线为白色，在属性栏中的“轮廓宽度” .2 mm 框中设置数值为 0.5pt，按<Enter>键确认，效果如图 7-88 所示。选择“挑选”工具，按数字键盘上的<+>键复制一条折线，并将其拖曳到适当的位置，如图 7-89 所示。单击属性栏中的“水平镜像”按钮，水平翻转复制的图形，效果如图 7-90 所示。

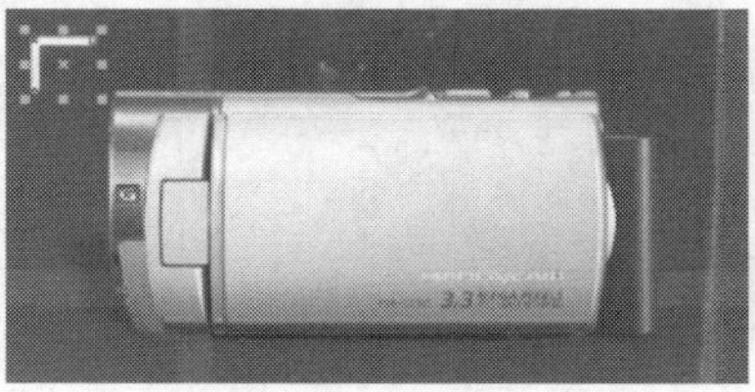

图 7-88

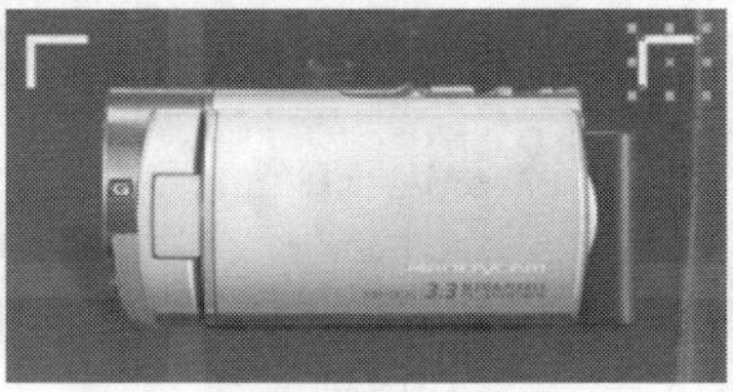

图 7-89

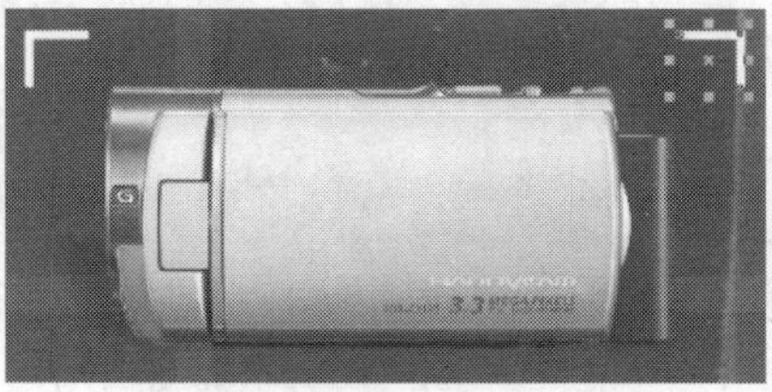

图 7-90

Step 04　选择“挑选”工具，选取上方的两条折线，按数字键盘上的<+>键复制图形，并将其拖曳到适当的位置，效果如图 7-91 所示。单击属性栏中的“垂直镜像”按钮，垂直翻转复制的图形，效果如图 7-92 所示。

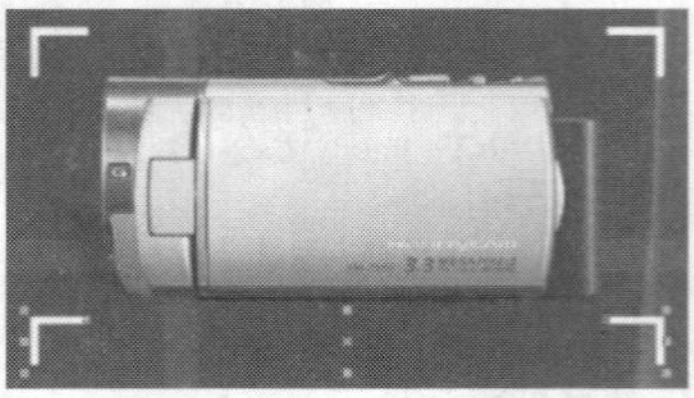
图 7-91

图 7-92

Step 05 选择“文本”工具，分别在页面中输入需要的文字。选择“挑选”工具，在属性栏中选择合适的字体并设置文字大小，效果如图 7-93 所示。选择“文本”工具，选取上方的文字，填充为白色；选取下方的方字，设置文字颜色的 CMYK 值为 4、3、92、0，填充文字，效果如图 7-94 所示。

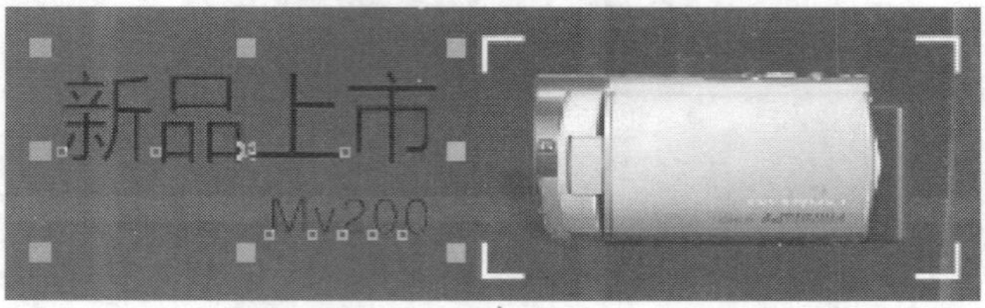

图 7-93

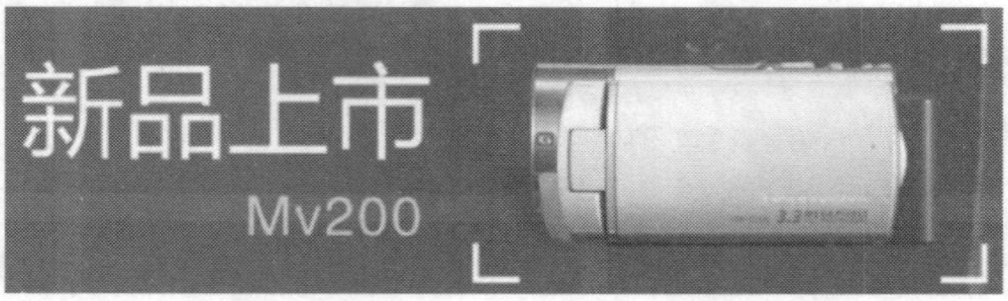

图 7-94

Step 06 选择“挑选”工具，选取上方的文字，如图 7-95 所示。选择“交互式轮廓图”工具，在属性栏中将“填充色”的 CMYK 值设置为 0、100、100、0，其他选项的设置如图 7-96 所示。按<Enter>键确认，效果如图 7-97 所示。

图 7-95

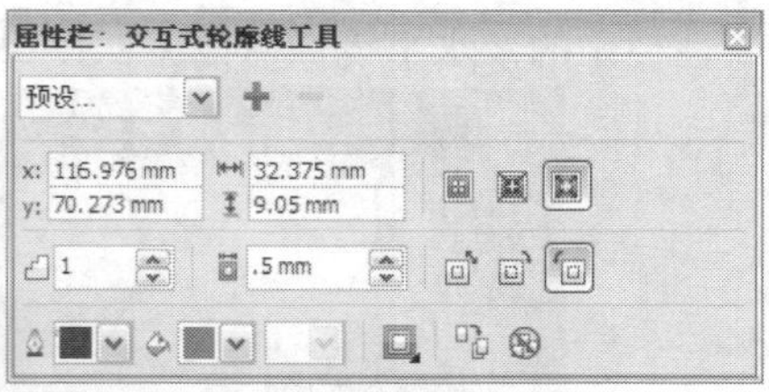

图 7-96

图 7-97

Step 07 选择“交互式封套”工具，文字的编辑状态如图 7-98 所示。在属性栏中单击“封套的非强制模式”按钮，按住鼠标左键，分别拖曳控制线的节点到适当的位置，封套效果如图 7-99 所示。

图 7-98

图 7-99

7.1.9　绘制记忆卡及其他信息

Step 01 选择“矩形”工具，在页面中绘制一个图形，并在属性栏中的“边角圆滑度”框中进行设置，如图 7-100 所示。按<Enter>键确认，效果如图 7-101 所示。设置图形颜色的 CMYK 值为 100、50、0、0，填充图形，并去除图形的轮廓线，如图 7-102 所示。

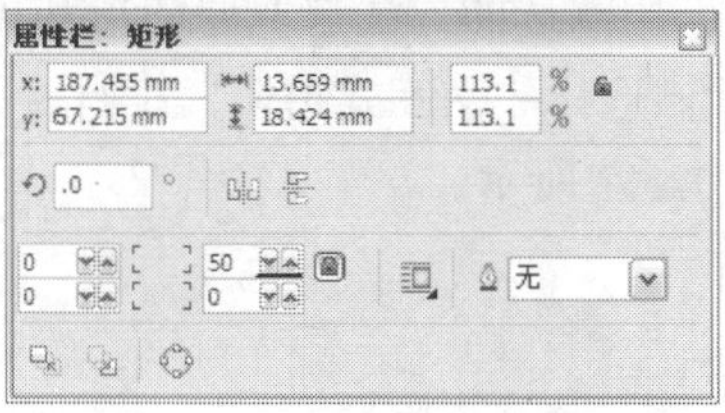

图 7-100

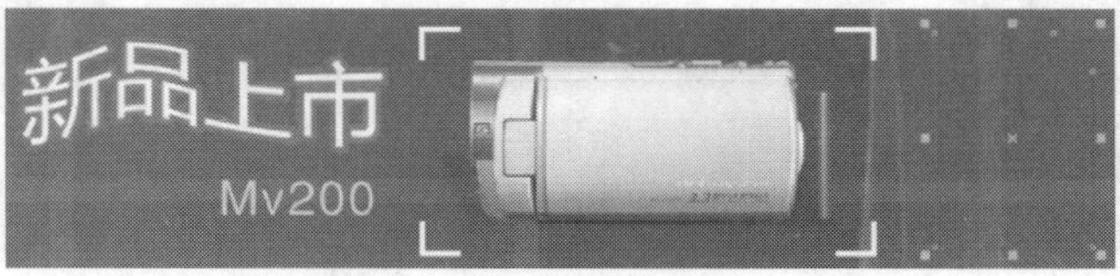

图 7-101

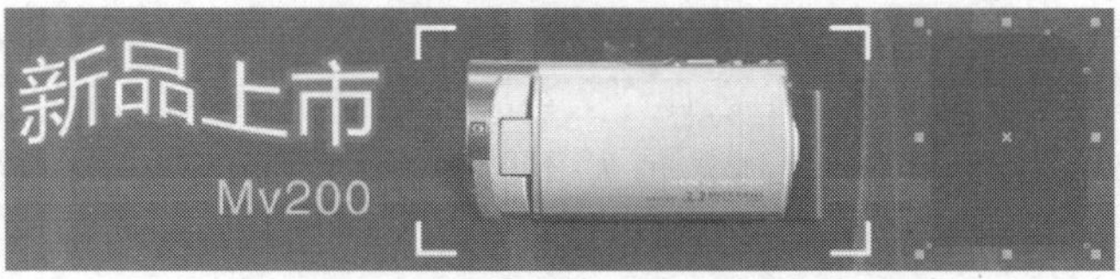

图 7-102

Step 02 选择“矩形”工具，在页面中绘制一个矩形，填充图形为黑色，并在属性栏中的“边角圆滑度”框中进行设置，如图 7-103 所示。按<Enter>键确认，效果如图 7-104 所示。

Step 03 选择“交互式透明”工具，在属性栏中的设置如图 7-105 所示。按<Enter>键确认，效果如图 7-106 所示。

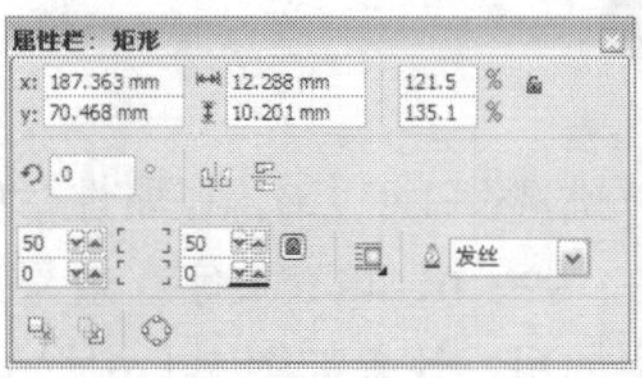

图 7-103

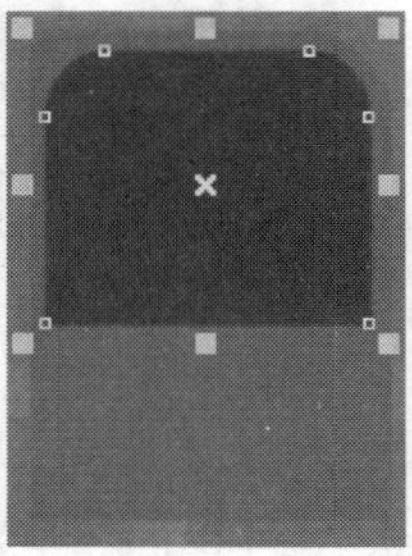

图 7-104

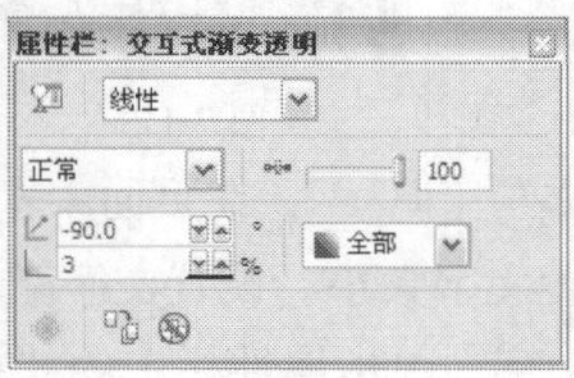

图 7-105

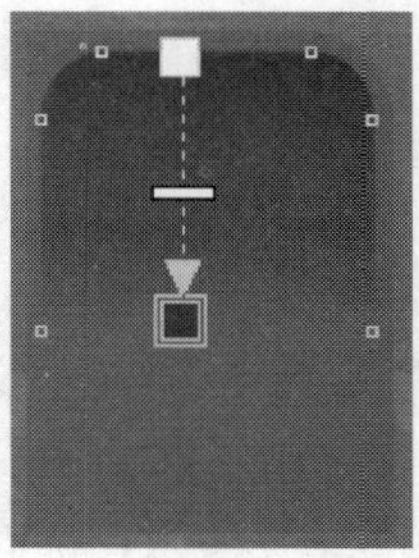

图 7-106

Step 04 选择“手绘”工具，按住<Ctrl>键绘制一条直线，填充轮廓线为白色，效果如图 7-107 所示。选择“挑选”工具，按住<Ctrl>键，垂直向下拖曳直线，并在适当的位置上单击鼠标右键，复制一条直线，如图 7-108 所示。按住<Ctrl>键，再连续按<D>键，复制出多条直线，效果如图 7-109 所示。

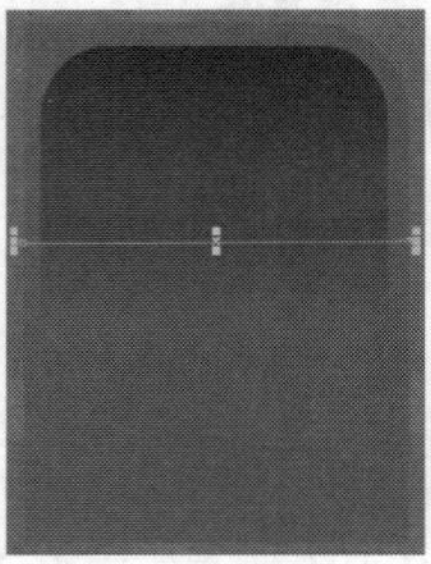
图 7-107

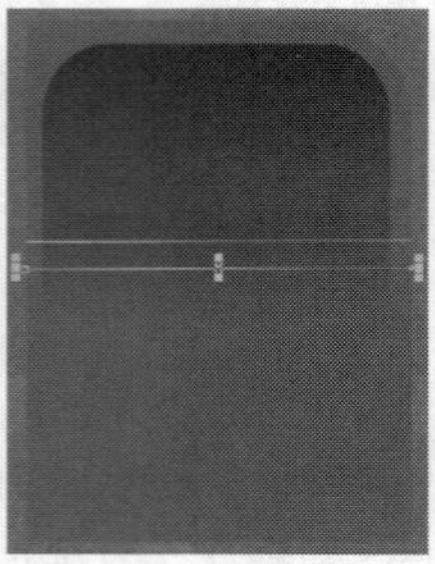
图 7-108

图 7-109

Step 05 选择“挑选”工具，用圈选的方法选取原图形和再制后的图形，按<Ctrl>+<G>组合键将其群组，效果如图 7-110 所示。选择“交互式透明”工具，在属性栏中的设置如图 7-111 所示。按<Enter>键确认，效果如图 7-112 所示。

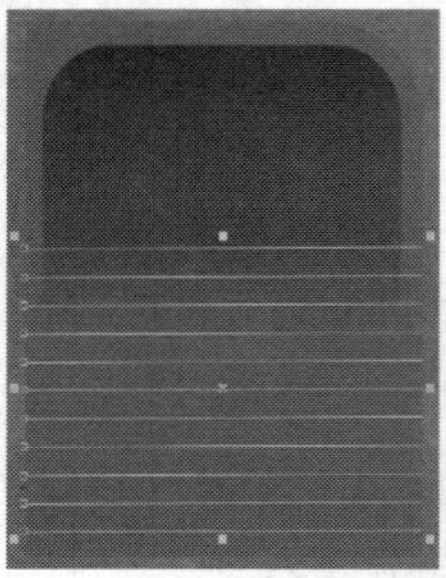
图 7-110

图 7-111

图 7-112

Step 06 选择“文本”工具，分别在页面中输入需要的文字。选择“挑选”工具，在属性栏中选择合适的字体并设置文字大小。选择“文本”工具，选取上方的文字，并填充为白色；选取下方的方字，设置文字颜色的 CMYK 值为 4、3、92、0，填充文字，效果如图 7-113 所示。选择“挑选”工具，选取上方的文字，单击属性栏中的“斜体”按钮，将文字倾斜，效果如图 7-114 所示。

图 7-113

图 7-114

Step 07 选择“文本”工具，在页面中输入需要的文字。选择“挑选”工具，在属性栏中选择合适的字体并设置文字大小。设置文字颜色的 CMYK 值为 4、3、92、0，填充文字，效果如图 7-115 所示。选取文字，单击属性栏中的“粗体”按钮，将文字加粗，效果如图 7-116 所示。再次单击文字，使其处于旋转状态，向右拖曳文字上边中间的控制手柄到适当的位置，松开鼠标，将文字倾斜，效果如图 7-117 所示。按<Esc>键取消选取状态，摄像产品宣传单制作完成，效果如图 7-118 所示。

图 7-115

图 7-116

图 7-117

图 7-118

Step 08 按<Ctrl>+<S>组合键，弹出“保存图形”对话框，将制作好的图像命名为“摄像产品宣传单”，保存为 CDR 格式，单击“保存”按钮将图像保存。

7.2 课后习题——电脑促销宣传单设计

习题知识要点：在 Photoshop 中，使用椭圆选框工具和羽化命令制作光晕的效果；使用自由变换命令改变图片的大小。在 CorelDRAW 中，使用矩形工具和图框精确剪裁命令制作背景图；使用文本工具输入广告文字；使用插入字符命令插入需要的字符图形；使用椭圆工具、贝塞尔工具和插入字符命令制作宣传图标；使用交互式封套工具调整图标的文字样式；使用星形工具绘制爆炸图形。电脑促销宣传单效果如图 7-119 所示。

效果所在位置：光盘/Ch07/效果/电脑促销宣传单设计/电脑促销宣传单.cdr。

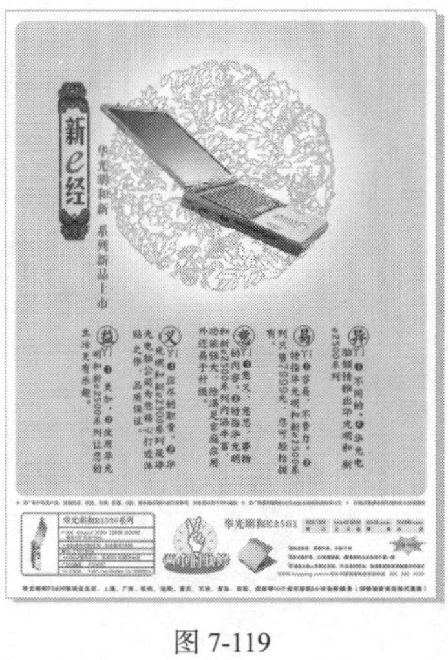

图 7-119

7.3 课后习题——餐厅美食广告设计

习题知识要点：在 Photoshot 中，使用椭圆选框工具绘制底图；使用剪贴蒙版命令将图片剪贴到黄色底图中。在 CorelDRAW 中，使用文本工具和形状工具添加标题文字；使用轮廓笔工具为对标题文字添加白色轮廓线。使用贝塞尔工具和交互式阴影工具为标题文字添加阴影；使用钢笔工具、文本工具和使文本适合路径命令制作小标题。餐厅美食广告设计效果如图 7-120 所示。

效果所在的位置：光盘/Ch07/效果/餐厅美食广告设计/餐厅美食广告.cdr。

图 7-120

第8章 广告设计

广告以多样的形式出现在城市中，是城市商业发展的写照。广告通过电视、报纸、霓虹灯等媒介来发布。好的广告要强化视觉冲击力，抓住观众的视线。广告是重要的宣传媒体之一，具有实效性强、受众广泛、宣传力度大的特点。本章以房地产广告为例，讲解广告的设计方法和制作技巧。

【教学目标】

- 在 Photoshop 软件中制作房地产广告的背景图和处理素材图片。
- 在 CorelDRAW 软件中添加相关信息。

8.1 房地产广告设计

案例学习目标：学习在 Photoshop 中使用滤镜、蒙版、填充和绘图工具制作房地产广告背景图。在 CorelDRAW 中使用图形绘制工具和文字工具添加广告语和相关信息。

案例知识要点：在 Photoshop 中，使用径向模糊滤镜命令、添加蒙版命令和渐变工具来制作背景发光效果；使用渐变工具、添加蒙版命令和画笔工具制作图片阴影；使用色彩平衡命令和亮度/对比度命令制作云素材图片。在 CorelDRAW 中，将背景图片导入并添加广告语和内容文字；使用贝塞尔工具和交互式调和工具制作印章图形；使用垂直排列文本命令将文字竖排；使用插入字符命令插入需要的字符图形。房地产广告设计效果如图 8-1 所示。

效果所在位置：光盘/Ch08/效果/房地产广告设计/房地产广告.cdr。

图 8-1

Photoshop 应用

8.1.1 制作背景发光效果

Step 01 打开 Photoshop CS4 软件，按<Ctrl>+<N>组合键，新建一个文件：宽度为 28.7cm，高度为 15.7cm，分辨率为 300 像素/英寸，颜色模式为 RGB，背景内容为白色。按<Ctrl>+<O>组合键，打开光盘中的“Ch08 > 素材 > 房地产广告设计 > 01”文件。选择“移动”工具，将金色图形拖曳到图像窗口中适当的位置，如图 8-2 所示。在“图层”控制面板中生成新的图层并将其命名为“金色”。

图 8-2

Step 02 按<Ctrl>+<O>组合键，打开光盘中的“Ch08 > 素材 > 房地产广告设计 > 02”文件。选择“移动”工具，将天空图形拖曳到图像窗口中适当的位置，如图 8-3 所示。在“图层”控制面板中生成新的图层并将其命名为“天空”。

图 8-3

Step 03 选择“滤镜 > 模糊 > 径向模糊”命令，在弹出的对话框中进行设置，如图 8-4 所示。单击“确定”按钮，效果如图 8-5 所示。按<Ctrl>+<F>组合键，重复径向模糊操作，图像效果如图 8-6 所示。

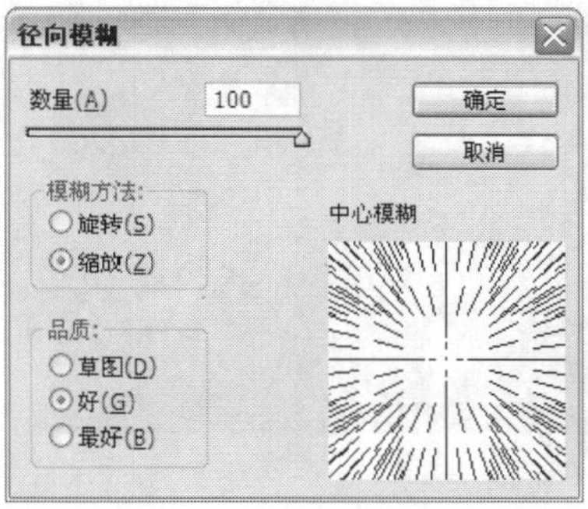

图 8-4

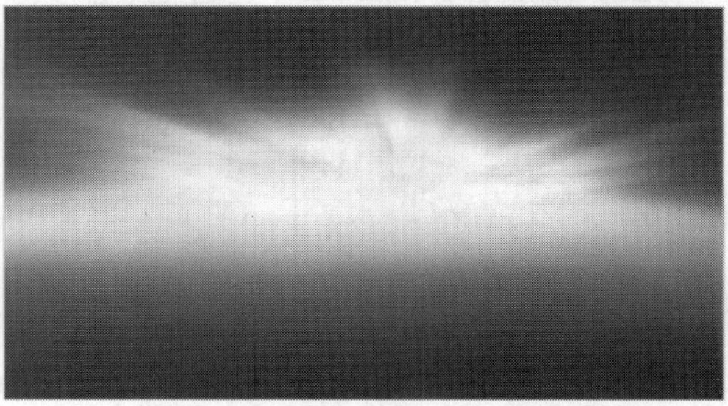

图 8-5

图 8-6

> **提示**：在“径向模糊”滤镜对话框中，“数量”选项用于控制模糊效果的强度，当数值为 100 时，模糊的强度最大。“模糊方法”选项组用于选择模糊类型，“旋转”选项使模糊作用产生在同心圆内，“缩放”选项使模糊图像从图像中心放大。“品质”选项组用于确定生成模糊效果的质量。

Step 04 单击“图层”控制面板下方的“添加图层蒙版”按钮，为“天空”图层添加蒙版，如图 8-7 所示。选择“渐变”工具，单击属性栏中的“点按可编辑渐变”按钮，弹出“渐变编辑器”对话框，将渐变色设为从黑色到白色，单击“确定”按钮，在图像窗口中从上到中间拖曳渐变色，效果如图 8-8 所示。

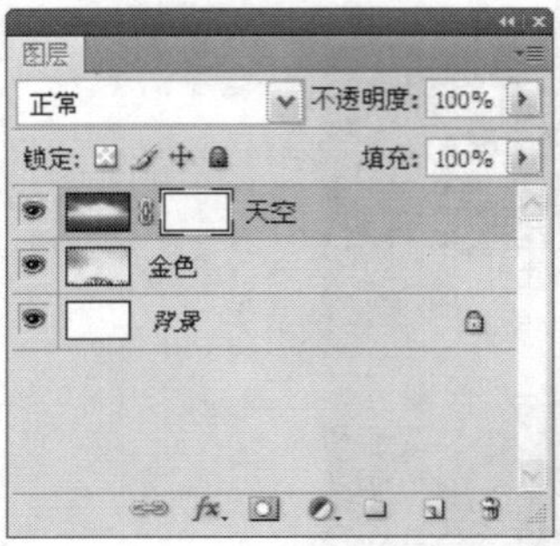

图 8-7

图 8-8

Step 05 在“图层”控制面板上方，将“天空”图层的混合模式设为“明度”，如图 8-9 所示，图像窗口中的效果如图 8-10 所示。选择“移动”工具，在图像窗口中将其拖曳到适当的位置，效果如图 8-11 所示。

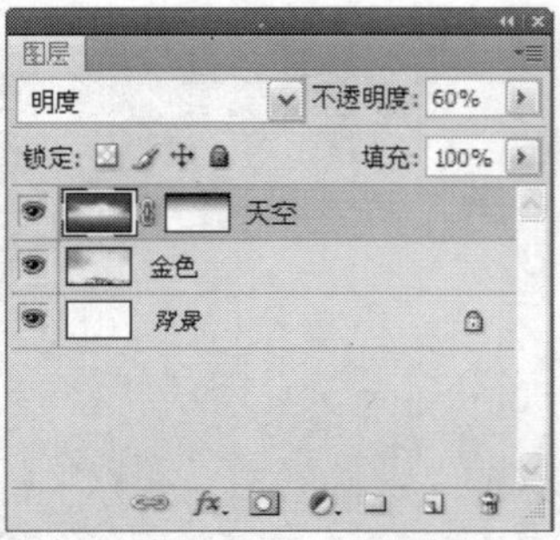

图 8-9

图 8-10

图 8-11

8.1.2 置入图片并制作图片阴影

Step 01 按<Ctrl>+<O>组合键，打开光盘中的“Ch08 > 素材 > 房地产广告设计 > 03”文件。选择“移动”工具，将图片拖曳到图像窗口中适当的位置，如图 8-12 所示。在“图层”控制面板中生成新的图层并将其命名为“房子”。按<Ctrl>+<O>组合键，打开光盘中的“Ch08 > 素材 > 房地产广告设计 > 04”文件。选择“移动”工具，将图片拖曳到图像窗口中适当的位置，如图 8-13 所示。在“图层”控制面板中生成新的图层并将其命名为“城墙”。

图 8-12

图 8-13

Step 02 在“图层”控制面板中选中“房子”图层，将图层的混合模式设为“亮光”，如图 8-14 所示，图像窗口中的效果如图 8-15 所示。

图 8-14

图 8-15

Step 03 新建图层并将其命名为“房子阴影”。按住<Ctrl>键的同时，单击“房子”图层的图层缩览图，载入选区，如图 8-16 所示。选择“渐变”工具，单击属性栏中的“点按可编辑渐变”按钮，弹出“渐变编辑器”对话框，将渐变色设为从黑色到红色（其 R、G、B 的值分别为 219、0、24），如图 8-17 所示，单击“确定”按钮。按住<Shift>键的同时，在选区中从上向下拖曳渐变色，效果如图 8-18 所示。按<Ctrl>+<D>组合键，取消选区。

图 8-16

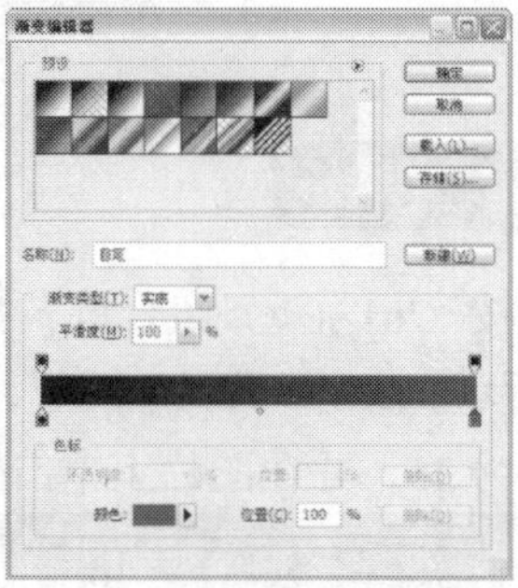

图 8-17

图 8-18

Step 04 单击“图层”控制面板下方的“添加图层蒙版”按钮，为“房子阴影”图层添加蒙版，如图 8-19 所示。设置前景色为黑色，选择“画笔”工具，在属性栏中单击“画笔”选项右侧的按钮，弹出画笔选择面板，选择需要的画笔形状，如图 8-20 所示。在图像窗口中拖曳鼠标擦除不需要的图像，效果如图 8-21 所示。

图 8-19

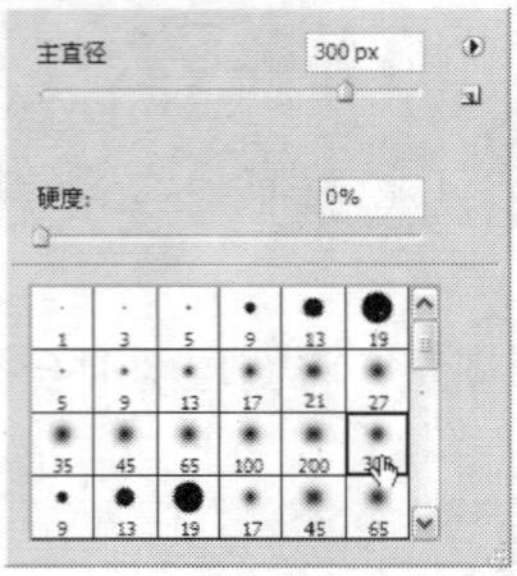

图 8-20

图 8-21

Step 05 在“图层”控制面板中，将“房子阴影”图层拖曳到“房子”图层的下方，效果如图 8-22 所示。房地产广告背景效果制作完成。按<Ctrl>+<Shift>+<E>组合键，合并可见图层。按<Ctrl>+<S>组合键，弹出“存储为”对话框，将制作好的图像命名为“广告背景图”，保存为 TIFF 格式。单击“保存”按钮，弹出“TIFF 选项”对话框，再单击“确定”按钮将图像保存。

图 8-22

8.1.3 编辑云图片

Step 01 按<Ctrl>+<O>组合键，打开光盘中的“Ch08 > 素材 > 房地产广告设计 > 05”文件，如图 8-23 所示。双击“背景”图层，将其转换为普通层。选择“魔棒”工具，在属性栏中将“容差”选项设为 35，并在图片上单击生成选区，如图 8-24 所示。

图 8-23

图 8-24

提示： 在魔棒工具属性栏中，“容差”选项用于控制色彩的范围，数值越大，可容许选取的颜色范围就越大。

Step 02 按<Ctrl>+<Shift>+<I>组合键，将选区反选。选择“选择 > 羽化”命令，弹出“羽化选区”对话框，选项的设置如图 8-25 所示。单击“确定”按钮，效果如图 8-26 所示。按<Ctrl>+<Shift>+<I>组合键，再将选区反选。按<Delete>键，将选区中的图像删除。按<Ctrl>+<D>组合键取消选区，如图 8-27 所示。

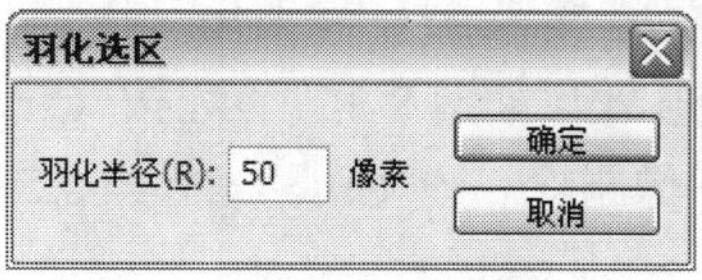

图 8-25

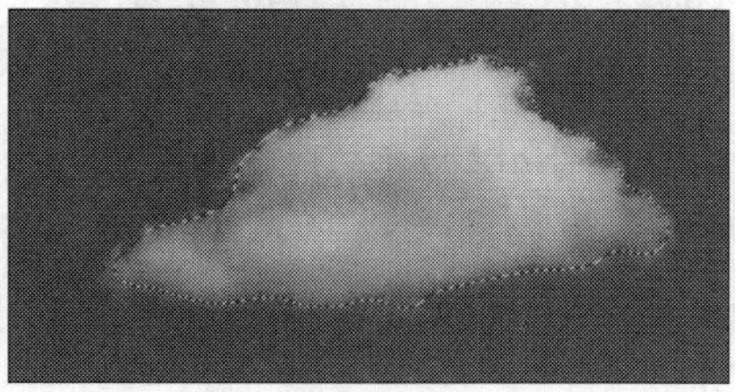

图 8-26

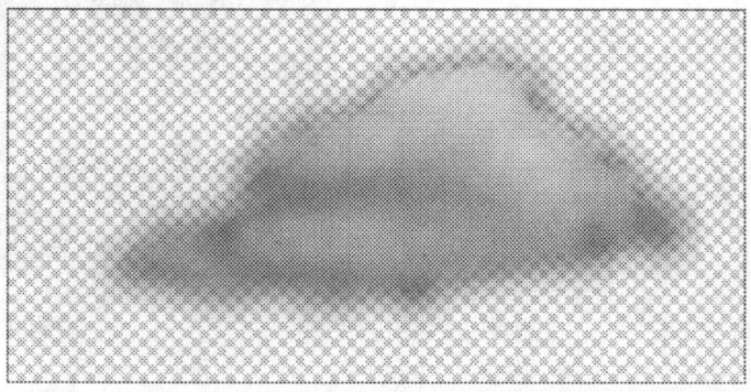

图 8-27

Step 03 选择“图像 > 调整 > 色相/饱和度”命令，弹出“色相/饱和度”对话框，选项的设置如图 8-28 所示。单击“确定”按钮，效果如图 8-29 所示。

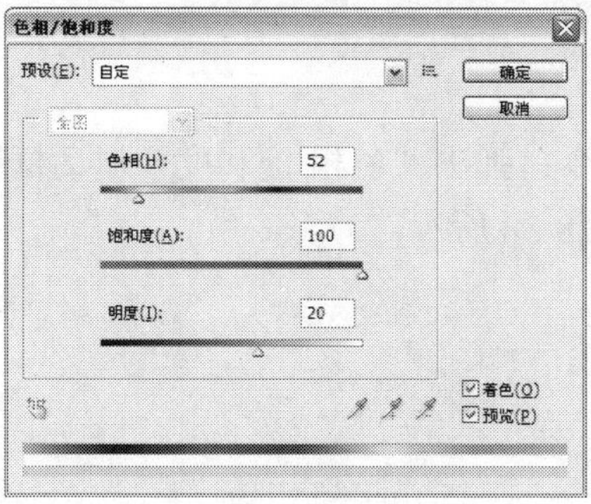

图 8-28

图 8-29

Step 04 选择“图像 > 调整 > 亮度/对比度”命令，弹出“亮度/对比度”对话框，选项的设置如图 8-30 所示。单击“确定”按钮，效果如图 8-31 所示。云 1 图片制作完成。按<Shift>+<Ctrl>+<S>组合键，弹出“存储为”对话框，将制作好的图像命名为“05”，保存为 PSD 格式，单击“确定”按钮将图像保存。

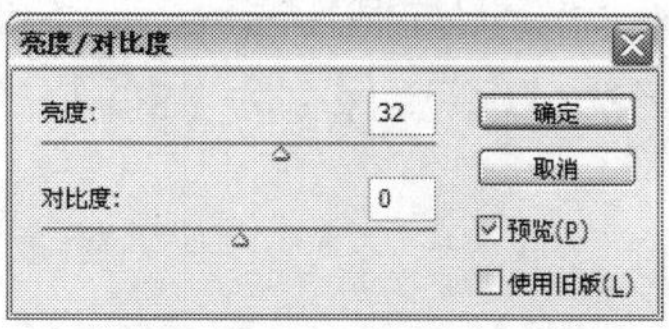

图 8-30

图 8-31

Step 05 按<Ctrl>+<O>组合键，打开光盘中的“Ch08 > 素材 > 房地产广告设计 > 06”文件，如图 8-32 所示。双击“背景”图层，将其转换为普通层。选择“魔棒”工具，在属性栏中将“容差”选项设为 60，在图片的蓝色区域单击，生成选区，如图 8-33 所示。

图 8-32　　图 8-33

Step 06 按<Ctrl>+<Shift>+<I>组合键，将选区反选。选择“选择 > 羽化”命令，弹出“羽化选区”对话框，选项的设置如图 8-34 所示。单击“确定”按钮，效果如图 8-35 所示。按<Ctrl>+<Shift>+<I>组合键，再将选区反选。按<Delete>键，将选区中的图像删除。按<Ctrl>+<D>组合键取消选区，效果如图 8-36 所示。

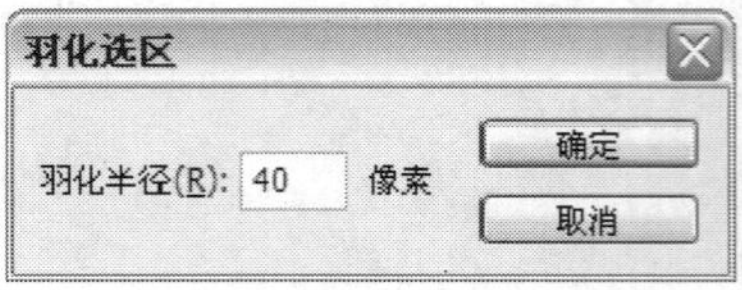

图 8-34　　图 8-35

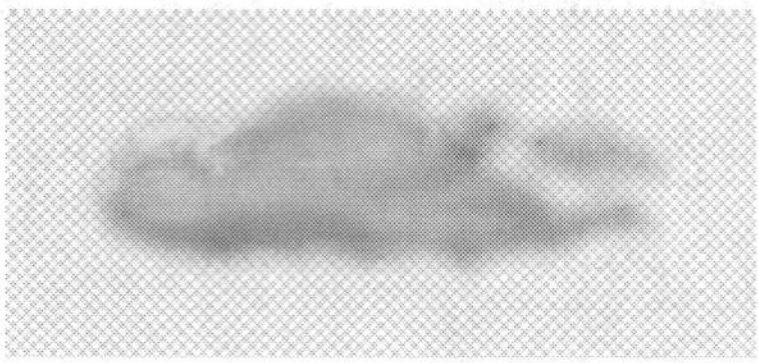

图 8-36

Step 07 选择“图像 > 调整 >色相/饱和度”命令，弹出“色相/饱和度”对话框，选项的设置如图 8-37 所示。单击“确定”按钮，图像效果如图 8-38 所示。

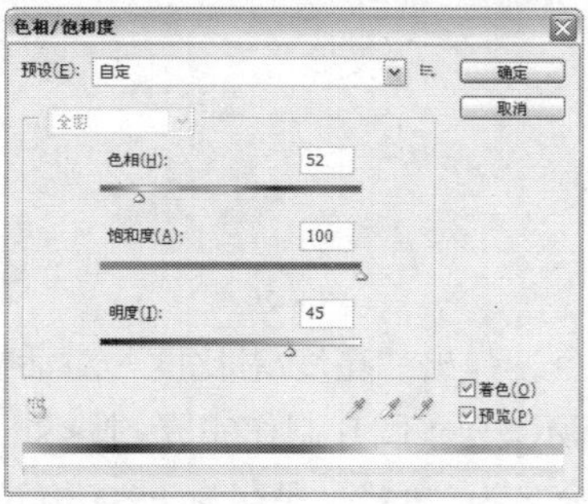

图 8-37　　图 8-38

Step 08 选择“图像 > 调整 > 亮度/对比度”命令，弹出“亮度/对比度”对话框，选项的设置如图 8-39 所示。单击“确定”按钮，效果如图 8-40 所示。云 2 图片制作完成。按<Shift>+<Ctrl>+<S>组合键，弹出“存储为”对话框，将制作好的图像命名为“06”，保存为 PSD 格式，单击“确定”按钮将图像保存。

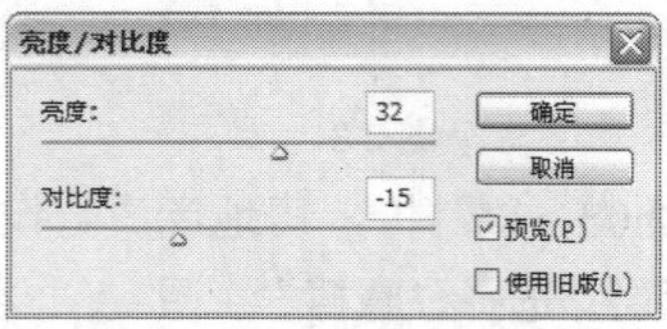

图 8-39　　图 8-40

CorelDRAW 应用

8.1.4 制作标志图形

Step 01 打开 CorelDRAW X4 软件，按<Ctrl>+<N>组合键，新建一个页面。在属性栏的“纸张宽度和高度”选项中分别设置宽为 287mm，高为 157mm。按<Enter>键，页面尺寸显示为设置的大小，如图 8-41 所示。

Step 02 选择“文件 > 导入”命令，弹出“导入”对话框，选择光盘中的“Ch08 > 效果 > 房地产广告设计 > 广告背景图”文件，单击“导入”按钮，在页面中单击导入图片。按<P>键，图片在页面中居中对齐，如图 8-42 所示。

图 8-41

图 8-42

Step 03 选择“文本”工具，在页面中输入需要的文字。选择“挑选”工具，在属性栏中选择合适的字体并设置文字大小，设置文字颜色的 CMYK 值为 0、60、100、0，填充文字，效果如图 8-43 所示。选择“交互式轮廓图”工具，在属性栏中单击“向外”轮廓化按钮，将“填充色”设为白色，其他选项的设置如图 8-44 所示。按<Enter>键确认，效果如图 8-45 所示。

图 8-43

图 8-44

图 8-45

8.1.5 制作印章

Step 01 选择“贝塞尔”工具，绘制一个印章的轮廓线，如图 8-46 所示。选择“挑选”工具，按数字键盘上的<+>键复制一个轮廓线，并拖曳复制的轮廓线到适当的位置，如图 8-47 所示。

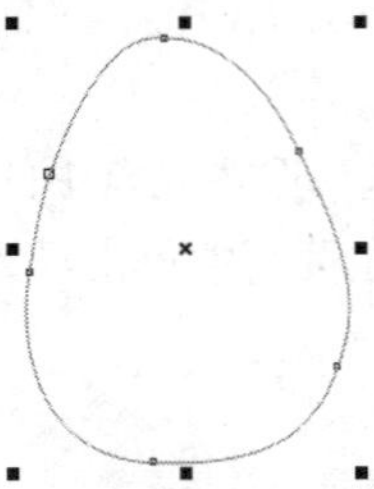

图 8-46

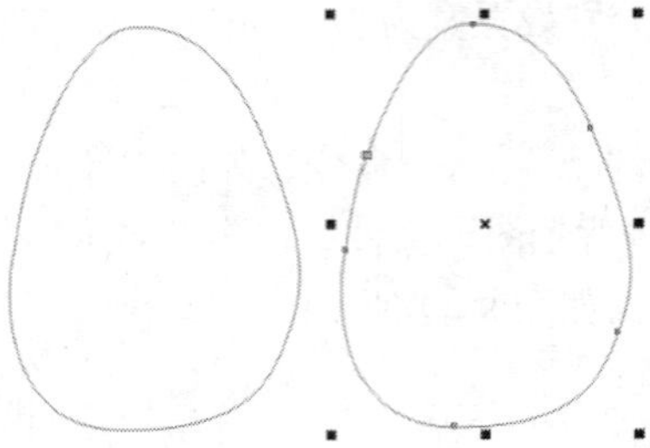

图 8-47

Step 02 选择“挑选”工具，选取原轮廓线。选择“渐变填充对话框”工具，弹出“渐变填充”对话框，选择“双色”单选项，将“从”选项颜色的 CMYK 值设置为 0、0、0、100，“到”选项颜色的 CMYK 值设置为 0、0、0、0，其他选项的设置如图 8-48 所示。单击“确定”按钮填充图形，去除图形的轮廓线，效果如图 8-49 所示。

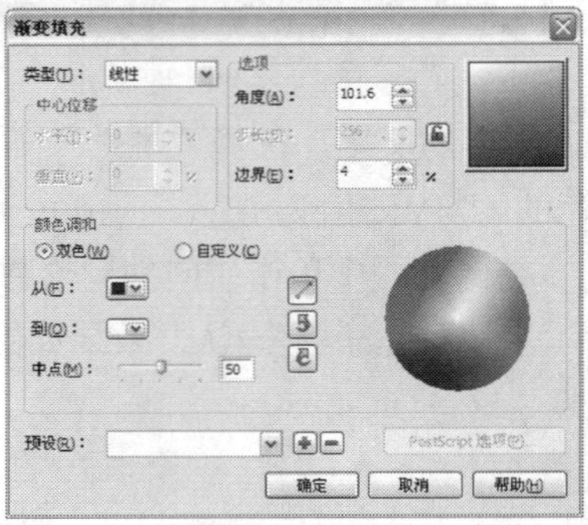

图 8-48

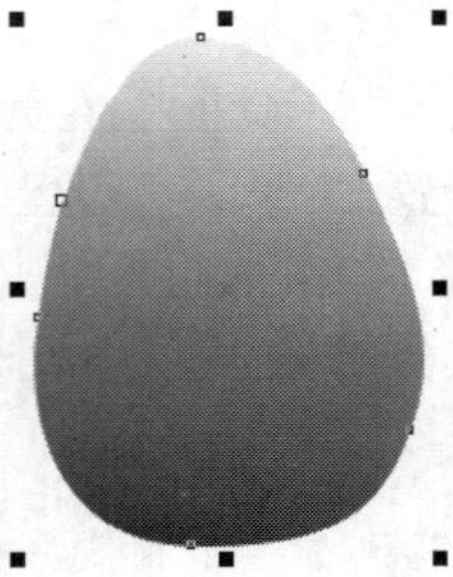

图 8-49

Step 03 按数字键盘上的<+>键复制一个图形，将其拖曳到适当的位置，如图 8-50 所示。选择“渐变填充对话框”工具，弹出“渐变填充”对话框，选择“双色”单选项，将“从”选项颜色的 CMYK 值设置为 0、100、100、0，“到”选项颜色的 CMYK 值设置为 0、60、100、0，其他选项的设置如图 8-51 所示。单击“确定”按钮填充图形，效果如图 8-52 所示。

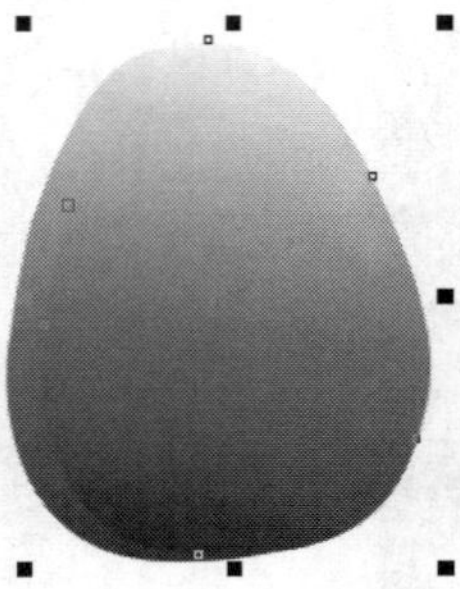

图 8-50

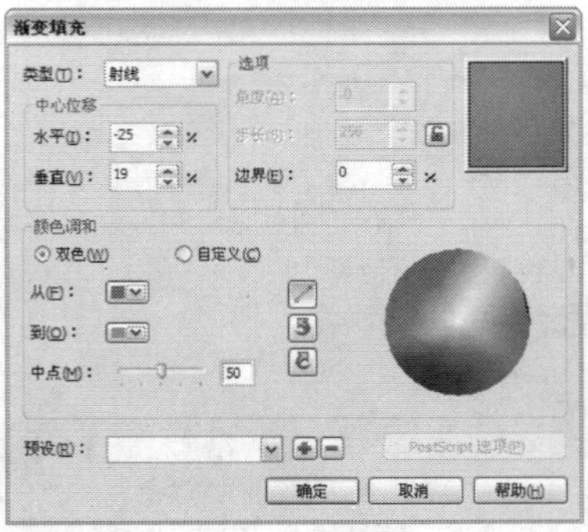

图 8-51

图 8-52

Step 04 选择“交互式调和”工具，在两个图形之间拖曳光标，如图 8-53 所示，属性栏中的设置如图 8-54 所示。按<Enter>键确认，效果如图 8-55 所示。选择“挑选”工具，选取复制的轮廓线，拖曳到适当的位置，并调整其大小，效果如图 8-56 所示。

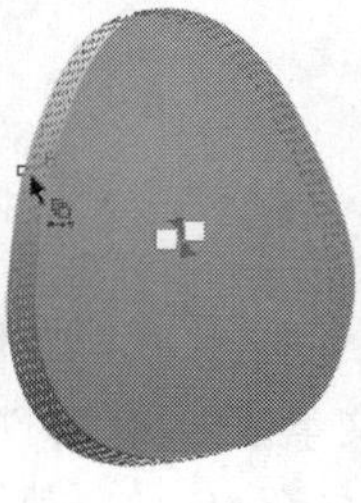

图 8-53

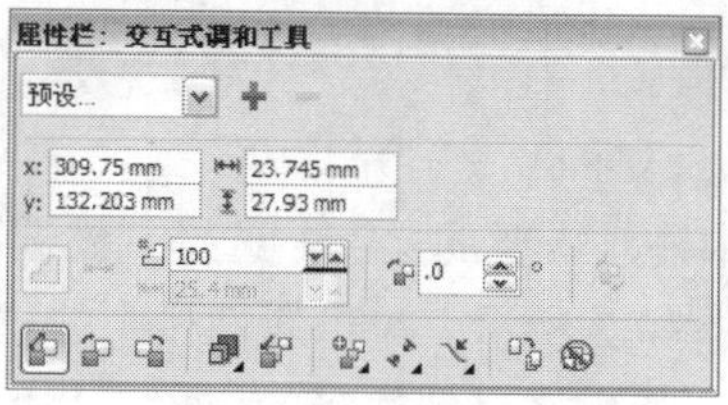

图 8-54

图 8-55

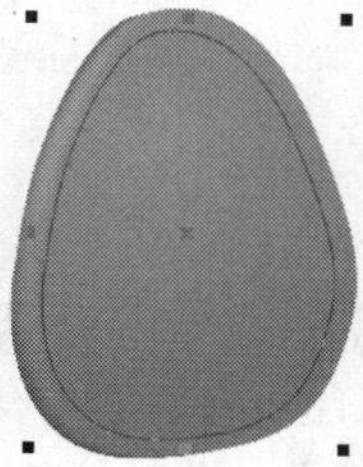

图 8-56

> **提示**：在交互式调和工具属性栏中，“步数或调和形状之间的偏移量”选项 20 用来设置调和的步数，数值越大，图形对象间产生的形状和颜色就越平滑。

Step 05 选择“文本”工具，在印章中适当的位置分别输入文字“别、墅”。选择“挑选”工具，在属性栏中选择合适的字体并设置文字大小，旋转到适当的角度，效果如图 8-57 所示。选择“挑选”工具，用圈选的方法将绘制的图形和文字同时选取，按<Ctrl>+<G>组合键将其群组，效果如图 8-58 所示。

图 8-57

图 8-58

Step 06 选择“挑选”工具，拖曳印章到适当的位置，并旋转到适当的角度，如图 8-59 所示。按<Ctrl>+<I>组合键，弹出“导入”对话框，同时选择光盘中的“Ch08 > 效果 > 05、06”文件，单击“导入”按钮，在页面中分别单击导入图片，并拖曳图片到适当的位置，效果如图 8-60 所示。

图 8-59

图 8-60

8.1.6 添加广告语

Step 01 选择“文本”工具，在页面中输入需要的文字。选择“挑选”工具，在属性栏中选择合适的字体并设置文字大小，效果如图 8-61 所示。

图 8-61

Step 02 选择"文本"工具，在页面中输入需要的文字。选择"挑选"工具，在属性栏中选择合适的字体并设置文字大小，效果如图 8-62 所示。单击属性栏中的"将文本改为垂直方向"按钮，将文字竖排，效果如图 8-63 所示。拖曳文字到适当的位置，并填充文字为白色，效果如图 8-64 所示。

图 8-62

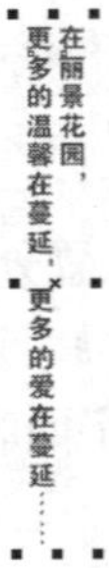

图 8-63

图 8-64

8.1.7 添加内容图片和文字

Step 01 选择"文本"工具，在页面中输入需要的文字。选择"挑选"工具，在属性栏中选择合适的字体并设置文字大小，设置文字颜色的 CMYK 值为 0、60、100、0，填充文字，效果如图 8-65 所示。选择"矩形"工具，在适当的位置绘制一个矩形，属性栏中的设置如图 8-66 所示，按<Enter>键。设置矩形颜色的 CMYK 值为 0、0、40、0，填充矩形，并去除矩形的轮廓线，效果如图 8-67 所示。

图 8-65

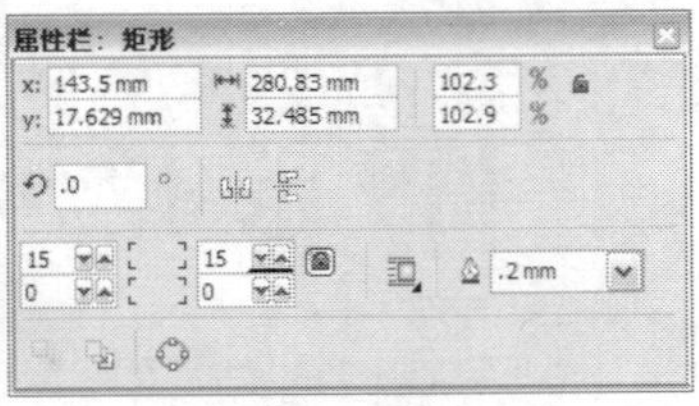

图 8-66

图 8-67

Step 02 选择“交互式透明”工具，在属性栏中的设置如图 8-68 所示。按<Enter>键确认，矩形的透明效果如图 8-69 所示。

图 8-68

图 8-69

Step 03 选择“文件 > 导入”命令，弹出“导入”对话框。选择光盘中的“Ch08 > 素材 > 房地产广告设计 > 08”文件，单击“导入”按钮，在页面中单击导入图片，拖曳图片到适当的位置，效果如图 8-70 所示。选择“文本”工具，在页面中适当的位置输入需要的文字。选择“挑选”工具，在属性栏中选择合适的字体并设置文字大小，效果如图 8-71 所示。

图 8-70

图 8-71

Step 04 选择“椭圆形”工具，按住<Ctrl>键，在页面中绘制一个圆形，设置圆形颜色的 CMYK 值为 0、60、100、0，填充圆形，并去除圆形的轮廓线，效果如图 8-72 所示。选择“挑选”工具，按住<Ctrl>键的同时，按住鼠标左键水平向右拖曳圆形，并在适当的位置上单击鼠标右键，复制一个新的圆形，效果如图 8-73 所示。按住<Ctrl>键，再连续按<D>键，复制出多个图形，效果如图 8-74 所示。

图 8-72

图 8-73

图 8-74

Step 05 选择“手绘”工具，按住<Ctrl>键绘制一条直线，如图 8-75 所示。按<F12>键，弹出“轮廓笔”对话框，选项的设置如图 8-76 所示。单击“确定”按钮，效果如图 8-77 所示。

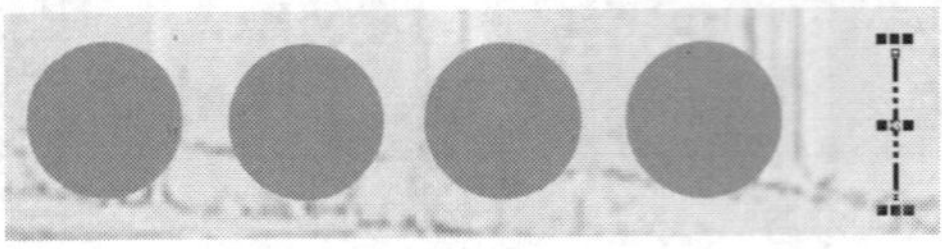

图 8-75

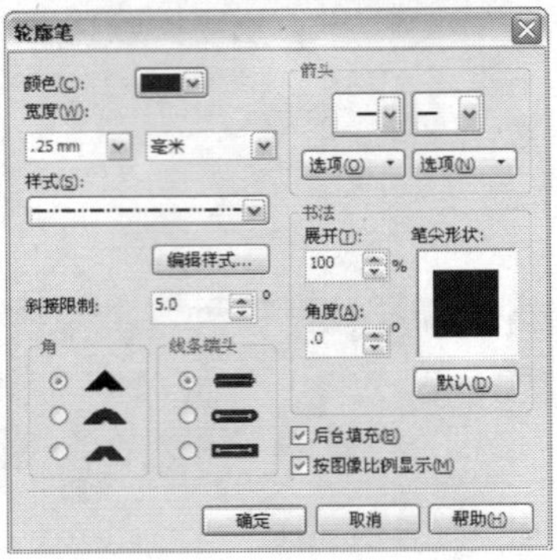

图 8-76

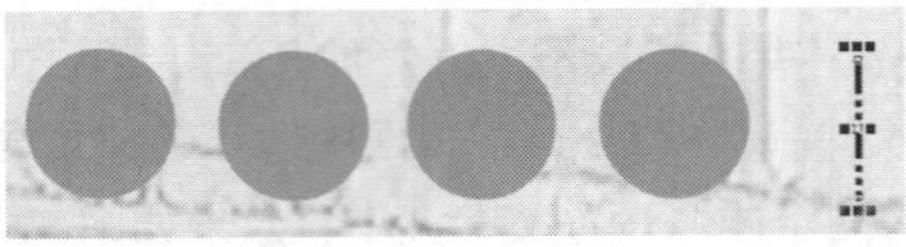

图 8-77

Step 06 选择“挑选”工具，用圈选的方法将圆形和直线同时选取，按<Ctrl>+<G>组合键将其群组，如图 8-78 所示。按住<Ctrl>键的同时，按住鼠标左键水平向右拖曳图形，并在适当的位置上单击鼠标右键，复制一个新的图形，效果如图 8-79 所示。按住<Ctrl>键，再连续按<D>键，复制出多个图形，效果如图 8-80 所示。

图 8-78

图 8-79

图 8-80

Step 07 选择“文本”工具，在圆形的适当位置输入需要的文字。选择“挑选”工具，在属性栏中选择合适的字体并设置文字大小，效果如图 8-81 所示。选择“形状”工具，按住鼠标左键向右拖曳文字下方的图标，调整文字的间距如图 8-82 所示，松开鼠标，文字效果如图 8-83 所示。

图 8-81

图 8-82

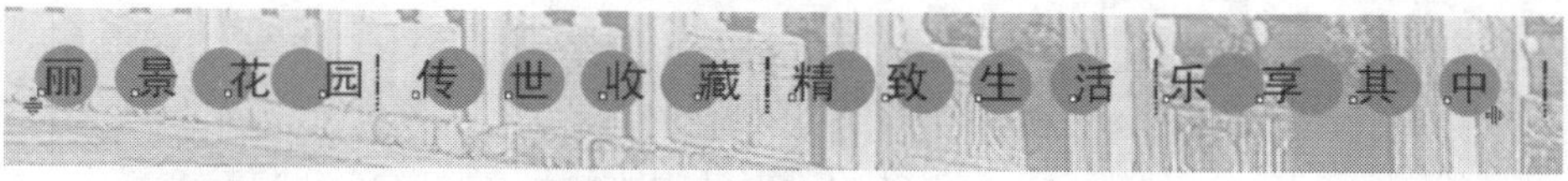

图 8-83

Step 08 选择“形状”工具，选取“景”字的节点并拖曳到适当位置，如图 8-84 所示。用相同的方法，选择“形状”工具，拖曳需要文字的节点到适当的位置，效果如图 8-85 所示。

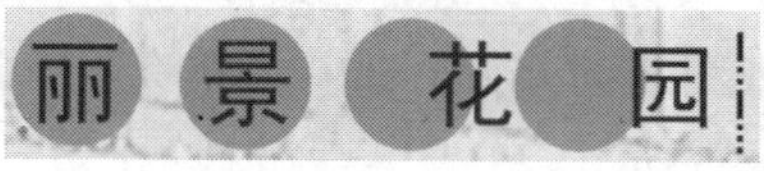

图 8-84

图 8-85

Step 09 选择“矩形”工具，在适当的位置绘制一个矩形，属性栏中的设置如图 8-86 所示，按<Enter>键。设置矩形颜色的 CMYK 值为 0、20、100、0，填充矩形，并去除矩形轮廓线，效果如图 8-87 所示。使用相同的方法绘制其他矩形，效果如图 8-88 所示。

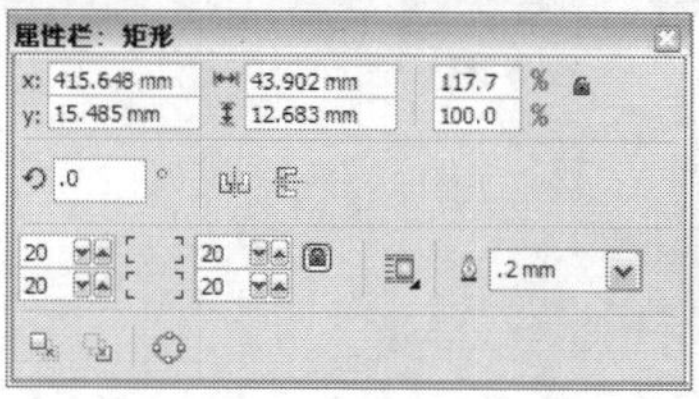

图 8-86

图 8-87

图 8-88

Step 10 选择“文本”工具，在页面中输入需要的文字。选择“挑选”工具，在属性栏中选择合适的字体并设置文字大小，效果如图 8-89 所示。选择“文本”工具，选取需要的文字，如图 8-90 所示。选择“文本 > 字符格式化”命令，弹出“字符格式化”面板，将“字符效果”选项组中的“位置”选项设置为“上标”，如图 8-91 所示，文字效果如图 8-92 所示。

图 8-89

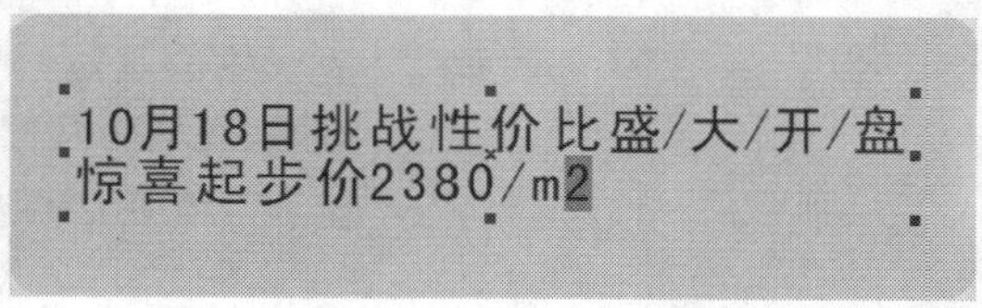

图 8-90

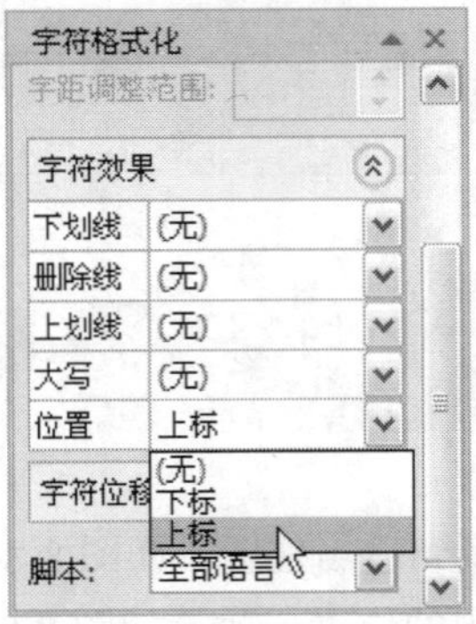

图 8-91

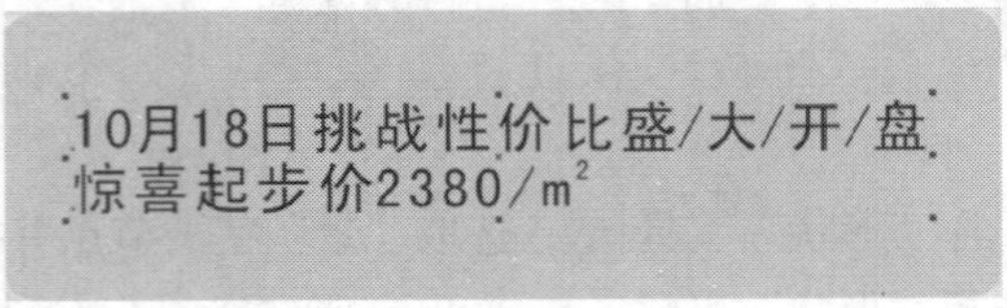

图 8-92

Step 11 选择“文本”工具，分别选取需要的文字，选择“挑选”工具，在属性栏中选择合适的字体并设置文字大小，效果如图 8-93 所示。选择“文本”工具，分别选取需要的文字，设置文字颜色的 CMYK 值为 0、70、100、0，填充文字，效果如图 8-94 所示。选择“挑选”工具，选取文字和矩形，按<E>键和<C>键居中对齐，效果如图 8-95 所示。

图 8-93

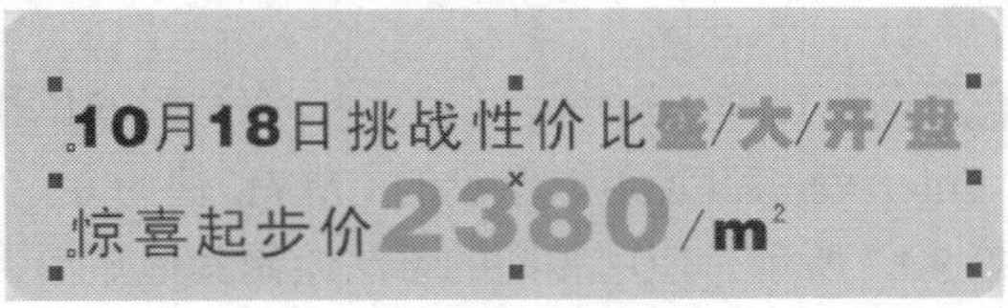

图 8-94

图 8-95

Step 12 选择“文本”工具，在适当的位置输入需要的文字。选择“挑选”工具，在属性栏中选择合适的字体并设置文字大小，效果如图 8-96 所示。选择“文本”工具，分别选取需要的文字，选择“挑选”工具，在属性栏中选择合适的字体并设置文字大小，效果如图 8-97 所示。选择“挑选”工具，选取文字和矩形，按<E>键和<C>键居中对齐，效果如图 8-98 所示。

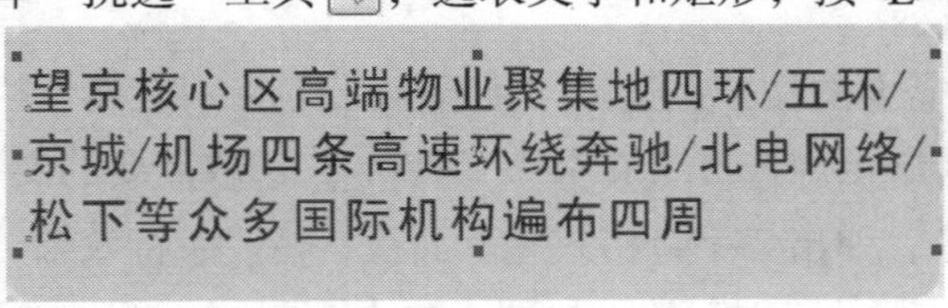

图 8-96

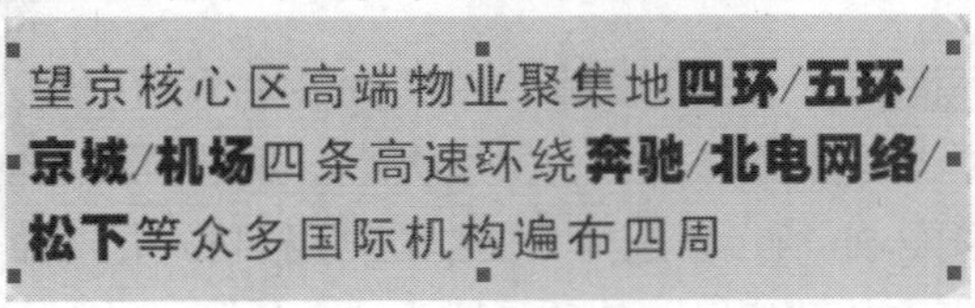

图 8-97

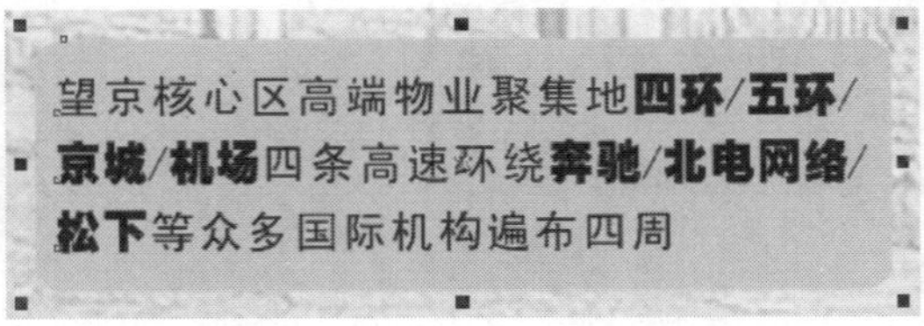

图 8-98

Step 13 选择“文本”工具，在适当的位置输入需要的文字。选择“挑选”工具，在属性栏中选择合适的字体并设置文字大小，效果如图 8-99 所示。选择“文本”工具，分别选取需要的文字，选择“挑选”工具，在属性栏中选择合适的字体并设置文字大小，效果如图 8-100 所示。选择“挑选”工具，选取文字和矩形，按<E>键和<C>键居中对齐，效果如图 8-101 所示。

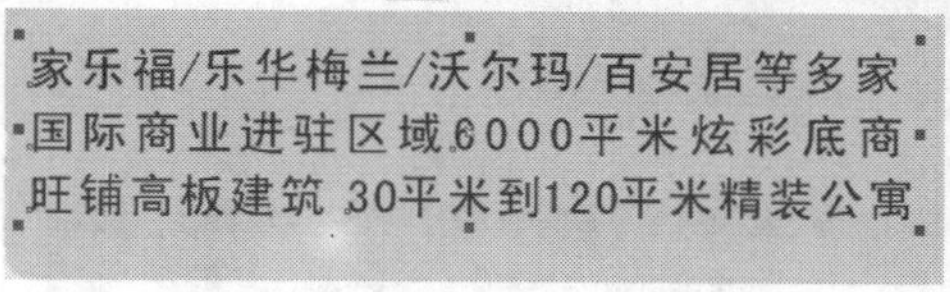

图 8-99

图 8-100

图 8-101

Step 14 选择“文本”工具，分别在页面中输入需要的文字。选择“挑选”工具，分别在属性栏选择合适的字体并设置文字大小。再次单击文字，使其处于旋转状态，拖曳上边中间的控制手柄到适当的位置，松开鼠标左键使文字倾斜，效果如图 8-102 所示。选择“文本”工具，在需要插入字符的位置上单击，插入光标，如图 8-103 所示。选择“文本 > 插入符号字符”命令，弹出“插入字符”对话框，设置并选择需要的字符，如图 8-104 所示。单击“插入”按钮插入字符，效果如图 8-105 所示。

图 8-102

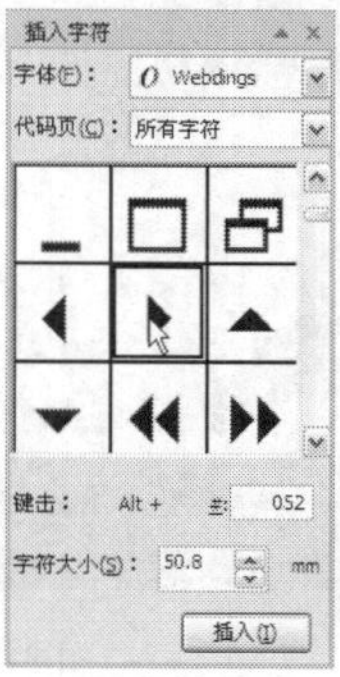

图 8-103　　图 8-104　　图 8-105

Step 15 选择“挑选”工具，选取需要的文字，设置文字颜色的 CMYK 值为 0、70、100、0，填充文字，效果如图 8-106 所示。选择“交互式阴影”工具，属性栏中选项的设置如图 8-107 所示。按<Enter>键确认，阴影效果如图 8-108 所示。选择“文本”工具，输入需要的文字。选择“挑选”工具，在属性栏中选择合适的字体并设置文字大小，文字的效果如图 8-109 所示。

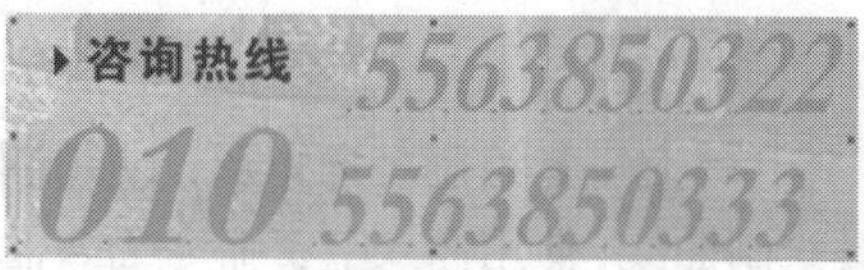

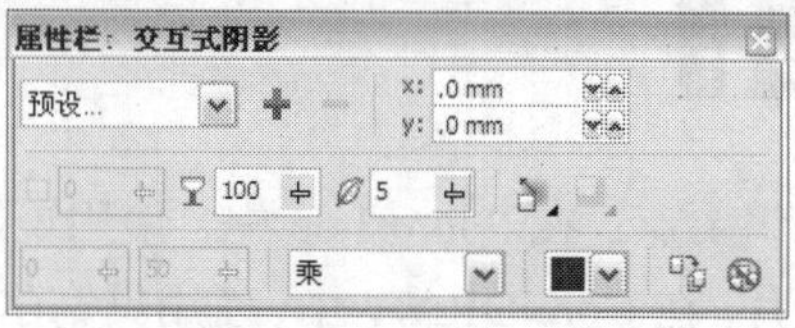

图 8-106　　图 8-107

图 8-108

图 8-109

8.1.8 添加标识效果

Step 01 选择“贝塞尔”工具，在适当的位置绘制一个不规则图形，如图 8-110 所示。设置图形颜色的 CMYK 值为 60、80、0、20，填充图形，并去除图形的轮廓线，效果如图 8-111 所示。

图 8-110

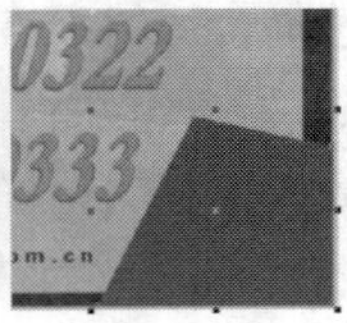

图 8-111

Step 02 选择“文件 > 导入”命令，弹出“导入”对话框。选择光盘中的“Ch08 > 素材 > 房地产广告设计 > 07”文件，单击“导入”按钮，在页面中单击导入图片，拖曳图片到适当的位置，如图 8-112 所示。按<Esc>键取消选取状态，房地产广告制作完成，效果如图 8-113 所示。

图 8-112

图 8-113

Step 03 按<Ctrl>+<S>组合键，弹出“保存图形”对话框，将制作好的图像命名为“房地产广告”，保存为 CDR 格式，单击“保存”按钮将图像保存。

8.2 课后习题——电脑广告设计

习题知识要点：在 Photoshop 中，使用矩形工具和填充工具绘制装饰矩形；使用创建剪贴蒙版命令编辑图片。在 CorelDRAW 中，使用贝塞尔工具绘制曲线；使用插入字符命令插入需要的字符；

使用星形工具绘制标题文字的装饰星形；使用矩形工具和添加透视点命令制作副标题文字的背景；使用交互式调和工具制作文字的调和效果。电脑广告设计效果如图 8-114 所示。

效果所在位置：光盘/Ch08/效果/电脑广告设计/电脑广告.cdr。

图 8-114

第9章 海报设计

海报是广告艺术中的一种大众化载体，又名“招帖”或“宣传画”，一般都张贴在公共场所。由于海报具有尺寸大，远视强、艺术性高的特点，因此，海报在宣传媒介中占有很重要的位置。本章以茶艺海报设计为例，讲解海报的设计方法和制作技巧。

【教学目标】

- 在 Photoshop 软件中制作海报背景图。
- 在 CorelDRAW 软件中添加标题及相关信息。

9.1 茶艺海报设计

案例学习目标：学习在 Photoshop 中使用蒙版、文字工具、填充工具和滤镜命令制作海报背景图。在 CorelDRAW 中使用编辑位图命令、文字工具和图形的绘制工具添加标题及相关信息。

图 9-1

案例知识要点：在 Photoshop 中，使用添加蒙版按钮和渐变工具制作图片的合成效果；使用直排文字工具、字符面板和图层混合模式制作背景文字；使用画笔工具擦除图片中不需要的图像；使用画笔工具和高斯模糊滤镜命令制作烟效果。在 CorelDRAW 中，使用转换为位图命令和模式菜单中的黑白命令对导入的图片进行处理；使用轮廓颜色工具填充图片；使用插入字符命令插入需要的字符；使用椭圆工具、焊接按钮、后减前命令和使文本适合路径命令来完成标志效果。茶艺海报设计效果如图 9-1 所示。

效果所在位置：光盘/Ch09/效果/茶艺海报设计/茶艺海报.cdr。

Photoshop 应用

9.1.1 处理背景图片

Step 01 按<Ctrl>+<N>组合键，新建一个文件：宽度为 25cm，高度为 15cm，分辨率为 300 像素/英寸，颜色模式为 RGB，背景内容为白色。在工具箱的下方将前景色设为绿色（其 R、G、B 的值分别为 4、199、160），按<Alt>+<Delete>组合键，用前景色填充“背景”图层，效果如图 9-2 所示。

Step 02 按<Ctrl>+<O>组合键，打开光盘中的“Ch09 > 素材 > 茶艺海报设计 > 01”文件。选择“移动”工具，将图片拖曳到图像窗口中适当的位置，如图 9-3 所示，在“图层”控制面板中生成新的图层并将其命名为“图片”。

图 9-2

图 9-3

Step 03 在“图层”控制面板上方，将“图片”图层的混合模式选项设为“变亮”，“不透明度”选项设为 10%，如图 9-4 所示，图像效果如图 9-5 所示。

Step 04 按<Ctrl>+<O>组合键，打开光盘中的“Ch09 > 素材 > 茶艺海报设计 > 02”文件。选择“移动”工具，将茶杯图片拖曳到图像窗口中适当的位置，如图 9-6 所示，在“图层”控制面板中生成新的图层并将其命名为“茶图片”。

图 9-4

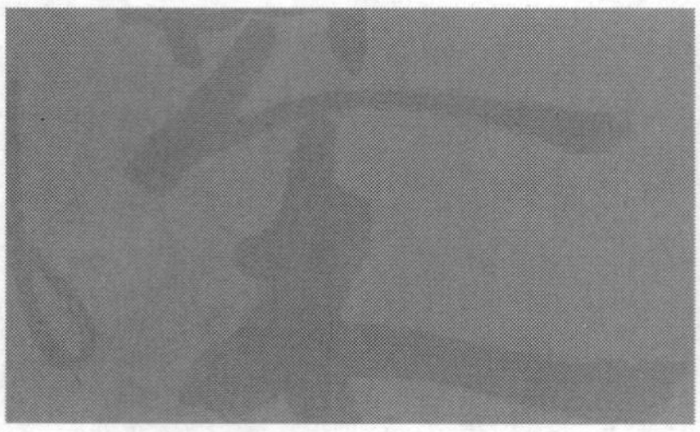

图 9-5

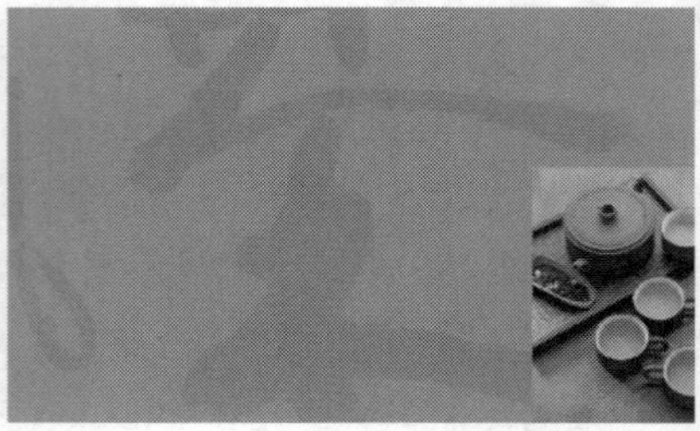

图 9-6

Step 05 单击“图层”控制面板下方的“添加图层蒙版”按钮，为“茶图片”图层添加蒙版，如图 9-7 所示。选择“渐变”工具，单击属性栏中的“点按可编辑渐变”按钮，弹出“渐变编辑器”对话框，将渐变色设为由白色到黑色，单击“确定”按钮。单击属性栏中的“径向渐变”按钮，在图像窗口中拖曳渐变色，如图 9-8 所示，松开鼠标，效果如图 9-9 所示。

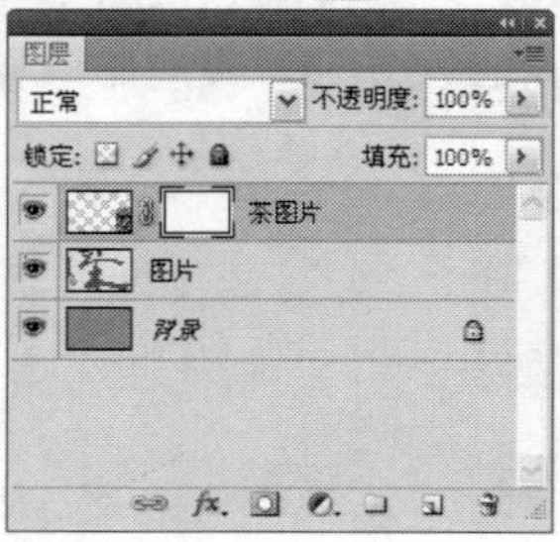

图 9-7

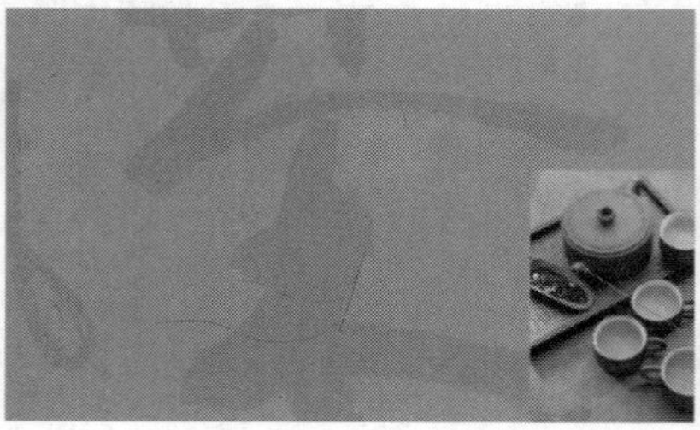

图 9-8

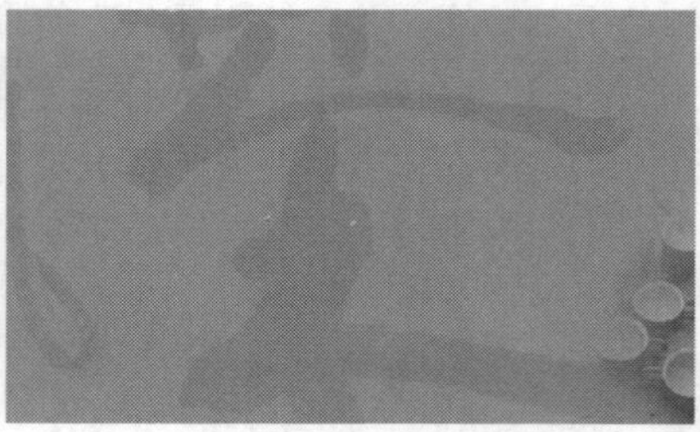

图 9-9

9.1.2 添加并编辑背景文字

Step 01 双击打开光盘中的“Ch09 > 素材 > 茶艺海报设计 > 记事本”文件，按<Ctrl>+<A>组合键，选取文档中所有的文字。单击鼠标右键，在弹出的菜单中选择“复制”命令，复制文字，如图 9-10 所示。返回 Photoshop 页面中，选择“直排文字”工具，在属性栏中选择合适的字体并设置文字大小，在页面中单击插入光标，粘贴文字，效果如图 9-11 所示。

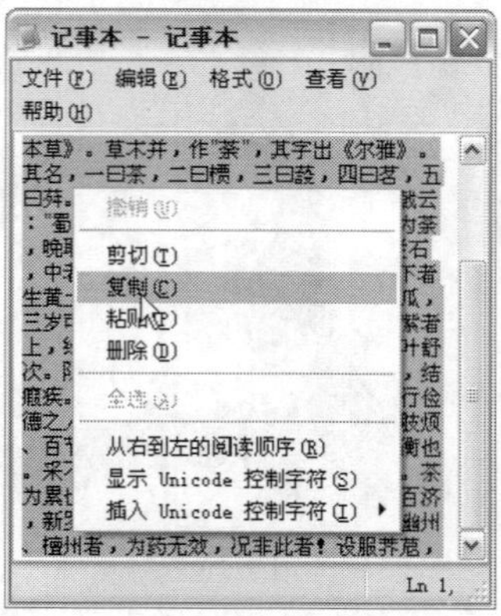

图 9-10

图 9-11

Step 02 单击属性栏中的“显示/隐藏字符和段落调板”工具，弹出“字符”控制面板，选项的设置如图 9-12 所示。按<Enter>键确认，文字效果如图 9-13 所示。

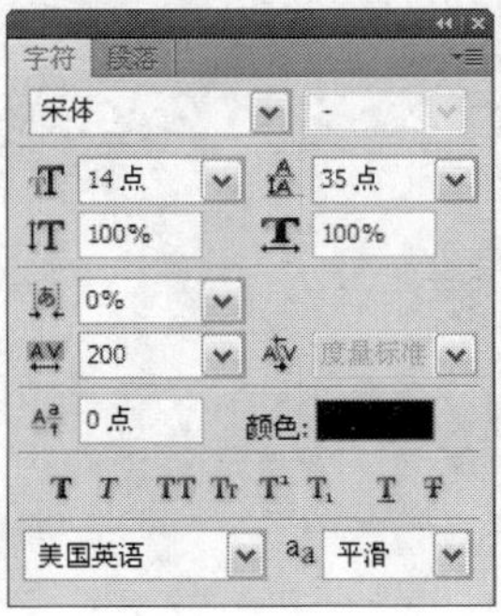

图 9-12

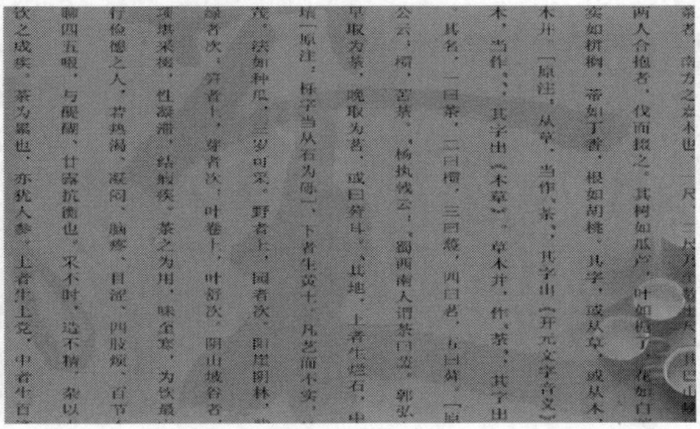

图 9-13

Step 03 在“图层”控制面板上方，将文字图层的混合模式选项设为“柔光”，“不透明度”选项设为 25%，如图 9-14 所示，图像窗口中的效果如图 9-15 所示。

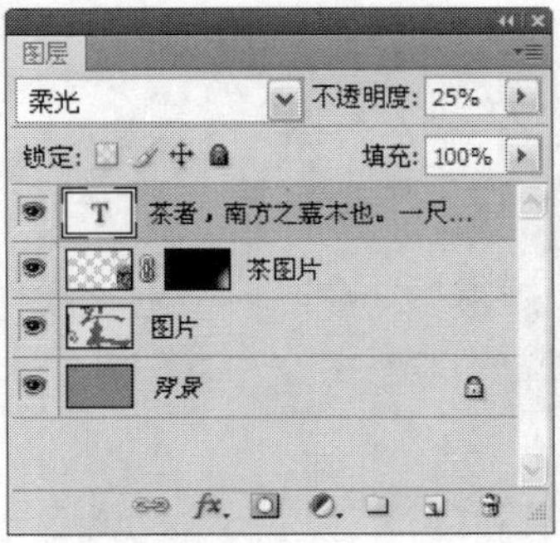

图 9-14

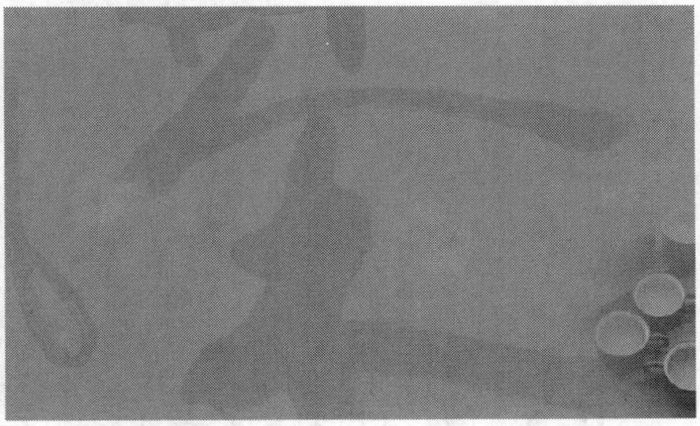

图 9-15

9.1.3 添加并编辑图片

Step 01 按<Ctrl>+<O>组合键，打开光盘中的“Ch09 > 素材 > 茶艺海报设计 > 03”文件。选择“移动”工具，将风景图片拖曳到图像窗口中适当的位置，如图 9-16 所示，在“图层”控制面板中生成新的图层并将其命名为“山川”。

图 9-16

Step 02 单击“图层”控制面板下方的“添加图层蒙版”按钮，为“山川”图层添加蒙版，如图 9-17 所示。选择“渐变”工具，单击属性栏中的“点按可编辑渐变”按钮，弹出“渐变编辑器”对话框，将渐变色设为由白色到黑色，单击“确定”按钮，在图片上从上到下拖曳渐变色，效果如图 9-18 所示。

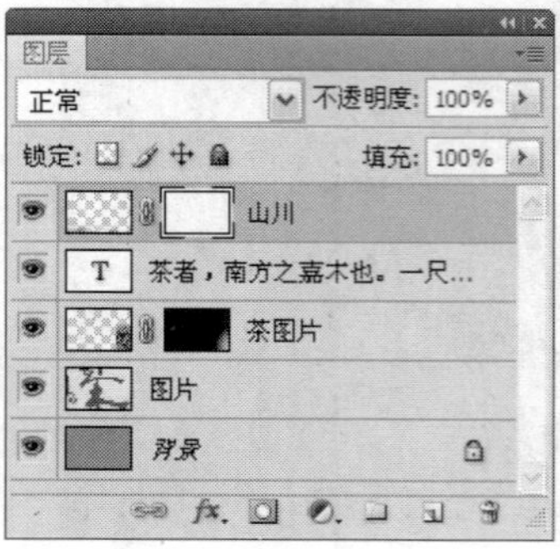

图 9-17

图 9-18

Step 03 选择“画笔”工具，在属性栏中单击“画笔”选项右侧的按钮，弹出画笔选择面板，选择需要的画笔形状，如图 9-19 所示。在图片右侧拖曳鼠标擦除不需要的图像，效果如图 9-20 所示。

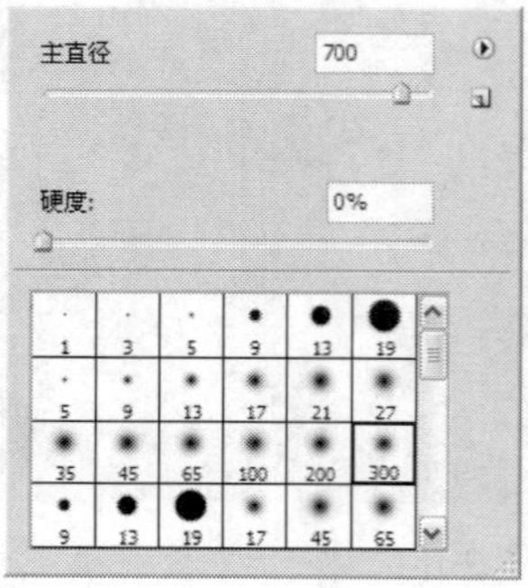

图 9-19

图 9-20

Step 04 在“图层”控制面板上方，将“山川”图层的混合模式选项设为“变暗”，“不透明度”选项设为 60%，如图 9-21 所示，图像效果如图 9-22 所示。

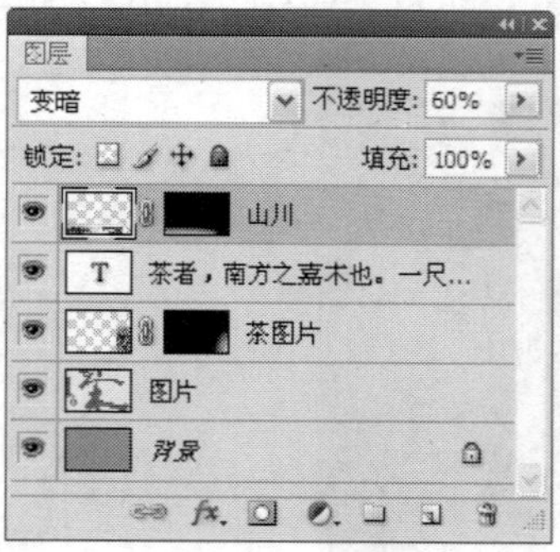

图 9-21

图 9-22

Step 05 按<Ctrl>+<O>组合键，打开光盘中的“Ch09 > 素材 > 茶艺海报设计 > 04”文件。选择“移动”工具，将墨迹图片拖曳到图像窗口中适当的位置，如图 9-23 所示，在“图层”控制面板中生成新的图层并将其命名为“墨”。

Step 06 在“图层”控制面板中，将“墨”图层的混合模式选项设为“正片叠底”，图像效果如图 9-24 所示。将“墨”图层拖曳到控制面板下方的“创建新图层”按钮上进行复制，生成新的图层“墨 副本”，将“墨 副本”图层的混合模式选项设为“柔光”，如图 9-25 所示，效果如图 9-26 所示。

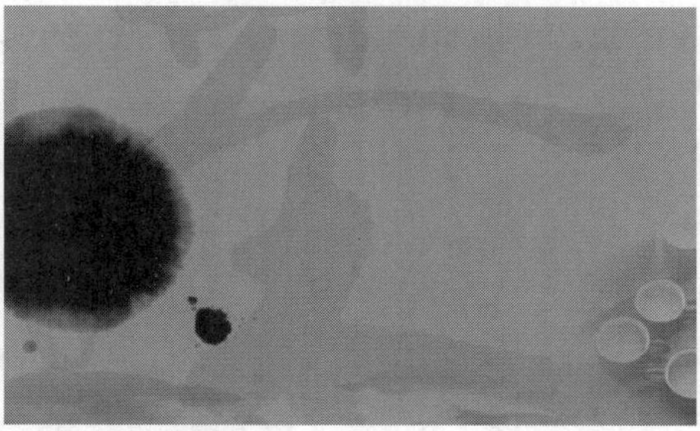

图 9-23

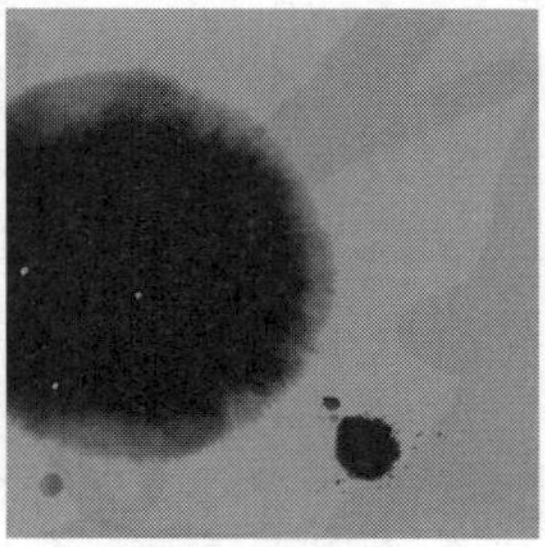

图 9-24

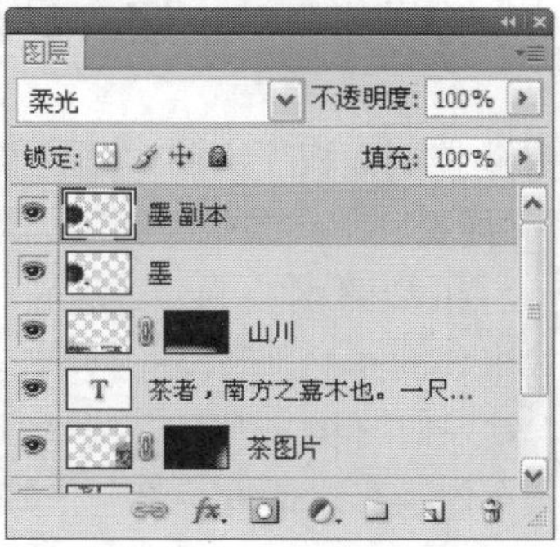

图 9-25

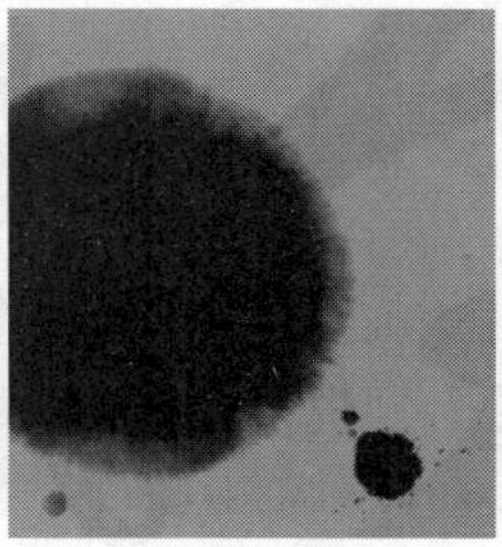

图 9-26

Step 07 按<Ctrl>+<O>组合键，打开光盘中的“Ch09 > 素材 > 茶艺海报设计 > 05”文件。选择“移动”工具，将茶壶图片拖曳到图像窗口中适当的位置，如图 9-27 所示。在“图层”控制面板中生成新的图层并将其命名为“茶壶”。

Step 08 在“图层”控制面板上方，将“茶壶”图层的混合模式选项设为“排除”，“不透明度”选项设为 80%，如图 9-28 所示，图像效果如图 9-29 所示。

图 9-27

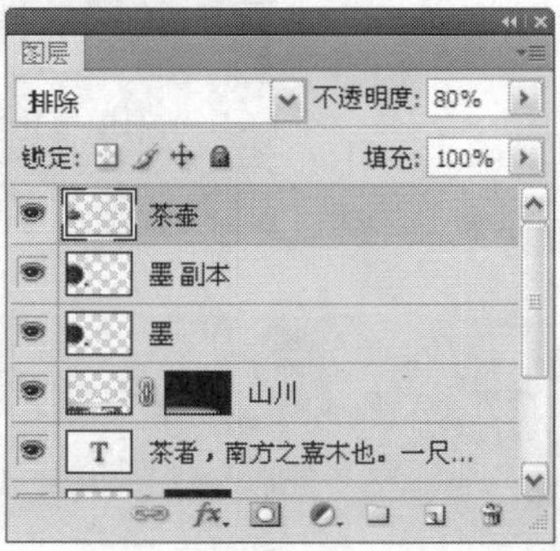

图 9-28

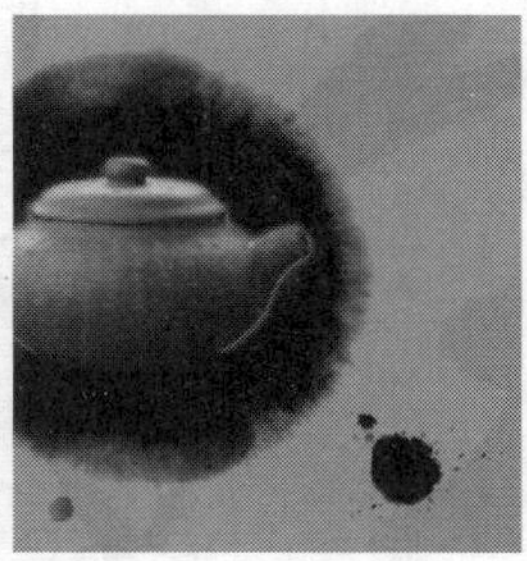

图 9-29

提示：在“图层”控制面板的混合模式中，“变亮”模式：比较图像中所有通道的颜色，将当前层中亮的色彩调整得更亮；“柔光”模式：产生一种柔和光照的效果；“叠加”模式：根据底层图像的颜色，使当前层产生变亮或变暗的效果；“排除”模式：比差值模式产生的效果柔和一些，而差值效果的产生取决于当前层和底层像素值的大小。

Step 09 新建图层并将其命名为“线条烟”。将前景色设为白色。选择“画笔”工具，在属性栏中单击“画笔”选项右侧的按钮，弹出画笔选择面板，选择需要的画笔形状，如图 9-30 所示。在图像窗口中拖曳鼠标绘制线条，效果如图 9-31 所示。

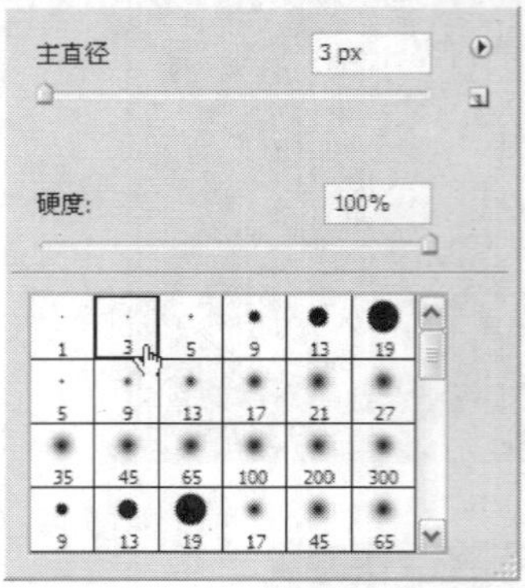

图 9-30

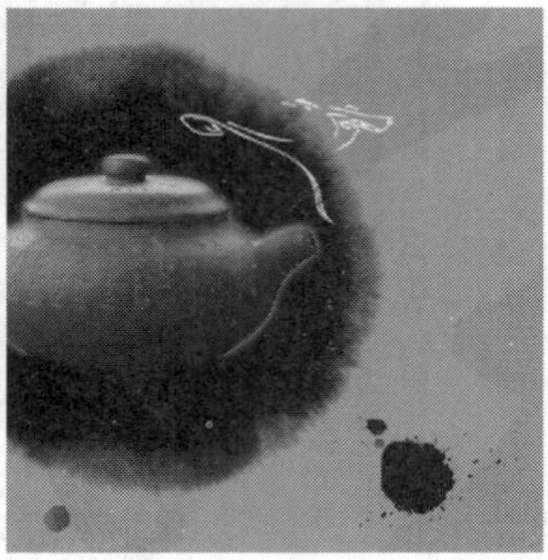

图 9-31

Step 10 将“线条烟”图层拖曳到控制面板下方的“创建新图层”按钮上进行复制，生成新的图层并将其命名为“模糊烟”，拖曳到“线条烟”图层的下方。选择“滤镜 > 模糊 > 高斯模糊”命令，在弹出的对话框中进行设置，如图 9-32 所示，单击“确定”按钮。选择“移动”工具，将模糊图形拖曳到适当的位置，效果如图 9-33 所示。

Step 11 海报背景图制作完成，效果如图 9-34 所示。按<Ctrl>+<Shift>+<E>组合键，合并可见图层。按<Ctrl>+<S>组合键，弹出“存储为”对话框，将制作好的图像命名为“海报背景图”，保存为 TIFF 格式。单击“保存”按钮，弹出“TIFF 选项”对话框，再单击“确定”按钮将图像保存。

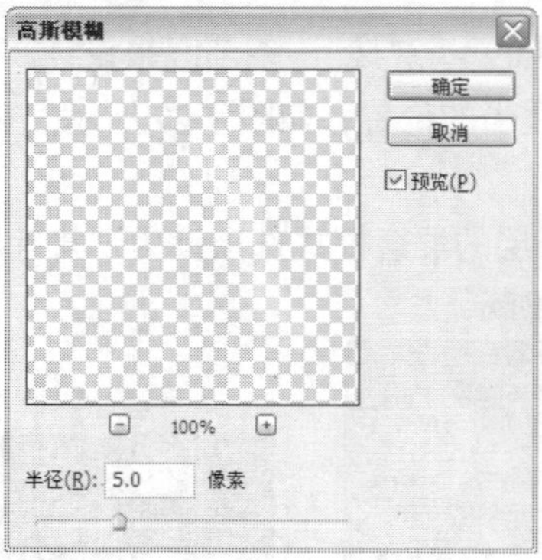

图 9-32

图 9-33

图 9-34

CorelDRAW 应用

9.1.4　导入并编辑标题文字

Step 01 打开 CorelDRAW X4 软件，按<Ctrl>+<N>组合键，新建一个页面。在属性栏中的“纸张宽度和高度”选项中分别设置宽度为 250mm，高度为 150mm，如图 9-35 所示。按<Enter>键确认，页面尺寸显示为设置的大小。

Step 02 按<Ctrl>+<I>组合键，弹出“导入”对话框，选择光盘中的“Ch09 > 效果 > 茶艺海报设计 > 海报背景图”文件，单击“导入”按钮，在页面中单击导入图片。按<P>键，图片在页面中居中对齐，效果如图 9-36 所示。

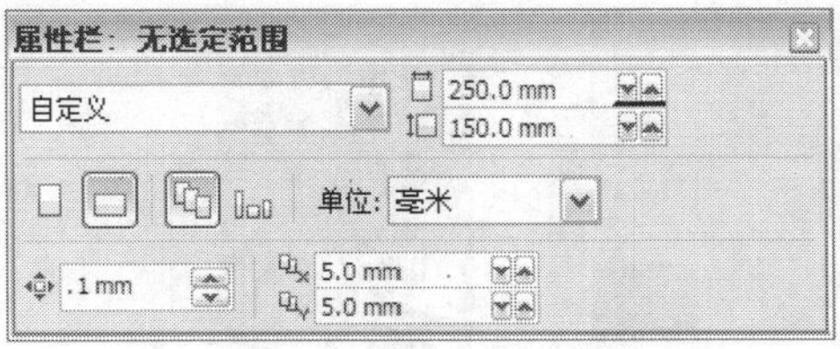

图 9-35

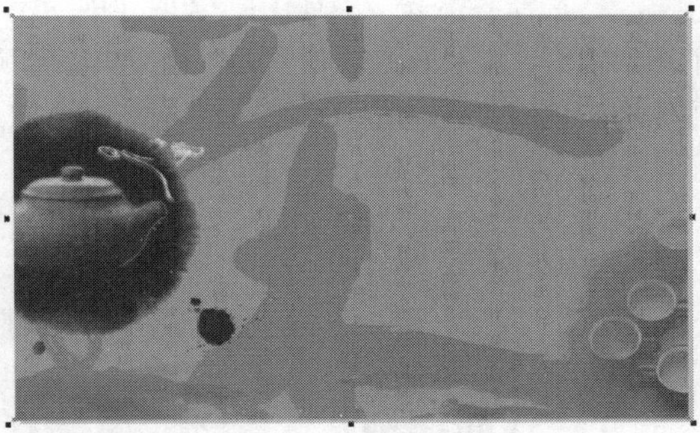

图 9-36

Step 03 按<Ctrl>+<I>组合键，弹出“导入”对话框，选择光盘中的“Ch09 > 素材 > 茶艺海报设计 > 06”文件，单击“导入”按钮，在页面中单击导入图片，调整其大小和位置，效果如图 9-37 所示。

Step 04 选择“位图 > 模式 > 黑白”命令，弹出“转换为 1 位”对话框，选项的设置如图 9-38 所示。单击“确定”按钮，效果如图 9-39 所示。

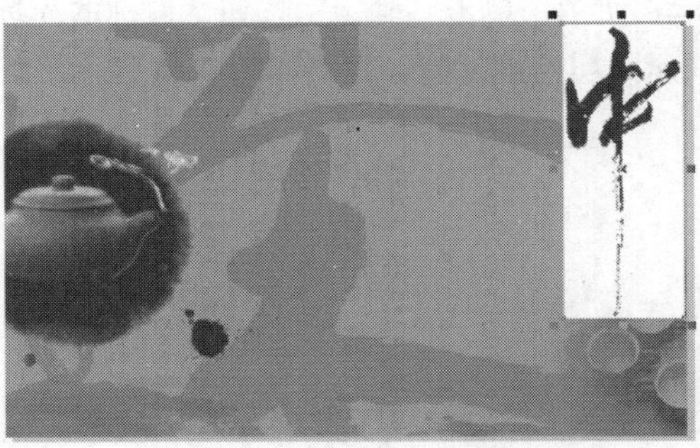

图 9-37

图 9-38

图 9-39

提示：在“转换为 1 位”对话框中，在“转换方法”选项的下拉列表中可以选取不同的转换方法，“阈值”选项可以设置转换的强度。

Step 05 按<Ctrl>+<I>组合键，弹出“导入”对话框，同时选择光盘中的“Ch09 > 素材 > 茶艺海报设计 > 07、08、09”文件，单击“导入”按钮，在页面中分别单击导入图片，并分别调整其位置和大小，效果如图 9-40 所示。使用相同的方法转换图形，效果如图 9-41 所示。

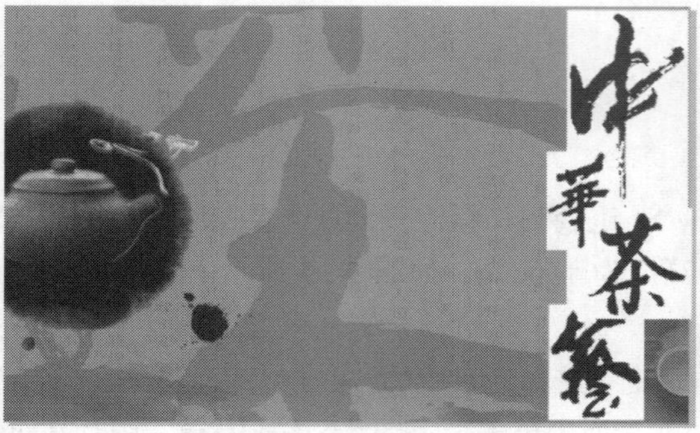

图 9-40

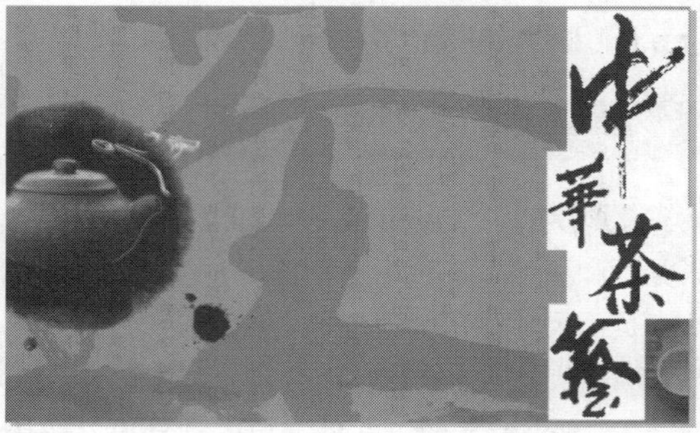

图 9-41

Step 06 选择“挑选”工具，选取“中”字，在“调色板”中的“无填充”按钮上单击，取消图形填充，效果如图 9-42 所示。选择“轮廓颜色对话框”工具，弹出“轮廓颜色”对话框，设置轮廓颜色的 CMYK 值为 95、55、95、50，如图 9-43 所示。单击“确定”按钮，效果如图 9-44 所示。

图 9-42

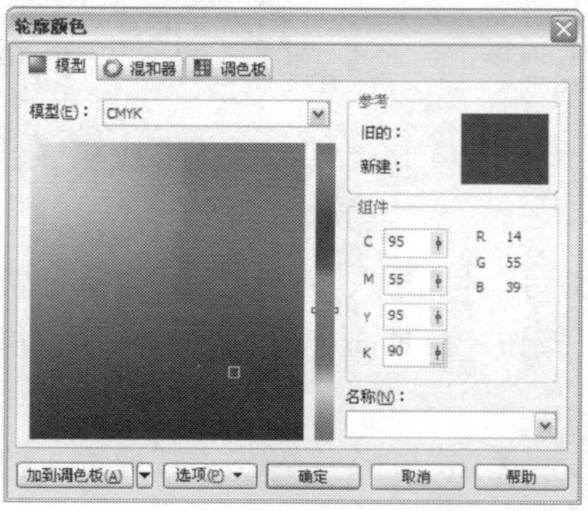

图 9-43

图 9-44

Step 07 选择“挑选”工具，选取“华”字，如图 9-45 所示。选择“编辑 > 复制属性自”命令，弹出“复制属性”对话框，选项的设置如图 9-46 所示，单击“确定”按钮，鼠标的光标变为黑色箭头形状，并在“中”字上单击，如图 9-47 所示，属性被复制，效果如图 9-48 所示。使用相同的方法，制作出如图 9-49 所示的效果。

图 9-45

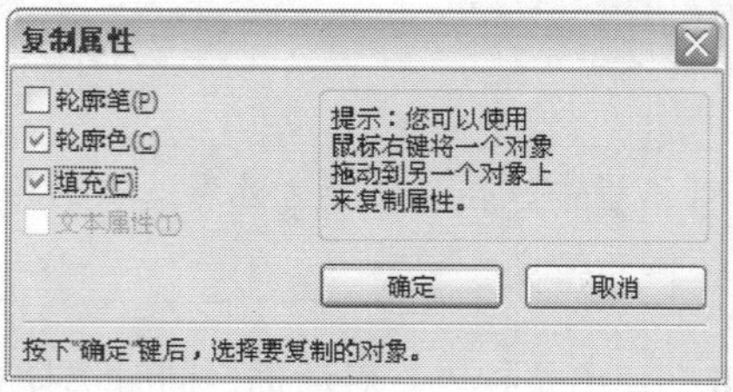

图 9-46

图 9-47

图 9-48

图 9-49

9.1.5 添加文字及印章

Step 01 选择“文本”工具 ，在页面中输入需要的文字。选择“挑选”工具 ，在属性栏中选择合适的字体并设置文字大小，效果如图 9-50 所示。设置文字颜色的 CMYK 值为 0、100、100、10，填充文字，效果如图 9-51 所示。

图 9-50

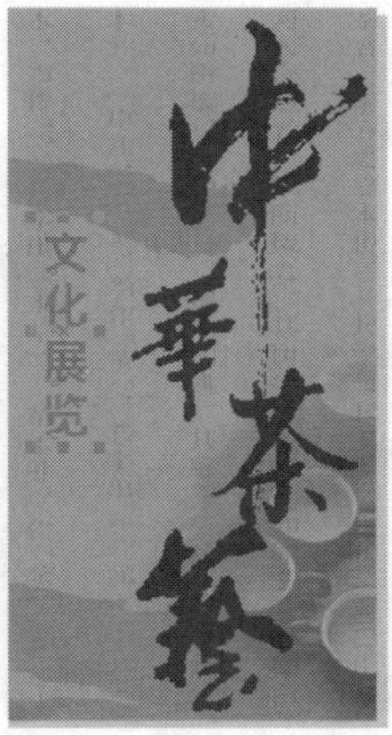

图 9-51

Step 02 选择“交互式轮廓图”工具 ，在属性栏中进行设置如图 9-52 所示。按<Enter>键确认，轮廓图效果如图 9-53 所示。

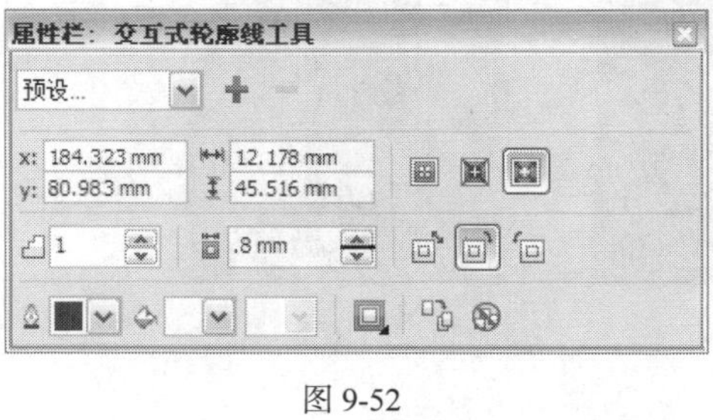

图 9-52

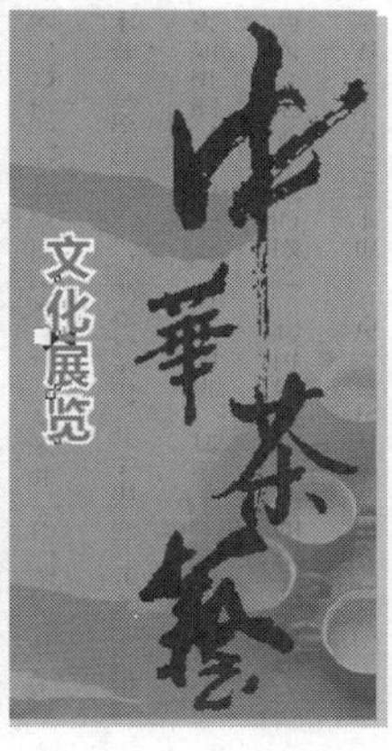

图 9-53

Step 03 选择“文本”工具，在页面中输入需要的英文字母。选择“挑选”工具，在属性栏中选择合适的字体并设置文字大小，效果如图 9-54 所示。

图 9-54

Step 04 选择“矩形”工具，绘制一个矩形，在属性栏中的“边角圆滑度”框中设置数值为 90，如图 9-55 所示。按<Enter>键确认，效果如图 9-56 所示。

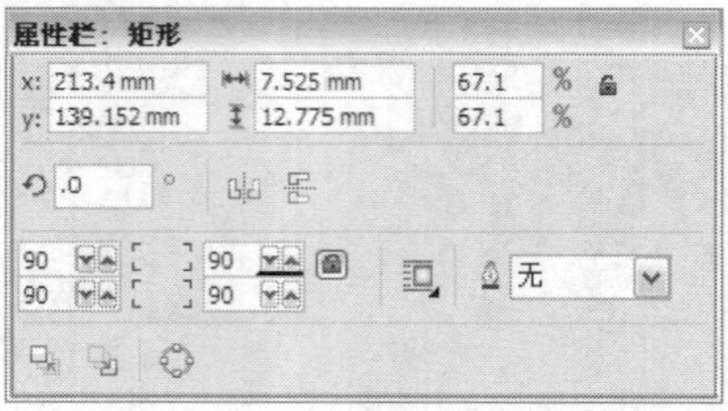

图 9-55

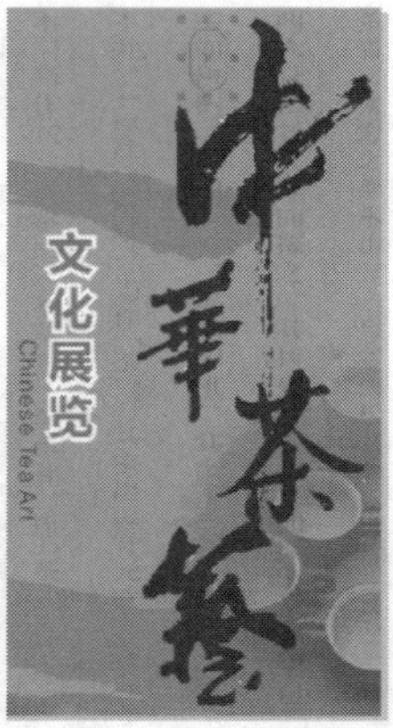

图 9-56

Step 05 选择“挑选”工具，选取圆角矩形，单击“CMYK 调色板”中的“红”色块，填充图形，并去除图形的轮廓线，效果如图 9-57 所示。选择“文本”工具，在页面中输入需要的文字。选择“挑选”工具，在属性栏中选择合适的字体并设置文字大小，填充文字为白色，效果如图 9-58 所示。

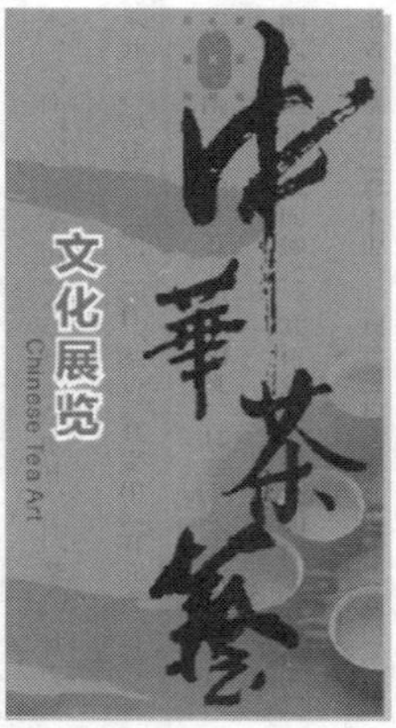

图 9-57

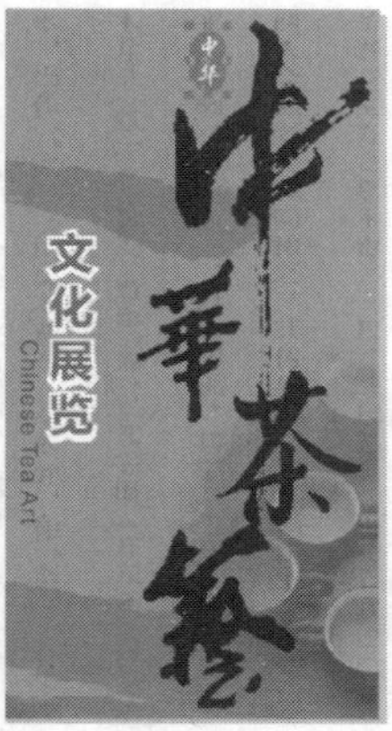

图 9-58

9.1.6　制作展览的标志图形

Step 01 选择“椭圆形”工具，按住<Ctrl>键，在页面的空白处绘制一个圆形，填充圆形为黑色，并去圆形的除轮廓线，效果如图 9-59 所示。选择“矩形”工具，在圆形的下面绘制一个矩形，填充圆形为黑色，并去除圆形的轮廓线，效果如图 9-60 所示。选择“挑选”工具，用圈选的方法，将圆形和矩形同时选取，按<C>键进行垂直居中对齐。

Step 02 选择“椭圆形”工具，在矩形的下方绘制一个椭圆形，填充椭圆形为黑色，并去除椭圆形的轮廓线，效果如图 9-61 所示。选择“挑选”工具，用圈选的方法，将 3 个图形同时选取，按<C>键进行垂直居中对齐。单击属性栏中的“焊接”按钮，将图形全部焊接在一起，效果如图 9-62 所示。

Step 03 选择“椭圆形”工具，在页面中绘制一个椭圆形，填充椭圆形为黄色，并去除椭圆形的轮廓线，效果如图 9-63 所示。选择“挑选”工具，选取椭圆，按住<Ctrl>键，水平向右拖曳图形，并在适当的位置上单击鼠标右键，复制一个图形，效果如图 9-64 所示。

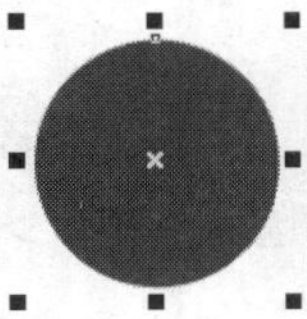

图 9-59

图 9-60

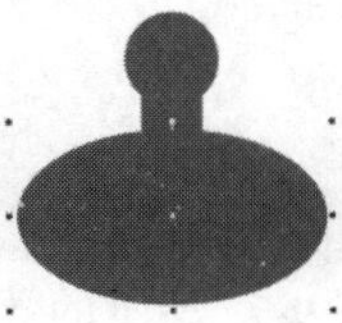

图 9-61

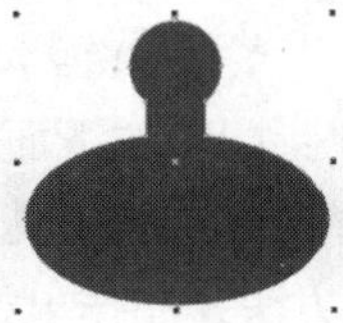

图 9-62

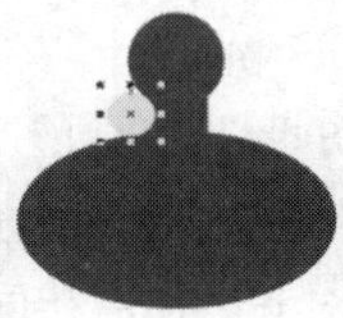

图 9-63

图 9-64

Step 04 选择“挑选”工具，用圈选的方法将绘制的图形同时选取，单击属性栏中的“移除前面对象”按钮，将 3 个图形剪切为一个图形，效果如图 9-65 所示。

Step 05 选择“矩形”工具，在椭圆形的上面绘制一个矩形，效果如图 9-66 所示。选择“挑选”工具，用圈选的方法将修剪后的图形和矩形同时选取，单击属性栏中的“移除前面对象”按钮，将两个图形剪切为一个图形，效果如图 9-67 所示。

图 9-65

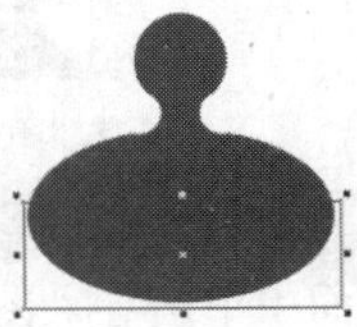

图 9-66

图 9-67

Step 06 选择“矩形”工具，在页面中绘制一个矩形，效果如图 9-68 所示。选择“椭圆形”工具，在矩形的左侧绘制一个椭圆形，在“CMYK 调色板”中的“黄”色块上单击鼠标右键，填充轮廓线，效果如图 9-69 所示。选择“挑选”工具，选取椭圆形，按住<Ctrl>键的同时，水平向右拖曳图形，并在适当的位置上单击鼠标右键，复制一个图形，效果如图 9-70 所示。

图 9-68

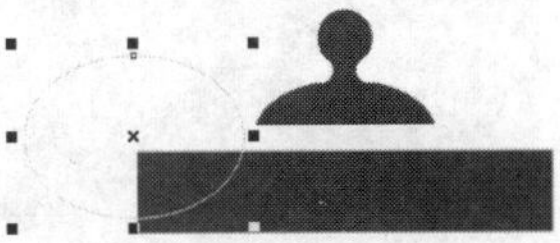

图 9-69

图 9-70

Step 07 选择“挑选”工具，按住<Shift>键，依次单击矩形和两个椭圆形，将其同时选取，单击属性栏中的“移除前面对象”按钮，将 3 个图形剪切为一个图形，效果如图 9-71 所示。按住<Ctrl>键，垂直向下拖曳图形，并在适当的位置上单击鼠标右键复制一个图形，效果如图 9-72 所示。

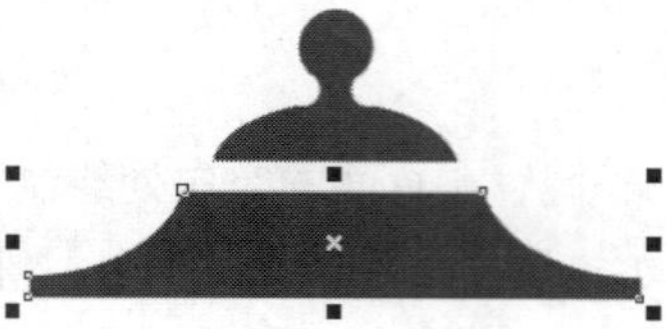
图 9-71

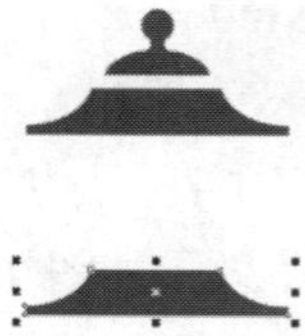
图 9-72

Step 08 选择“椭圆形”工具，在页面中绘制一个椭圆形，填充图形为黑色，并去除轮廓线，效果如图 9-73 所示。选择“矩形”工具，在椭圆形的上面绘制一个矩形，效果如图 9-74 所示。使用相同方法制作出如图 9-75 所示的效果。

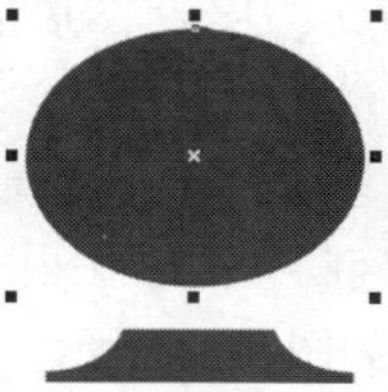
图 9-73

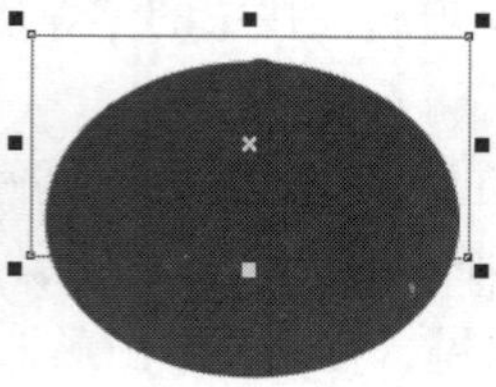
图 9-74

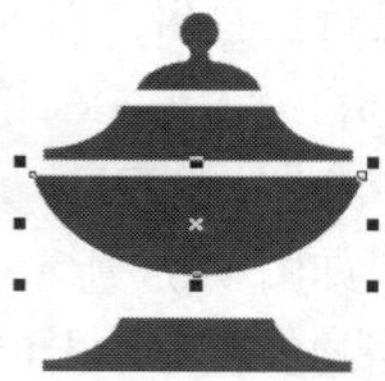
图 9-75

Step 09 选择“矩形”工具，在半圆形的下面绘制一个矩形，填充矩形为黑色，并去除图形的轮廓线，效果如图 9-76 所示。选择“挑选”工具，用圈选的方法，将图形全部选取，按<C>键，进行垂直居中对齐。使用相同的方法，制作出如图 9-77 所示的效果。

Step 10 选择“贝塞尔”工具，在页面中绘制出一个不规则的图形，如图 9-78 所示。填充图形为黑色，并去除轮廓线。使用相同的方法绘制出其他图形，效果如图 9-79 所示。

图 9-76

图 9-77

图 9-78

图 9-79

Step 11 按<Ctrl>+<I>组合键，弹出“导入”对话框，选择光盘中的“Ch09 > 素材 > 茶艺海报设计 > 10”文件，单击“导入”按钮，在页面中单击导入图形，调整图形到适当的位置，效果如图 9-80 所示。选择“挑选”工具，用圈选的方法，将图形全部选取，按<Ctrl>+<G>组合键将其群组，并调整其大小和位置，填充为白色，效果如图 9-81 所示。

图 9-80

图 9-81

Step 12 选择“椭圆形”工具，按住<Ctrl>键，在茶壶图形上绘制一个圆形，设置图形颜色的 CMYK 值为 95、55、95、30，填充图形；设置轮廓线颜色的 CMYK 值为 100、0、100、0，填充轮廓线，并在属性栏中设置适当的轮廓宽度，效果如图 9-82 所示。按<Ctrl>+<PageDown>组合键，将其置后一位。选择“挑选”工具，按住<Shift>键，依次单击茶壶图形和圆形将其同时选取，按<C>键，进行垂直居中对齐，如图 9-83 所示。

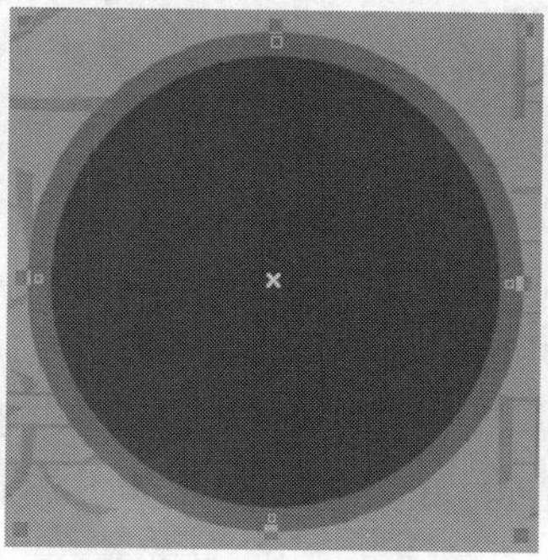

图 9-82

图 9-83

Step 13 选择“椭圆形”工具，按住<Ctrl>键，在页面中绘制一个圆形，设置填充轮廓线颜色的 CMYK 值为 40、0、100、0，在属性栏中设置适当的宽度，效果如图 9-84 所示。

Step 14 选择“文本”工具，在页面中输入需要的文字。选择“挑选”工具，在属性栏中选择合适的字体并设置文字大小，效果如图 9-85 所示。

图 9-84

图 9-85

Step 15 保持文字的选取状态，选择“文本 > 使文本适合路径”命令，将光标置于圆形轮廓线上方并单击，如图 9-86 所示，文本自动绕路径排列，效果如图 9-87 所示。在属性栏中进行设置，如图 9-88 所示。按<Enter>键确认，效果如图 9-89 所示。

Step 16 选择“文本”工具，在页面中输入需要的英文。选择“挑选”工具，在属性栏中选择合适的字体并设置文字大小，如图 9-90 所示。

图 9-86

图 9-87

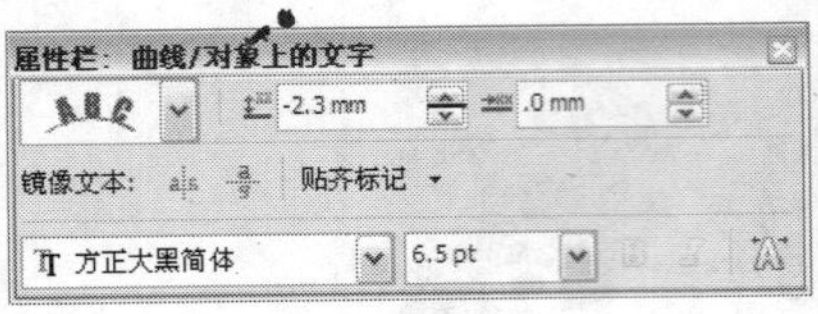

图 9-88

图 9-89

图 9-90

Step 17 选择“文本 > 使文本适合路径”命令，将光标置于圆形轮廓线下方单击，如图 9-91 所示，文本自动绕路径排列，效果如图 9-92 所示。在属性栏中单击“水平镜像”按钮和“垂直镜像”按钮，其他选项的设置如图 9-93 所示。按<Enter>键确认，效果如图 9-94 所示。

图 9-91

图 9-92

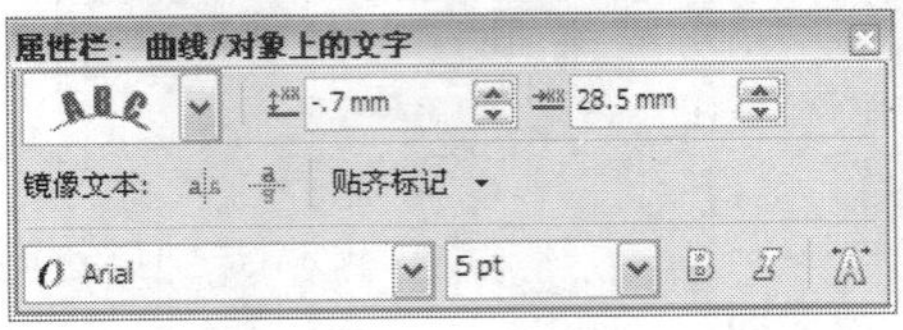

图 9-93

图 9-94

提示：在“曲线/对象上的文字”属性栏中，“与路径距离”选项用来调整文本与路径之间的距离，“水平偏移”选项用来调整文本在水平方向的偏移量，单击“水平镜像”按钮和“垂直镜像”按钮可以在水平和垂直方向镜像文本。

Step 18 选择“挑选”工具，用圈选的方法将标志图形全部选取，按<Ctrl>+<G>组合键将其群组，效果如图 9-95 所示。

图 9-95

9.1.7　添加展览日期及相关信息

Step 01 选择“文本”工具，在页面中输入需要的文字。选择“挑选”工具，在属性栏中选择合适的字体并设置文字大小，如图 9-96 所示。

Step 02 选择“文本 > 插入符号字符”命令，弹出“插入字符”对话框，在对话框中按需要进行设置并选择需要的字符，如图 9-97 所示。将字符拖曳到页面中适当的位置并调整其大小，效果如图 9-98 所示。选取字符，设置字符颜色的 CMYK 值为 95、35、95、30，填充字符，效果如图 9-99 所示。用相同的方法制作出另一个字符图形，效果如图 9-100 所示。

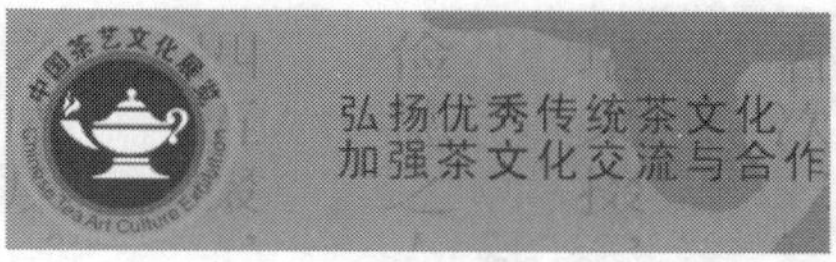

图 9-96

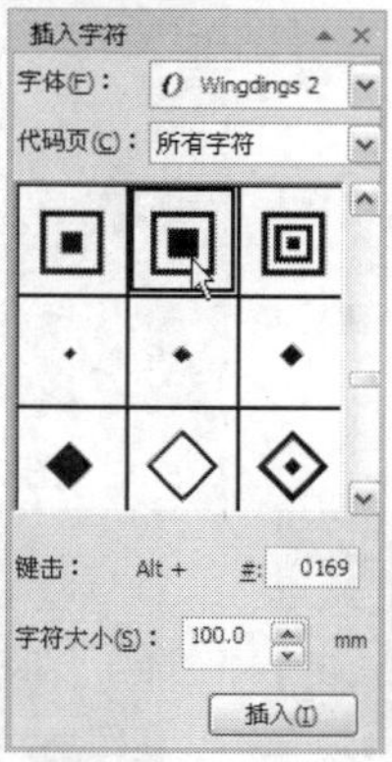

图 9-97

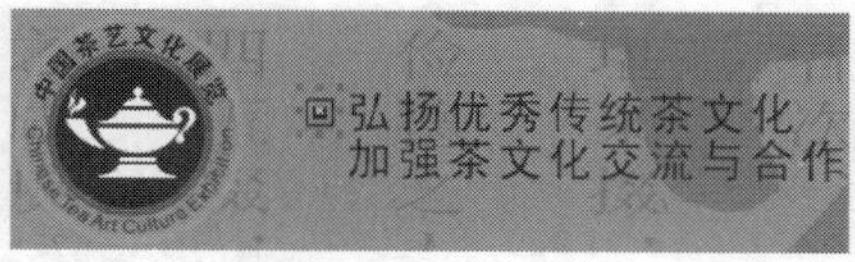

图 9-98

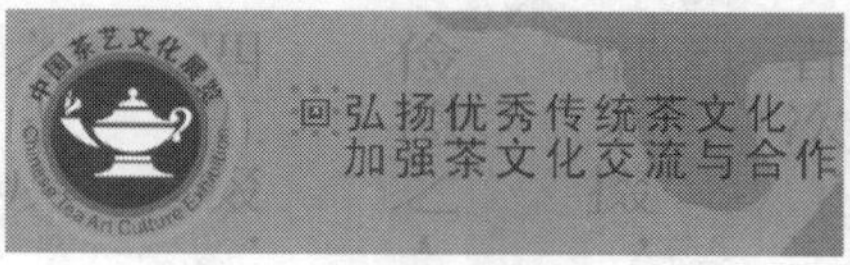

图 9-99

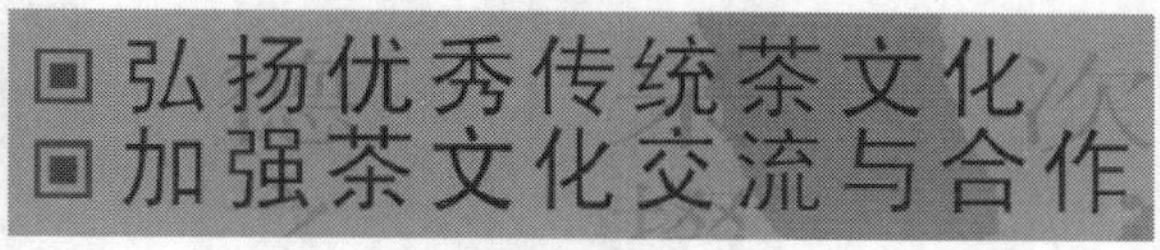

图 9-100

Step 03 选择“文本”工具，在页面中输入需要的文字。选择“挑选”工具，在属性栏中选择合适的字体并设置文字大小，如图 9-101 所示。选择“手绘”工具，按住<Ctrl>键绘制一条直线，在属性栏中的“轮廓宽度” .2 mm 框中设置数值为 0.25pt，按<Enter>键，效果如图 9-102 所示。

图 9-101

图 9-102

Step 04 选择“文本”工具，在页面中输入需要的文字。选择“挑选”工具，在属性栏中选择合适的字体并设置文字大小，如图 9-103 所示。单击属性栏中的“将文本更改为垂直方向”按钮▥，拖曳文字到适当的位置，效果如图 9-104 所示。选择“形状”工具，向右拖曳文字右侧的图标，调整文字的行距，如图 9-105 所示，松开鼠标左键，效果如图 9-106 所示。用相同的方法制作出直线左侧的文字效果，如图 9-107 所示。

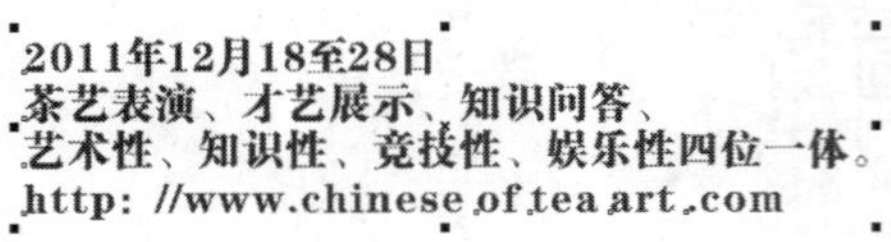

图 9-103

图 9-104

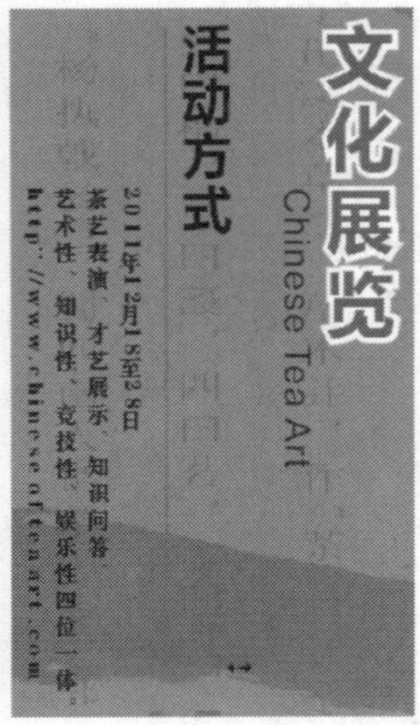

图 9-105

图 9-106

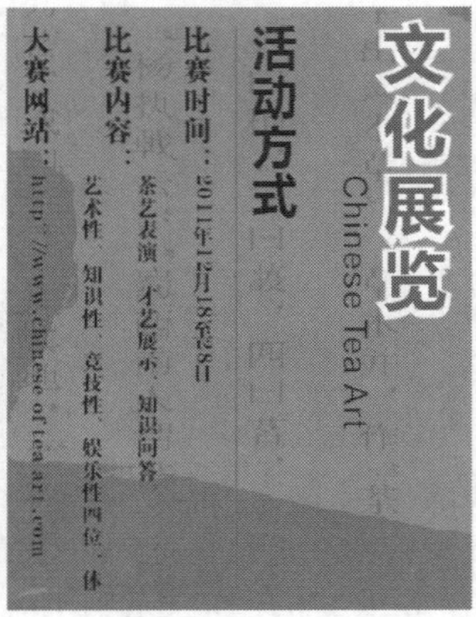

图 9-107

Step 05 选择“挑选”工具，用圈选的方法将图形全部选取，按<Ctrl>+<G>组合键将其群组。按<Esc>键取消选取状态，效果如图 9-108 所示。

图 9-108

Step 06 按<Ctrl>+<S>组合键，弹出“保存图形”对话框，将制作好的图像命名为“茶艺海报”，保存为 CDR 格式，单击“保存”按钮将图像保存。

9.2 课后习题——旅游海报设计

习题知识要点：在 Photoshop 中，使用水波滤镜命令制作背景的水波效果；使用画笔工具和描边命令制作装饰图形。在 CorelDRAW 中，使用精确剪裁命令将像册图形置入到背景中；使用螺旋形工具和艺术笔工具绘制太阳图形；使用形状工具为标题文字添加编辑效果；使用交互式变形工具制作文字间的装饰图形。旅游海报设计效果如图 9-109 所示。

效果所在位置：光盘/Ch09/效果/旅游海报设计/旅游海报.cdr。

图 9-109

第10章 杂志设计

杂志是比较专项的宣传媒介之一，它具有目标受众准确、实效性强、宣传力度大、效果明显等特点。时尚生活类杂志的设计可以轻松、活泼、色彩丰富。版式内的图文编排可以灵活多变，但要注意把握风格的整体性。本章以时尚前沿杂志为例，讲解杂志的设计方法和制作技巧。

【教学目标】

- 在 Photoshop 软件中制作杂志封面背景图。
- 在 CorelDRAW 软件中制作并添加相关栏目和信息。

10.1 杂志封面设计

案例学习目标：学习在 Photoshop 中使用滤镜命令制作杂志封面底图。在 CorelDRAW 中使用文本工具、图形的绘制工具和交互式工具制作并添加相关栏目和信息。

案例知识要点：在 Photoshop 中，使用滤镜制作光晕效果；使用纹理滤镜命令制作图片纹理效果。在 CorelDRAW 中，根据杂志的尺寸，在属性栏中设置出页面的大小；使用插入字符命令制作杂志名称；使用交互式轮廓图工具为杂志名称添加白色描边；使用插入条形码命令在封面中插入条形码。杂志封面效果如图 10-1 所示。

效果所在位置：光盘/Ch10/效果/杂志封面.cdr。

图 10-1

Photoshop 应用

10.1.1 添加镜头光晕

Step 01 按<Ctrl>+<O>组合键，打开光盘中的“Ch10 > 素材 > 杂志封面 > 01”文件，如图 10-2 所示。

Step 02 选择“滤镜 > 渲染 > 镜头光晕”命令，弹出“镜头光晕”对话框，在“光晕中心”预览框中，拖曳十字光标设定炫光位置，其他选项的设置如图 10-3 所示。单击“确定”按钮，效果如图 10-4 所示。

图 10-2

图 10-3

图 10-4

提示：在“镜头光晕”对话框中，“亮度”选项用于控制斑点的亮度大小，当数值过高时，整个画面会变成一片白色；“光晕中心”预览框可以通过拖曳十字光标来设定炫光位置；“镜头类型”选项组用于设定摄像机镜头的类型。

10.1.2 制作纹理效果

Step 01 选择“滤镜 > 纹理 > 纹理化”命令，在弹出的对话框中进行设置，如图 10-5 所示。单击“确定”按钮，效果如图 10-6 所示。

Step 02 杂志封面背景图效果制作完成。按<Ctrl>+<Shift>+<S>组合键，弹出“存储为”对话框，将制作好的图像命名为“封面背景图”，保存为 TIFF 格式，单击“保存”按钮，弹出“TIFF 选项”对话框，单击“确定”按钮将图像保存。

图 10-5

图 10-6

CorelDRAW 应用

10.1.3 设计杂志名称

Step 01 打开 CorelDRAW X4 软件，按<Ctrl>+<N>组合键，新建一个页面。在属性栏的“纸张宽度和高度”选项中分别设置宽度为 210mm，高度为 297mm，如图 10-7 所示。按<Enter>键确认，页面尺寸显示为设置的大小，如图 10-8 所示。

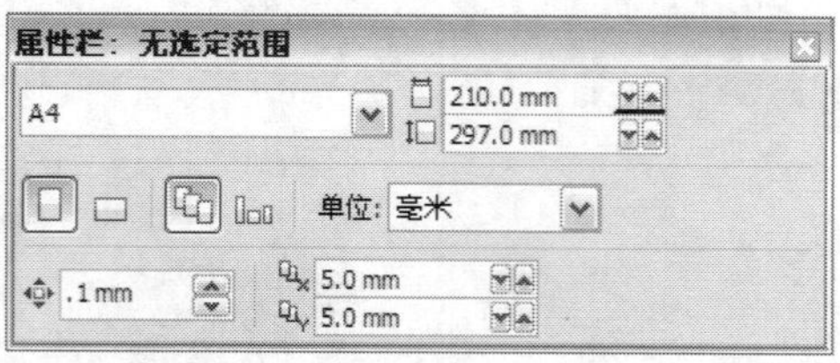

图 10-7

图 10-8

Step 02 双击打开光盘中的“Ch10 > 素材 > 杂志封面 > 记事本”文件，选取文档中的杂志名称“时尚品味”，并单击鼠标右键，复制文字，如图 10-9 所示。返回 CorelDRAW 页面中，选择“文本”工具，在页面顶部单击插入光标，按<Ctrl>+<V>组合键，将复制的文字粘贴到页面中。选择“挑选”工具，在属性栏中选择合适的字体并设置文字大小，如图 10-10 所示。按<Ctrl>+<K>组合键，打散美术字，选择“挑选”工具，将文字拖曳到适当的位置，效果如图 10-11 所示。

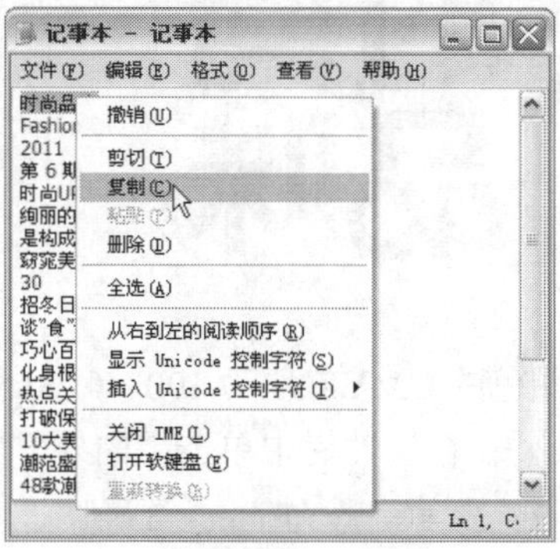

图 10-9

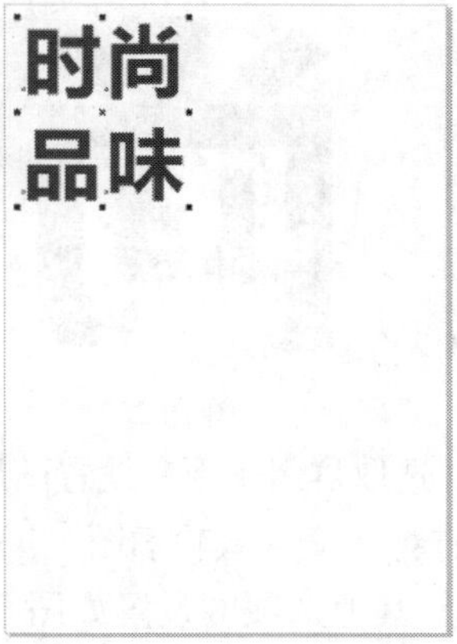

图 10-10

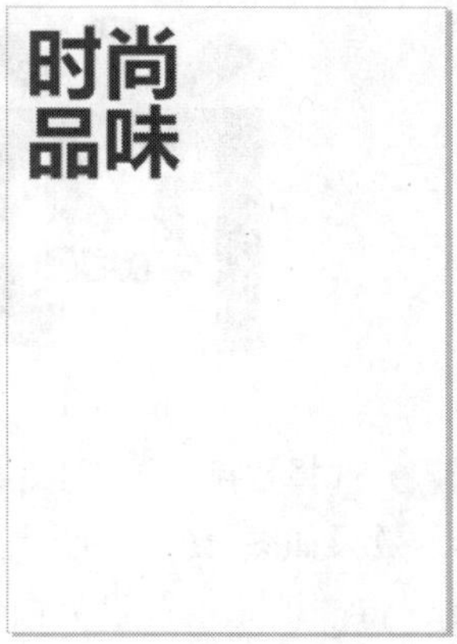

图 10-11

Step 03 选择“挑选”工具，选取文字，按<Ctrl>+<Q>组合键，将文字转换为曲线。放大视图的显示比例。选择“形状”工具，用圈选的方法将需要的节点同时选取，如图 10-12 所示，按<Delete>键将其删除，效果如图 10-13 所示。

Step 04 选择“形状”工具，用圈选的方法将需要的节点同时选取，如图 10-14 所示，按<Delete>键将其删除，效果如图 10-15 所示。

图 10-12

图 10-13

图 10-14

图 10-15

Step 05 选择“椭圆形”工具，按住<Ctrl>键，在页面中适当的位置绘制一个圆形，填充圆形为黑色，并去除圆形的轮廓线，效果如图 10-16 所示。按数字键盘上的<+>键复制一个圆形，按住<Shift>键，向内拖曳圆形右上角的控制手柄到适当的位置，效果如图 10-17 所示。选择“挑选”工具，用圈选的方法，将两个圆形同时选取，单击属性栏中的“移除前面对象”按钮，将两个圆形剪切为一个图形，效果如图 10-18 所示。

图 10-16

图 10-17

图 10-18

Step 06 选择“矩形”工具和“3 点矩形”工具，在页面中适当的位置分别绘制 4 个矩形，填充图形为黑色，并去除轮廓线，效果如图 10-19 所示。选择“挑选”工具，用圈选的方法，将 4 个矩形同时选取，单击属性栏中的“焊接”按钮，将 4 个图形焊接为一个图形，效果如图 10-20 所示。选择“挑选”工具，用圈选的方法将文字和图形同时选取，按<Ctrl>+<G>组合键将其群组，效果如图 10-21 所示。

图 10-19

图 10-20

图 10-21

Step 07 选择“挑选”工具，选取群组图形，设置图形颜色的 CMYK 值为 100、0、0、0，填充图形，效果如图 10-22 所示。选择“交互式轮廓图”工具，在属性栏中单击“向外”轮廓化按钮，将“填充色”设为白色，其他选项的设置如图 10-23 所示。按<Enter>键确认，效果如图 10-24 所示。

图 10-22

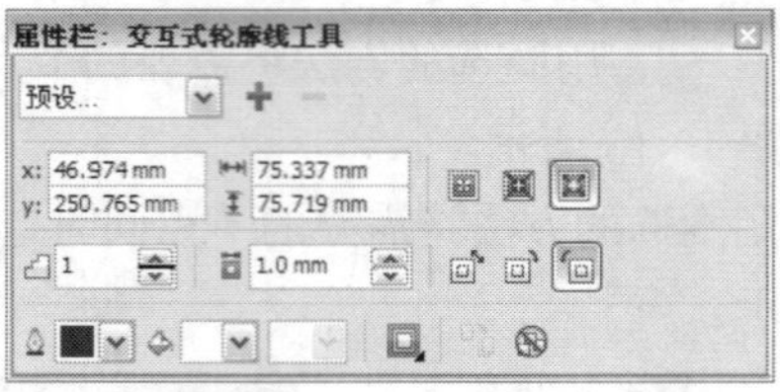

图 10-23

图 10-24

10.1.4 添加杂志名称和刊期

Step 01 选择“文件 > 导入”命令，弹出“导入”对话框，选择光盘中的“Ch10 > 效果 > 杂志封面 > 封面背景图”文件，单击“导入”按钮，在页面中单击导入图片，如图 10-25 所示。按<P>键，图片在页面中居中对齐，效果如图 10-26 所示。按<Shift>+<PageDown>组合键将其置后，效果如图 10-27 所示。

图 10-25

图 10-26

图 10-27

Step 02 选取并复制记事本文档中的英文字“Fashion taste”，返回 CorelDRAW 页面中，将文字粘贴到页面中适当的位置。选择“挑选”工具，在属性栏中选择合适的字体并设置文字大小，效果如图 10-28 所示。

Step 03 选择“渐变填充对话框”工具，弹出“渐变填充”对话框，选择“自定义”单选项，在“位置”选项中分别添加并输入 0、47、100 几个位置点，单击右下角的“其它”按钮，分别设置这几个位置点颜色的 CMYK 值为 0（40、0、0、0）、47（100、20、0、0）、100（40、0、0、0），其他选项的设置如图 10-29 所示。单击“确定”按钮填充文字，效果如图 10-30 所示。

图 10-28

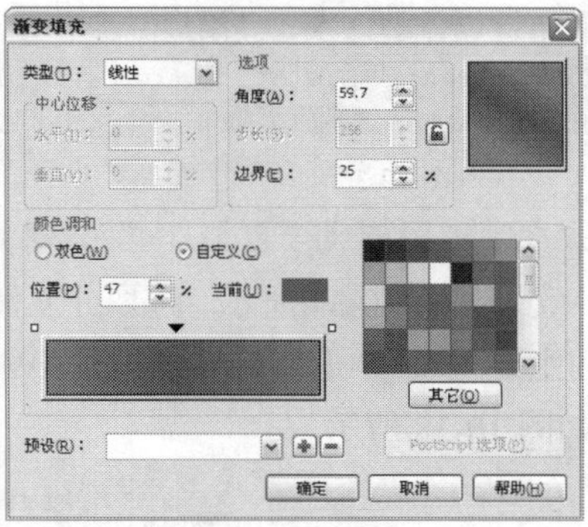

图 10-29

图 10-30

Step 04 分别选取并复制记事本文档中杂志的期刊号和月份名称。返回到 CorelDRAW 页面中，分别将其粘贴到适当的位置。选择"挑选"工具，分别在属性栏中选择合适的字体并设置文字的大小。选取数字"6"，填充为白色，效果如图 10-31 所示。选择"3 点椭圆形"工具，在文字"6"上面绘制一个椭圆形，设置椭圆形颜色的 CMYK 值为 100、0、0、0，填充椭圆形，并去除椭圆形的轮廓线，效果如图 10-32 所示。按<Ctrl>+<PageDown>组合键将其置后，效果如图 10-33 所示。

图 10-31

图 10-32

图 10-33

10.1.5　添加并编辑栏目名称

Step 01 选取并复制记事本文档中的"时尚 UP 民族风今夏最 IN"文字，返回到 CorelDRAW 页面中，并粘贴到适当的位置。选择"挑选"工具，在属性栏中选择合适的字体并设置文字大小，填充文字为白色，效果如图 10-34 所示。选择"文本"工具，选取文字"时尚 UP 民族风今夏最 IN"，如图 10-35 所示。按<Ctrl>+<Shift>+<，>组合键，微调文字的字间距，效果如图 10-36 所示。

图 10-34

图 10-35

图 10-36

Step 02 选择“文本”工具，选取文字“民族风今夏最 IN”，选择“挑选”工具，在属性栏中选择合适的字体并设置文字大小，效果如图 10-37 所示。选取并复制记事本文档中的“绚丽的色块、复古显旧的情调，是构成嬉皮的主要元素”，返回到 CorelDRAW 页面中，选择“文本”工具，在页面中拖曳出一个文本框，如图 10-38 所示。

图 10-37

图 10-38

Step 03 按<Ctrl>+<V>组合键，将复制的文字粘贴到文本框中，如图 10-39 所示。选择“挑选”工具，在属性栏中选择合适的字体并设置文字大小，填充文字为白色，效果如图 10-40 所示。选择“文本 > 段落文本框 > 显示文本框”命令，将文本框隐藏。

图 10-39

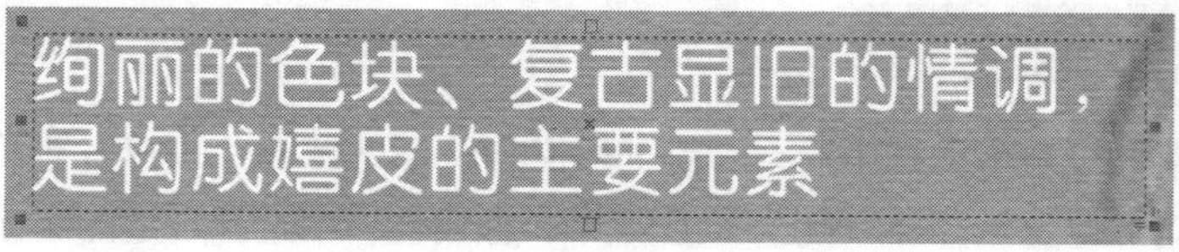

图 10-40

Step 04 选取并复制记事本文档中的“窈窕美人”，返回到 CorelDRAW 页面中，将复制的文字粘贴到适当的位置。选择“挑选”工具，在属性栏中选择合适的字体并设置文字大小，用相同的方法，微调文字的字间距，如图 10-41 所示，设置文字颜色的 CMYK 值为 100、0、0、0，并填充文字，效果如图 10-42 所示。

图 10-41

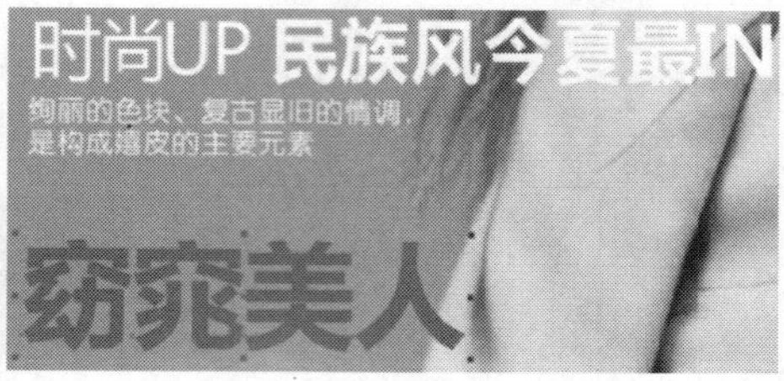

图 10-42

Step 05 选择“手绘”工具，按住<Ctrl>键绘制一条直线，如图 10-43 所示。按<F12>键，弹出“轮廓笔”对话框，将“颜色”选项设置为白色，在“箭头”设置区中，单击右侧的样式框，在弹出的列表中选择需要的箭头样式，如图 10-44 所示，其他选项的设置如图 10-45 所示。单击“确定”按钮，效果如图 10-46 所示。

图 10-43

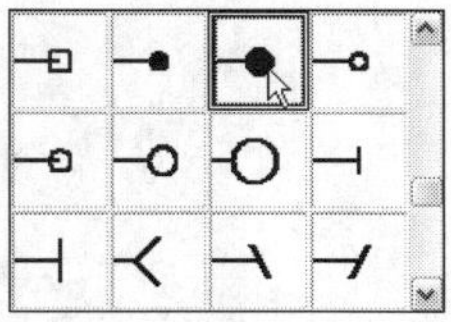

图 10-44

图 10-45

图 10-46

Step 06 分别选取并复制记事本文档中的部分文字，返回到 CorelDRAW 页面中，分别将复制的文字粘贴到适当的位置。选择“挑选”工具，分别在属性栏中选择合适的字体并设置文字大小，用相同的方法，微调文字的字间距，如图 10-47 所示。选取文字，填充文字为白色，效果如图 10-48 所示。

图 10-47

图 10-48

Step 07 分别选取并复制记事本文档中的部分文字，返回到 CorelDRAW 页面中，分别将复制的文字粘贴到适当的位置。选择“挑选”工具，分别在属性栏中选择合适的字体并设置文字大小，用相同的方法，微调文字的字间距，如图 10-49 所示。选取文字“巧心百搭”，设置文字颜色的 CMYK 值为 0、0、100、0，填充文字。选取文字“化身根妞为名媛”，填充文字为白色，效果如图 10-50 所示。

Step 08 选择“矩形”工具，在页面中绘制一个矩形，如图 10-51 所示。设置图形颜色的 CMYK 值为 100、0、0、0，填充图形，并去除图形的轮廓线，图形效果如图 10-52 所示。分别选取并复制记事本文档中的部分文字，返回到 CorelDRAW 页面中，分别将复制的文字粘贴到适当的位置。选择“挑选”工具，在属性栏中选择合适的字体并设置文字大小，用相同的方法，微调文字的字间距，选取文字“热点关注”和“打破保养瓶颈”，填充文字为白色，效果如图 10-53 所示。

图 10-49

图 10-50

图 10-51

图 10-52

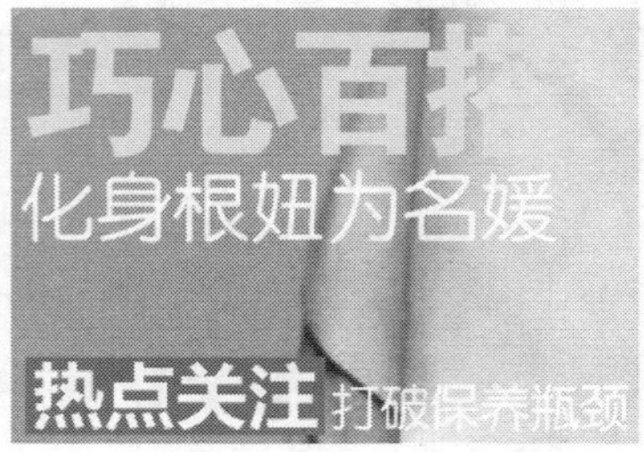

图 10-53

Step 09 选取并复制记事本文档中的标题栏目“10 大美肌经典”，返回到 CorelDRAW 页面中，将复制的文字粘贴到页面中适当的位置。选择“挑选”工具，在属性栏中选择合适的字体并设置文字大小，用相同的方法，微调文字的字间距，填充文字为白色，效果如图 10-54 所示。选择“文本”工具，分别选取文字“10”和“经典”，在属性栏中选择合适的字体并设置文字大小，如图 10-55 所示。

图 10-54

图 10-55

Step 10 选择“交互式阴影”工具，从文字左侧向右侧拖曳光标，为文字添加阴影效果，属性栏中的设置如图 10-56 所示。按<Enter>键确认，阴影效果如图 10-57 所示。

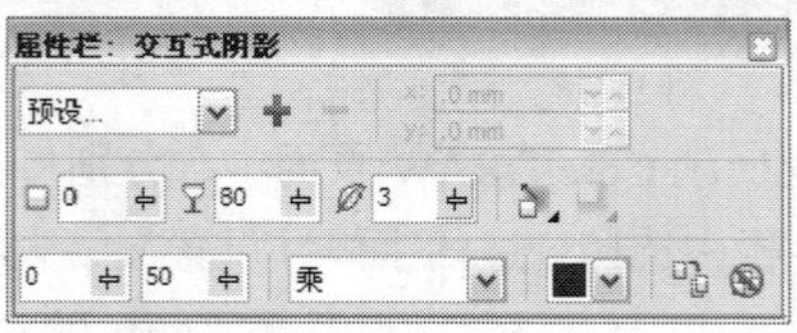

图 10-56

图 10-57

Step 11 选取并复制记事本文档中的标题栏目“潮范盛夏 48 款潮流出街装”，返回到 CorelDRAW 页面中，将复制的文字粘贴到适当的位置。选择“挑选”工具，在属性栏中选择合适的字体并设置文字大小，用相同的方法，微调文字的字间距，如图 10-58 所示。选择“形状”工具，向上拖曳文字下方的图标，调整文字的行距，松开鼠标左键，效果如图 10-59 所示。选取文字“潮范盛夏”，填充文字为白色。选取文字“48 款潮流出街装”，设置文字颜色的 CMYK 值为 0、0、100、0，填充文字，效果如图 10-60 所示。

图 10-58

图 10-59

图 10-60

Step 12 选择“交互式阴影”工具，在文字上由上至下拖曳光标，为文字添加阴影效果，如图 10-61 所示，属性栏中的设置如图 10-62 所示。按<Enter>键确认，阴影效果如图 10-63 所示。

图 10-61

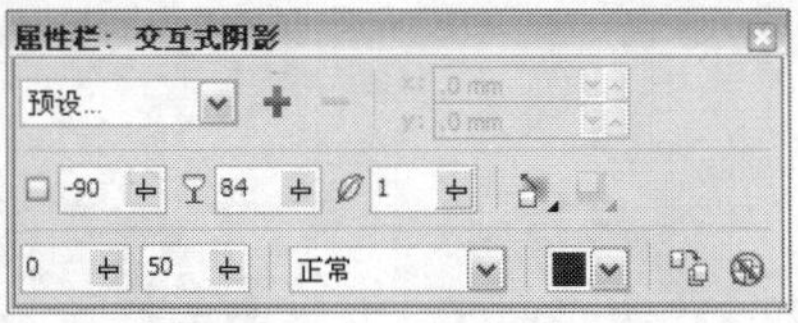

图 10-62

图 10-63

Step 13 选择“矩形”工具，在页面中绘制一个矩形。按<F12>键，弹出“轮廓笔”对话框，在“颜色”选项中设置轮廓线颜色为白色，其他选项的设置如图 10-64 所示。单击“确定”按钮，效果如图 10-65 所示。

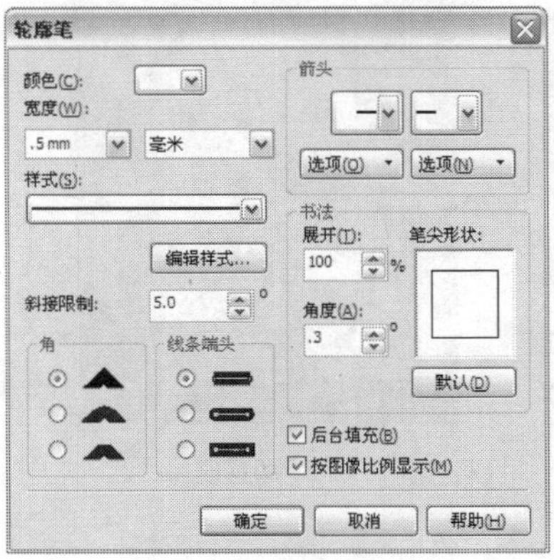

图 10-64

图 10-65

Step 14 分别选取并复制记事本文档中的标题栏目，返回到 CorelDRAW 页面中，分别将复制的文字粘贴到矩形中。选择“挑选”工具，分别在属性栏中选择合适的字体并设置文字大小，用相同的方法，微调文字的字间距，选取文字“18”，设置文字颜色的 CMYK 值为 0、0、100、0，填充文字。选取粘贴到矩形中的两个标题栏目，设置文字颜色的 CMYK 值为 100、0、0、0，填充文字，效果如图 10-66 所示。

Step 15 选择“挑选”工具，选取文字“18”。选择“交互式阴影”工具，在文字上由上方至左下方拖曳光标，为图形添加阴影效果，在属性栏中的设置如图 10-67 所示。按<Enter>键确认，效果如图 10-68 所示。选择“挑选”工具，用圈选的方法将图形和文字同时选取，按<Ctrl>+<G>组合键将其群组，并旋转到适当的角度，效果如图 10-69 所示。

图 10-66

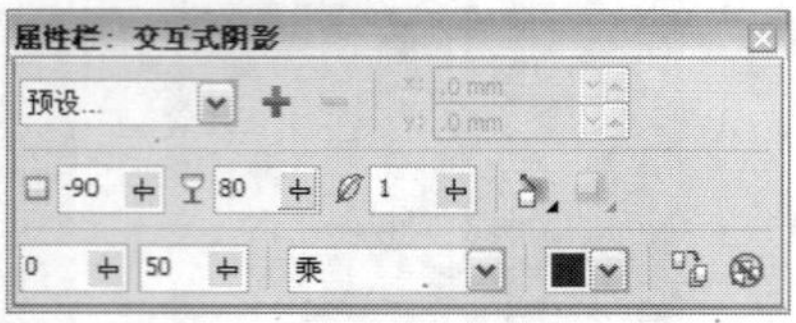

图 10-67

图 10-68

图 10-69

Step 16 分别选取并复制记事本文档中的文字，返回到 CorelDRAW 页面中，将复制的文字粘贴到适当的位置。选择“挑选”工具，分别在属性栏中选择合适的字体并设置文字大小，用相同的方法，微调文字的字间距，如图 10-70 所示。选取文字并填充为白色，效果如图 10-71 所示。

图 10-70

图 10-71

10.1.6 制作条形码

Step 01 选择“编辑 > 插入条形码”命令，弹出“条码向导”对话框，在各选项中进行设置，如图 10-72 所示。设置好后，单击“下一步”按钮，在设置区内按需要进行各项设置，如图 10-73 所示。设置好后，单击“下一步”按钮，在设置区内按需要进行各项设置，如图 10-74 所示，设置好后，单击“完成”按钮，效果如图 10-75 所示。

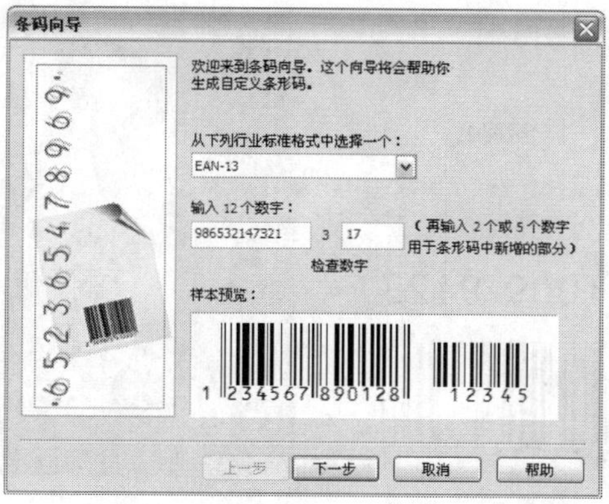

图 10-72

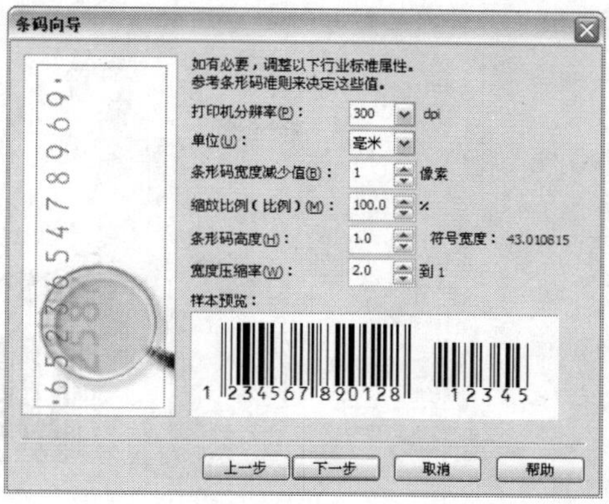

图 10-73

图 10-74

图 10-75

Step 02 选择“挑选”工具，将条形码拖曳到页面中适当的位置，如图 10-76 所示。选择“矩形”工具，在页面中绘制一个矩形，填充矩形为白色，并去除矩形的轮廓线，效果如图 10-77 所示。选择“文本”工具，在白色矩形上输入需要的文字，在属性栏中选择合适的字体并设置文字大小，效果如图 10-78 所示。

图 10-76

图 10-77

图 10-78

Step 03 选择“挑选”工具，用圈选的方法将文字和白色矩形同时选取，选择“排列 > 对齐和分布 > 对齐与分布”命令，弹出“对齐与分布”对话框，选项的设置如图 10-79 所示。单击“应用”按钮，对齐效果如图 10-80 所示。选择“挑选”工具，用圈选的方法将条形码、文字和白色矩形同时选取，按<Ctrl>+<G>组合键将其群组，在属性栏中的“旋转角度”文本框中输入数值为 90°，并拖曳到适当的位置，效果如图 10-81 所示。

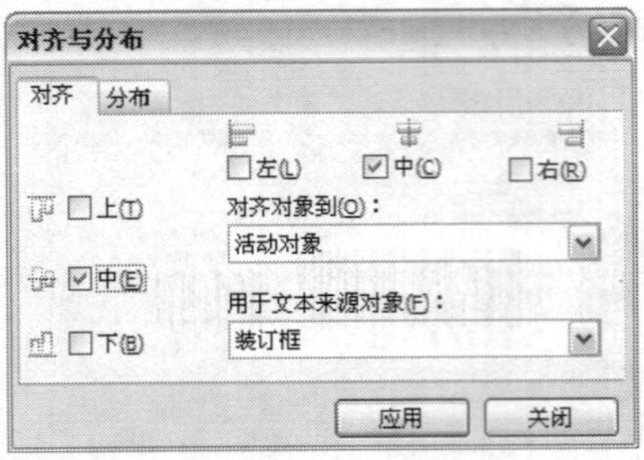

图 10-79

ISSN 1009-9123

9 865321 473213 17

图 10-80

图 10-81

Step 04 选取记事本中剩余的价格和邮发代号，将复制的文字粘贴到封面的右下角。选择“挑选”工具，在属性栏中选择合适的字体并设置文字大小，填充文字为白色，杂志封面制作完成，效果如图 10-82 所示。

图 10-82

Step 05 按<Ctrl>+<S>组合键，弹出“保存图形”对话框，将制作好的图像命名为“杂志封面”，保存为 CDR 格式，单击“保存”按钮，将图像保存。

10.2 杂志栏目设计

案例学习目标：学习在 CorelDRAW 中使用图形的绘制和编辑工具、文字工具、交互式工具制作杂志栏目效果。

案例知识要点：在 CorelDRAW 中，使用矩形工具、对齐与分布命令和文字工具制作标题目录；使用交互式阴影命令制作图片的阴影效果；使用首字下沉命令制作文字的首字下沉效果；使用形状工具和跨式文本命令制作文本绕图；使用椭圆工具和文本工具制作出圆形文本的效果；使用交互式透明工具制作圆形的透明效果。杂志栏目效果如图 10-83 所示。

效果所在位置：光盘/Ch10/效果/杂志栏目.cdr。

图 10-83

CorelDRAW 应用

10.2.1 制作标题效果

Step 01 按<Ctrl>+<N>组合键，新建一个页面。在属性栏“纸张宽度和高度”选项中分别设置宽度 210mm，高度为 297mm，按<Enter>键确认，页面尺寸显示为设置的大小。选择“矩形”工具，绘制一个矩形，如图 10-84 所示。按<Ctrl>+<Q>组合键，将矩形转换成曲线。选择“形状”工具，选取需要的节点，按住<Ctrl>键，垂直向上拖曳该节点到适当的位置，效果如图 10-85 所示。设置斜角矩形颜色的 CMYK 值为 10、0、0、0，填充斜角矩形，并去除轮廓线，效果如图 10-86 所示。使用相同的方法，再绘制一个斜角矩形，并填充相同的颜色，效果如图 10-87 所示。

图 10-84

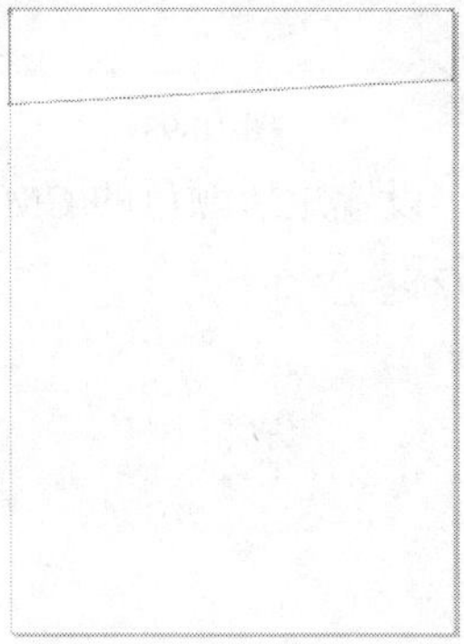
图 10-85

图 10-86

图 10-87

Step 02 打开光盘中的“Ch10 > 素材 > 杂志栏目 > 记事本”文件，分别选取并复制记事本栏目中的文字，如图 10-88 所示。返回到 CorelDRAW 页面中，选择“文本”工具，在页面中分别单击插入光标，按<Ctrl>+<V>组合键，将复制的文字分别粘贴到页面中适当的位置。选择“挑选”工具，在属性栏中选择适当的字体并设置文字大小，拖曳文字到适当的位置，效果如图 10-89 所示。选取文字“New”，设置文字颜色的 CMYK 值为 74、0、0、42，填充文字。选取文字“新品”，填充文字为白色，效果如图 10-90 所示。

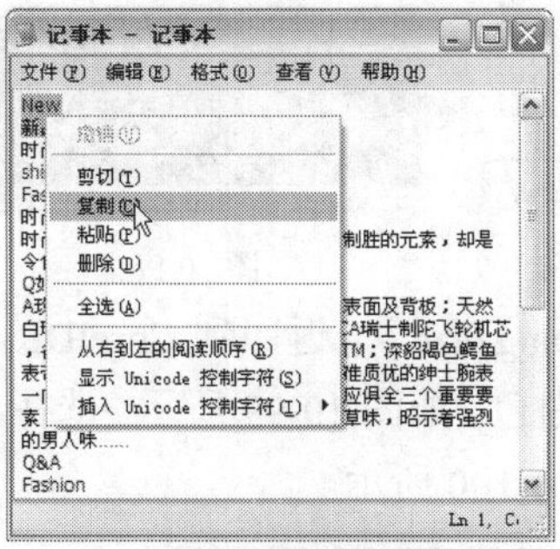

图 10-88

图 10-89

图 10-90

Step 03 选择“挑选”工具，选取需要的文字，选择“效果 > 图框精确剪裁 > 放置在容器中”命令，鼠标的光标变为黑色箭头，在斜角矩形上单击，如图 10-91 所示，将其置入到斜角矩形中，效果如图 10-92 所示。

Step 04 选择“效果 > 图框精确剪裁 > 编辑内容”命令，将置入的文字拖曳到适当的位置，如图 10-93 所示。选择“效果 > 图框精确剪裁 > 结束内容”命令，完成对置入文字的编辑，效果如图 10-94 所示。

图 10-91

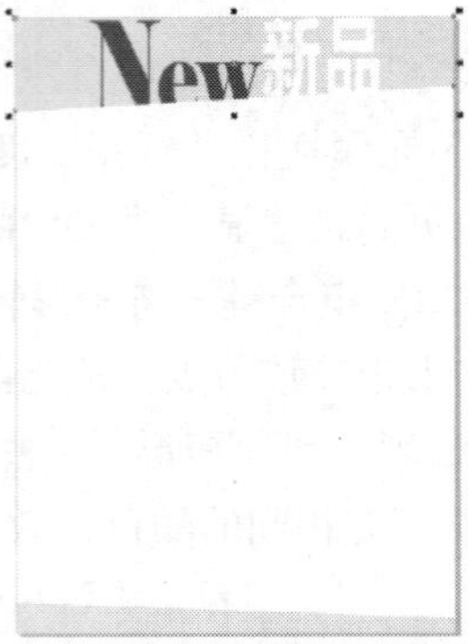

图 10-92

图 10-93

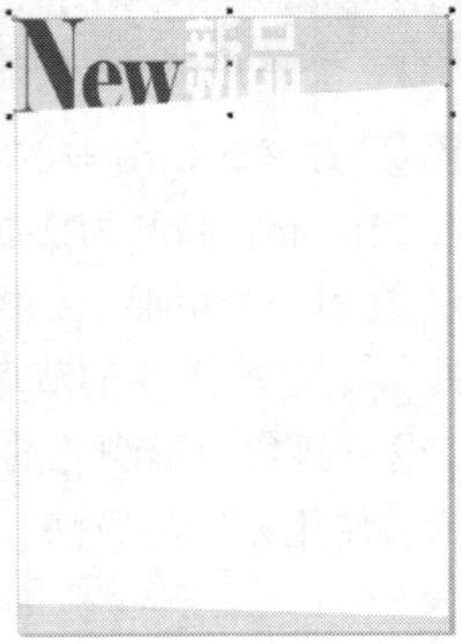

图 10-94

Step 05 选择“矩形”工具，绘制一个矩形，设置矩形颜色的 CMYK 值为 0、0、0、10，填充图形，并去除图形的轮廓线，效果如图 10-95 所示。

图 10-95

Step 06 选择“矩形”工具，在灰色矩形上绘制一个矩形，填充矩形为黑色，如图 10-96 所示。选择“挑选”工具，按住<Shift>键，单击鼠标选取灰色矩形。在属性栏中单击“对齐与分布”按钮，弹出“对齐与分布”对话框，选项的设置如图 10-97 所示。单击“应用”按钮，效果如图 10-98 所示。

图 10-96

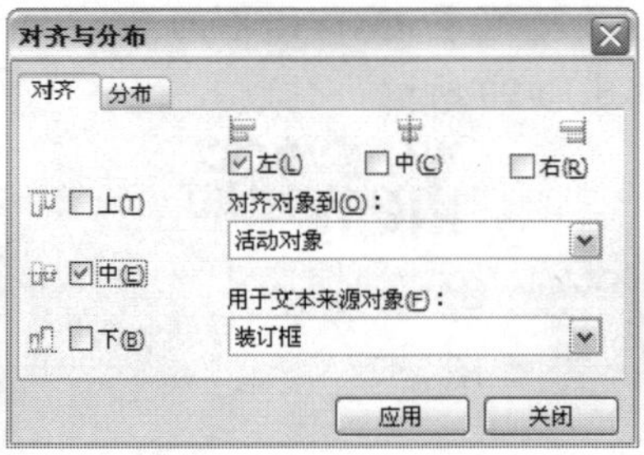

图 10-97

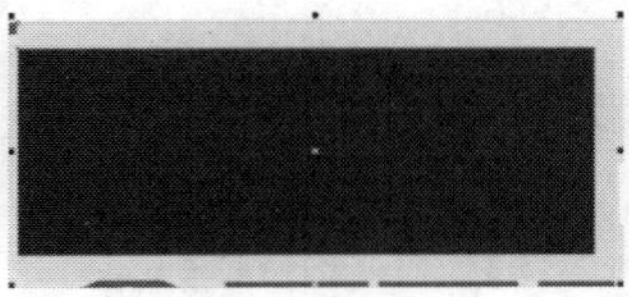

图 10-98

Step 07 选取并复制记事本文档中的文字“时尚杂志、shishangzazhi”，返回到 CorelDRAW 页面中，将复制的文字分别粘贴到页面中适当的位置，填充文字为白色，如图 10-99 所示。选择“挑选”工具，在属性栏中选择合适的字体并设置文字大小，如图 10-100 所示。

图 10-99

图 10-100

Step 08 选择“椭圆形”工具，按住<Ctrl>键，拖曳鼠标绘制一个圆形，设置圆形填充颜色的

CMYK 值为 0、60、100、0，填充圆形，效果如图 10-101 所示。单击属性栏中的“饼形”按钮，将圆形转换为饼形，如图 10-102 所示。在属性栏中的“旋转角度” .0 ° 文本框中输入数值为 47.6° ，按<Enter>键，效果如图 10-103 所示。

图 10-101

图 10-102

图 10-103

Step 09 选择“手绘”工具，按住<Ctrl>键绘制一条直线，如图 10-104 所示。在属性栏中的“轮廓样式选择器”框中选择需要的轮廓线样式，如图 10-105 所示。在“轮廓宽度” .2 mm 框中设置数值为 0.5pt，按<Enter>键，效果如图 10-106 所示。

图 10-104

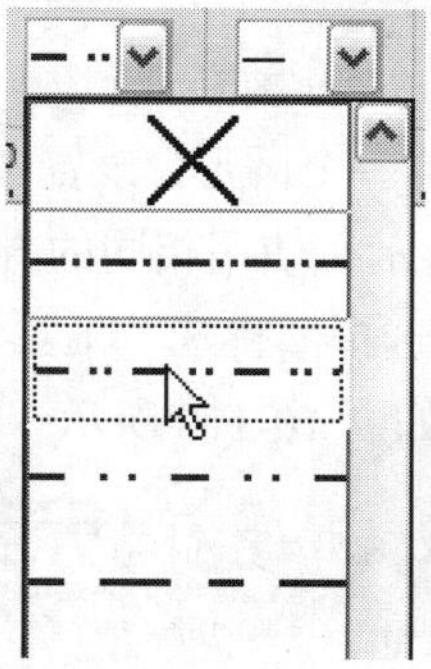
图 10-105

图 10-106

Step 10 选取并复制记事本文档中的文字“Fashion”，返回到 CorelDRAW 页面中，选择“文本”工具，将复制的文字粘贴到页面中适当的位置，如图 10-107 所示。选择“挑选”工具，在属性栏中选择合适的字体并设置文字大小，设置文字颜色的 CMYK 值为 0、100、0、0，填充文字，效果如图 10-108 所示。

图 10-107

图 10-108

Step 11 选择“形状”工具，向左拖曳文字下方的图标，调整文字的间距，效果如图 10-109 所示。选择“文本”工具，选取并复制记事本文档中的文字“时尚元素”，将复制的文字粘贴到 CorelDRAW 页面中适当的位置。选择“挑选”工具，在属性栏中选择合适的字体并设置文字大小，效果如图 10-110 所示。

图 10-109

图 10-110

Step 12 选择“文本”工具，选取并复制记事本文档中的文字，将复制的文字粘贴到 CorelDRAW 页面中适当的位置。选择“挑选”工具，在属性栏中选择合适的字体并设置文字大小，效果如图 10-111 所示。

图 10-111

Step 13 选择“椭圆形”工具，按住<Ctrl>键，在页面中绘制一个圆形，如图 10-112 所示。按住<Ctrl>键的同时，水平向右拖曳圆形，并在适当的位置上单击鼠标右键，复制一个新的圆形，效果如图 10-113 所示。按住<Ctrl>键，再连续按<D>键，复制出多个圆形，效果如图 10-118 所示。

图 10-112

图 10-113

图 10-114

Step 14 选择“挑选”工具，选取第一个圆形，设置圆形颜色的 CMYK 值为 83、37、24、1，填充圆形并去除轮廓线，如图 10-115 所示。使用相同的方法，填充其他圆形适当的颜色，并去除圆形的轮廓线，效果如图 10-116 所示。选择“挑选”工具，选取所有圆形，按<Ctrl>+<G>组合键将其群组，并调整适当的角度，效果如图 10-117 所示

图 10-115

图 10-116

图 10-117

10.2.2 制作文本绕图

Step 01 选择“文件 > 导入”命令，弹出“导入”对话框。选择光盘中的“Ch10 > 素材 > 杂志栏目 > 01”文件，单击“导入”按钮，在页面中单击导入图片，调整图片到适当的位置，如图 10-118 所示。选择“文本”工具，按住鼠标左键不放，沿对角线拖曳鼠标，显示一个矩形文本框，松开鼠标左键，文本框如图 10-119 所示。选取并复制记事本文档中的文字，将复制的文字粘贴到文本框中，效果如图 10-120 所示。

图 10-118

图 10-119

图 10-120

Step 02 选择“文本”工具，选取文字“Q”，在属性栏中选择适当的文字并设置文字大小。

单击属性栏中的“斜体”按钮，设置文字颜色的 CMYK 值为 0、67、0、0，填充文字，效果如图 10-121 所示。选取文字“缤纷万花筒里的哪一款，才是你的心头最爱？”在属性栏中选择适当的字体并设置文字大小，如图 10-122 所示。按<Esc>键取消选取状态，如图 10-123 所示。

图 10-121

图 10-122

图 10-123

Step 03 选择“文本”工具，按住鼠标左键不放，沿对角线拖曳鼠标，绘制一个矩形文本框，松开鼠标左键，文本框如图 10-124 所示。选取并复制记事本文档中的文字，将复制的文字粘贴到文本框中。选择“挑选”工具，在属性栏中选择适当的文字并设置文字大小，效果如图 10-125 所示。选择“文本 > 首字下沉”命令，弹出“首字下沉”对话框，选项设置如图 10-126 所示，单击“确定”按钮，效果如图 10-127 所示。

图 10-124

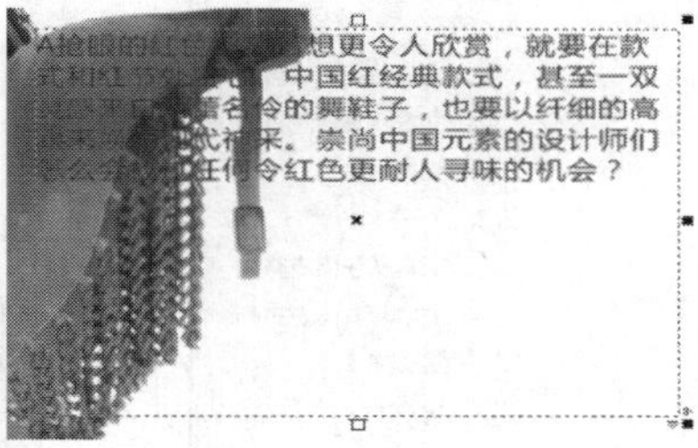
图 10-125

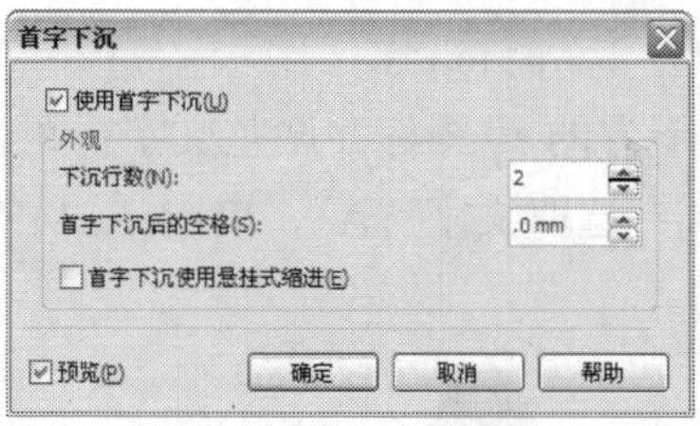

图 10-126

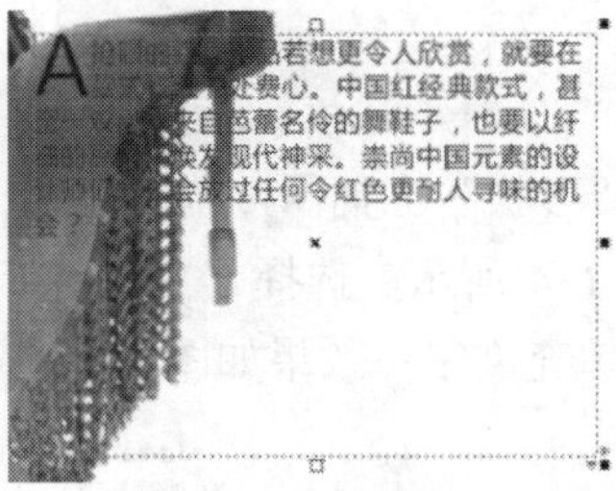
图 10-127

Step 04 选择“形状”工具，图片编辑状态如图 10-128 所示。在图片上双击添加节点，如图 10-129 所示，拖曳节点到适当的位置，如图 10-130 所示。用相同的方法为图片添加节点并调整节点到适当的位置，制作出的效果如图 10-131 所示。

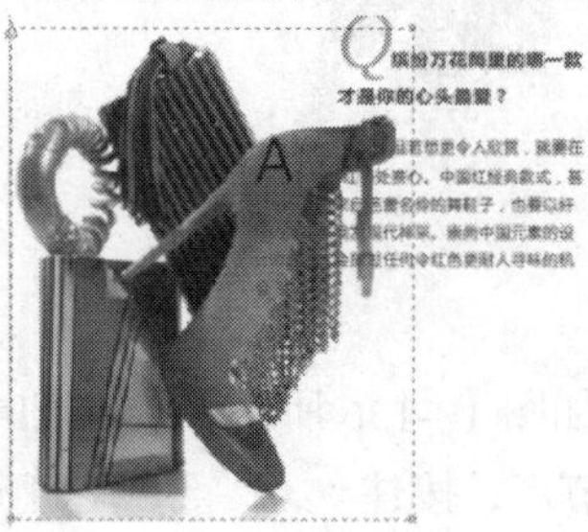
图 10-128

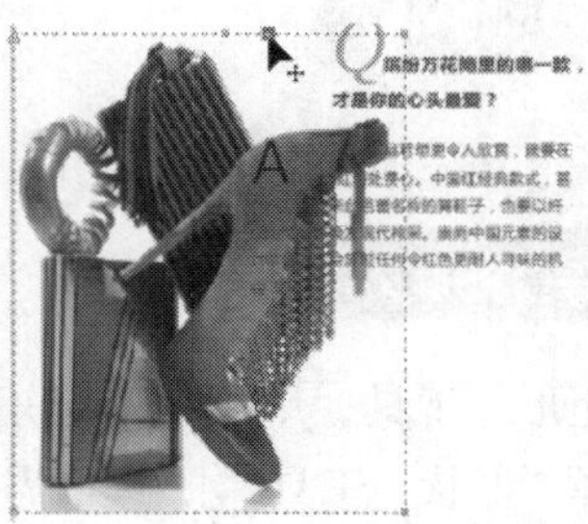
图 10-129

图 10-130

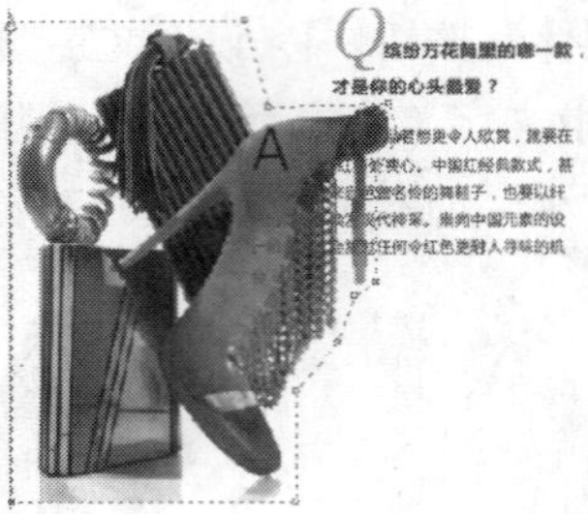

图 10-131

提示：在制作文本绕排时，若需要沿图形的边缘进行绕排，可以使用形状工具添加并拖曳需要的节点，编辑图形的绕排边界。

Step 05 选择“挑选”工具，在属性栏中单击“段落文本换行”按钮，在弹出的菜单中选择“跨式文本”命令，如图 10-132 所示。按<Enter>键确认，效果如图 10-133 所示。

图 10-132

图 10-133

Step 06 选择“形状”工具，向下拖曳文字下方的图标，调整文字行距，松开鼠标左键，文字效果如图 10-134 所示。选择“文本”工具，选取文字“A”，单击“CMYK 调色板”中的“40%黑”色块，填充文字，效果如图 10-135 所示。

图 10-134

图 10-135

10.2.3 导入图片并添加文字

Step 01 选择“矩形”工具，绘制一个矩形，如图 10-136 所示。按<Ctrl>+<Q>组合键，将矩形转换成曲线，选择“形状”工具，选取需要的节点，按住<Ctrl>键，垂直向下拖曳该节点到适当的位置，效果如图 10-137 所示。

图 10-136

图 10-137

Step 02 选择“文件 > 导入”命令，弹出“导入”对话框。选择光盘中的“Ch10 > 素材 > 杂志栏目 > 02”文件，单击“导入”按钮，在页面中单击导入图片，如图 10-138 所示。选择“效果 > 图框精确剪裁 > 放置在容器中”命令，鼠标的光标变为黑色箭头形状，在斜角矩形上单击，如图 10-139 所示，将其置入斜角矩形中，效果如图 10-140。选择“效果 > 图框精确剪裁 > 编辑内容”命令，将置入的图片拖曳到适当的位置，选择“效果 > 图框精确剪裁 > 结束内容”命令，完成对置入图片的编辑，并去除斜角矩形的轮廓线，效果如图 10-141 所示。

图 10-138

图 10-139

图 10-140

图 10-141

Step 03 选择“文本”工具，选取并复制记事本文档中的“Q&A”文字，将复制的文字粘贴到 CorelDRAW 页面中的适当位置，如图 10-142 所示。设置文字颜色的 CMYK 值为 0、100、100、0，填充文字。分别选取文字“Q”和“A”，在属性栏中选择合适的字体并设置文字大小，效果如图 10-143 所示。

图 10-142

图 10-143

Step 04 选择“贝塞尔”工具，绘制一条线段，效果如图 10-144 所示。选取并复制记事本文档中的文字，返回到 CorelDRAW 页面中，将复制的文字粘贴到适当的位置。选择“挑选”工具，在属性栏中选择适当的字体并设置文字大小，效果如图 10-145 所示。选择“文本 > 使文本适合路径”命令，在路径上单击，如图 10-146 所示。文本自动绕路径排列，效果如图 10-147 所示。按住<Ctrl>键，单击选取直线路径。按<Delete>键将直线路径删除，效果如图 10-148 所示。

图 10-144

图 10-145

图 10-146

图 10-147

图 10-148

Step 05 选择“手绘”工具，按住<Ctrl>键绘制一条直线，如图 10-149 所示。在属性栏中的“轮廓样式选择器”框中选择需要的轮廓线样式，如图 10-150 所示。在“轮廓宽度” .2 mm 框中设置数值为 4pt，按<Enter>键确认。设置直线颜色的 CMYK 值为 40、0、0、0，填充直线，效果如图 10-151 所示。使用相同的方法绘制另一条直线，效果如图 10-152 所示。

图 10-149

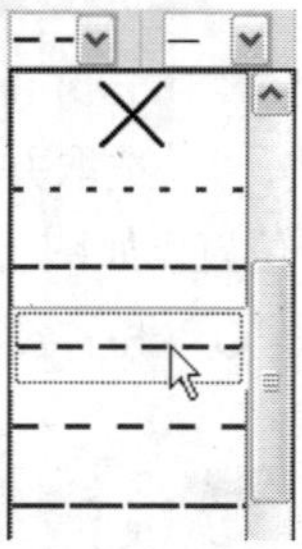

图 10-150

图 10-151

图 10-152

Step 06 选择“文件 > 导入”命令，弹出“导入”对话框。选择光盘中的“Ch10 > 素材 > 杂

志栏目 > 03”文件，单击“导入”按钮，在页面中单击导入图片，调整图片到适当的位置，如图 10-153 所示。选择“交互式阴影”工具，在图形上由中间至右侧拖曳光标，为图形添加阴影效果，如图 10-154 所示，在属性栏中的设置如图 10-155 所示。按<Enter>键确认，阴影效果如图 10-156 所示。

图 10-153

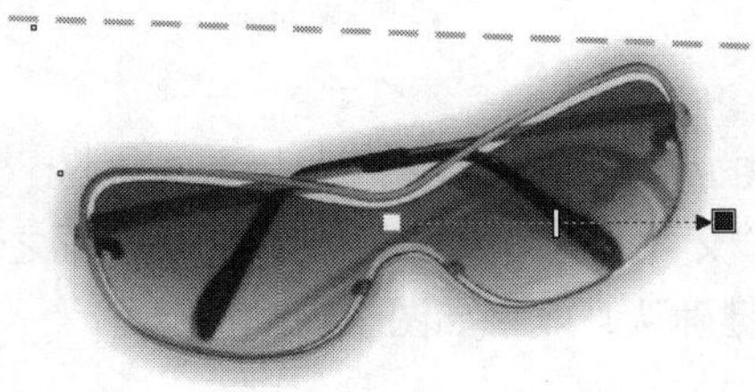

图 10-154

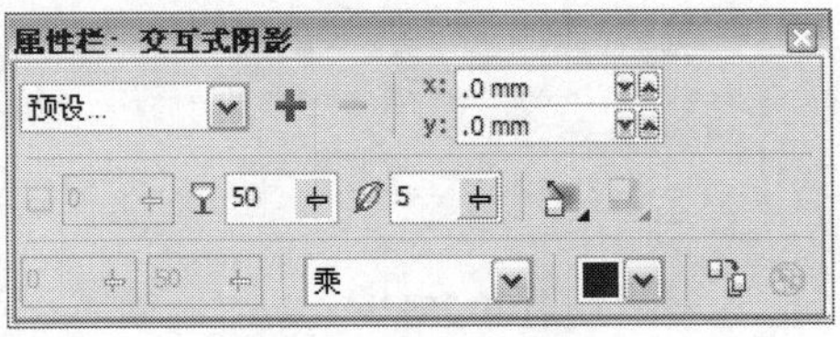

图 10-155

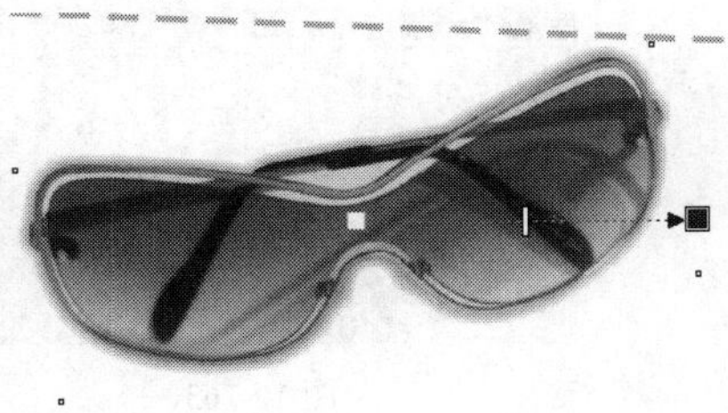

图 10-156

Step 07 选择“矩形”工具，使用相同的方法绘制一个斜角矩形，如图 10-157 所示。按<F12>键，弹出“轮廓笔”对话框，在“颜色”选项中选择轮廓线颜色的 CMYK 值为 0、0、0、20，其他选项的设置如图 10-158 所示，单击“确定”按钮，效果如图 10-159 所示。

图 10-157

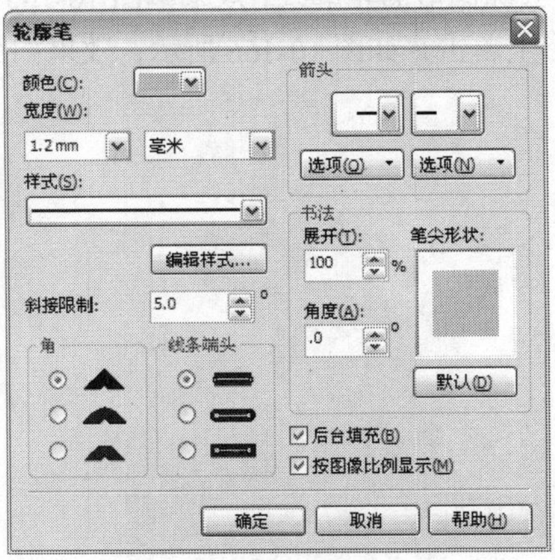

图 10-158

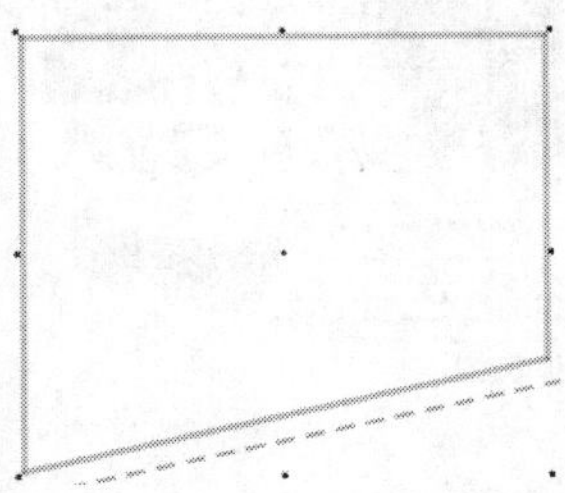

图 10-159

Step 08 参照上述方法制作出如图 10-160 所示的文字效果。选择“椭圆形”工具，按住<Ctrl>键在页面中绘制一个圆形，设置圆形颜色的 CMYK 值为 0、18、0、0，填充圆形，并去除图形的轮廓线，如图 10-161 所示。用相同的方法再绘制一个圆形，并设置圆形颜色的 CMYK 值为 20、80、0、20，填充圆形，并去除图形的轮廓线，效果如图 10-162 所示。

图 10-160

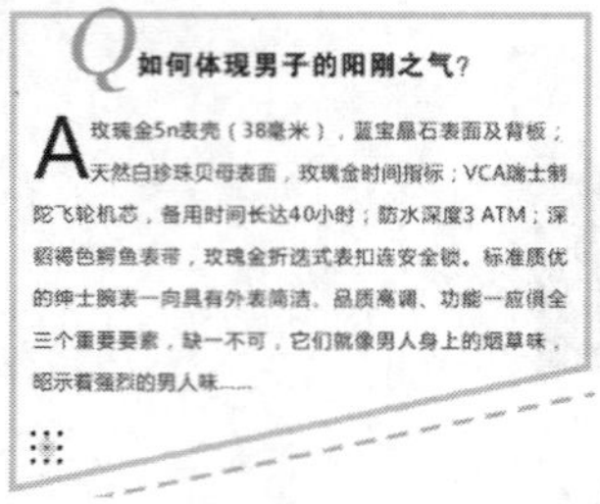

图 10-161

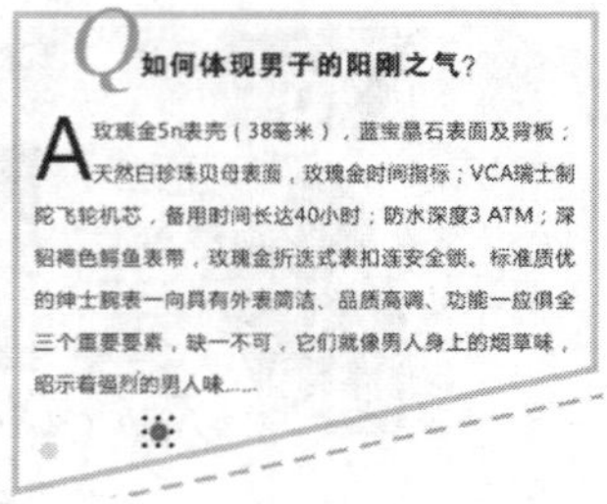

图 10-162

Step 09 选择“交互式调和”工具，在两个圆之间应用调和，在属性栏中的设置如图 10-163 所示。按<Enter>键确认，效果如图 10-164 所示。

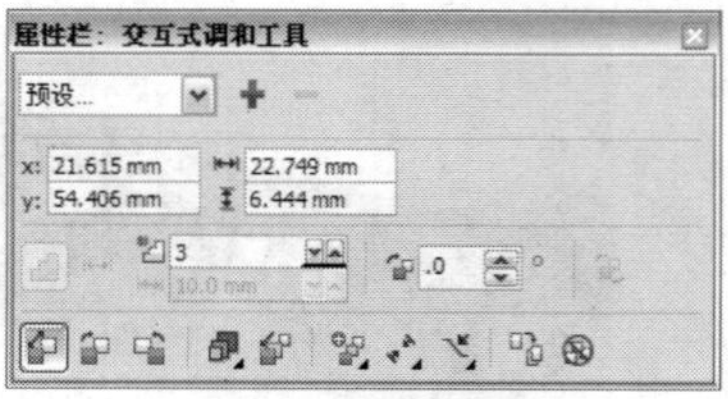

图 10-163

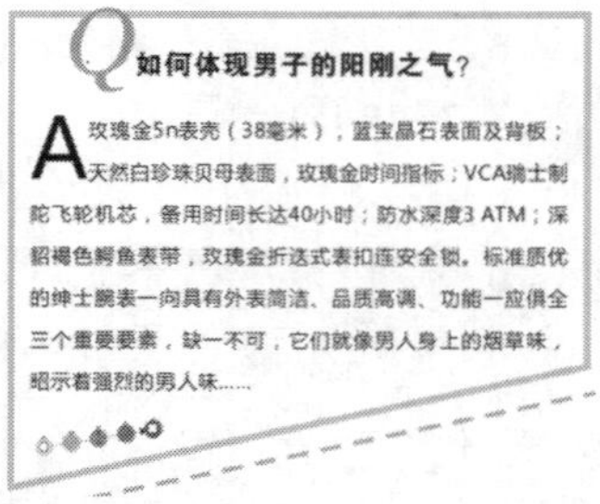

图 10-164

10.2.4 绘制图形并编辑文字

Step 01 选择“椭圆形”工具，按住<Ctrl>键在页面中绘制一个圆形，设置圆形颜色的 CMYK 值为 10、0、0、0，填充圆形，并去除圆形的轮廓线，效果如图 10-165 所示。选择“文本”工具，鼠标的光标变为图标，在圆形上单击，如图 10-166 所示，效果如图 10-167 所示。

图 10-165

图 10-166

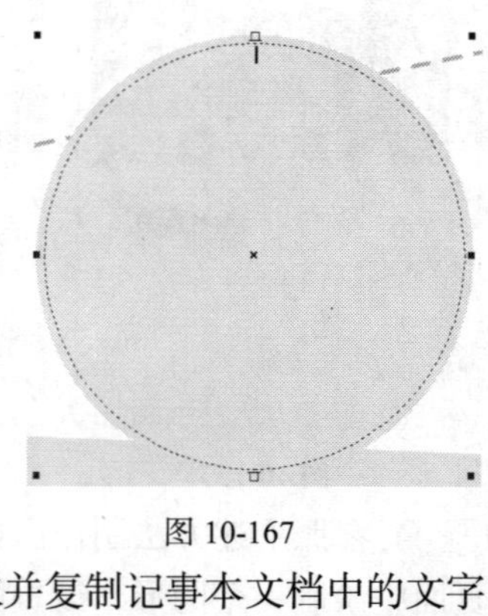

图 10-167

Step 02 按 4 次<Enter>键，文本换行，如图 10-168 所示。选取并复制记事本文档中的文字，将复制的文字粘贴到文本框中，选择“挑选”工具，在属性栏中选择合适的字体并设置文字大小，如图 10-169 所示。选择“文字 > 首字下沉”命令，弹出“首字下沉”对话框，选项的设置如图

10-170 所示。单击“确定”按钮，效果如图 10-171 所示。

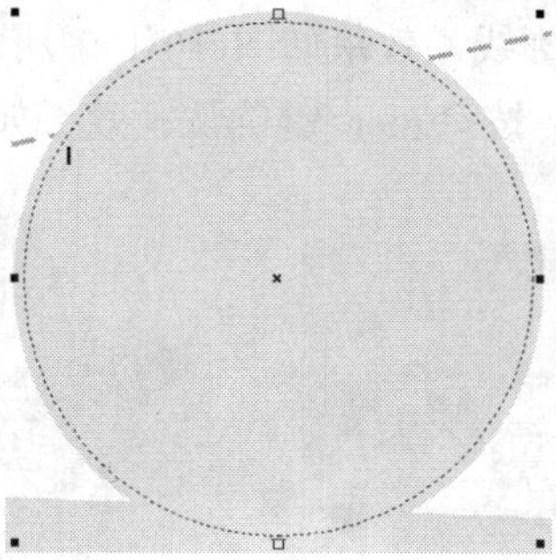

图 10-168

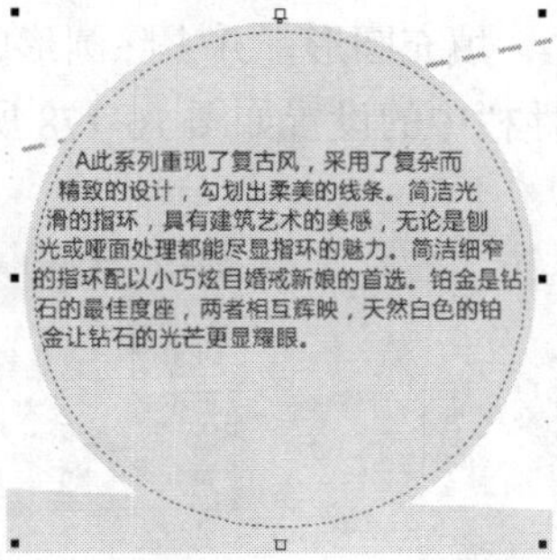

图 10-169

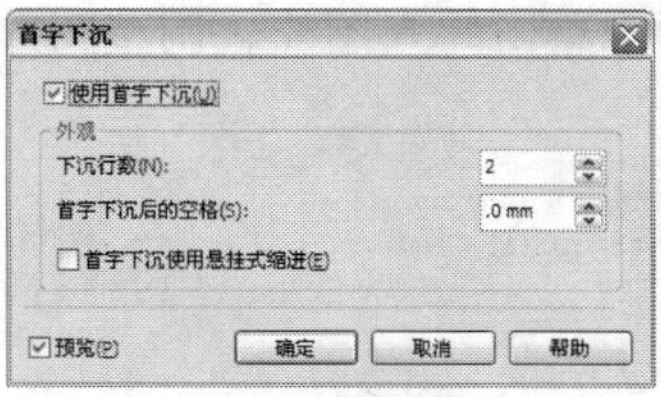

图 10-170

图 10-171

Step 03 选取文字“A”，填充为白色。选择“形状”工具，向下拖曳文字下方的图标，调整文字的行距，效果如图 10-172 所示。参照上面的制作方法，制作出如图 10-173 所示的效果。

图 10-172

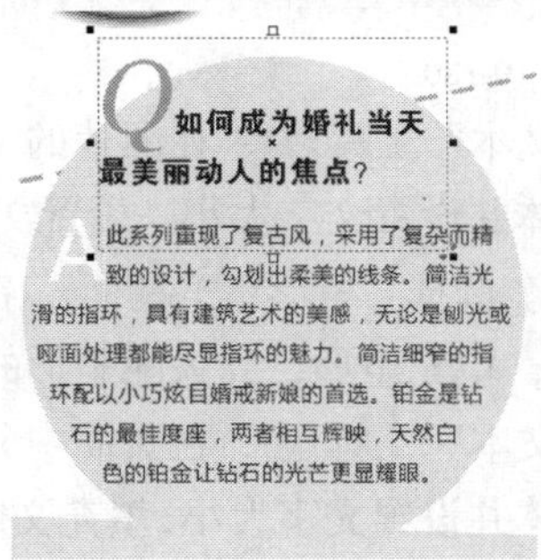

图 10-173

10.2.5 绘制装饰图形并添加页码

Step 01 选择“椭圆形”工具，按住<Ctrl>键在页面中绘制一个圆形，设置圆形颜色的 CMYK 值为 40、0、0、0，填充圆形，并去除圆形的轮廓线，效果如图 10-174 所示。选择“交互式透明”工具，在属性栏中的设置如图 10-175 所示。按<Enter>键确认，效果如图 10-176 所示。

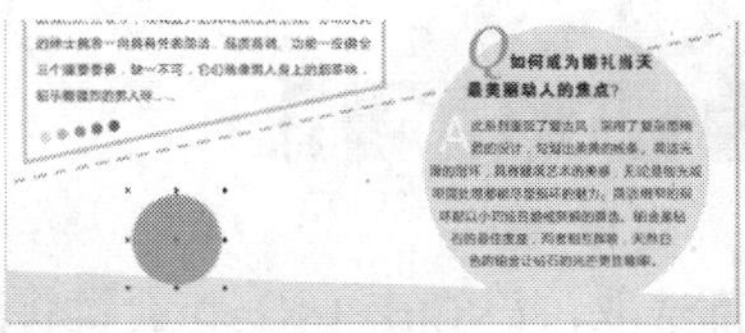

图 10-174

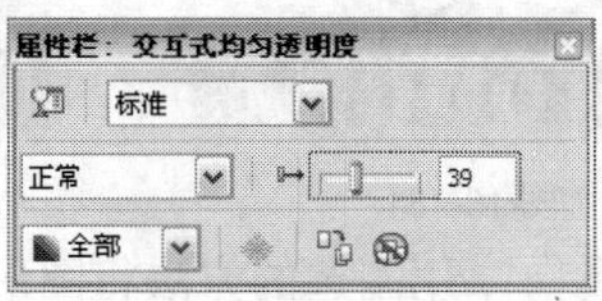

图 10-175

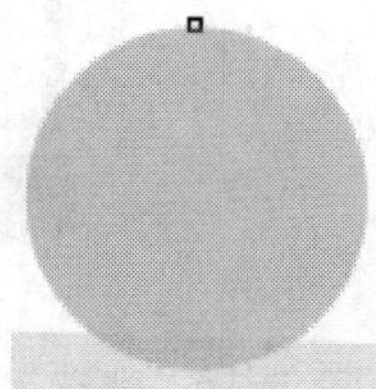

图 10-176

Step 02 选择“椭圆形”工具，按住<Ctrl>键在页面中绘制一个圆形，设置圆形颜色的 CMYK 值为 40、0、100、0，填充圆形，并去除圆形的轮廓线，效果如图 10-177 所示。选择“交互式透明”工具，在属性栏中的设置如图 10-178 所示。按<Enter>键确认，效果如图 10-179 所示。

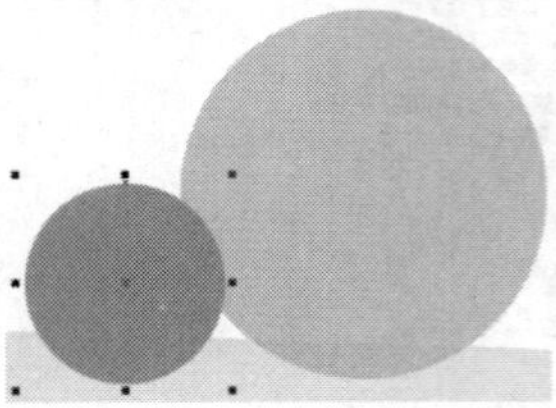

图 10-177

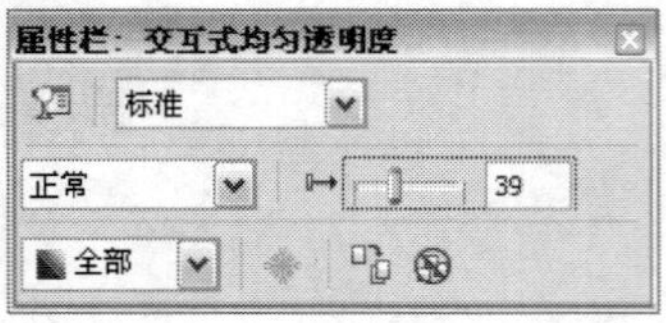

图 10-178

图 10-179

Step 03 选择“椭圆形”工具，按住<Ctrl>键在页面中绘制一个圆形，设置圆形颜色的 CMYK 值为 20、80、0、0，填充圆形，并去除圆形的轮廓线。使用相同的方法，制作出如图 10-180 所示的透明效果。选择“文件 > 导入”命令，弹出“导入”对话框。选择光盘中的“Ch10 > 素材 > 杂志栏目 >04”文件，单击“导入”按钮，在页面中单击导入图片，调整图片到适当的位置，如图 10-181 所示。

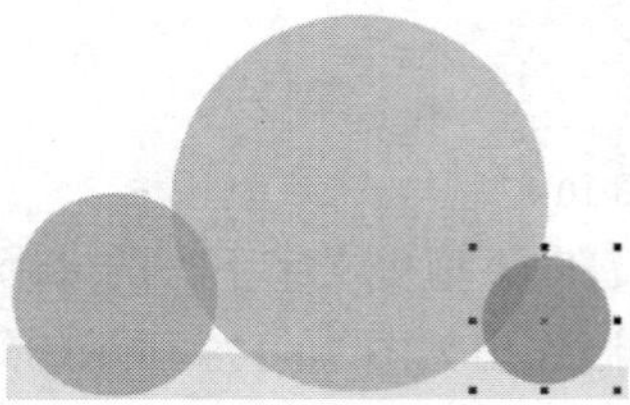

图 10-180

图 10-181

Step 04 选择“文本”工具，在图片的下面输入页码“085”。选择“挑选”工具，在属性栏中选择合适的字体并设置文字大小，设置文字颜色的 CMYK 值为 74、0、0、42，填充文字，效果如图 10-182 所示。选择“矩形”工具，在文字的下方绘制一个矩形，设置矩形颜色的 CMYK 值为 74、0、0、42，填充矩形，并去除矩形的轮廓线，效果如图 10-183 所示。

Step 05 选择“文本”工具，在页面中分别输入需要的文字。选择“挑选”工具，在属性栏中选择合适的字体并设置文字大小，填充文字为白色，效果如图 10-184 所示。选取文字“Touch”，选择“形状”工具，向右拖曳文字下方的图标，调整文字的间距，效果如图 10-185 所示。

图 10-182

图 10-183

图 10-184

图 10-185

Step 06 选择“挑选”工具，用圈选的方法将图形全部选取，按<Ctrl>+<G>组合键将其群组。杂志栏目绘制完成，按<Esc>键取消选取状态，效果如图 10-186 所示。

Step 07 按<Ctrl>+<S>组合键，弹出“保存图形”对话框，将制作好的图像命名为“杂志栏目”，保存为 CDR 格式，单击“保存”按钮将图像保存。

图 10-186

10.3 饮食栏目设计

案例学习目标：学习在 CorelDRAW 中使用文本工具、对象的排序和组合工具及交互式工具制作饮食栏目效果。

案例知识要点：在 CorelDRAW 中，使用交互式调和工具制作圆的调和效果；使用文本工具和形状工具调整文字的间距；使用栏命令制作文本分栏效果；使用精确剪裁命令将图片和圆形置入圆角矩形中；使用交互式阴影工具为文字添加阴影效果；使用对齐与分布命令使图片对齐；使用插入字符命令插入需要的字符图形。饮食栏目设计效果如图 10-187 所示。

效果所在位置：光盘/Ch10/效果/饮食栏目.cdr。

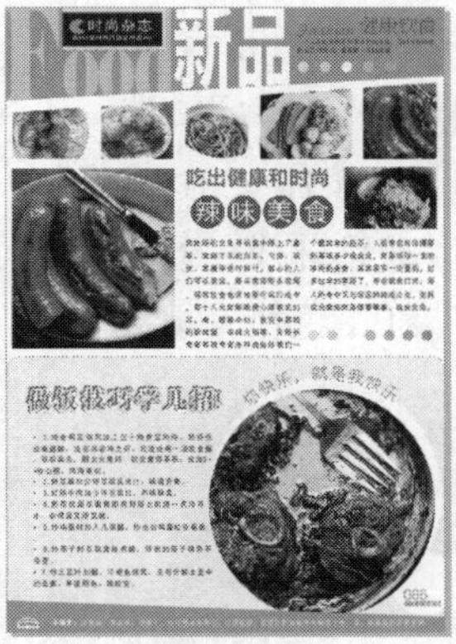

图 10-187

CorelDRAW 应用

10.3.1 制作标题效果

Step 01 按<Ctrl>+<O>组合键，弹出“打开绘图”对话框，选择“Ch10 > 效果 > 杂志栏目”文件，单击“打开”按钮，打开文件。选择“挑选”工具，选取需要的图形，如图 10-188 所示。按<Ctrl>+<C>组合键复制图形，按<Ctrl>+<N>组合键，新建一个 A4 页面，按<Ctrl>+<V>组合键粘贴图形，效果如图 10-189 所示。

Step 02 选择“挑选”工具，分别选取要修改的图形，设置图形颜色的 CMYK 值为 0、60、80、0，填充图形，选择“文本”工具，分别选取要修改的文字进行修改，效果如图 10-190 所示。

图 10-188

图 10-189

图 10-190

Step 03 选择“挑选”工具，选取需要的图形，选择“效果 > 图框精确剪裁 > 编辑内容”命令，进入编辑状态，选择“文本”工具，选取文字“New”，将其删除并输入“Food”，设置文字颜色的 CMYK 值为 0、20、100、0，填充文字，效果如图 10-191 所示。选择“效果 > 图框精确剪裁 > 结束编辑”命令，完成对文字的编辑，效果如图 10-192 所示。

图 10-191

图 10-192

Step 04 选择“挑选”工具，选取下方的 6 个圆形，按<Delete>键将其删除。选择“椭圆形”工具，按住<Ctrl>键绘制一个圆形，单击 “CMYK 调色板”中的“黄”色块，填充图形，并去除图形的轮廓线，效果如图 10-193 所示。用相同的方法再绘制一个圆形，单击“CMYK 调色板”中的“红”色块，填充图形，并去除图形的轮廓线，效果如图 10-194 所示。

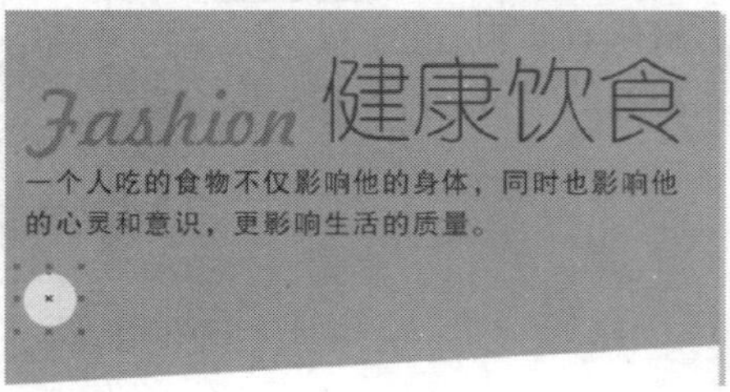

图 10-193

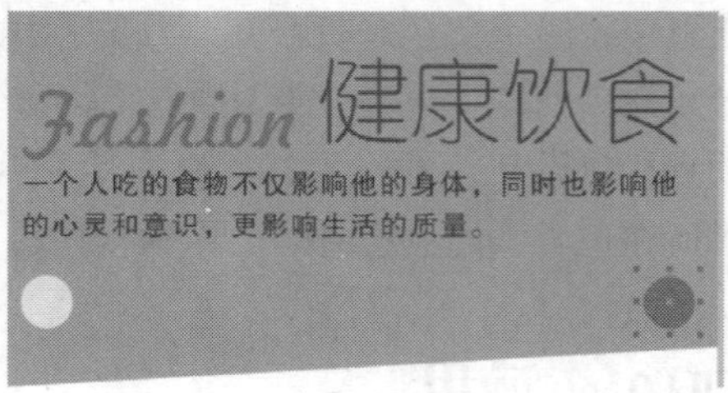

图 10-194

Step 05 选择“交互式调和”工具，在两个圆之间应用调和，在属性栏中的设置如图 10-195 所示。按<Enter>键，效果如图 10-196 所示。

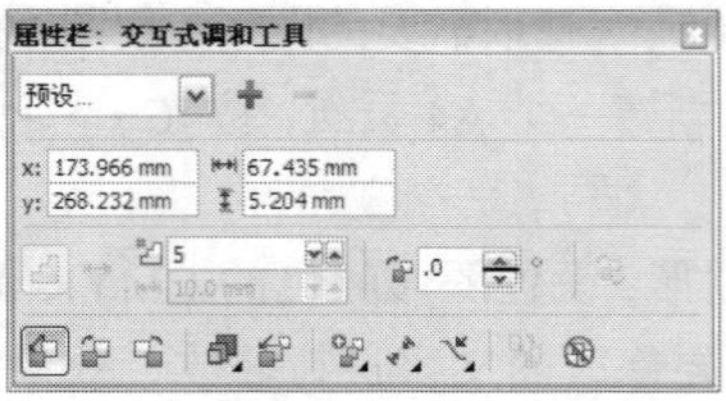

图 10-195

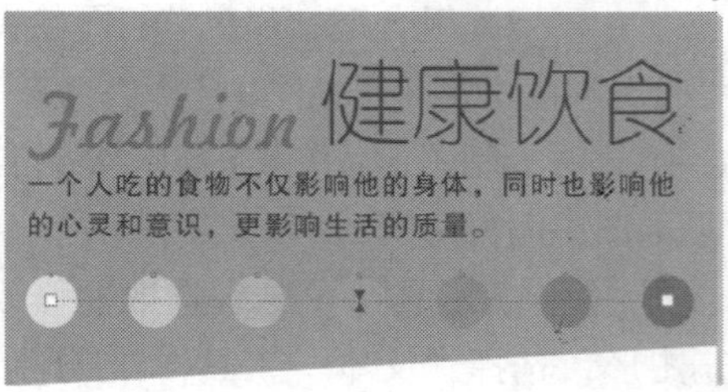

图 10-196

10.3.2 置入并编辑图片

Step 01 选择“矩形”工具，在适当的位置绘制一个矩形，如图 10-197 所示。按<Ctrl>+<Q>组合键，将矩形转换成曲线。选择“形状”工具，选取需要的节点，按住<Ctrl>键，垂直向下拖曳该节点到适当的位置，效果如图 10-198 所示。

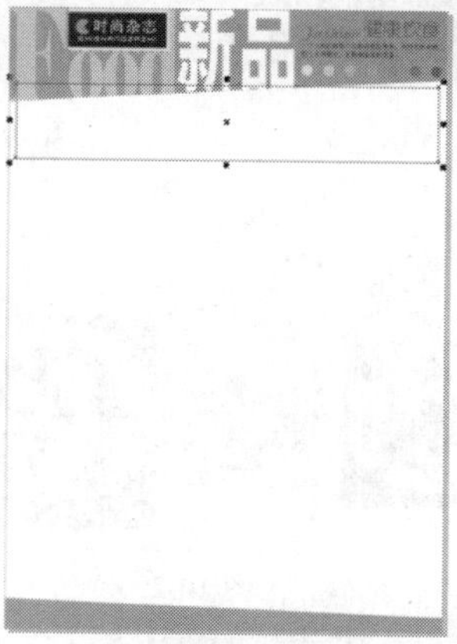

图 10-197

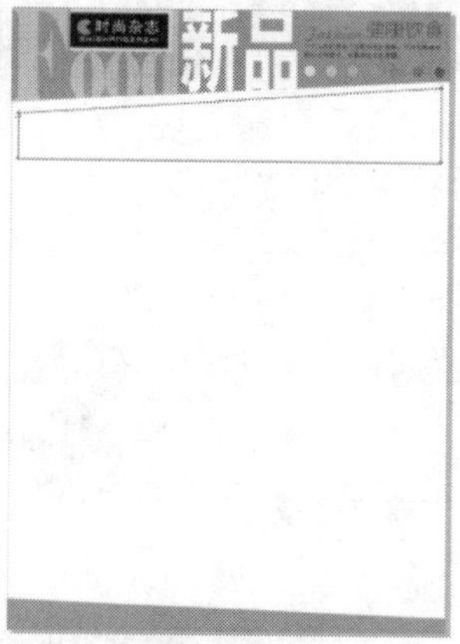

图 10-198

Step 02 选择“文件 > 导入”命令，弹出“导入”对话框。选择光盘中的“Ch10 > 素材 > 饮食栏目 > 01、02、04、05、06”文件，单击“导入”按钮，在页面中单击导入图片，调整图片大小并将其拖曳到适当的位置，效果如图 10-199 所示。选择“挑选”工具，按住<Shift>键，选取置入的图片，如图 10-200 所示。选择“效果 > 图框精确剪裁 > 放置在容器中”命令，鼠标的光标变为黑色箭头形状，在斜角矩形上单击，如图 10-201 所示。将选取的图片置入到斜角矩形中，效果如图 10-202 所示。

图 10-199

图 10-200

图 10-201

图 10-202

Step 03 选择“效果 > 图框精确剪裁 > 编辑内容”命令，选择“挑选”工具，将置入的图片拖曳到适当的位置，选取所有的图片，如图 10-203 所示。单击属性栏中的“对齐和分布”按钮，弹出“对齐与分布”对话框，设置如图 10-204 所示。单击“分布”选项，弹出“分布”对话框，选项的设置如图 10-205 所示，单击“应用”按钮，效果如图 10-206 所示。选择“效果 > 图框精确剪裁 > 结束编辑”命令，完成对置入图片的编辑，并去除斜角矩形的轮廓线，效果如图 10-207 所示。

图 10-203

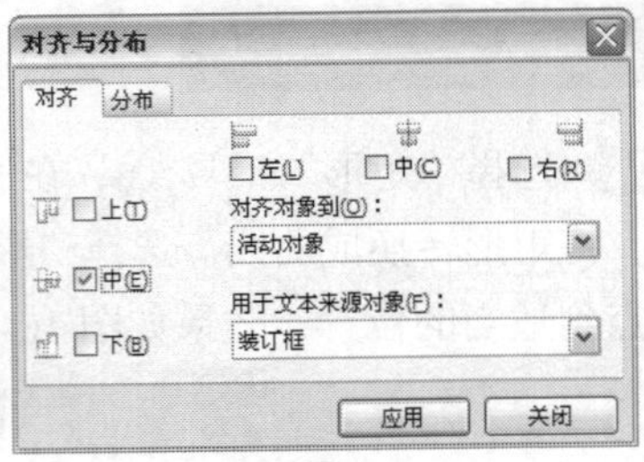

图 10-204

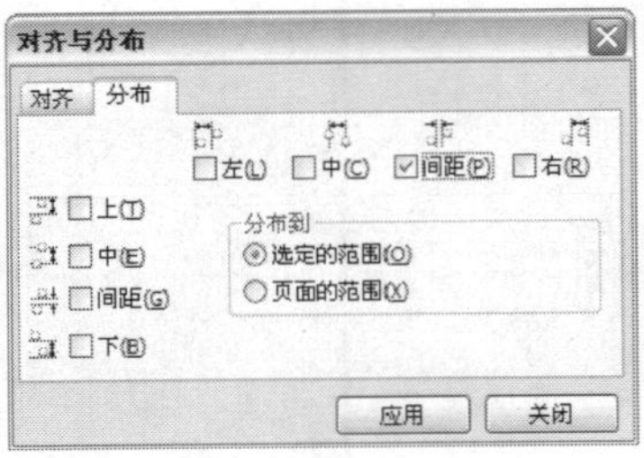

图 10-205

图 10-206

图 10-207

10.3.3 制作文字分栏并导入图片

Step 01 选择“矩形”工具，在适当的位置绘制两个矩形，如图 10-208 所示。选择“文件 > 导入”命令，弹出“导入”对话框。选择光盘中的“Ch10 > 素材 > 饮食栏目 > 01、03”文件，单击“导入”按钮，在页面中单击导入图片，调整图片大小并将其拖曳到适当的位置，如图 10-209 所示。使用同样的方法对图片进行图框精确剪裁，并去除矩形轮廓线，效果如图 10-210 所示。

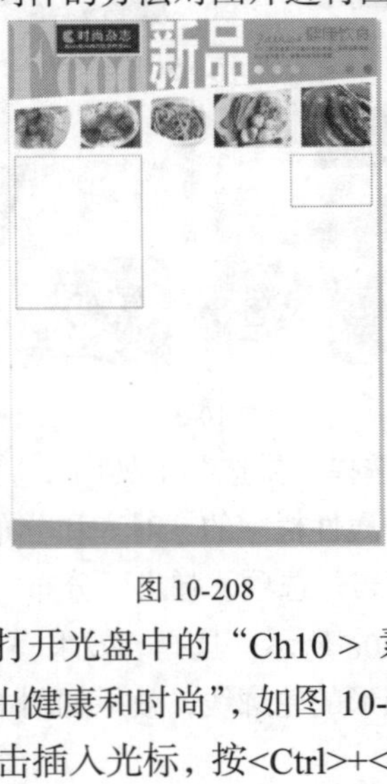

图 10-208

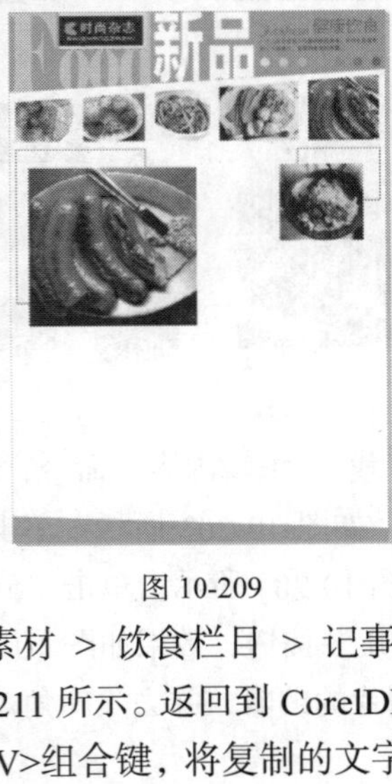

图 10-209

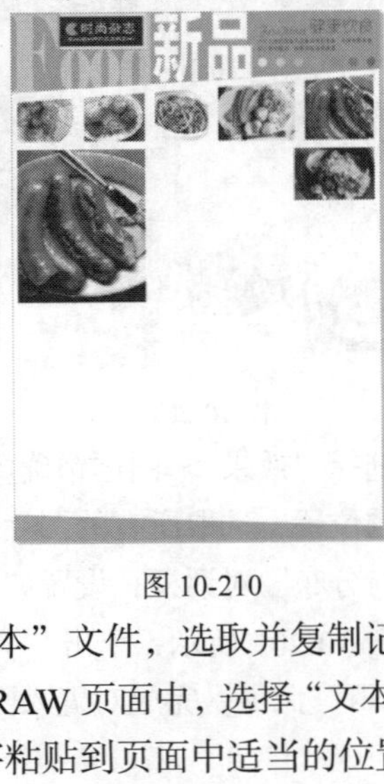

图 10-210

Step 02 打开光盘中的“Ch10 > 素材 > 饮食栏目 > 记事本”文件，选取并复制记事本文档中的文字“吃出健康和时尚”，如图 10-211 所示。返回到 CorelDRAW 页面中，选择“文本”工具，在页面中单击插入光标，按<Ctrl>+<V>组合键，将复制的文字粘贴到页面中适当的位置。选择“挑选”工具，在属性栏中选择合适的字体并设置文字大小。单击“CMYK 调色板”中的“红”色块，填充文字，效果如图 10-212 所示。

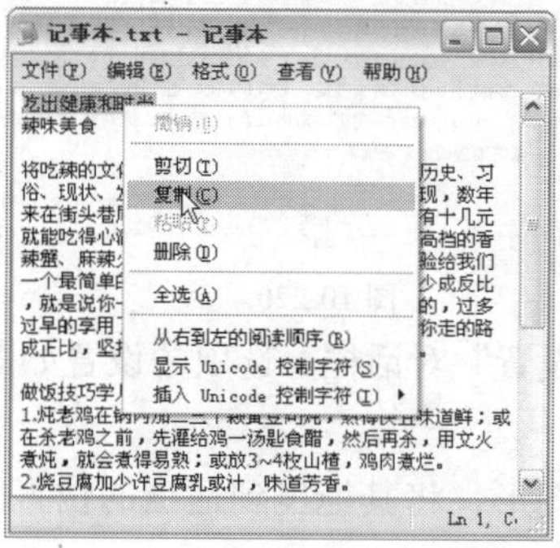

图 10-211

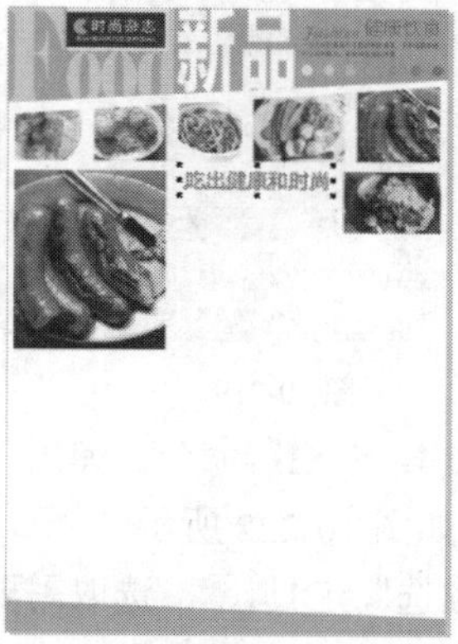

图 10-212

Step 03 选择“椭圆形”工具，按住<Ctrl>键绘制一个圆形，设置圆形颜色的 CMYK 值为 20、100、98、0，填充圆形。在属性栏中的“轮廓宽度” .2 mm 框中设置数值为 1pt，效果如图 10-213 所示。选择“挑选”工具，按住<Ctrl>键，垂直向下拖曳圆形，并在适当的位置上单击鼠标右键，复制一个新的圆形，效果如图 10-214 所示。按住<Ctrl>键，再连续按<D>键，复制出两个圆形，效果如图 10-215 所示。

图 10-213

图 10-214

图 10-215

Step 04 选择“文本”工具，选取并复制记事本文档中的文字“辣味美食”。将复制的文字粘贴到页面中，在属性栏中选择合适的字体并设置文字大小，填充文字为白色，并将文字拖曳到适当的位置，效果如图 10-216 所示。选择“文本”工具，在页面中拖曳出一个文本框，如图 10-217 所示。选取并复制记事本文档中的文字“将吃辣的文化……延长生命。”将复制的文字粘贴到页面中，在属性栏中选择合适的字体并设置文字大小，效果如图 10-218 所示。

图 10-216

图 10-217

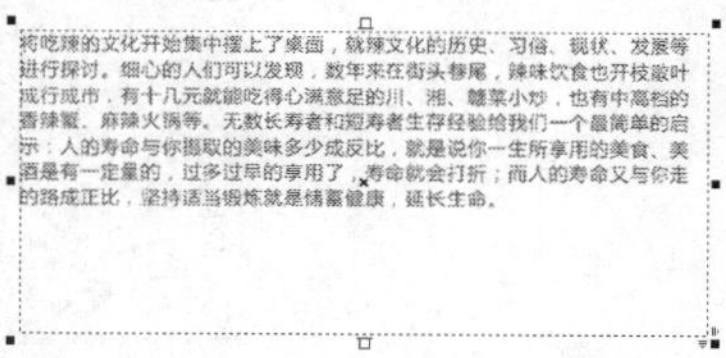

图 10-218

Step 05 选择“挑选”工具，选取文本框，选择“文本 > 段落格式化”命令，弹出“段落格式化”面板，选项的设置如图 10-219 所示。按<Enter>键确认，效果如图 10-220 所示。

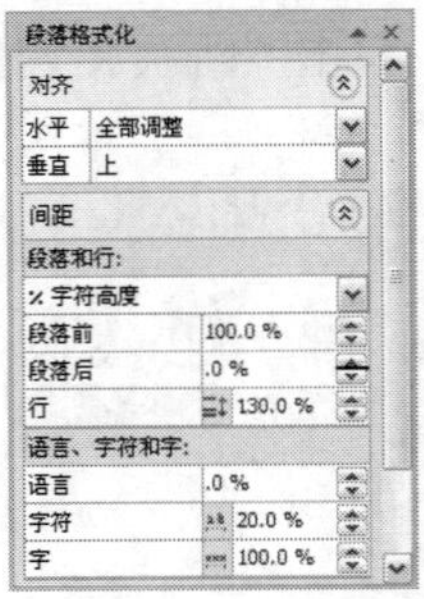

图 10-219

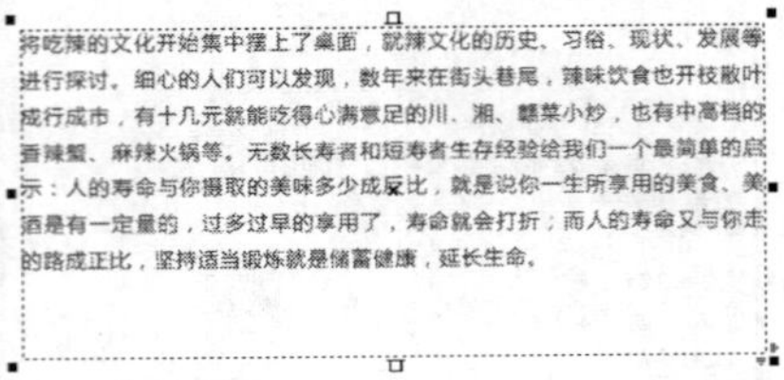

图 10-220

Step 06 选择"文本 > 栏"命令，弹出"栏设置"对话框，选项的设置如图 10-221 所示。单击"确定"按钮，效果如图 10-222 所示。

Step 07 选择"挑选"工具，选取需要的图形，将其拖曳到适当的位置。按住<Shift>键，等比例缩小图形，效果如图 10-223 所示。

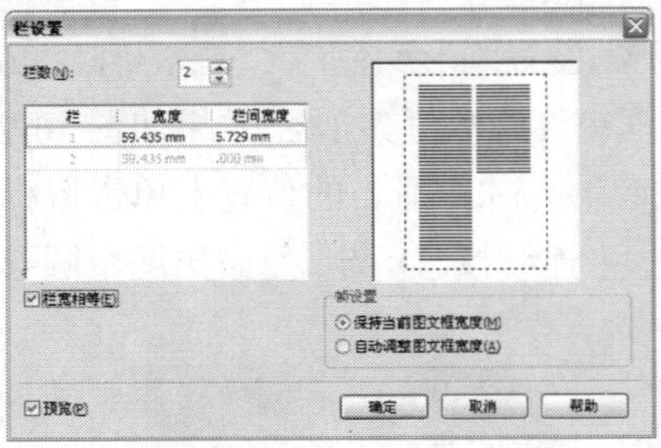

图 10-221

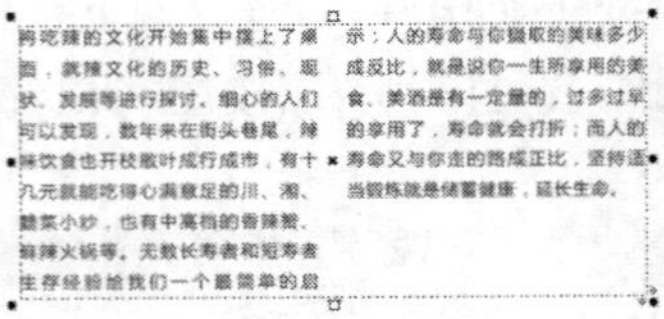

图 10-222

图 10-223

> **提示**：在"栏设置"对话框中，"栏数"选项用来设置分栏数的多少，"栏间宽度"选项用来设置栏与栏之间的宽度。

10.3.4 编辑图形和图片

Step 01 选择"矩形"工具，绘制一个矩形，在属性栏的"边角圆滑度"框中设置如图 10-224 所示，按<Enter>键确认。设置矩形颜色的 CMYK 值为 0、15、30、0，填充图形，效果如图 10-225 所示。

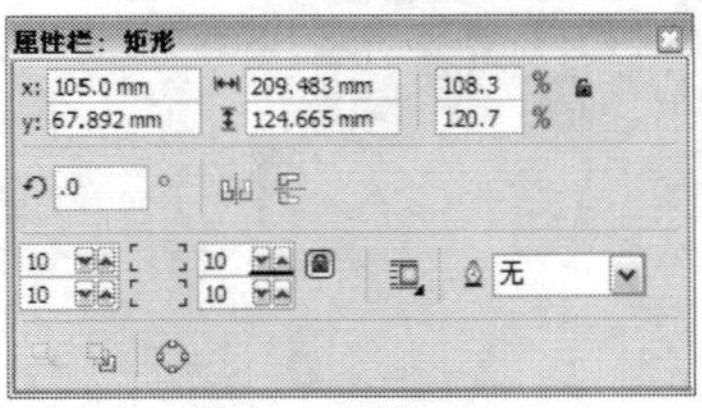

图 10-224

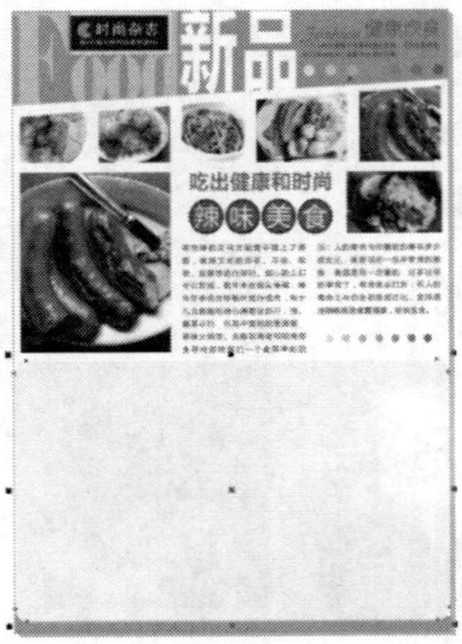

图 10-225

Step 02 按<F12>键，弹出"轮廓笔"对话框，在"颜色"选项中设置轮廓线颜色的 CMYK 值为 42、34、34、1，其他选项的设置如图 10-226 所示。单击"确定"按钮，效果如图 10-227 所示。

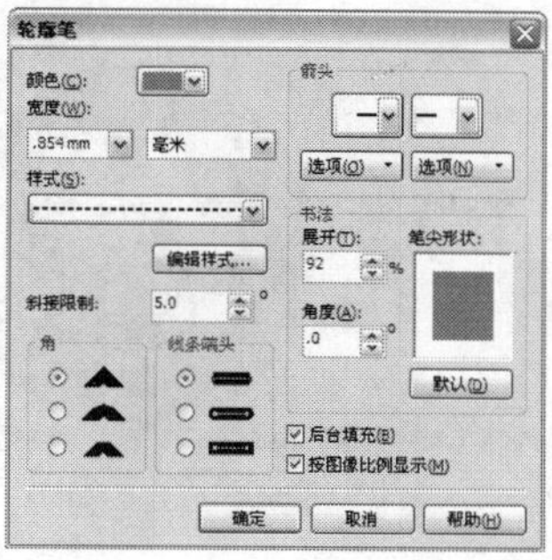

图 10-226

图 10-227

Step 03 选择“椭圆形”工具，按住<Ctrl>键绘制一个圆形，填充圆形为白色，并去除圆形的轮廓线，效果如图 10-228 所示。用相同的方法再绘制一个圆形，填充圆形为白色，并去除圆形的轮廓线，如图 10-229 所示。

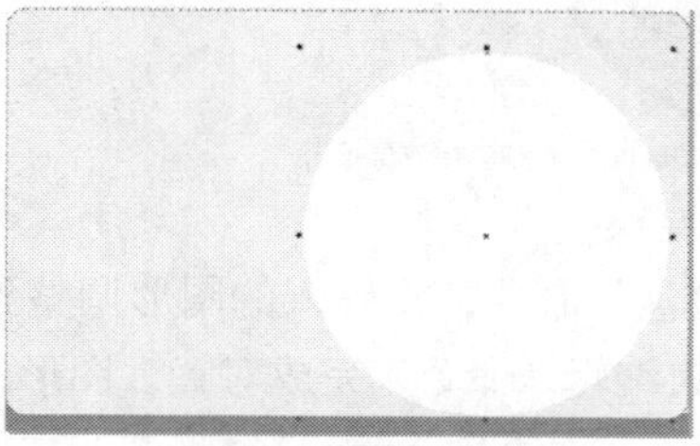

图 10-228

图 10-229

Step 04 选择“椭圆形”工具，按住<Ctrl>键绘制一个圆形，如图 10-230 所示。选择“文件 > 导入”命令，弹出“导入”对话框。选择光盘中的“Ch10 > 素材 > 饮食栏目 > 07”文件，单击“导入”按钮，在页面中单击导入图片，调整图片大小并拖曳到适当的位置，如图 10-231 所示。参照上述方法对图片进行图框精确剪裁，并去除圆形轮廓线，效果如图 10-232 所示。选择“挑选”工具，将图形拖曳到适当的位置，如图 10-233 所示。

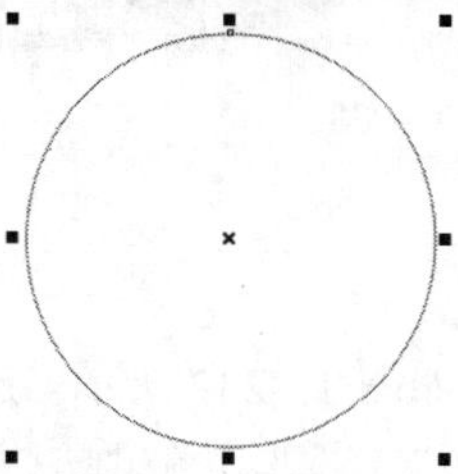

图 10-230

图 10-231

图 10-232

图 10-233

Step 05 选择“挑选”工具，选取置入的图片和两个白色圆形，如图 10-234 所示。选择“效果 > 图框精确剪裁 > 放置在容器中”命令，鼠标的光标变为黑色箭头形状，并在圆角矩形上单击，如图 10-235 所示。将选取的图形置入到圆角矩形中，效果如图 10-236 所示。

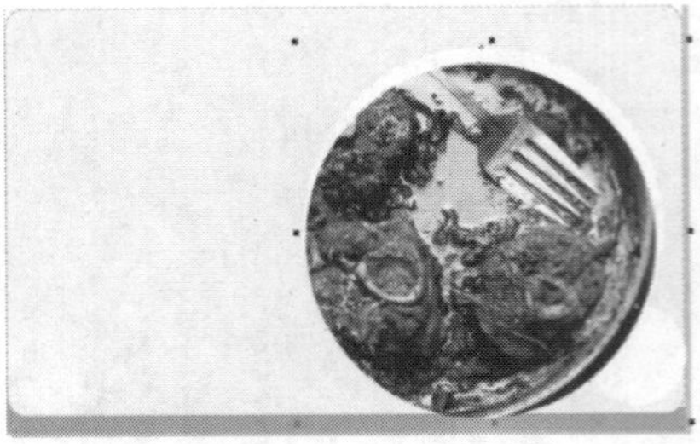
图 10-234

图 10-235

图 10-236

Step 06 选择“效果 > 图框精确剪裁 > 编辑内容”命令，将置入的图形调整到适当位置，如图 2-237 所示。选择“效果 > 图框精确剪裁 > 结束编辑”命令，完成对置入图形的编辑，效果如图 2-238 所示。

图 10-237

图 10-238

10.3.5 添加并编辑说明性文字

Step 01 选择“椭圆形”工具，按住<Ctrl>键绘制一个圆形，如图 10-239 所示。选择“文本”工具，在圆形的边缘上单击，如图 10-240 所示，在圆上插入光标，选取并复制记事本文档中的“你快乐，就是我快乐!”文字，将复制的文字粘贴到页面中，在属性栏中选择合适的字体并设置文字大小，效果如图 10-241 所示。

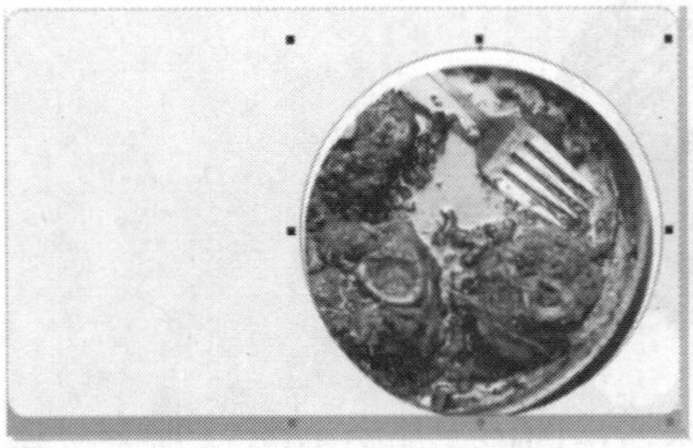
图 10-239

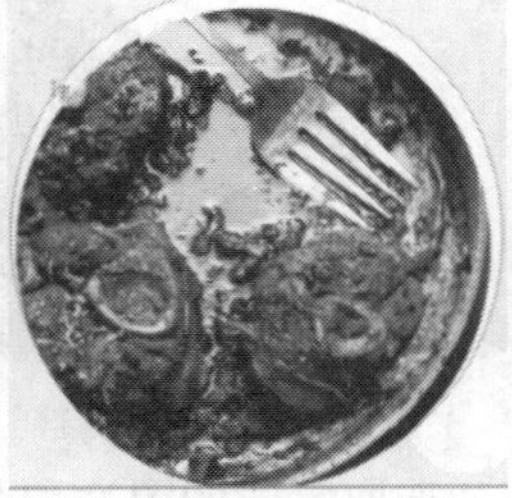
图 10-240

图 10-241

Step 02 选择“文本”工具，在属性栏中的设置如图 10-242 所示。按<Enter>键确认，效果如

图 10-243 所示。选取文本，在“CMYK 调色板”中的“红”色块上单击，填充文字。选择“挑选”工具，选取圆形，并去除圆形的轮廓线，效果如图 10-244 所示。

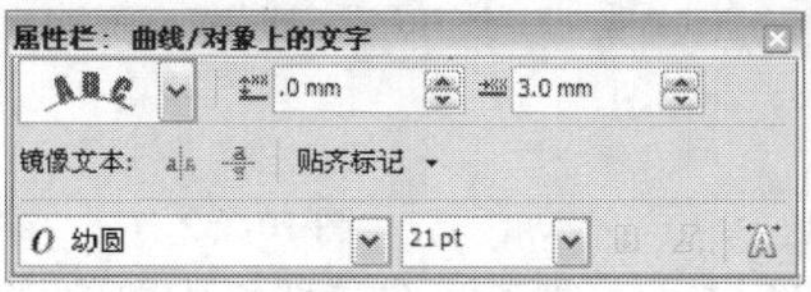

图 10-242

图 10-243

图 10-244

Step 03 选择“文本”工具，选取并复制记事本文档中的“做饭技巧学儿招！”文字，将复制的文字粘贴到页面中，在属性栏中选择合适的字体并设置文字大小。设置文字颜色的 CMYK 值为 6、99、95、0，填充文字，效果如图 10-245 所示。按<F12>键，弹出“轮廓笔”对话框，在“颜色”选项中选择轮廓线的颜色为白色，其他选项的设置如图 10-246 所示。单击“确定”按钮，效果如图 10-247 所示。

图 10-245

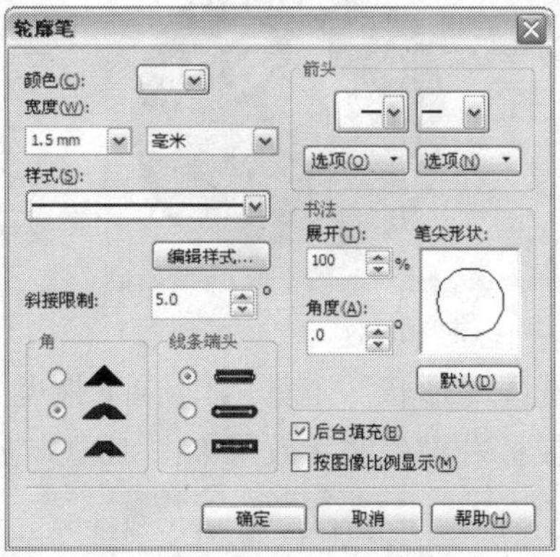

图 10-246

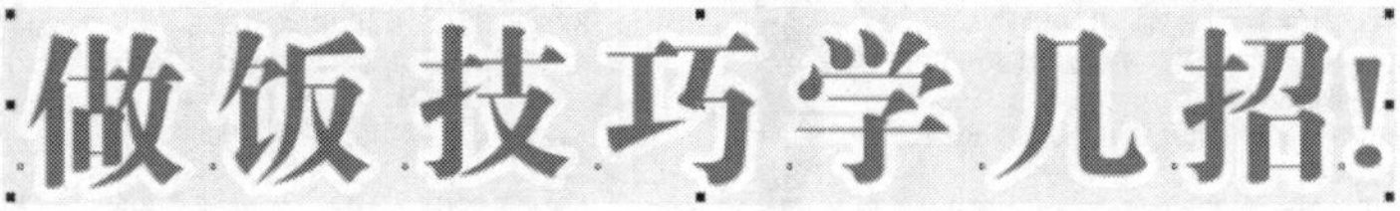

图 10-247

Step 04 选择“交互式阴影”工具，在文字上由上至下拖曳光标，为文字添加阴影效果，在属性栏中的设置如图 10-248 所示。按<Enter>键确认，阴影效果如图 10-249 所示。

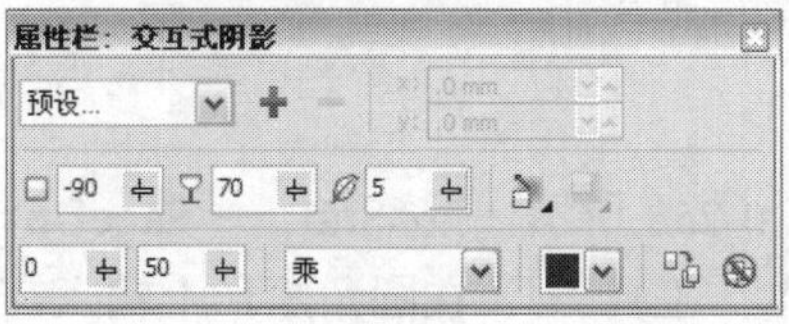

图 10-248

图 10-249

Step 05 选择“文本”工具，在页面中适当的位置拖曳一个文本框，如图 10-250 所示。选取并复制记事本文档中的文字“1.炖老鸡……味相宜。”将复制的文字粘贴到文本框中，在属性栏中选择合适的字体并设置文字大小，效果如图 10-251 所示。单击属性栏中的“显示/隐藏项目符号”按钮，为段落文本添加项目符号，效果如图 10-252 所示。

图 10-250

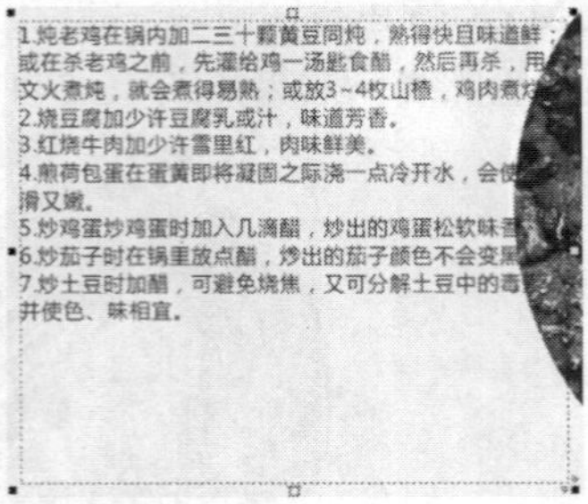

图 10-251

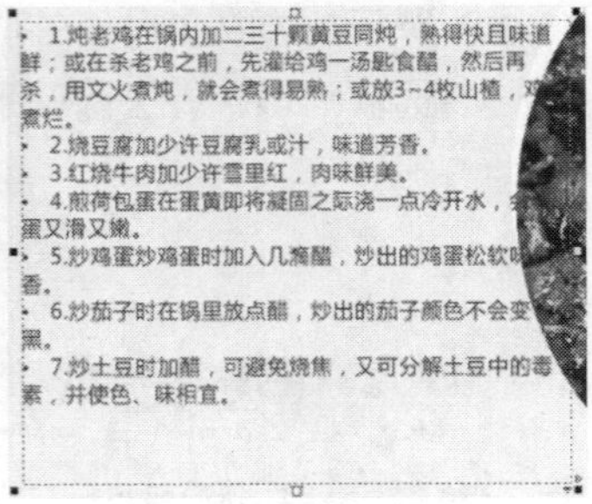

图 10-252

Step 06 选择“椭圆形”工具，绘制一个圆形，如图 10-253 所示。在属性栏中单击“段落文本换行”按钮，在弹出的菜单中选择“跨式文本”命令，如图 10-254 所示，按<Enter>键确认。去除圆形轮廓线，效果如图 10-255 所示。

图 10-253

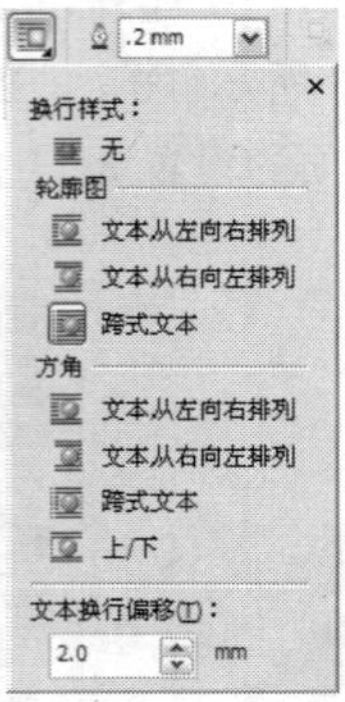

图 10-254

图 10-255

Step 07 选择“形状”工具，向下拖曳文字下方的图标，调整文字的行距，如图 10-256 所示，松开鼠标左键，文字效果如图 10-257 所示。

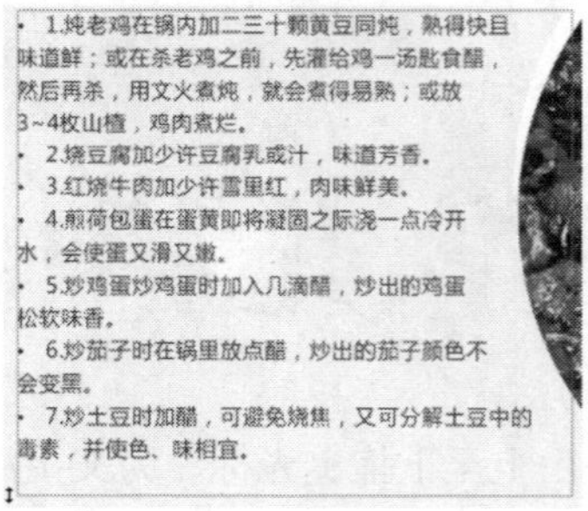

图 10-256

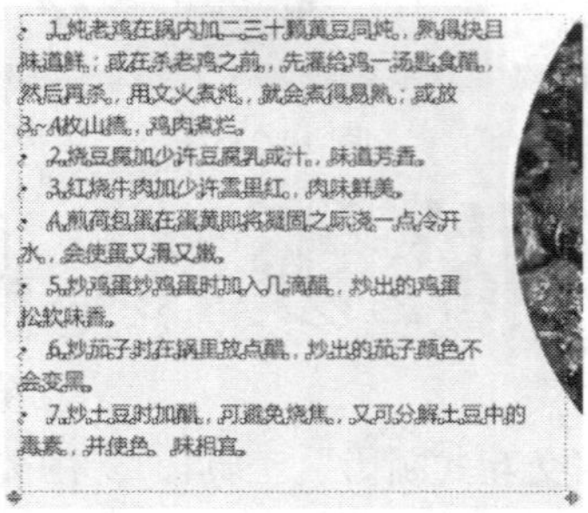

图 10-257

10.3.6 添加其他信息

Step 01 选择“挑选”工具，选取需要的图形，如图 10-258 所示。按<Shift>+<PageUp>组合键，将图形移到最顶层，效果如图 10-259 所示。选择“文本”工具，在圆角矩形上输入需要的文字。选择“挑选”工具，在属性栏中选择合适的字体并设置文字大小，填充文字为白色，效果如图 10-260 所示。

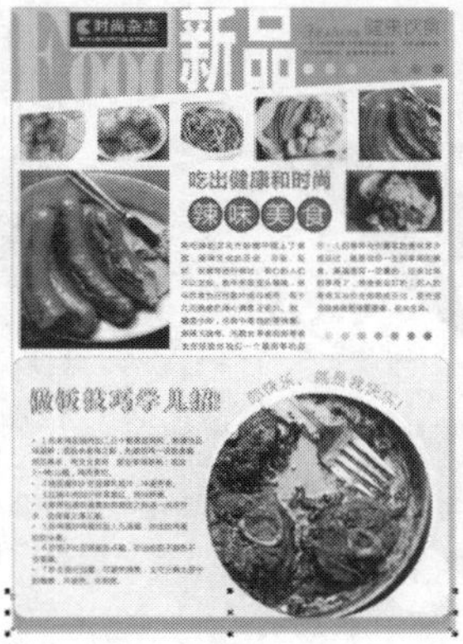

图 10-258

图 10-259

图 10-260

Step 02 选择“文本 > 插入符号字符”命令，弹出“插入字符”对话框，在对话框中按需要进行设置并选择需要的字符，如图 10-261 所示，单击“插入”按钮插入字符。在“CMYK 调色板”中的“黄”色块上单击，填充字符，调整其大小并将其拖曳到适当的位置，效果如图 10-262 所示。

图 10-261

图 10-262

Step 03 选择“文本”工具，在页面中适当的位置输入需要的文字。选择“挑选”工具，在属性栏中选择合适的字体并设置文字大小，单击“CMYK 调色板”中的“橘红”色块，填充文字，效果如图 10-263 所示。选择“矩形”工具绘制一个矩形，填充与文字相同的颜色，并去除矩形的轮廓线，效果如图 10-264 所示。

Step 04 选择“文本”工具，在页面中适当的位置分别输入需要的文字。选择“挑选”工具，在属性栏中选择合适的字体并设置文字大小，填充文字为白色。选取文字“Touch”，选择“形状”工具，向右拖曳文字下方的图标，调整文字的间距，效果如图 10-265 所示。饮食栏目制作完成，效果如图 10-266 所示。

Step 05 按<Ctrl>+<S>组合键，弹出“保存图形”对话框，将制作好的图像命名为“饮食栏目”，保存为 CDR 格式，单击“保存”按钮将图像保存。

图 10-263

图 10-264

图 10-265

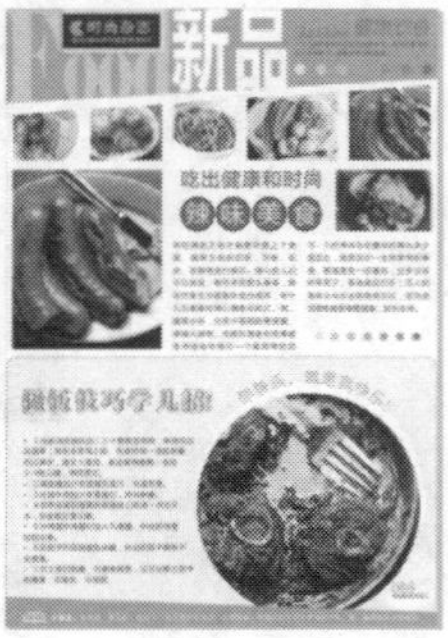

图 10-266

10.4 课后习题——化妆品栏目设计

习题知识要点：在 CorelDRAW 中，使用卷页命令对 01 图片进行编辑；使用插入字符命令插入需要的字符；使用内置文本命令将文本置入到圆形中；使用艺术笔工具添加雪花图形。化妆品栏目设计效果如图 10-267 所示。

效果所在位置：光盘/Ch10/效果/化妆品杂志封面.cdr。

10-267

10.5 课后习题——科技栏目设计

习题知识要点：在 CorelDRAW 中，使用图纸工具和填充工具制作底图；使用矩形工具、文本工具和垂直排列文本命令制作栏目标题；使用图框精确剪裁命令添加科技产品；使用文本工具和段落面板制作介绍文字；使用形状工具和段落文本换行按钮制作绕排图形。科技栏目设计效果如图 10-268 所示。

效果所在位置：光盘/Ch10/效果/科技栏目.cdr。

图 10-268

第11章 包装设计

包装代表着一个商品的品牌形象。好的包装可以让商品在同类产品中脱颖而出，吸引消费者的注意力并引发其购买行为。包装可以起到保护、美化商品及传达商品信息的作用。好的包装更可以极大地提高商品的价值。本章以酒盒包装设计为例，讲解包装的设计方法和制作技巧。

【教学目标】

- 在 Photoshop 软件中制作包装背景图和立体效果图。
- 在 CorelDRAW 软件中制作包装平面展开图。

11.1 酒盒包装设计

案例学习目标：学习在 Photoshop 中置入并编辑不同格式的图片，并添加描边线条制作包装背景图；使用编辑图片命令制作立体效果。在 CorelDRAW 中添加辅助线制作包装结构图并添加包装内容及相关信息。

案例知识要点：在 Photoshop 中，使用直线命令、矩形工具、魔棒工具和画笔工具制作背景图；使用混合模式和不透明度制作图片的透明效果；使用曲线命令将图像变暗和变亮。在 CorelDRAW 中，选择标尺命令，拖曳出辅助线作为包装的结构线；将矩形转换为曲线，使用形状工具选取需要的节点进行编辑；使用移除前面对象命令将两个图形剪切为一个图形；使用焊接命令将所有的图形结合。酒盒包装设计效果如图 11-1 所示。

效果所在位置：光盘/Ch11/效果/酒盒包装设计/酒盒包装立体图.tif。

图 11-1

Photoshop 应用

11.1.1 绘制装饰图形

Step 01 按<Ctrl>+<N>组合键，新建一个文件：宽度为 40cm，高度为 25cm，分辨率为 300 像素/英寸，颜色模式为 RGB，背景内容为白色。在工具箱的下方将前景色设为红色（其 R、G、B 的值分别为 255、0、0），按<Alt>+<Delete>组合键，用前景色填充“背景”图层，效果如图 11-2 所示。

Step 02 新建图层并将其命名为“直线”。将前景色设为米黄色（其 R、G、B 的值分别为 255、248、152）。选择“直线”工具，单击属性栏中的“填充像素”按钮，将“粗细”选项设为 5px，绘制两条直线，将“粗细”选项设为 3px，在刚绘制的直线之间再绘制两条直线，效果如图 11-3 所示。

图 11-2

图 11-3

Step 03 按<Ctrl>+<O>组合键，打开光盘中的“Ch11 > 素材 > 酒盒包装设计 > 01”文件。选择“移动”工具，将纹样图形拖曳到图像窗口的左下角，如图 11-4 所示。在“图层”控制面板中生成新的图层“图层 1”。按<Ctrl>+<T>组合键，图像周围出现控制手柄，调整其图像大小并将其拖曳到适当的位置，按<Enter>键确认操作，效果如图 11-5 所示。

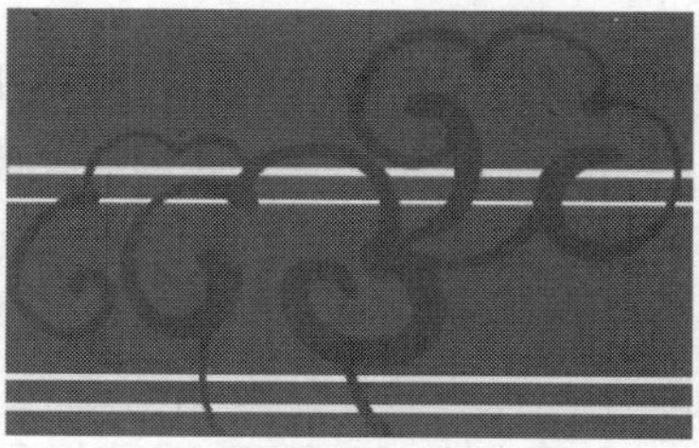

图 11-4

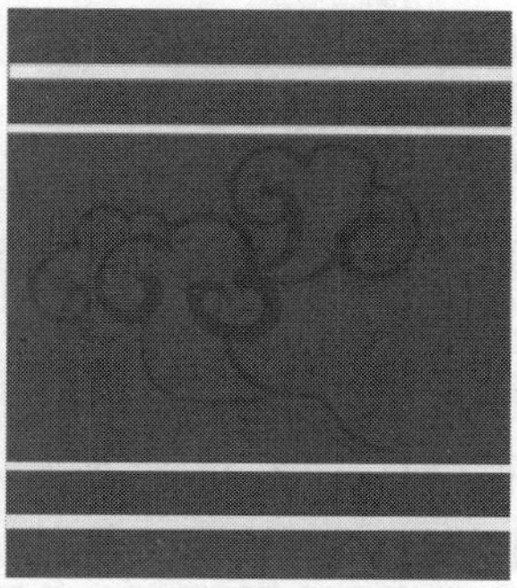

图 11-5

Step 04 在“图层”控制面板中，按住<Ctrl>键的同时，单击“图层 1”图层的图层缩览图，载入选区，如图 11-6 所示。新建图层并将其命名为“花纹”。按<Alt>+<Delete>组合键，用前景色填充选区。按<Ctrl>+<D>组合键取消选区，删除“图层 1”，效果如图 11-7 所示。

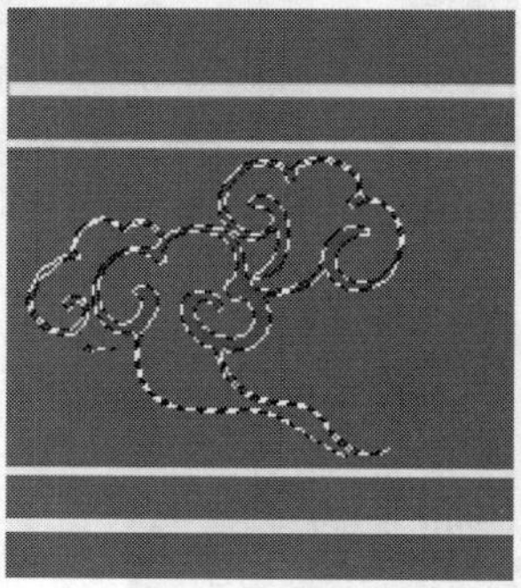

图 11-6

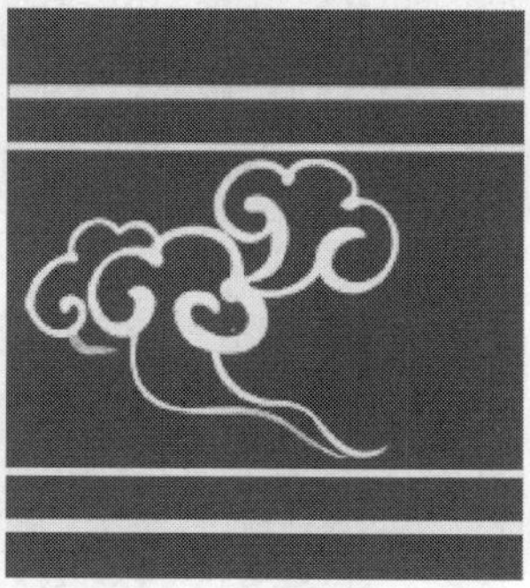

图 11-7

Step 05 按<Ctrl>+<Alt>+<T>组合键，在图形周围生成控制手柄，将其拖曳到适当的位置，按<Enter>键确认操作，效果如图 11-8 所示。连续按<Ctrl>+<Shift>+<Alt>+<T>组合键，复制多个花纹图形，效果如图 11-9 所示。在“图层”控制面板中，按住<Shift>键的同时，选中“花纹”图层及其副本，按<Ctrl>+<G>组合键，将其编组并命名为“花纹”，如图 11-10 所示。

Step 06 新建图层并将其命名为“矩形”。将前景色设为淡黄色（其 R、G、B 的值分别为 253、227、178）。选择“矩形”工具，单击属性栏中的“填充像素”按钮，在图像窗口中绘制一个矩形，如图 11-11 所示。

图 11-8

图 11-9

图 11-10

图 11-11

11.1.2 添加并编辑图片

Step 01 按<Ctrl>+<O>组合键，打开光盘中的“Ch11 > 素材 > 酒盒包装设计 > 02”文件，选择“移动”工具，将图形拖曳到图像窗口中适当的位置，在“图层”控制面板中生成新的图层并将其命名为“集市”。按<Ctrl>+<T>组合键，图像周围出现控制手柄，拖曳鼠标调整其大小，按<Enter>键确认操作，效果如图 11-12 所示。按住<Alt>键的同时，拖曳图形到适当的位置，复制图形，效果如图 11-13 所示。用相同的方法再复制一个图形，效果如图 11-14 所示。

图 11-12

图 11-13

图 11-14

Step 02 按住<Alt>键的同时，在“图层”控制面板中将鼠标放在“集市”图层和“黄色矩形”图层的中间，鼠标指针变为图标，如图 11-15 所示，单击鼠标创建剪贴蒙版，效果如图 11-16 所示。用相同的方法创建其他副本图层的剪贴蒙版，效果如图 11-17 所示。在“图层”控制面板中，按住<Shift>键的同时，单击“黄色矩形”图层，将“集市 副本 2”和“黄色矩形”图层之间的所有图层同时选取，按<Ctrl>+<G>组合键，将其编组并命名为“底纹”，如图 11-18 所示。

图 11-15

图 11-16

图 11-17

图 11-18

Step 03 选择“移动”工具，按住<Alt>+<Shift>组合键的同时，水平拖曳鼠标复制底纹图形到适当的位置，效果如图 11-19 所示。

Step 04 酒盒背景图制作完成。按<Ctrl>+<Shift>+<E>组合键，合并可见图层。按<Ctrl>+<S>组合键，弹出“存储为”对话框，将制作好的图像命名为“酒盒包装背景图”，保存为 TIFF 格式。单击“保存”按钮，弹出“TIFF 选项”对话框，再单击“确定”按钮将图像保存。

图 11-19

CorelDRAW 应用

11.1.3 绘制包装平面展开结构图

Step 01 打开 CorelDRAW X4 软件，按<Ctrl>+<N>组合键，新建一个页面。在属性栏的“纸张宽度和高度”选项中分别设置宽度为 425mm，高度为 450mm，如图 11-20 所示。按<Enter>键确认，页面尺寸显示为设置的大小，如图 11-21 所示。

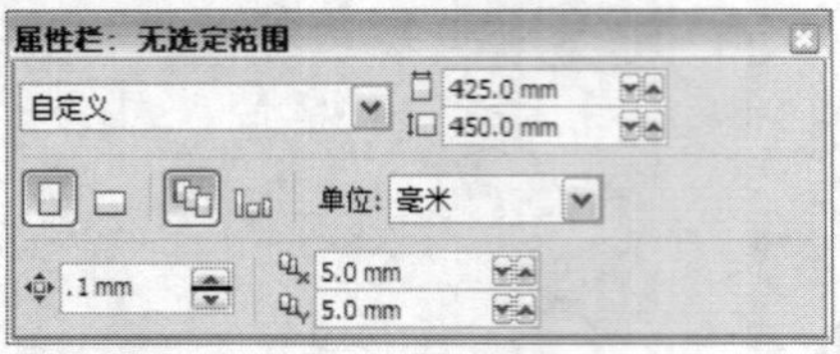

图 11-20

图 11-21

Step 02 按<Ctrl>+<J>组合键，弹出“选项”对话框，选择“辅助线/水平”选项，在文字框中设置数值为 27，如图 11-22 所示，单击“添加”按钮，在页面中添加一条水平辅助线。再添加 81mm、331mm、430mm 的水平辅助线，单击“确定”按钮，效果如图 11-23 所示。

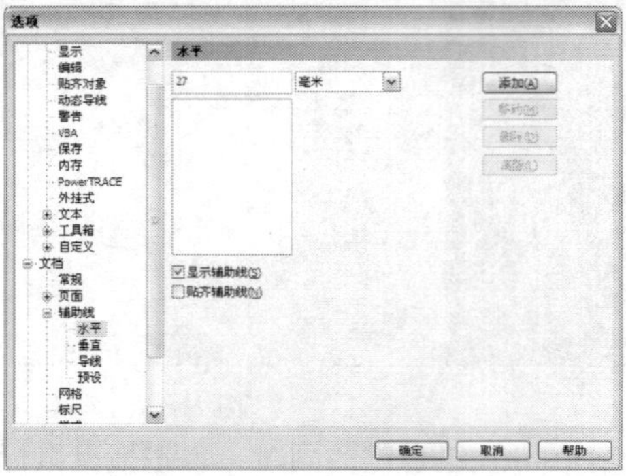

图 11-22

图 11-23

Step 03 按<Ctrl>+<J>组合键，弹出“选项”对话框，选择“辅助线/垂直”选项，在文字框中设置数值为 25，如图 11-24 所示，单击“添加”按钮，在页面中添加一条垂直辅助线。再添加 125mm、225mm、325mm 的垂直辅助线，单击“确定”按钮，效果如图 11-25 所示。选择“矩形”工具，在页面中绘制一个矩形，效果如图 11-26 所示。

图 11-24

图 11-25

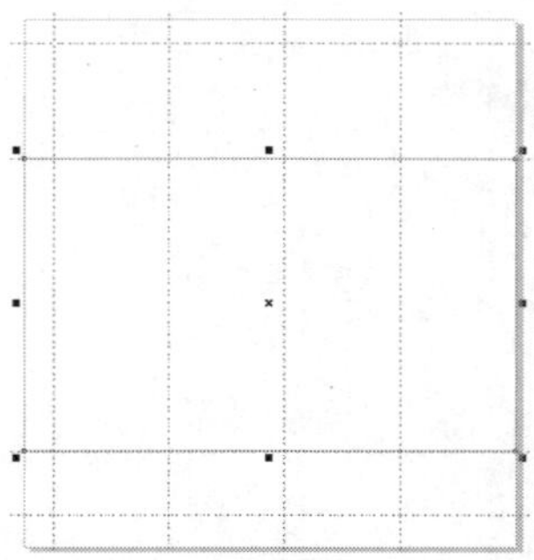

图 11-26

Step 04 按<Ctrl>+<Q>组合键，将矩形转换为曲线。选择“形状”工具，在适当的位置用鼠标双击添加节点，如图 11-27 所示。选取需要的节点并拖曳节点到适当的位置，松开鼠标左键，如图 11-28 所示。用相同的方法制作出如图 11-29 所示的效果。

图 11-27

图 11-28

图 11-29

11.1.4　绘制包装顶面结构图

Step 01 选择“矩形”工具，在页面中绘制一个矩形，在属性栏中的“边角圆滑度”框中分别设置“左上角矩形的边角圆滑度”和“右上角矩形的边角圆滑度”数值均为 35，如图 11-33 所示。按<Enter>键确认，效果如图 11-31 所示。

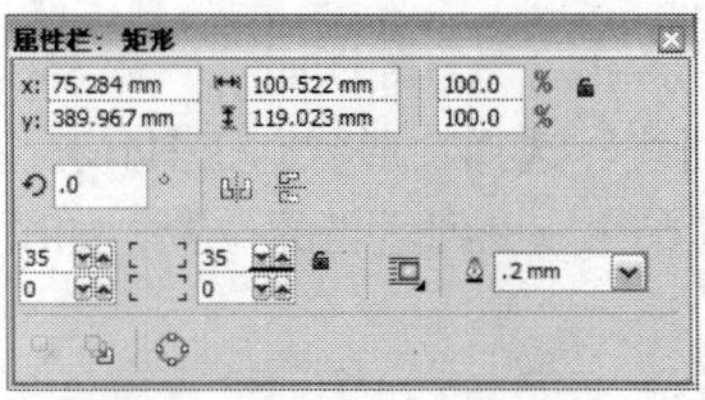

图 11-30

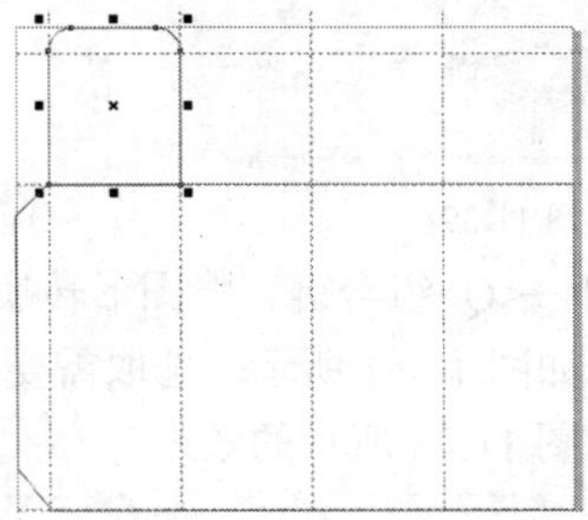

图 11-31

Step 02 选择“矩形”工具，在页面中绘制一个矩形，在属性栏中的“边角圆滑度”框中分别设置“左上角矩形的边角圆滑度”和“右上角矩形的边角圆滑度”数值均为 10，如图 11-32 所示。按<Enter>键确认，效果如图 11-33 所示。

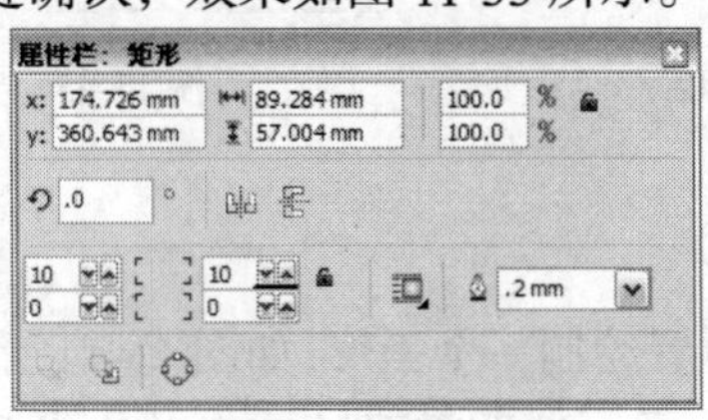

图 11-32

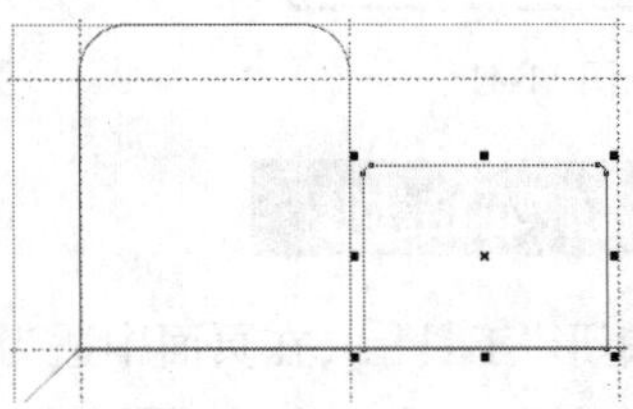

图 11-33

Step 03 按<Ctrl>+<Q>组合键，将图形转换为曲线。选择“形状”工具，在适当的位置用鼠标双击添加节点，如图 11-34 所示。选取需要的节点并拖曳到适当的位置，如图 11-35 所示。用相同的方法制作出如图 11-36 所示的效果。

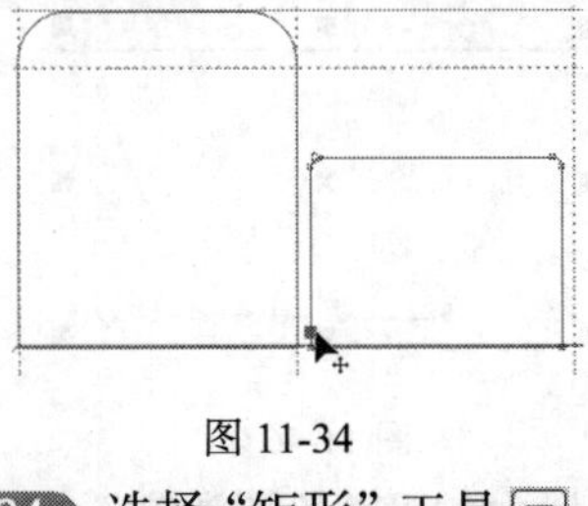

图 11-34

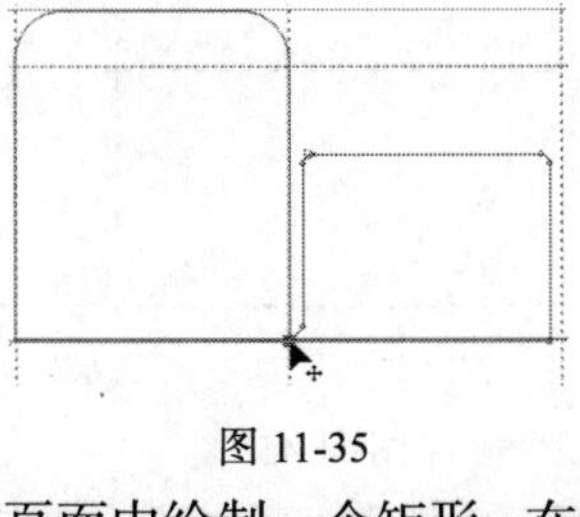

图 11-35

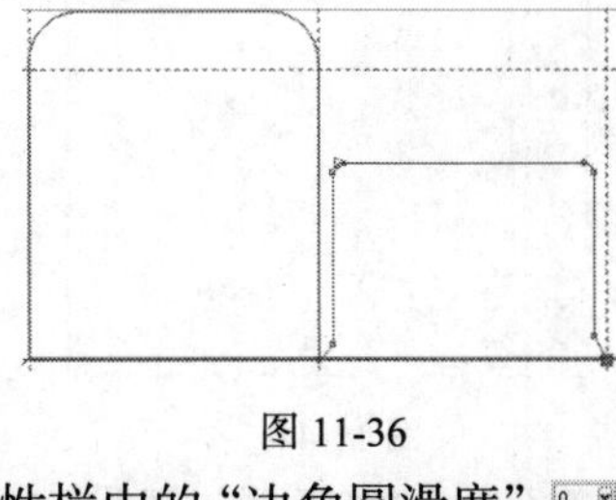

图 11-36

Step 04 选择“矩形”工具，在页面中绘制一个矩形，在属性栏中的“边角圆滑度”框中设置“右上角矩形的边角圆滑度”的数值为 40，如图 11-37 所示。按<Enter>键确认，效果如图 11-38 所示。

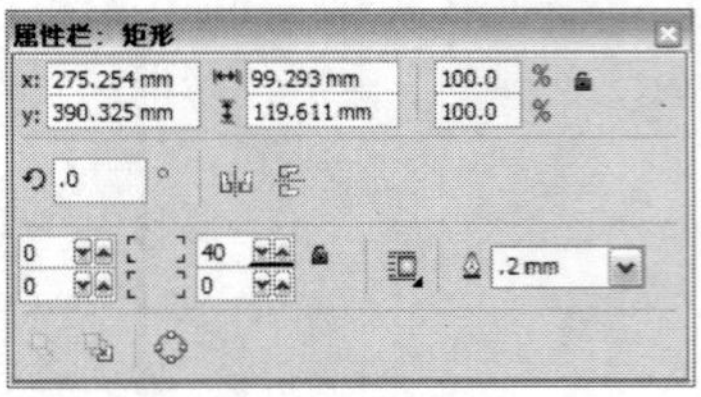

图 11-37

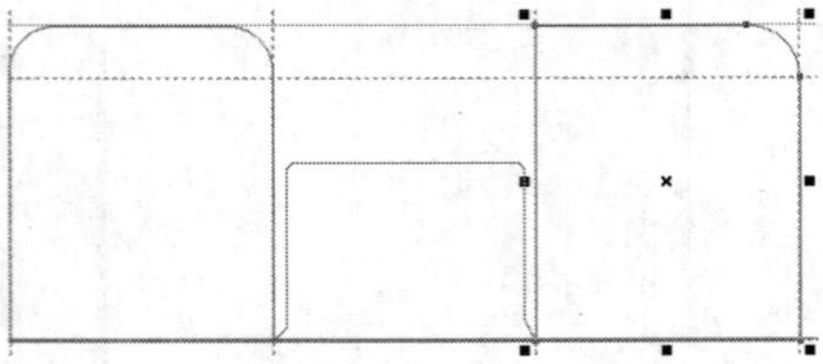

图 11-38

Step 05 选择“矩形”工具，在页面中绘制一个矩形，在属性栏中的“边角圆滑度”框中分别设置“左上角矩形的边角圆滑度”和“右上角矩形的边角圆滑度”的数值均为 10，如图 11-39 所示。按<Enter>键确认，效果如图 11-40 所示。

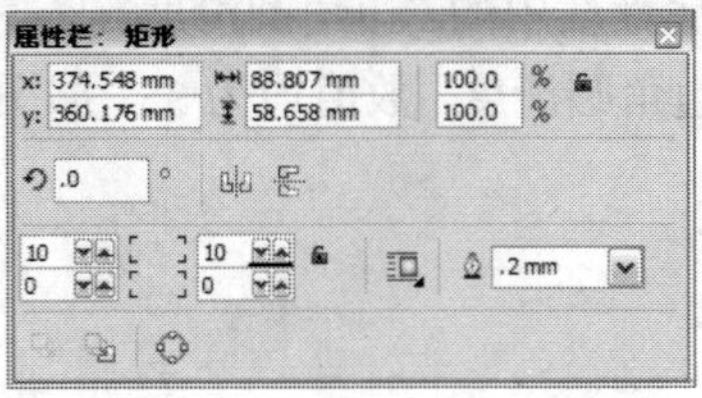

图 11-39

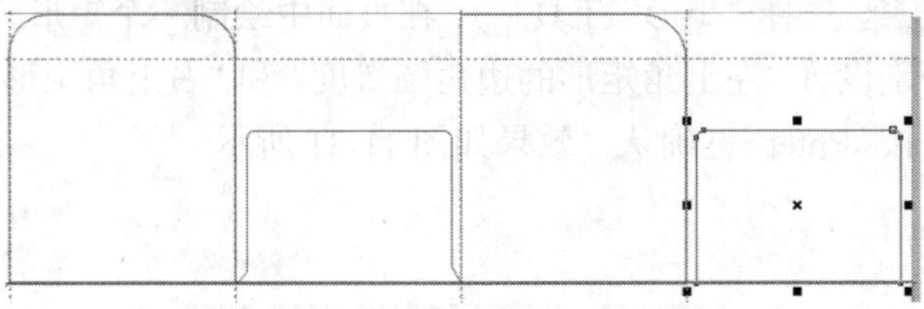

图 11-40

Step 06 按<Ctrl>+<Q>组合键，将图形转换为曲线。选择“形状”工具，在适当的位置用鼠标双击添加节点，如图 11-41 所示。选取需要的节点并拖曳到适当的位置，如图 11-42 所示。用相同的方法制作出如图 11-43 所示的效果。

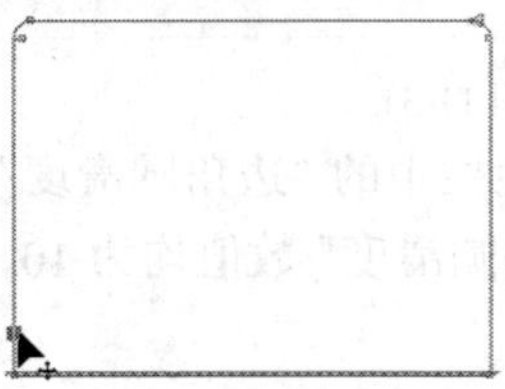

图 11-41

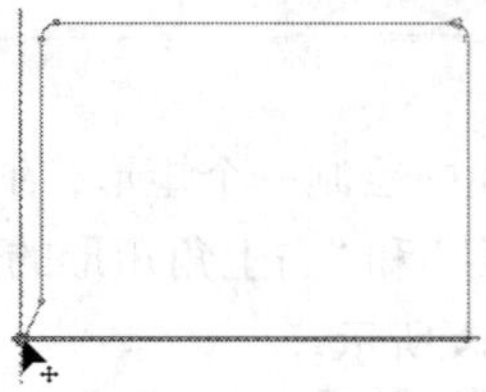

图 11-42

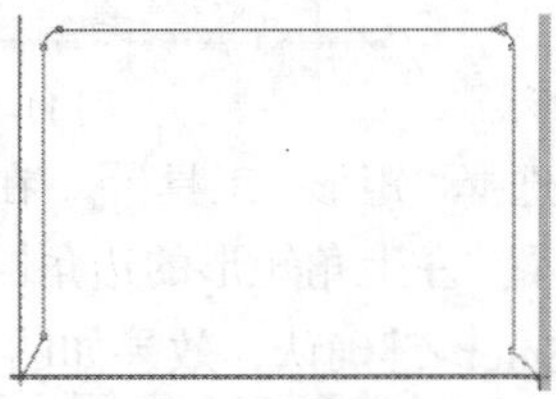

图 11-43

11.1.5 绘制包装底面结构图

Step 01 选择“矩形”工具，在页面中适当的位置绘制一个矩形，如图 11-44 所示。按<Ctrl>+<Q>组合键，将图形转换为曲线，选择“形状”工具，选取需要的节点并拖曳到适当的位置，如图 11-45 所示。用相同的方法选取右下角的节点，并拖曳到适当的位置，效果如图 11-46 所示。

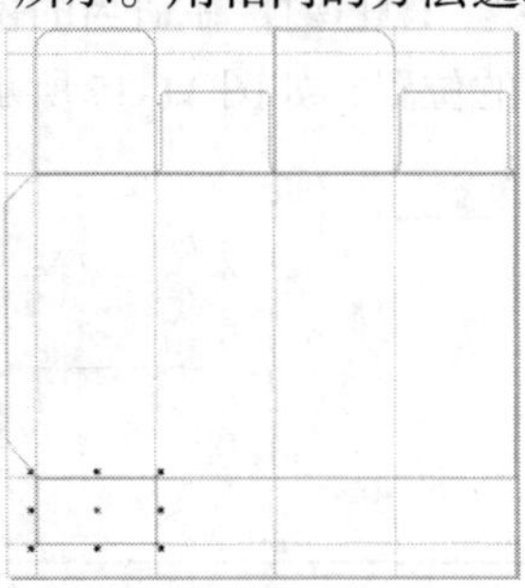

图 11-44

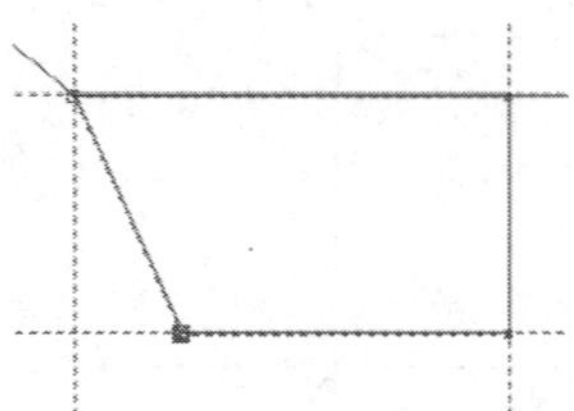

图 11-45

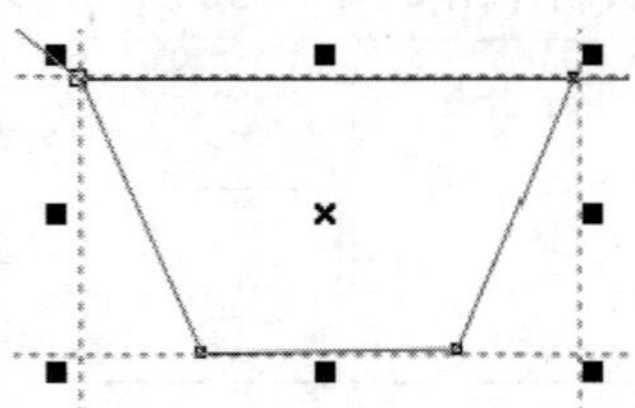

图 11-46

Step 02 选择“矩形”工具，在页面中绘制一个矩形，在属性栏中的“边角圆滑度”框中分别将“左下角矩形的边角圆滑度”和“右下角矩形的边角圆滑度”的数值均设为 40，如图 11-47 所示。按<Enter>键确认，效果如图 11-48 所示。

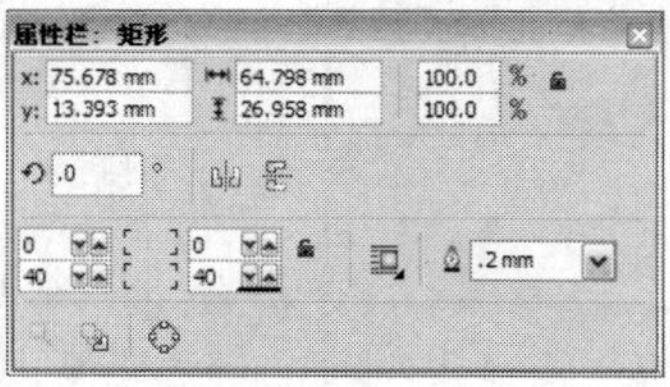

图 11-47

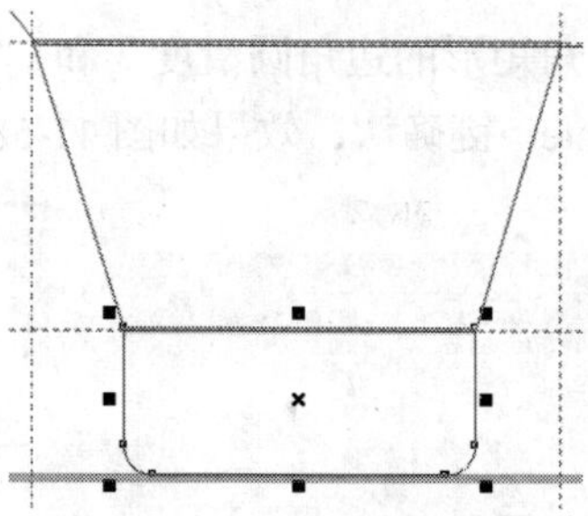

图 11-48

Step 03 选择“矩形”工具，在页面中绘制一个矩形，在属性栏中的“边角圆滑度”框中设置“左下角矩形的边角圆滑度”的数值为 10，如图 11-49 所示，按<Enter>键确认，效果如图 11-50 所示。按<Ctrl>+<Q>组合键，将图形转换为曲线。选择“形状”工具，用圈选的方法选取需要的节点并拖曳到适当的位置，如图 11-51 所示。

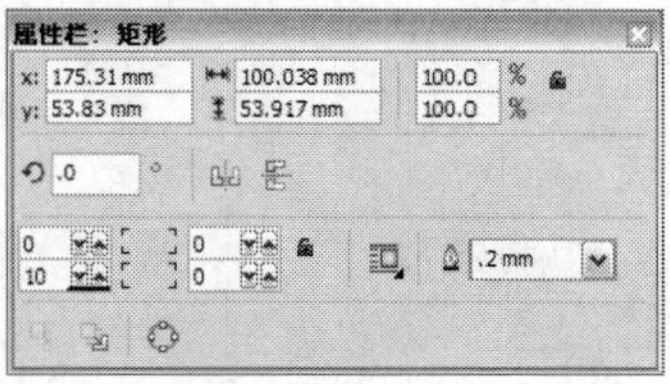

图 11-49

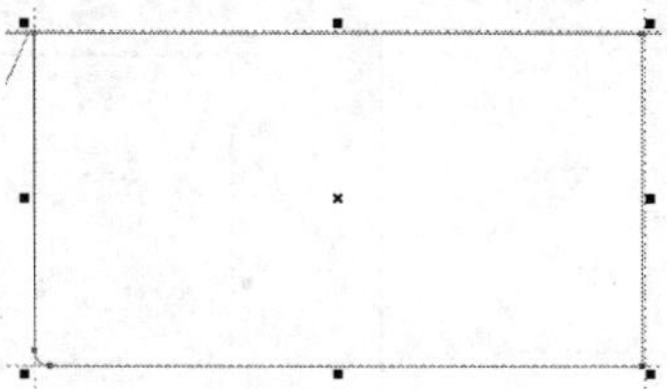

图 11-50

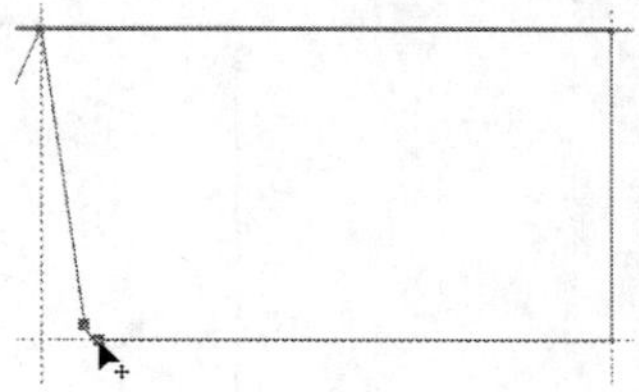

图 11-51

Step 04 在适当的位置双击鼠标添加节点，如图 11-52 所示，并拖曳节点到适当的位置，如图 11-53 所示。单击属性栏中的“转换直线为曲线”按钮，将直线点转换为曲线点，再单击“平滑节点”按钮，使节点平滑。调整节点的位置，效果如图 11-54 所示。

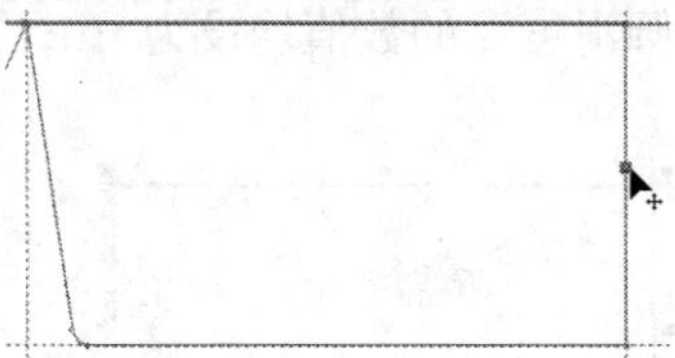

图 11-52

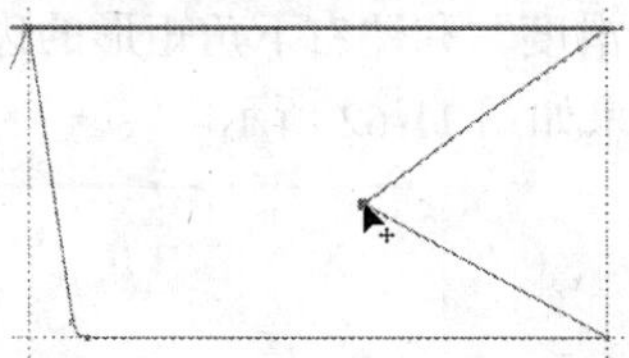

图 11-53

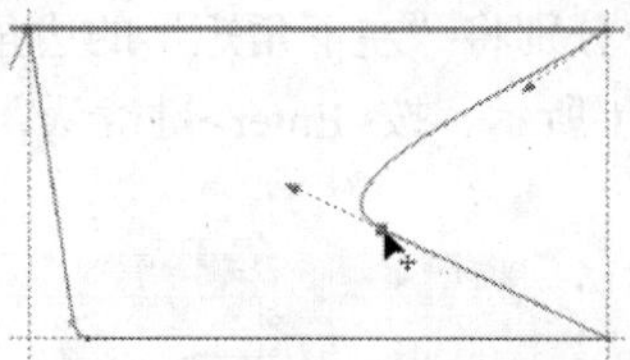

图 11-54

提示：单击“转换直线为曲线”按钮，将直线节点转换为曲线节点。单击“平滑节点”按钮，将节点转换为平滑节点。平滑节点的控制点之间是相关的，当移动一个控制点时，另外一个控制点也会随之移动。通过平滑节点连接的线段将产生平滑的过渡。

Step 05 再次选取需要的节点，并拖曳到适当的位置，如图 11-55 所示。单击属性栏中的“转换直线为曲线”按钮，将直线转换为曲线，再单击“平滑节点”按钮，使节点平滑，效果如图 11-56 所示。

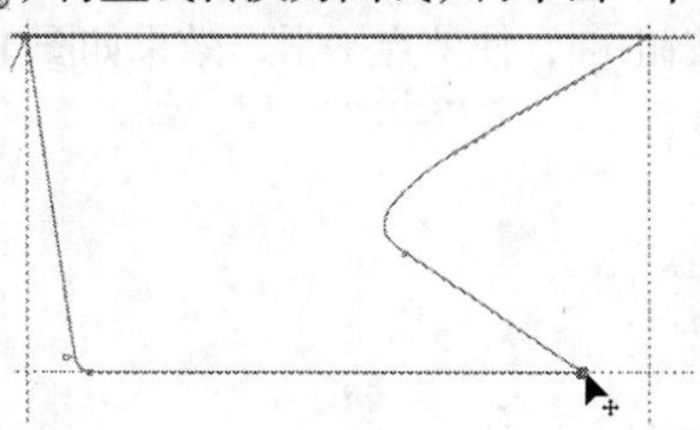

图 11-55

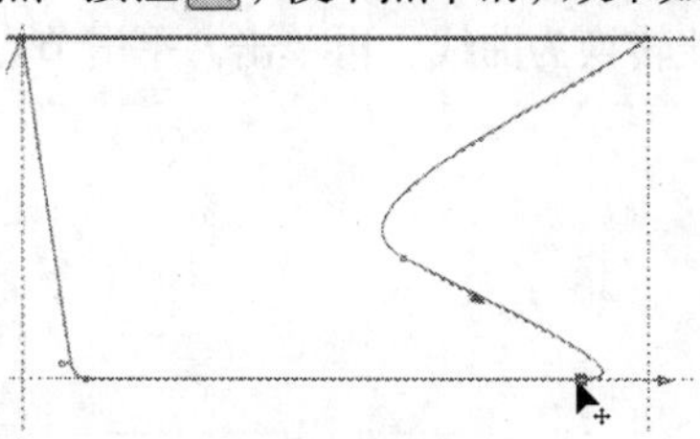

图 11-56

Step 06 选择“矩形”工具，在页面中绘制一个矩形，在属性栏中的“边角圆滑度”

框中分别将“左下角矩形的边角圆滑度”和“右下角矩形的边角圆滑度”的数值均设为 20，如图 11-57 所示，按<Enter>键确认，效果如图 11-58 所示。

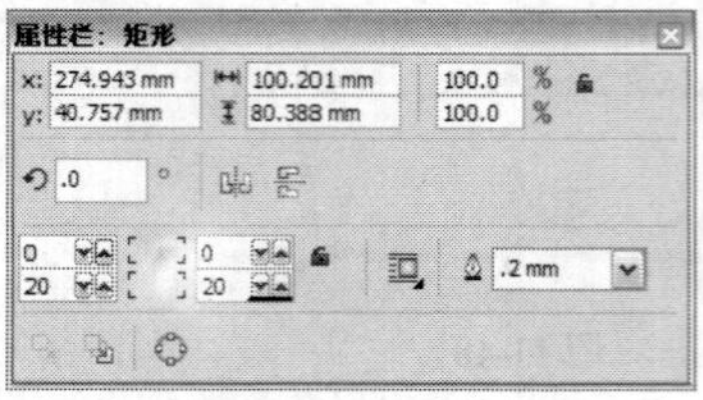

图 11-57

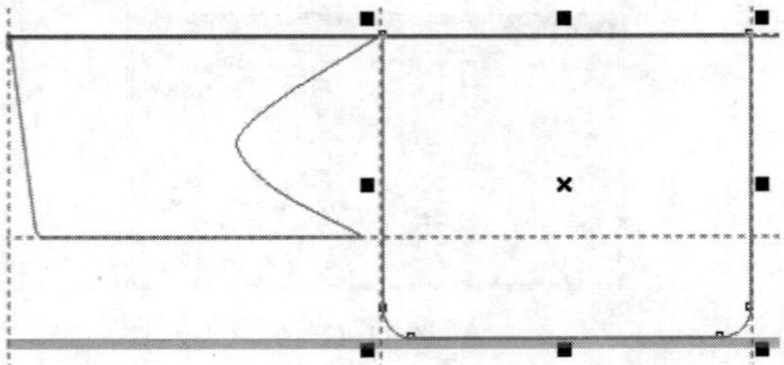

图 11-58

Step 07 选择“矩形”工具，在适当的位置绘制一个矩形，如图 11-59 所示。选择“挑选”工具，用圈选的方法将两个图形同时选取。单击属性栏中的“移除前面对象”按钮，将两个图形剪切为一个图形，效果如图 11-60 所示。

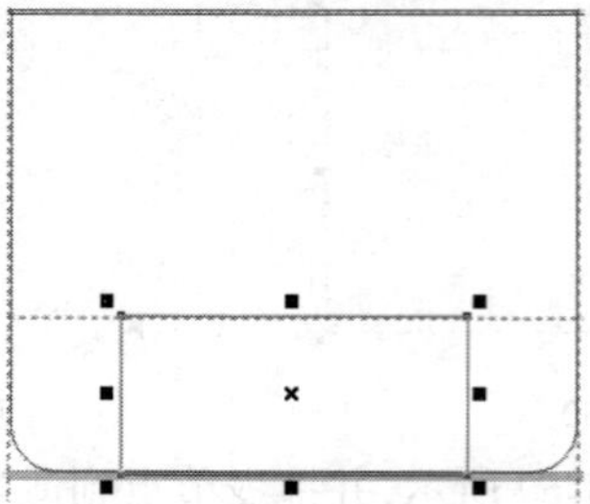

图 11-59

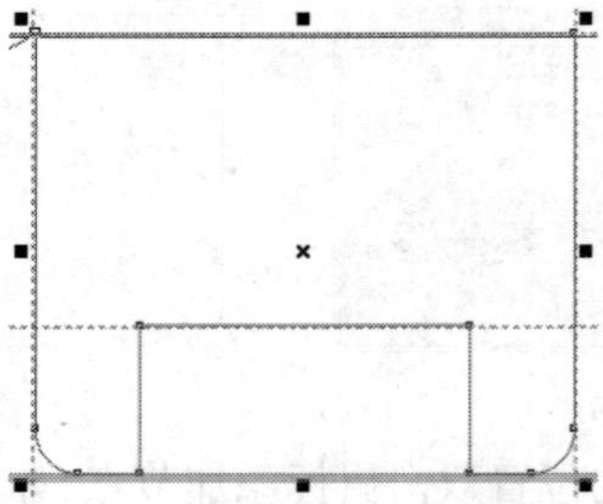

图 11-60

Step 08 选择“矩形”工具，在页面中绘制一个矩形，在属性栏中的“边角圆滑度”框中分别将“左下角矩形的边角圆滑度”和“右下角矩形的边角圆滑度”的数值均设为 10，如图 11-61 所示，按<Enter>键确认，效果如图 11-62 所示。

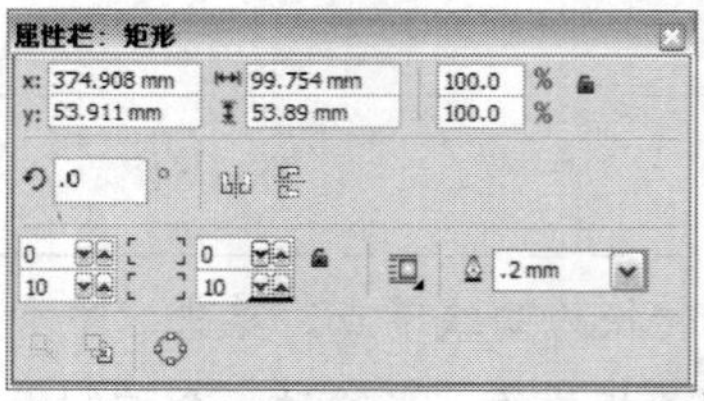

图 11-61

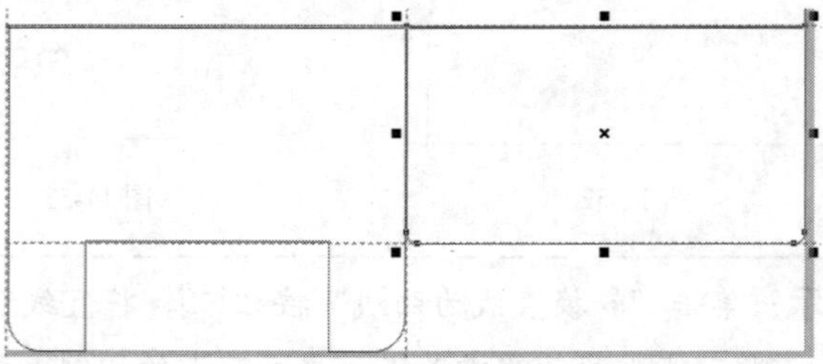

图 11-62

Step 09 按<Ctrl>+<Q>组合键，将图形转换为曲线。选择“形状”工具，用圈选的方法选取需要的节点，并拖曳到适当的位置，如图 11-63 所示。在适当的位置双击鼠标添加节点，如图 11-64 所示，并拖曳节点到适当的位置，松开鼠标左键，效果如图 11-65 所示。单击属性栏中的“转换直线为曲线”按钮，将直线转换为曲线，再单击“平滑节点”按钮，使节点平滑，效果如图 11-66 所示。

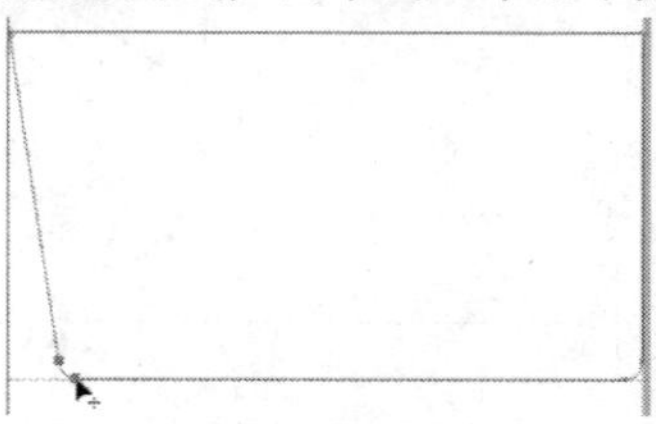

图 11-63

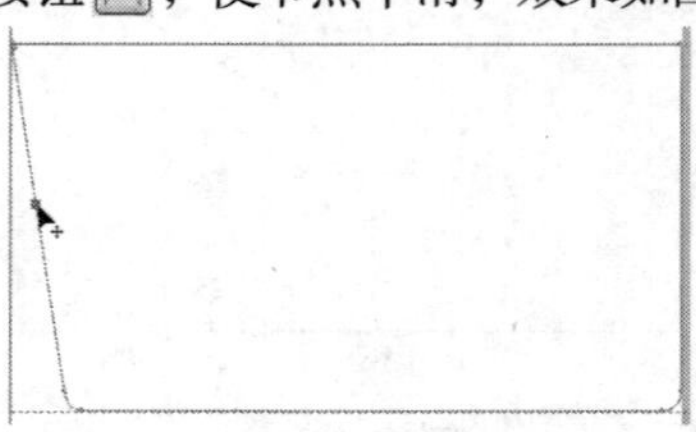

图 11-64

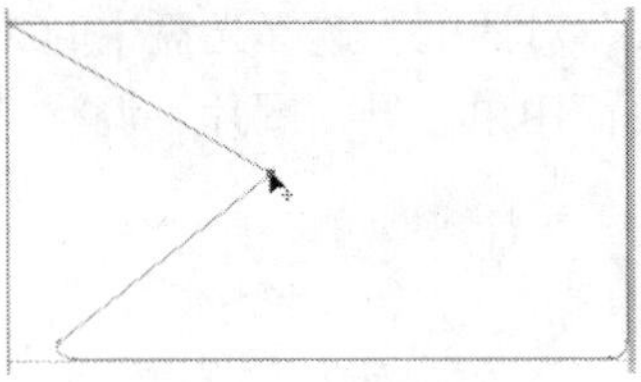

图 11-65

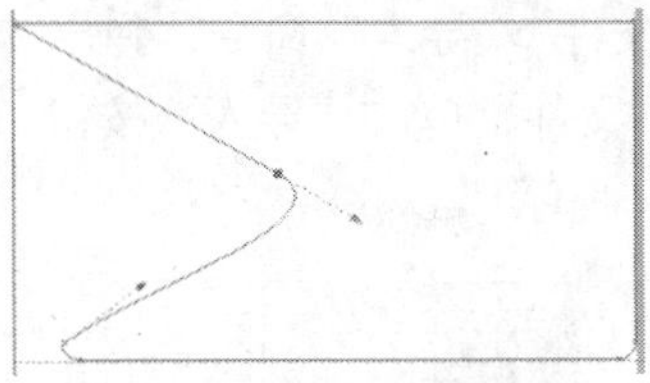

图 11-66

Step 10 选择“形状”工具，用圈选的方法选取需要的节点，如图 11-67 所示，拖曳节点到适当的位置，如图 11-68 所示。

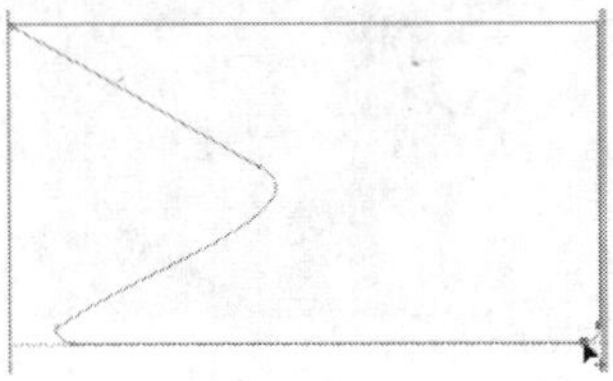

图 11-67

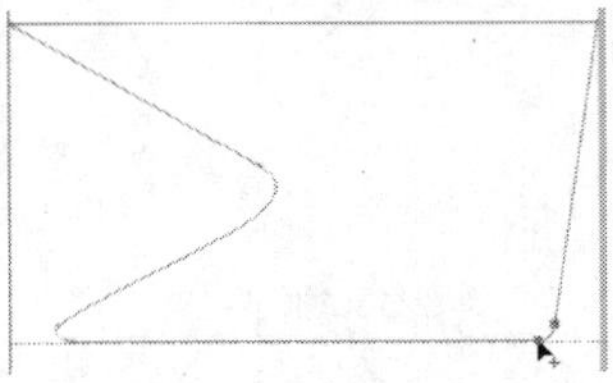

图 11-68

Step 11 选择“挑选”工具，用圈选的方法将所有的图形同时选取，如图 11-69 所示。单击属性栏中的“焊接”按钮，将所有的图形焊接成一个图形对象，效果如图 11-70 所示。选择“椭圆形”工具，按住<Ctrl>键，在页面中适当的位置绘制一个圆形，如图 11-71 所示。选择“挑选”工具，用圈选的方法将所有的图形同时选取，单击属性栏中的“移除前面对象”按钮，将所有的图形焊接成一个图形对象，效果如图 11-72 所示。

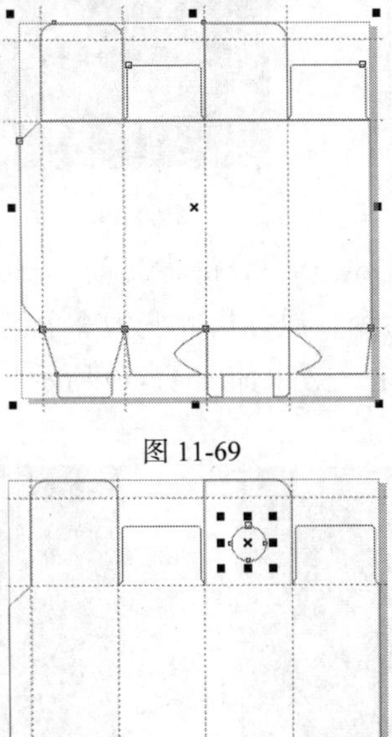

图 11-69

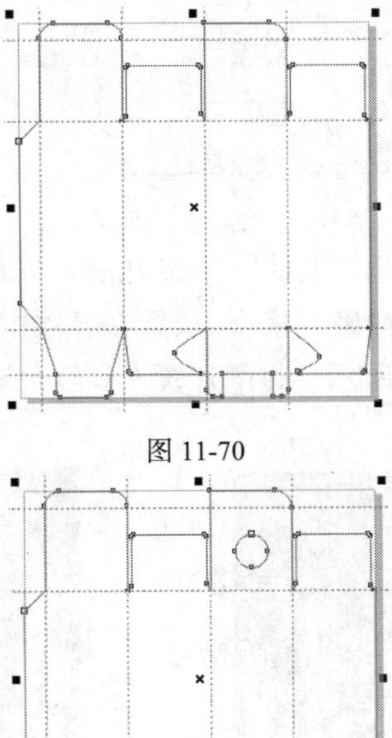

图 11-70

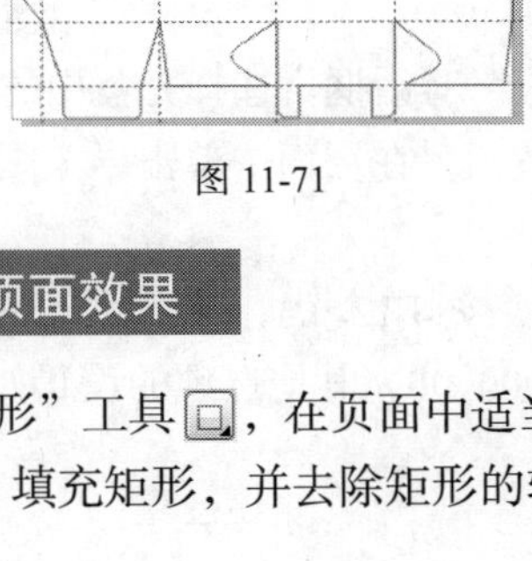

图 11-71

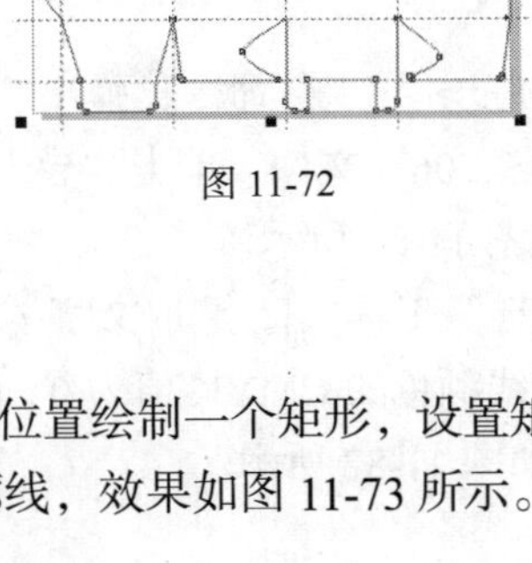

图 11-72

11.1.6　制作包装顶面效果

Step 01 选择·“矩形”工具，在页面中适当的位置绘制一个矩形，设置矩形颜色的 CMYK 值为 20、100、98、0，填充矩形，并去除矩形的轮廓线，效果如图 11-73 所示。

Step 02 选择“文件 > 导入”命令，弹出“导入”对话框。选择光盘中的“Ch11 > 素材 > 酒盒包装设计 > 03”文件，单击“导入”按钮，在页面中单击导入图片，调整其大小并拖曳到适当的位置，如图 11-74 所示。

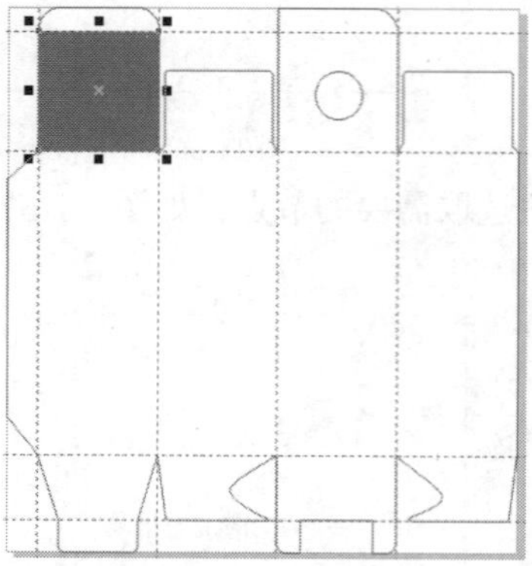

图 11-73

图 11-74

Step 03 选择“交互式透明”工具，在属性栏中的设置如图 11-75 所示，按<Enter>键确认，效果如图 11-76 所示。

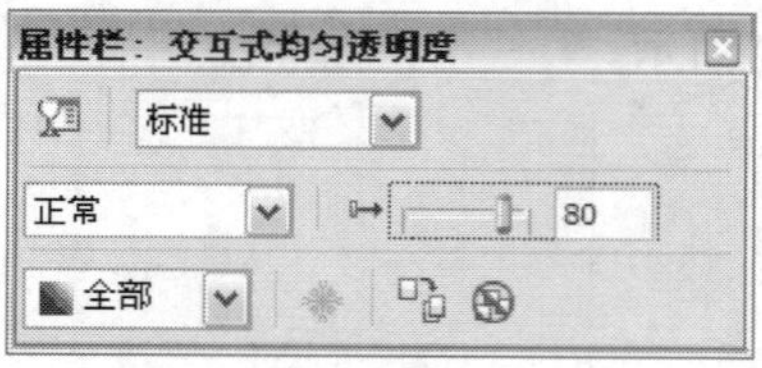

图 11-75

图 11-76

Step 04 选择“挑选”工具，按<Shift>+<PageDown>组合键将其置后，效果如图 11-77 所示。选择“效果 > 图框精确剪裁 > 放置在容器中”命令，鼠标指针变为黑色箭头形状，在红色矩形上单击，如图 11-78 所示，将图片置入到红色矩形中，效果如图 11-79 所示。

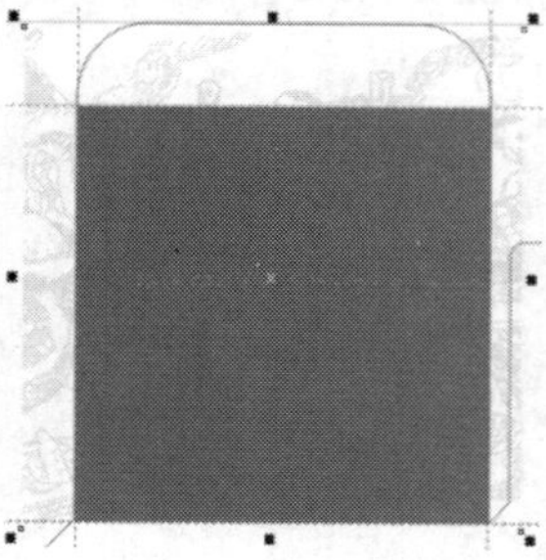

图 11-77

图 11-78

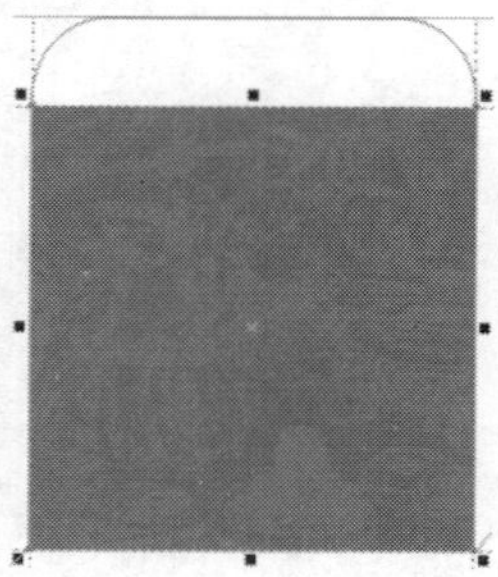

图 11-79

Step 05 选择“文件 > 导入”命令，弹出“导入”对话框。选择光盘中的“Ch11 > 素材 > 酒盒包装设计 > 04、05、06”文件，单击“导入”按钮，在页面中单击导入图片，调整其大小并拖曳到适当的位置，如图 11-80 所示。

Step 06 选择“挑选”工具，选取文字“醉”。按<F12>键，弹出“轮廓笔”对话框，在“颜色”选项中设置轮廓线颜色的 CMYK 值为 0、0、100、0，其他选项的设置如图 11-81 所示。单击“确定”按钮，效果如图 11-82 所示。

图 11-80

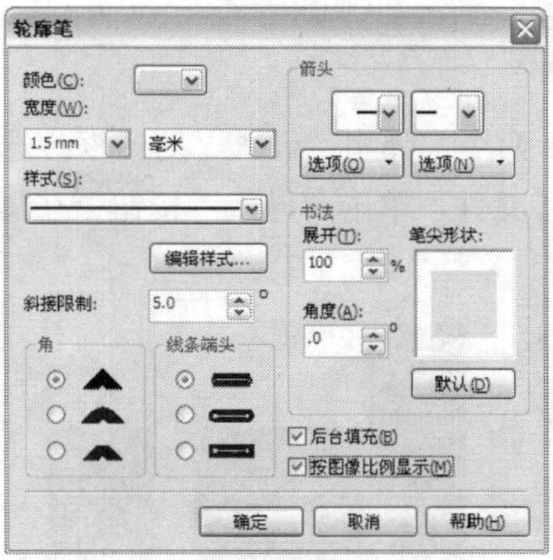

图 11-81

图 11-82

Step 07 选择“挑选”工具，选取文字“小、仙”，设置文字颜色的 CMYK 值为 0、0、100、0，填充文字，效果如图 11-83 所示。

Step 08 选择“矩形”工具，绘制一个矩形，设置矩形颜色的 CMYK 值为 2、27、85、0，填充矩形，并去除矩形的轮廓线，效果如图 11-84 所示。在属性栏中的“旋转角度” 0.0 °文本框中输入数值为 45°，按<Enter>键确认，效果如图 11-85 所示。

图 11-83

图 11-84

图 11-85

Step 09 选择“挑选”工具，按住<Ctrl>键的同时，水平向右拖曳图形，并在适当的位置单击鼠标右键，复制一个新的图形，效果如图 11-86 所示。按住<Ctrl>键，再按<D>键，复制出一个图形，效果如图 11-87 所示。

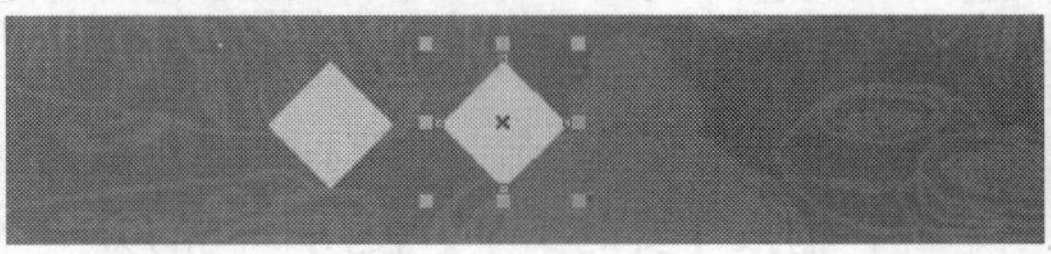

图 11-86

图 11-87

Step 10 选择“文本”工具，输入需要的文字。选择“挑选”工具，在属性栏中选择合适的字体并设置文字大小，效果如图 11-88 所示。选择“形状”工具，选取“浓”字的节点并拖曳到适当的位置，如图 11-89 所示。用相同的方法选取“香”和“型”字的节点，并拖曳到适当的位置，效果如图 11-90 所示。

图 11-88

图 11-89

图 11-90

11.1.7 制作包装正面效果

Step 01 选择“文件 > 导入”命令，弹出“导入”对话框。选择光盘中的“Ch11 > 效果 > 酒盒包装设计 > 酒盒包装背景图”文件，单击“导入”按钮，在页面中单击导入图片，并将其拖曳到适当的位置，如图 11-91 所示。

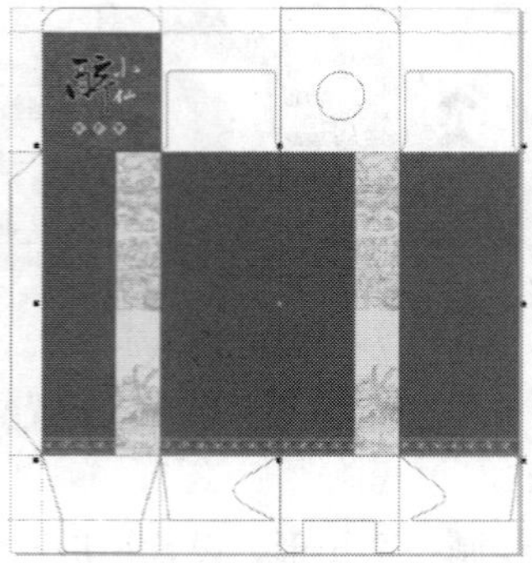

图 11-91

Step 02 选择“矩形”工具，拖曳鼠标绘制一个矩形，设置矩形颜色的 CMYK 值为 0、0、40、0，填充矩形，并去除矩形的轮廓线，如图 11-92 所示。在矩形上再绘制一个矩形，设置矩形颜色的 CMYK 值为 0、100、100、50，填充矩形，并去除矩形轮廓线，如图 11-93 所示。

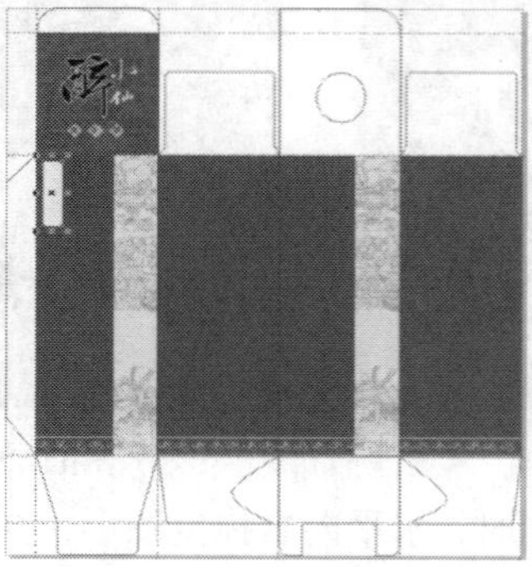

图 11-92

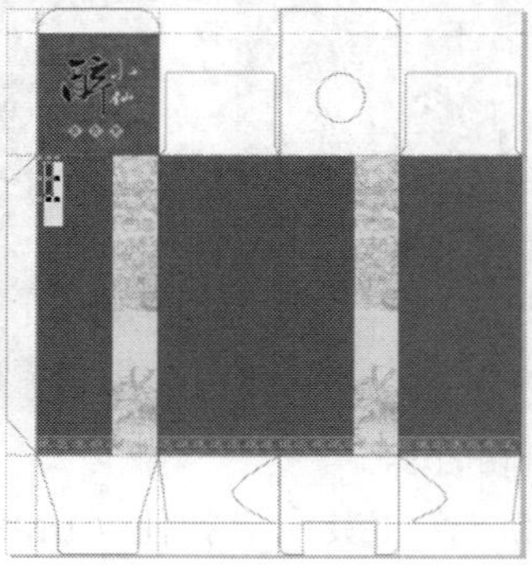

图 11-93

Step 03 选择“文本”工具，输入需要的文字。选择“挑选”工具，在属性栏中选择合适的字体并设置文字大小，如图 11-94 所示，设置文字颜色的 CMYK 值为 0、0、40、0，填充文字，效果如图 11-95 所示。单击属性栏中的“将文本更改为垂直方向”按钮，将文字竖排并拖曳到适当的位置，效果如图 11-96 所示。选择“文本”工具，输入需要的文字，使用相同的方法制作文字效果，如图 11-97 所示。

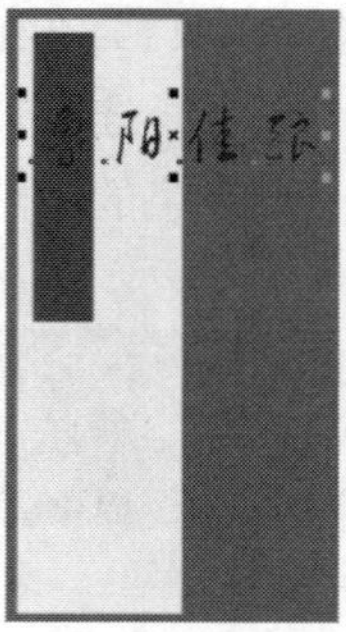

图 11-94

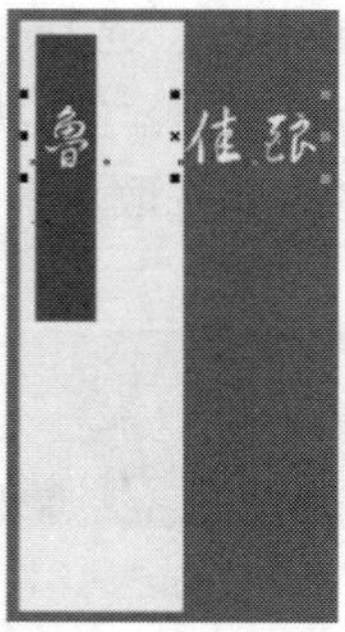

图 11-95

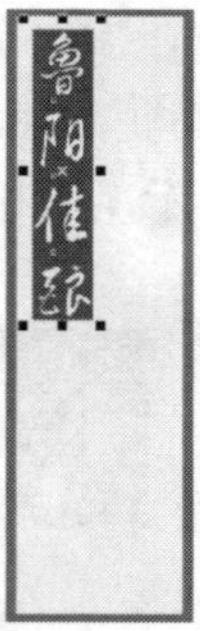

图 11-96

图 11-97

Step 04 选择“星形”工具，在属性栏中的设置如图 11-98 所示。绘制星形，效果如图 11-99 所示。设置星形颜色的 CMYK 值为 2、0、17、0，填充星形，并去除星形的轮廓线，效果如图 11-100 所示。

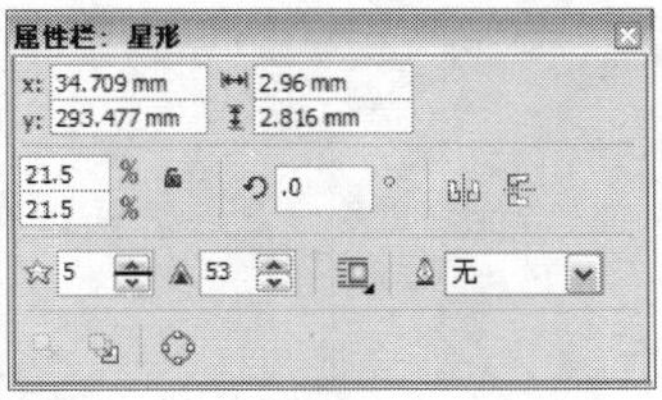

图 11-98

图 11-99

图 11-100

Step 05 选择“挑选”工具，按住<Ctrl>键的同时，水平向右拖曳星形，并在适当的位置上单击鼠标右键，复制一个新的星形，效果如图 11-101 所示。按住<Ctrl>键的同时，再连续按<D>键，复制出多个星形，效果如图 11-102 所示。

图 11-101

图 11-102

Step 06 选择“矩形”工具，拖曳鼠标绘制一个矩形，设置矩形颜色的 CMYK 值为 0、100、100、50，填充矩形，如图 11-103 所示。按<F12>键，弹出“轮廓笔”对话框，在“颜色”选项中设置轮廓线颜色的 CMYK 值为 0、0、100、0，其他选项的设置如图 11-104 所示。单击“确定”按钮，效果如图 11-105 所示。

图 11-103

图 11-104

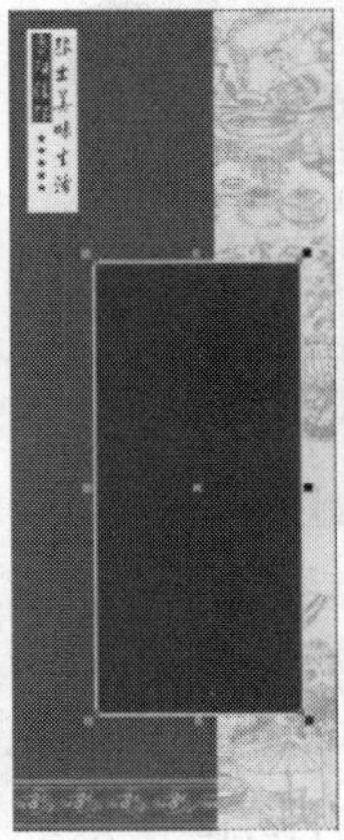

图 11-105

Step 07 选择“文件 > 导入”命令，弹出“导入”对话框。选择光盘中的“Ch11 > 素材 > 酒盒包装设计 > 01”文件，单击“导入”按钮，在页面中单击导入图片，调整其大小并拖曳到适当的位置，如图 11-106 所示。按数字键盘上的<+>键复制一个图形，选择“挑选”工具，按住<Shift>键的同时，等比缩小图形并拖曳到适当的位置，如图 11-107 所示。

Step 08 选择“挑选”工具，用圈选的方法将图形全部选取，按<Ctrl>+<G>组合键将其群组。选择“交互式透明”工具，在属性栏中的设置如图 11-108 所示，按<Enter>键确认，效果如图 11-109 所示。

图 11-106

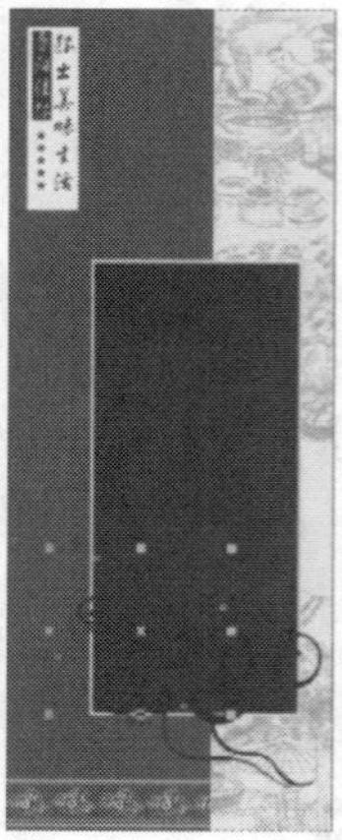
图 11-107

图 11-108

图 11-109

Step 09 选择“挑选”工具，选取图形，选择“效果 > 图框精确剪裁 > 放置在容器中”命令，鼠标的光标变为黑色箭头形状，在矩形上单击，如图 11-110 所示。将选取的图形置入到矩形中，效果如图 11-111 所示。

Step 10 选择“效果 > 图框精确剪裁 > 编辑内容”命令，将置入的图形调整到适当的位置，如图 11-112 所示。选择“效果 > 图框精确剪裁 > 结束编辑”命令，完成对置入图形的编辑，效果如图 11-113 所示。

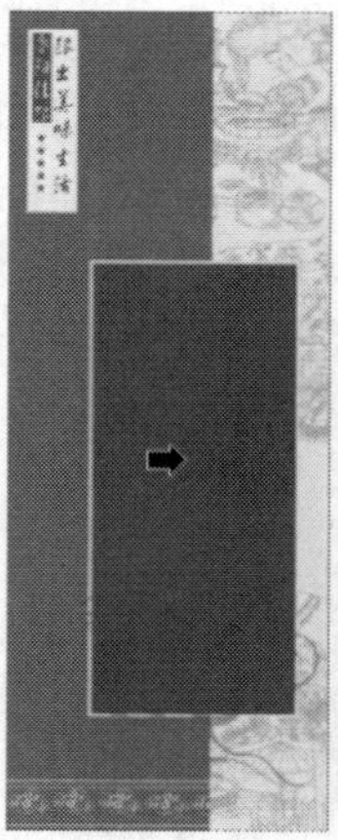
图 11-110

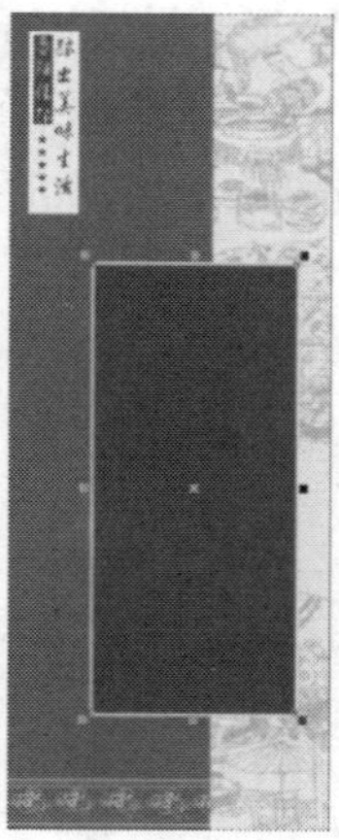
图 11-111

图 11-112

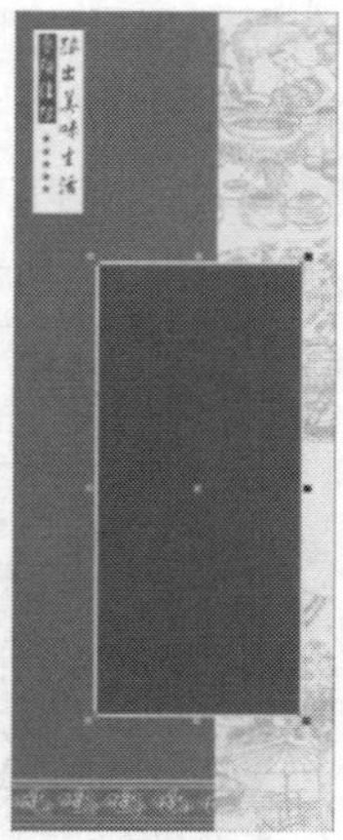
图 11-113

Step 11 选择“文件 > 导入”命令，弹出“导入”对话框。选择光盘中的“Ch11 > 素材 > 酒盒包装设计 > 04”文件，单击“导入”按钮，在页面中单击导入图片，调整其大小并拖曳到适当的位置，如图 11-114 所示。选择“位图 > 转换为位图”命令，弹出“转换为位图”对话框，选项设置如图 11-115 所示。单击“确定”按钮，效果如图 11-116 所示。

图 11-114

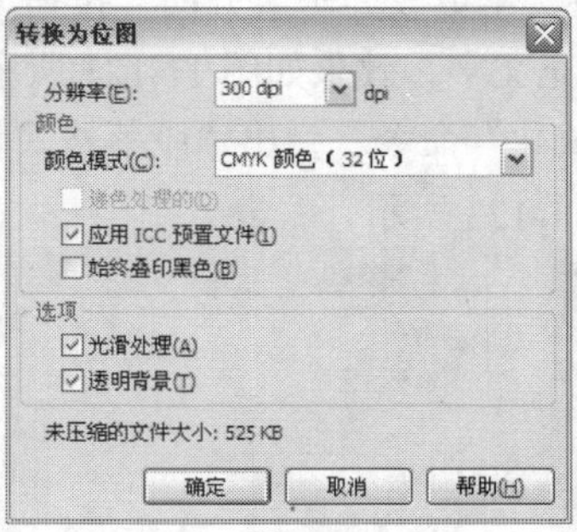

图 11-115

图 11-116

提示：在“转换为位图”对话框中，“分辨率”选项可以选择要转为位图的分辨率，“颜色模式”选项可以选择要转换的色彩模式。勾选“光滑处理”复选框，可以在转换成位图后消除位图的锯齿；勾选“透明背景”复选框，可以在转换成位图后保留原对象的通透性。

Step 12 选择“位图 > 三维效果 > 浮雕”命令，弹出“浮雕”对话框，设置浮雕色为白色，其他选项的设置如图 11-117 所示。单击“确定”按钮，效果如图 11-118 所示。

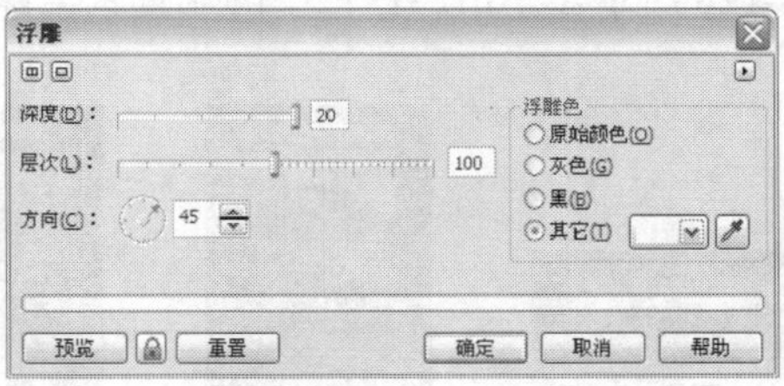

图 11-117

图 11-118

Step 13 选择“文件 > 导入”命令，弹出“导入”对话框。选择光盘中的“Ch11 > 素材 > 酒盒包装设计 > 05、06”文件，选择“挑选”工具，调整图形大小并拖曳到适当的位置，效果如图 11-119 所示。用相同的方法分别将其转换为位图并制作浮雕效果，如图 11-120 所示。

图 11-119

图 11-120

Step 14 选择“文本”工具，输入需要的文字。选择“挑选”工具，在属性栏中选择合适的字体并设置文字大小，单击“将文本更改为垂直方向”按钮，将文字竖排，并设置文字颜色的 CMYK 值为 2、22、75、0，填充文字，效果如图 11-121 所示。

Step 15 选择“文本 > 段落格式化”命令，弹出“段落格式化”面板，选项设置如图 11-122 所示，按<Enter>键确认，效果如图 11-123 所示。

图 11-121

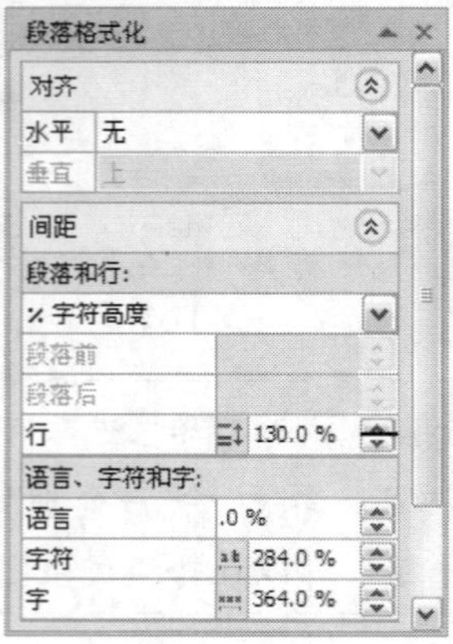

图 11-122

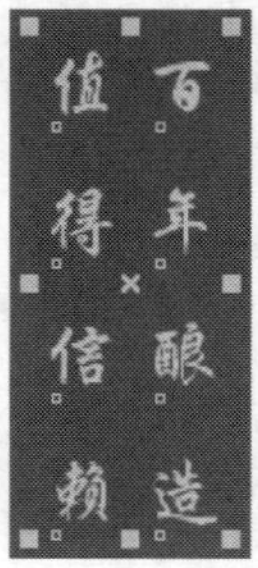

图 11-123

Step 16 选择“矩形”工具，在文字上方绘制一个矩形，设置矩形颜色的 CMYK 值为 2、22、75、0，填充矩形，并去除矩形的轮廓线，效果如图 11-124 所示。选择“贝塞尔”工具，在适当的位置绘制一个图形，填充与矩形相同的颜色，并去除图形的轮廓线，效果如图 11-125 所示。

Step 17 选择“挑选”工具，用圈选的方法将图形同时选取，按数字键盘上的<+>键复制图形，并将其拖曳到适当的位置，效果如图 11-126 所示。单击属性栏中的“垂直镜像”按钮，垂直翻转复制的图形，效果如图 11-127 所示。

图 11-124

图 11-125

图 11-126

图 11-127

11.1.8 制作包装侧立面效果

Step 01 选择“挑选”工具，用圈选的方法选取顶面图形中需要的图形，如图 11-128 所示。按数字键盘上的<+>键复制图形，并将其拖曳到适当的位置，如图 11-129 所示。

Step 02 选择“手绘”工具，按住<Ctrl>键的同时绘制一条直线，设置直线轮廓色的 CMYK 值为 0、11、29、0，填充轮廓线，并在属性栏中的“轮廓宽度” .2 mm 框中设置数值为 1pt，按<Enter>键确认，效果如图 11-130 所示。用相同的方法再绘制一条相同的直线，效果如图 11-131 所示。

图 11-128

图 11-129

图 11-130

图 11-131

Step 03 选择“文本”工具，输入需要的文字。选择“挑选”工具，在属性栏中选择合适的字体并设置文字大小，填充文字为白色，效果如图 11-132 所示。

Step 04 选择“矩形”工具，在适当的位置绘制一个矩形，如图 11-133 所示，设置矩形颜色的 CMYK 值为 2、9、37、0，填充矩形，并去除矩形的轮廓线，效果如图 11-134 所示。

图 11-132

图 11-133

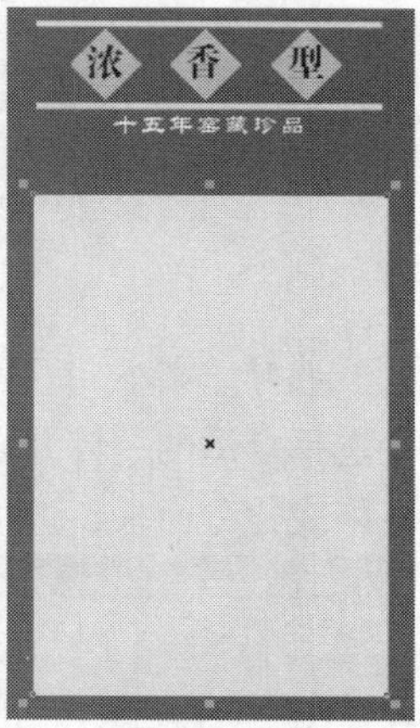

图 11-134

Step 05 选择“矩形”工具，在适当的位置绘制一个矩形，如图 11-135 所示。选择“挑选”工具，按住<Shift>键的同时，将两个矩形同时选取，单击属性栏中的“后减前”按钮，将两个图形剪切为一个图形，效果如图 11-136 所示。用相同的方法制作出其他 3 个角的形状，效果如图 11-137 所示。

Step 06 选择“挑选”工具，按住<Shift>键的同时，向内拖曳图形右上角的控制手柄到适当的位置单击鼠标右键，复制图形，去除图形填充，并设置轮廓线颜色的 CMYK 值为 2、100、100、34，填充图形轮廓线，在属性栏中的“轮廓宽度” .2 mm 框中设置数值为 0.75pt，效果如图 11-138 所示。

图 11-135

图 11-136

图 11-137

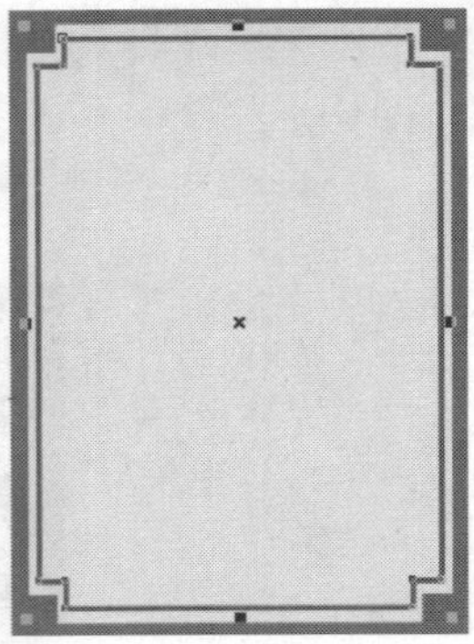
图 11-138

Step 07 选择“贝塞尔”工具，在适当的位置绘制一个图形，如图 11-139 所示。设置轮廓线颜色的 CMYK 值为 2、9、37、0，填充图形轮廓线，并在属性栏中的“轮廓宽度” .2mm 框中设置数值为 1pt，效果如图 11-140 所示。选择“挑选”工具，按住<Ctrl>键的同时，水平向右拖曳图形，并在适当的位置上单击鼠标右键，复制一个图形，如图 11-141 所示。单击属性栏中的“水平镜像”按钮，水平翻转复制的图形，效果如图 11-142 所示。

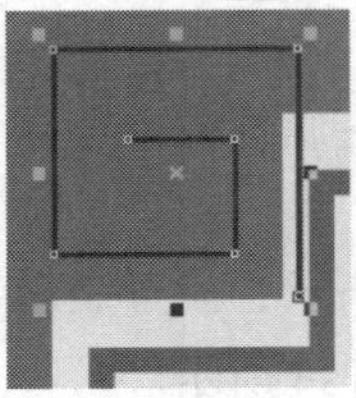
图 11-139

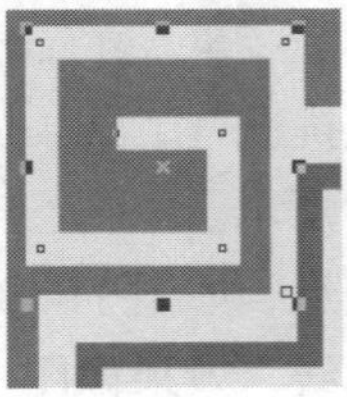
图 11-140

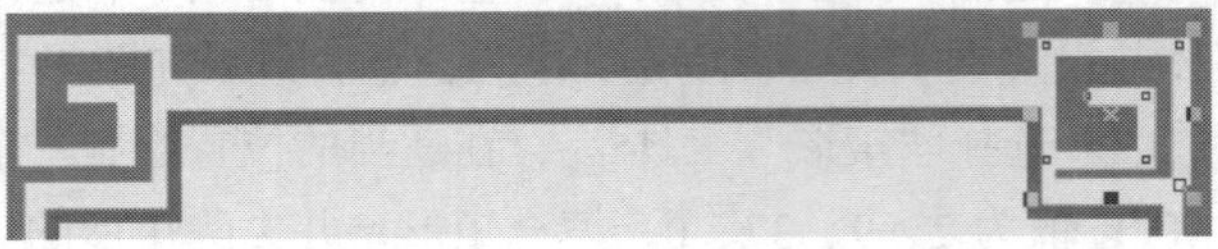
图 11-141

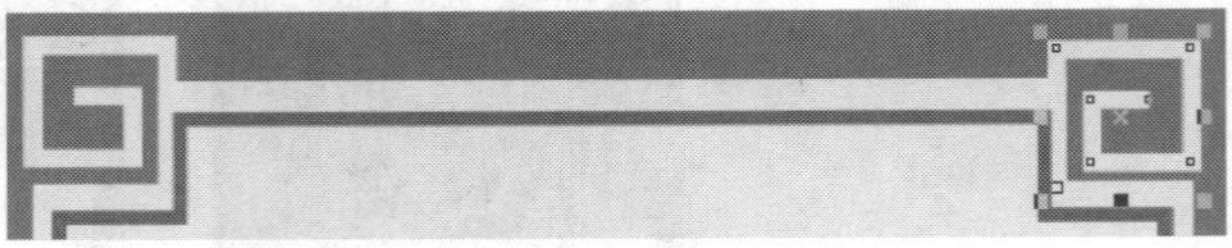
图 11-142

Step 08 选择“文本”工具，拖曳出一个文本框，输入需要的文字。选择“挑选”工具，在属性栏中选择合适的字体并设置文字大小，如图 11-143 所示。选择“文本 > 段落格式化”命令，弹出“段落格式化”面板，选项设置如图 11-144 所示，按<Enter>键确认，效果如图 11-145 所示。

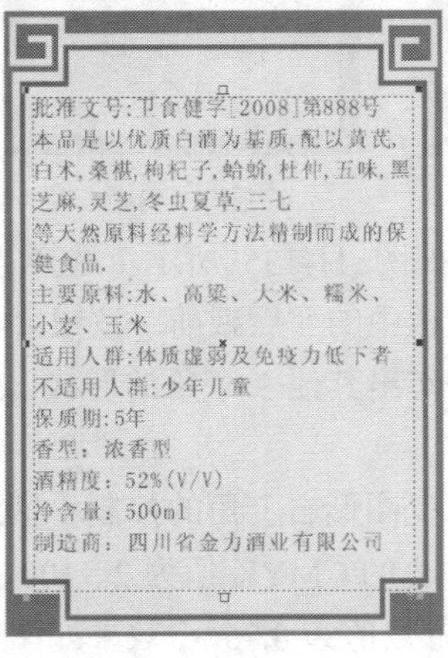

图 11-143

图 11-144

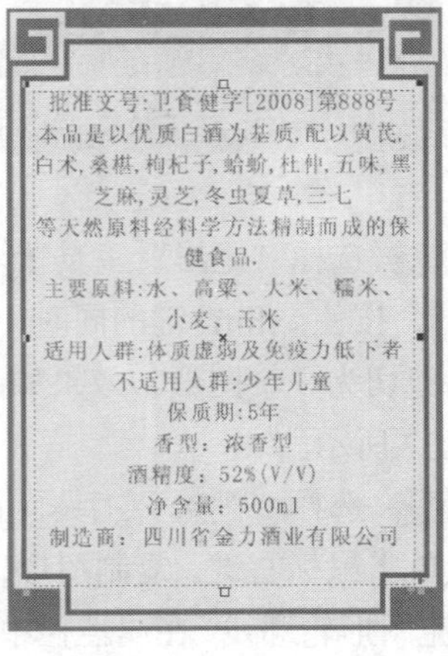

图 11-145

Step 09 选择“文件 > 导入”命令，弹出“导入”对话框。选择光盘中的“Ch11 > 素材 > 酒

盒包装设计 > 07”文件，单击“导入”按钮，在页面中单击导入图片，将图片拖曳到适当的位置并调整其大小，如图 11-146 所示。选择“交互式透明”工具，在属性栏中的设置如图 11-147 所示，按<Enter>键确认，效果如图 11-148 所示。

图 11-146

图 11-147

图 11-148

Step 10 选择“挑选”工具，用圈选的方法将制作好的正面和侧面图形同时选取，按数字键盘上的<+>键复制图形，并将其拖曳到适当的位置，如图 11-149 所示。按<Esc>键取消选取状态，立体包装展开图绘制完成，效果如图 11-150 所示。按<Ctrl>+<E>组合键，弹出“导出”对话框，将制作好的图像命名为“酒盒包装展开图”，保存为 PSD 格式，单击“导出”按钮，弹出“转换为位图”对话框，单击“确定”按钮，导出为 PSD 格式。

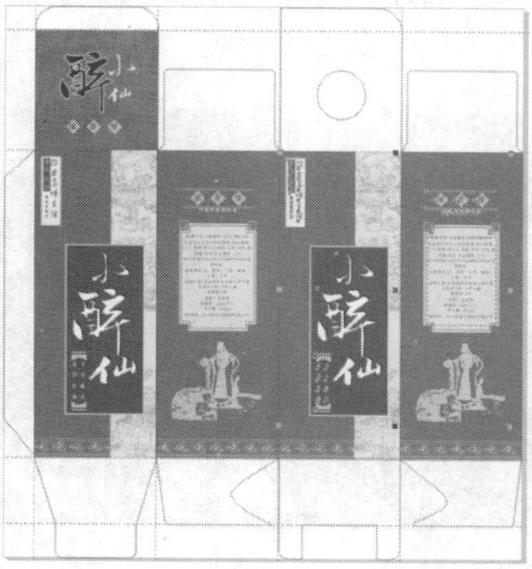

图 11-149

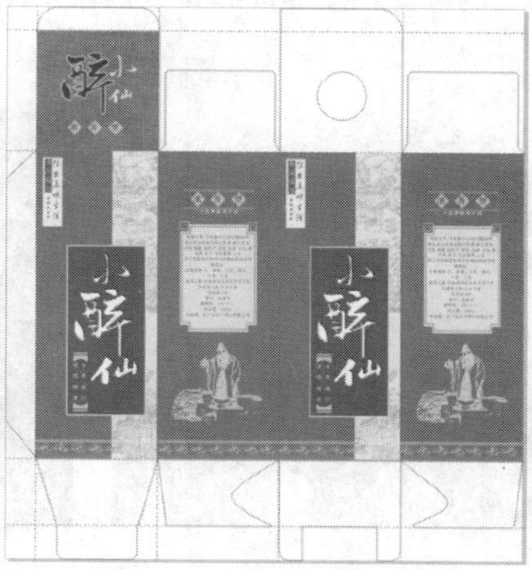

图 11-150

Photoshop 应用

11.1.9 制作包装立体效果

Step 01 打开 Photoshop CS4 软件，按<Ctrl>+<N>组合键，新建一个文件：宽度为 10cm，高度为 10.5cm，分辨率为 300 像素/英寸，颜色模式为 RGB，背景内容为白色。

Step 02 选择“渐变”工具，单击属性栏中的“点按可编辑渐变”按钮，弹出“渐变编辑器”对话框，将渐变色设为由白色到黑色，如图 11-151 所示，单击“确定”按钮。在属性栏中单击“径向渐变”按钮，在图像窗口中由右上方至左下方拖曳渐变色，效果如图 11-152 所示。

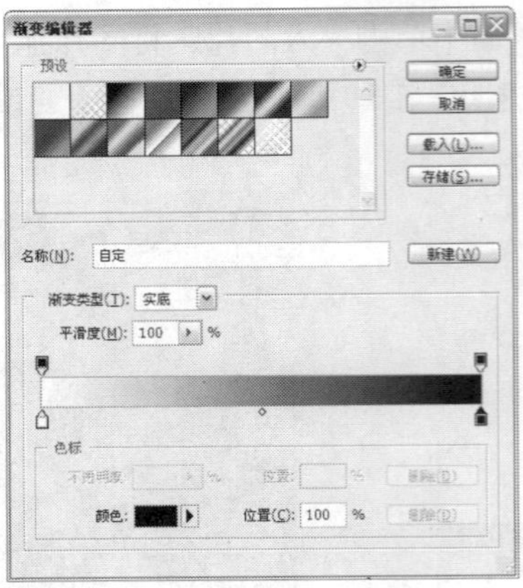

图 11-151

图 11-152

Step 03 按<Ctrl>+<O>组合键，打开光盘中的“Ch11 > 效果 > 酒盒包装设计 > 酒盒包装展开图”文件，按<Ctrl>+<R>组合键，图像窗口中出现标尺。选择“移动”工具，从图像窗口的水平标尺和垂直标尺中拖曳出需要的参考线。选择“矩形选框”工具，在图像窗口中绘制出需要的选区，如图 11-153 所示。

Step 04 选择“移动”工具，将选区中的图像拖曳到新建文件窗口中适当的位置，在“图层”控制面板中生成新的图层并将其命名为“正面”。按<Ctrl>+<T>组合键，图像周围出现控制手柄，拖曳控制手柄来改变图像的大小，如图 11-154 所示。按住<Ctrl>键的同时，向上拖曳右侧中间的控制手柄到适当的位置，按<Enter>键确认操作，效果如图 11-155 所示。

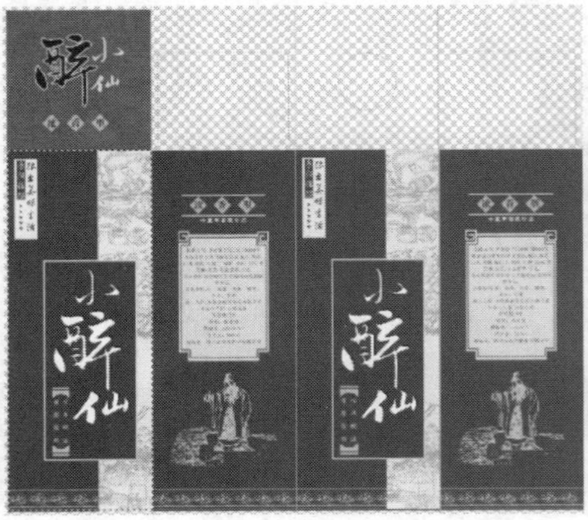

图 11-153

图 11-154

图 11-155

提示：按<Ctrl>+<T>组合键，图像周围出现控制手柄。按住<Ctrl>键的同时，分别拖曳 4 个控制手柄，可以使图像任意变形；按住 Alt 键的同时，分别拖曳 4 个控制手柄，可以使图像任意变形；按住<Ctrl>+<Shift>组合键的同时，拖曳变换框中间的控制手柄，可以使图像斜切变形。

Step 05 选择“矩形选框”工具，在“立体包装展开图”的背面拖曳一个矩形选区，如图 11-156 所示。选择“移动”工具，将选区中的图像拖曳到新建文件窗口中适当的位置，在“图层”控制面板中生成新的图层并将其命名为“侧面”。按<Ctrl>+<T>组合键，图像周围出现控制手柄，拖曳控制手柄来改变图像的大小，如图 11-157 所示。按住<Ctrl>键的同时，向上拖曳左侧中间的控制手柄到适当的位置，按<Enter>键确认操作，效果如图 11-158 所示。

图 11-156

图 11-157

图 11-158

Step 06 选择“矩形选框”工具，在“立体包装展开图”的顶面拖曳一个矩形选区，如图 11-159 所示。选择“移动”工具，将选区中的图像拖曳到新建文件窗口中适当的位置，在“图层”控制面板中生成新的图层并将其命名为“盒顶”。按<Ctrl>+<T>组合键，图像周围出现控制手柄，拖曳控制手柄来改变图像的大小，如图 11-160 所示。按住<Ctrl>键的同时，拖曳左上角的控制手柄到适当的位置，如图 11-161 所示，再拖曳其他控制手柄到适当的位置，按<Enter>键确认操作，效果如图 11-162 所示。

图 11-159

图 11-160

图 11-161

图 11-162

Step 07 选中“侧面”图层。按<Ctrl>+<M>组合键，弹出“曲线”对话框，并在曲线上单击鼠标添加控制点，如图 11-163 所示。单击“确定”按钮，效果如图 11-164 所示。

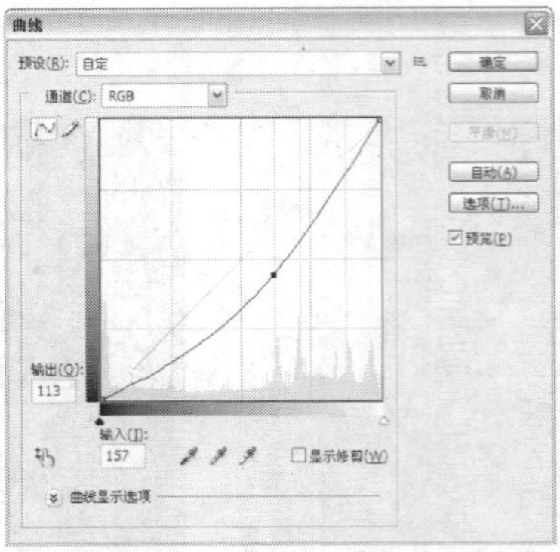

图 11-163

图 11-164

11.1.10 制作立体效果倒影

Step 01 将“正面”图层拖曳到控制面板下方的“创建新图层”按钮上进行复制，生成新的图层“正面 副本”。选择“移动”工具，将副本图像拖曳到适当的位置，如图 11-165 所示。按<Ctrl>+<T>组合键，图像周围出现控制手柄，单击鼠标右键，在弹出的菜单中选择“垂直翻转”命令，垂直翻转图像并将图像拖曳到适当的位置，如图 11-166 所示。按住<Ctrl>键的同时，拖曳右侧中间的控制手柄到适当的位置，效果如图 11-167 所示。

Step 02 单击“图层”控制面板下方的“添加图层蒙版”按钮，为“正面 副本”图层添加蒙版。选择“渐变”工具，单击属性栏中的“点按可编辑渐变”按钮，弹出“渐变编辑器”对话框，将渐变色设为由白色到黑色，单击“确定”按钮。在属性栏中选择“线性渐变”按钮，在图像中由上至下拖曳渐变色，效果如图 11-168 所示。

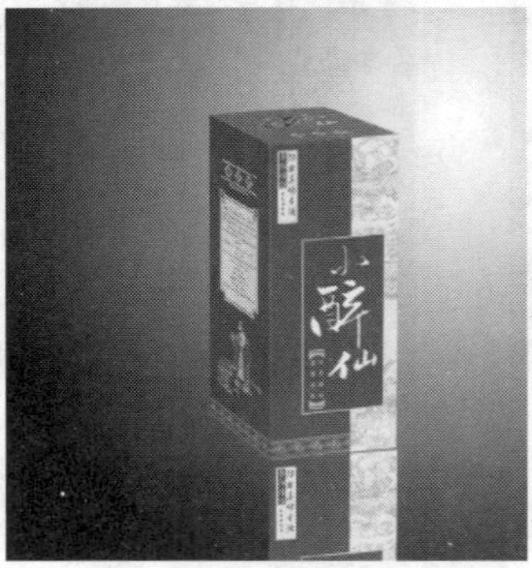

图 11-165

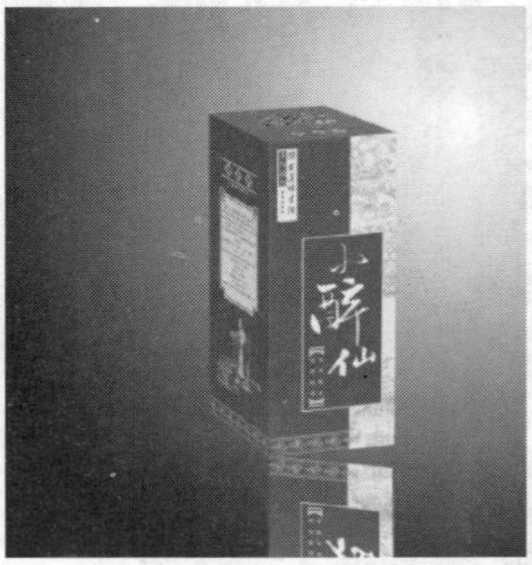

图 11-166

图 11-167

图 11-168

Step 03 在“图层”控制面板上方，将“正面 副本”图层的“不透明度”选项设为 25%，如图 11-169 所示，图像效果如图 11-170 所示。用相同的方法制作出侧面图像的投影效果，如图 11-171 所示。

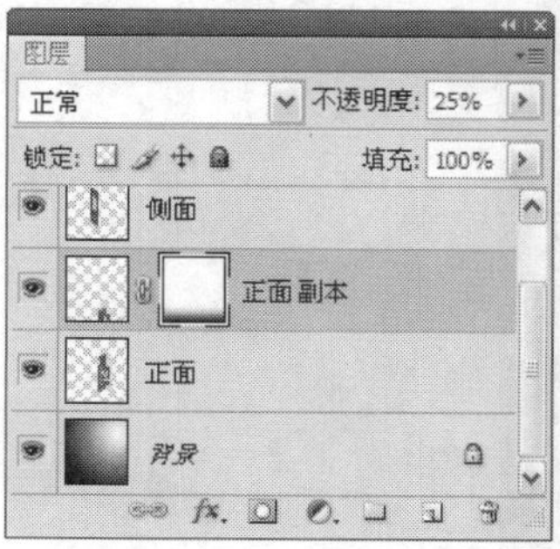

图 11-169

图 11-170

图 11-171

Step 04 选中“盒项”图层，按住<Shift>键的同时，选中“正面”图层，按<Ctrl>+<G>组合键，生成图层组并将其命名为“酒包装”，如图 11-172 所示。选择“移动”工具，按住<Alt>键的同时，将酒盒包装拖曳到适当的位置，复制图像，效果如图 11-173 所示。

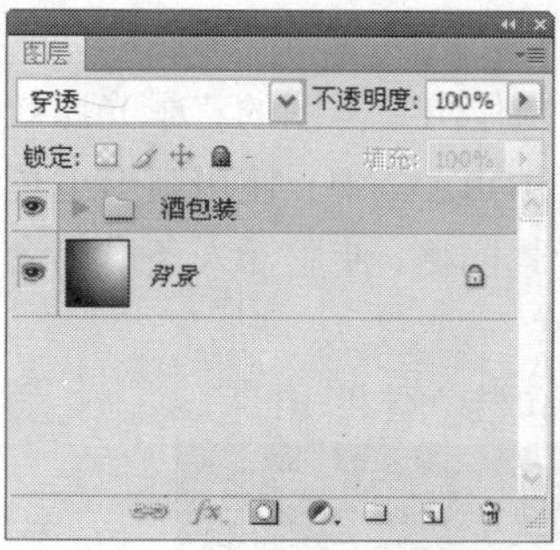

图 11-172

图 11-173

Step 05 酒盒包装制作完成。选择“图像 > 模式 > CMYK 颜色”命令，弹出提示对话框，单击“拼合”按钮，拼合图像。按<Ctrl>+<S>组合键，弹出“存储为”对话框，将制作好的图像命名为“酒盒包装立体图”，保存为 TIFF 格式。单击“保存”按钮，弹出“TIFF 选项”对话框，再单击“确定”按钮将图像保存。

11.2 课后习题——易拉罐包装设计

习题知识要点：在 Photoshop 中，使用渐变工具和图层绘制包装背景；使用矩形选框工具制作易拉罐的高光部分；使用加深工具制作易拉罐的明暗变化；使用垂直翻转命令和添加图层蒙版命令制作倒影效果。在 CorelDRAW 中，使用贝塞尔工具绘制叶子图形；使用文本工具和添加透视点命令制作饮料名称；使用形状工具调整介绍性文字；使用插入条形码命令插入条形码。易拉罐包装设计效果如图 11-174 所示。

效果所在位置：光盘/Ch11/效果/易拉罐包装设计/易拉罐包装.cdr。

图 11-174

11.3 课后习题——MP3 包装设计

习题知识要点：在 Photoshop 中，使用光照效果命令制作出立体图的背景光照效果；使用自由变换命令及斜面和浮雕命令制作包装的立体效果。在 CorelDRAW 中，使用矩形工具和形状工具绘制包装的结构图；使用图纸工具和添加透视点命令制作背景网格；使用插入条形码命令在适当的位置插入条形码。MP3 包装立体图如图 11-175 所示。

效果所在位置：光盘/Ch11/效果/MP3 包装设计/MP3 包装立体图.tif。

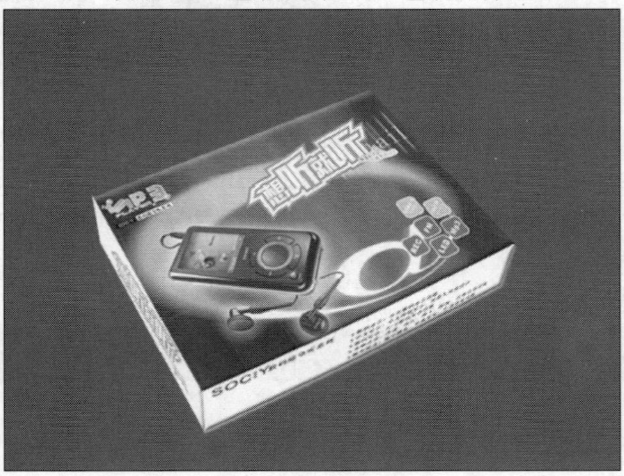

图 11-175